Les épreuves corrigées des grandes écoles scientifiques

problèmes corrigés de MATHÉMATIQUES

posés aux

Concours Communs Polytechniques (ex-ENSI)

TOME 9

solutions proposées par

Jean FRANCHINI et Jean-Claude JACQUENS

Professeurs agrégés de mathématiques
en classes préparatoires scientifiques

ellipses

MARKETING - ÉDITEUR DES CLASSES PRÉPARATOIRES

Table des matières

Index des notations

$\mathcal{F}(E,F)$: ensemble des applications de E dans F.

$\mathcal{C}(E,F)$: ensemble des applications continues sur E et à valeurs dans F.

$\mathcal{CM}(I,E)$: ensemble des applications continues par morceaux de $\mathcal{F}(I,F)$.

$\mathcal{C}^k(I,E)$: ensemble des applications de classe $\mathcal{C}^k$ sur I à valeurs dans E.

$\mathcal{C}^k\mathcal{M}(I,E)$: ensemble des applications de classe $\mathcal{C}^k$ par morceaux de $\mathcal{F}(I,F)$.

$\mathcal{C}_{2\pi}$: ensemble des applications continues sur $\mathbb{R}$ et 2π-périodiques.

$\mathcal{L}^1(I,\mathbb{K})$: ensemble des fonctions de $\mathcal{CM}(I,\mathbb{K})$ intégrables sur l'intervalle I.

$\mathcal{L}(E,F)$: espace vectoriel des applications linéaires de E dans F.

$\mathrm{GL}(E)$: groupe linéaire de E.

I_E : application identique dans E.

$O(E)$: groupe orthogonal de E.

$\mathfrak{M}_{n,p}(\mathbb{K})$: espace vectoriel des matrices (n,p) à coefficients dans $\mathbb{K}$.

$\mathfrak{M}_n(\mathbb{K})$: algèbre des matrices carrées (n,n) à coefficients dans $\mathbb{K}$.

$\mathrm{GL}_n(\mathbb{K})$ groupe des éléments inversibles de $\mathfrak{M}_n(\mathbb{K})$.

I_n : élément unité de $\mathfrak{M}_n(\mathbb{K})$.

$O(n)$: groupe des matrices orthogonales de $\mathfrak{M}_n(\mathbb{R})$.

$S_n(\mathbb{R})$: ensemble des matrices symétriques de $\mathfrak{M}_n(\mathbb{R})$.

Ker : noyau, Im : image.

det : déterminant.

Card : cardinal.

$\mathrm{Vect}(A)$: sous-espace vectoriel engendré par A.

$d(x,F)$: distance du vecteur x au sous-espace vectoriel F.

$[\![a,b]\!] = [a,b] \cap \mathbb{Z}$.

$\delta_{i,j}$: symbole de Krönecker. $\delta_{i,j} = 1$ si $i = j$ et 0 sinon.

Le problème étudie la minimisation d'une fonctionnelle sur un espace de fonctions vérifiant $y(0) = 0$ et $y(1) = c$. La première partie consiste à démontrer un lemme qui sera utilisé dans la deuxième partie. Les troisième et quatrième parties traitent de cas particuliers.

Dans un plan rapporté à un repère orthonormé d'axes Ox, Oy, le déplacement d'un point mobile M est soumis à la contrainte suivante : lorsque le point occupe la position (x, y), sa vitesse algébrique a pour valeur imposée $v(x, y)$, où v est une fonction donnée des 2 variables réelles x et y. Le temps mis par M pour parcourir un arc Γ de classe $\mathcal{C}^1$, d'origine O, d'extrémité A de coordonnées (ℓ, c) et d'équation $y = \varphi(x)$ a donc pour valeur :

$$T = \int_\Gamma \frac{d\sigma}{v(x,y)} = \int_0^\ell \frac{\sqrt{1+\varphi'^2(x)}}{v\big(x,\varphi(x)\big)}\,dx.$$

PARTIE I

I désigne le segment $[0, 1]$ et $\mathcal{C}^1(I)$ l'espace vectoriel des applications de I dans $\mathbb{R}$ de classe $\mathcal{C}^1$ sur I, muni de la norme de la convergence uniforme sur I.

1. Montrer que l'ensemble $\Gamma^1(I)$ des fonctions $u \in \mathcal{C}^1(I)$ telles que : $u(0) = u(1) = 0$ est un sous espace vectoriel de $\mathcal{C}^1(I)$ fermé (c'est-à-dire tel que la limite f, de toute suite f_n, d'éléments de $\Gamma^1(I)$, convergente dans $\mathcal{C}^1(I)$, appartient à $\Gamma^1(I)$).

2. Soient a et b deux nombres réels tels que $0 \leqslant a \leqslant b \leqslant 1$ et h la fonction définie sur I par : $h(x) = 0$ si $x \in [0, a[\cup]b, 1]$ et $h(x) = (x-a)^2(x-b)^2$ si $x \in [a, b]$. Vérifier que $h \in \Gamma^1(I)$ et calculer $\displaystyle\int_0^1 h(x)dx$.

3. Dans ce qui suit, g désigne une fonction réelle définie et continue sur I. Montrer que l'application G de $\Gamma^1(I)$ dans $\mathbb{R}$ définie par : $G(u) = \displaystyle\int_0^1 g(x)u(x)dx$ est linéaire et continue sur $\Gamma^1(I)$.

4. Montrer que, s'il existe $x_0 \in I$ tel que la fonction g vérfie l'inégalité $g(x_0) > 0$, il existe un intervalle $[a, b]$ avec $a < b$ inclus dans I et un nombre $\alpha > 0$ tels que l'on ait : $\forall x \in [a, b], g(x) \geqslant \alpha$.

En déduire alors que, pour que l'on ait $G(u) = 0$ pour tout $u \in \Gamma^1(I)$, il faut et il suffit que g soit la fonction nulle.

5. G_1 est la forme linéaire sur $\Gamma^1(I)$ définie par :

$$\forall u \in \Gamma^1(I), G_1(u) = \int_0^1 g(x)u'(x)dx.$$

Si $g \in \mathcal{C}^1(I)$, montrer que $G_1(u) = 0$ pour tout $u \in \Gamma^1(I)$ si, et seulement si, g est constante sur I.

6. On suppose dans cette question que g est uniquement continue sur I. Quelle valeur faut-il donner à la constante réelle μ pour qu'il existe une fonction $u_\mu \in \Gamma^1(I)$ dont la dérivée u'_μ, est la fonction $x \mapsto g(x) - \mu$? Vérifier que, pour cette valeur de μ, on a : $G_1(u_\mu) = \displaystyle\int_0^1 \left(u'_\mu(x)\right)^2 dx$. En déduire que $G_1(u) = 0$ pour tout $u \in \Gamma^1(I)$ si, et seulement si, la fonction g est constante sur I.

PARTIE II

1. c désignant un réel positif ou nul donné, $\Gamma_c^1(I)$ désigne le sous-ensemble de $\mathcal{C}^1(I)$ dont les éléments sont les fonctions y telles que $y(0) = 0$ et $y(1) = c$. Que peut-on dire de la dfférence $y_2 - y_1$ de deux éléments y_1 et y_2 de $\Gamma_c^1(I)$?

2. $f : (x,t) \mapsto f(x,t)$ désignant une fonction réelle donnée, définie sur l'ensemble $\Delta = I \times \mathbb{R}$, continue, ayant une dérivée partielle $\dfrac{\partial f}{\partial t}$ continue sur Δ, on considère $F : \Gamma_c^1(I) \to \mathbb{R}, Y \mapsto \displaystyle\int_0^1 f\big(x, Y'(x)\big)dx$.

Prouver que si y correspond à un minimum local de F, pour toute fonction $u \in \Gamma^1(I)$ non nulle, l'application : $G_u : \mathbb{R} \to \mathbb{R}, \theta \mapsto \displaystyle\int_0^1 f(x, y'(x) + \theta u'(x))dx$ présente un minimum local pour $\theta = 0$.

3. Soient u et y deux éléments respectivement de $\Gamma^1(I)$ et $\Gamma_c^1(I)$; vérifier que G_u est dérivable sur $\mathbb{R}$, donner l'expression de $G'_u(\theta)$ sous forme d'intégrale et déterminer $G'_u(0)$

4. Déduire alors de ce qui précède qu'une condition nécessaire pour que la fonction $y \in \Gamma_c^1(I)$ corresponde à un minimum local de F est l'existence d'un réel λ tel que y soit solution sur I de l'équation différentielle : $\dfrac{\partial f}{\partial t}(x, y') = \lambda$ c'est à dire : $\exists \lambda \in \mathbb{R}, \forall x \in I, \dfrac{\partial f}{\partial t}\big(x, y'(x)\big) = \lambda$.

PARTIE III

1. $\alpha : x \mapsto \alpha(x)$ étant une fonction définie sur I, continue et croissante, telle que $\alpha(0) > 0$, déterminer l'ensemble L des réels $\lambda \geqslant 0$ pour lesquels l'équation différentielle (E_λ) : $\alpha(x)\dfrac{y'(x)}{\sqrt{1+y'^2(x)}} = \lambda$ admet des solutions appartenant à $\mathcal{C}^1(I)$. Pour tout $\lambda \in L$, exprimer sous forme d'intégrale la solution particulière $y_\lambda \in \mathcal{C}^1(I)$ de (E_λ) telle que $y_\lambda(0) = 0$.

2. Soit la fonction k définie sur L par : $k(\lambda) = \displaystyle\int_0^1 \frac{\lambda}{\sqrt{\left(\alpha(x)\right)^2 - \lambda^2}}dx$.

2.a) Montrer que k est continue, dérivable et injective sur L.

2.b) On suppose désormais qu'il existe un réel strictement positif β tel que $\alpha(x) - \alpha(0) \geqslant \beta x$ pour tout x de I. Montrer que k est bornée et en déduire que k possède une limite finie K lorsque λ tend vers $\alpha(0)$.

3. À quelle condition doit satisfaire le nombre $c \geqslant 0$ pour qu'il existe une valeur de λ pour laquelle (E_λ) admette une solution y appartenant à $\Gamma_c^1(I)$? Cette condition étant supposée remplie, montrer que la valeur de λ est unique. On la désignera par $\lambda(c)$. Vérifier alors que la seule solution de $\left(E_{\lambda(c)}\right)$ qui appartienne à $\Gamma_c^1(I)$ est $y_{\lambda(c)}$.

PARTIE IV

Les notations étant celles de la partie II, on s'intéresse désormais à l'étude des minima locaux stricts de l'application : $F \mapsto \displaystyle\int_0^1 f(x, Y'(x))dx$ de $\Gamma_c^1(I)$ dans $\mathbb{R}$, dans le cas particulier où la fonction f est définie sur Δ par $f(x,t) = \alpha(x)\sqrt{1+t^2}$, α étant la fonction introduite au III.

1. Étudier, pour tout triplet (x,t,s) de $\Delta \times \mathbb{R}$ le signe de :
$\Phi(x,t,s) = f(x,t+s) - f(x,t) - s\dfrac{\partial}{\partial t}f(x,t)$.

2. Montrer que si la fonction $y \in \Gamma_c^1(I)$ correspond à un minimum local strict parmi les fonctions de $\Gamma_c^1(I)$ de l'application F, elle est nécessairement égale à la fonction $y_{\lambda(c)}$ définie dans la partie III.

3. Réciproquement, on se propose de montrer que cette fonction $y = y_{\lambda(c)}$ correspond non seulement à un minimum local strict de F, mais au minimum strict absolu. Déduire ce résultat de l'étude du signe de l'intégrale $\displaystyle\int_0^1 \Phi\big(x, y'(x), u'(x)\big)dx$ où Φ est définie à la question IV.I et $u \in \Gamma^1(I)$.

4. Ce qui suit est une application au cas particulier où $\alpha(x) = 1 + x$ pour tout $x \in I$. Déterminer L défini au III.1.

Vérifier que : $\forall x \in L, \forall x \in I, y_\lambda(x) = \lambda \ln\left(\dfrac{1+x+\sqrt{(1+x)^2-\lambda^2}}{1+\sqrt{1-\lambda^2}}\right)$.

5. Dans le cas où $\ell = 1$, pour quelles fonctions $v : (x,y) \mapsto v(x,y)$ sait-on montrer, en utilisant la partie IV, qu'il existe un arc joignant le point origine O et le point particulier A de coordonnées $(1,c)$ pour lequel le temps de parcours est minimum ? Cet arc est-il unique ?

Connaissances utiles

- Intégration sur un segment.
- Fonctions d'une variable réelle.
- Fonctions de plusieurs variables réelles.

Solution

PARTIE I

1. L'application ϕ définie de $\mathcal{C}^1(I)$ dans $\mathbb{R}^2$ par : $\phi(f) = (f(0), f(1))$ est linéaire et son noyau est à $\Gamma^1(I)$. Ce dernier ensemble est donc un sous-espace vectoriel de $\mathcal{C}^1(I)$. Notons $\|.\|$ la norme euclidienne usuelle sur $\mathbb{R}^2$. Comme, pour tout $f \in \mathcal{C}^1(I)$, $\|\phi(f)\| \leqslant \sqrt{2}N_\infty^I(f)$, ϕ est continue et $\Gamma^1(I)$ image réciproque d'un fermé par une application continue est un fermé de $\mathcal{C}^1(I)$.

2. Par théorèmes généraux, h est continue sur I, de classe $\mathcal{C}^1$ sur $[0,1] \setminus \{a,b\}$ et :

$\forall x \in [0,a[\cup]b,1],\ h'(x) = 0$; $\forall x \in]a,b[,\ h'(x) = 2(x-a)(x-b)(2x-a-b)$.
$\lim\limits_{a^+} h' = \lim\limits_{a^-} h' = 0 = \lim\limits_{b^+} h' = \lim\limits_{b^-} h'$. D'après le théorème de prolongement des fonctions de classe $\mathcal{C}^1$, la fonction h est de classe $\mathcal{C}^1$ sur I. On a aussi $h(0) = h(1) = 0$. Donc $h \in \Gamma^1(I)$.

$h(x) = (x-a)^2\big[(x-a)+(a-b)\big]^2 = (x-a)^4 + 2(a-b)(x-a)^3 + (a-b)^2(x-a)^2$.

Donc $\displaystyle\int_0^1 h(x)\,dx = \int_a^b h = \frac{1}{5}(b-a)^5 + \frac{(a-b)}{2}(b-a)^4 + (a-b)^2\frac{(b-a)^3}{3} = \frac{(b-a)^5}{30}$.

3. Pour $u \in \Gamma^1(I)$, gu est continue sur I et $G(u)$ est bien définie. La linéarité de G est une conséquence directe de la distributivité de la multiplication sur l'addition dans $\mathbb{R}$ et de la linéarité de l'intégration. De plus :

$\forall u \in \Gamma^1(I),\ |G(u)| \leqslant \displaystyle\int_0^1 |gu|dx \leqslant \Big(\int_0^1 |g|\Big) N_\infty^I(u)$.

D'où la continuité de l'application linéaire G avec $\|G\| \leqslant \int_0^1 |g|$.

4. g étant continue en x_0, soit $\alpha = \dfrac{g(x_0)}{2} > 0$. Soit V un voisinage de x_0 tel que, pour tout $t \in V \cap I, |g(t) - g(x_0)| \geqslant \alpha$ En posant $[a,b] = I \cap V$, on a $g(t) - g(x_0) \geqslant \dfrac{g(x_0)}{2}$.
D'où : $\forall x \in [a,b],\ g(x) \geqslant \alpha$.
• Si $g = 0$, G est l'application nulle sur $\Gamma^1(I)$.
• Réciproquement, supposons g non nulle. Il existe donc $x_0 \in [0,1]$ tel que $g(x_0) \neq 0$. On peut supposer $g(x_0) > 0$ (quitte à changer g en $-g$ ce qui change G en $-G$ et ne modifie pas une éventuelle nullité) et la question précédente nous fournit a, b et α. Utilisons alors la fonction h définie en I.2. Comme h est positive on a $hg \geqslant \alpha h$ sur $[a,b]$ et donc $G(h) = \int_a^b h(x)g(x)\,dx \geqslant \alpha \int_a^b h = \alpha\dfrac{(b-a)^5}{30} > 0$ autrement dit si $g \neq 0$, il existe $h \in \Gamma^1(I)$ tel que $G(h) \neq 0$.

On conclut que : $g = 0 \iff \forall u \in \Gamma^1(I), G(u) = 0$.

5. Pour $u \in \Gamma^1(I)$, gu' est continue sur I et $G_1(u)$ est bien définie. Comme u et g sont de classe $\mathcal{C}^1$, par intégration par parties : $G_1(u) = \big[u(x)g'(x)\big]_0^1 - \int_0^1 g'u = -\int_0^1 g'u$.
D'après I.4. G_1 est nulle sur $\Gamma^1(I)$ si et seulement si $-g'$ est nulle sur $[0,1]$. Ce dernier ensemble étant un intervalle, la condition équivaut à g constante sur $[0,1]$.

6. Soit $\mu \in \mathbb{R}$ telle qu'il existe une primitive u_μ de $g - \mu$ dans $\Gamma^1(I)$. Cette primitive s'annule en 0.
Donc, pour tout $x \in [0,1], u_\mu(x) = \int_0^x (g(t) - \mu)dt\,; u_\mu(1) = 0 \iff \mu = \int_0^1 g(t)\,dt$.

Réciproquement, si $\mu = \int_0^1 g$, l'application $u_\mu\ :\ x \mapsto \int_0^x (g(t) - \mu)dt$ est de classe $\mathcal{C}^1$ sur I comme primitive d'une fonction continue et s'annule en 0 et 1. Donc $u_\mu \in \Gamma^1(I)$ et $u'_\mu = g - \mu$. On a

$$G_1(u_\mu) = \int_0^1 (u'_\mu + \mu)u'_\mu = \int_0^1 (u'_\mu)^2 + \mu \int_0^1 u'_\mu.$$

$$G_1(u_\mu) = \int_0^1 (u'_\mu)^2 + \mu(u_\mu(1) - u_\mu(0)) = \int_0^1 (u'_\mu)^2.$$

• Si G_1 est nulle sur $\Gamma_1(I)$ alors, $G_1(u_\mu) = 0$. D'après la formule précédente, $\int_0^1 (u'_\mu)^2 = 0$. Comme $(u'_\mu)^2$ est une fonction continue et positive, on a $(u'_\mu)^2 = 0$ *i.e.* g est donc constante.

• Si g est constante égale à c on a : $\forall u \in \Gamma^1(I),\ G_1(u) = c\int_0^1 u' = c(u(1) - u(0)) = 0$ et G_1 est nulle sur $\Gamma^1(I)$.

PARTIE II

1. La différence de deux éléments de $\Gamma_c^1(I)$ est un élément de $\Gamma^1(I)$. Donc : $\Gamma_c^1(I)$ est un sous-espace affine de $\mathcal{C}^1(I)$ de direction $\Gamma^1(I)$.

2. Comme $f \in \mathcal{C}(\Delta, \mathbb{R})$, si $Y \in \Gamma_c^1(I)$, $x \mapsto f(x, Y'(x))$ est continue sur $[0,1]$ par composition et F est donc bien définie sur $\Gamma_c^1(I)$. On a $G_u(\theta) = F(y + \theta u)$.
y est un minimum local de F si, et seulement si, il existe V voisinage de y dans $\Gamma_c^1(I)$ tel que, pour tout z de V, $F(z) \geqslant F(y)$. Soit $u \in \Gamma^1(I) \setminus \{0\}$. Il existe un voisinage V_0 de 0 dans $\mathbb{R}$ tel que, pour $\theta \in V_0, G_u(\theta) \geqslant G_u(0)$ *i.e.* G_u présente en 0 un minimum local.

3. Soient $u \in \Gamma^1(I)$ et $y \in \Gamma_c^1(I)$; l'application $g : (x, \theta) \mapsto f(x, y'(x) + \theta u'(x))$ est continue sur Δ par théorèmes généraux et possède une dérivée partielle $\dfrac{\partial g}{\partial \theta}$ donnée par : $\forall (x, \theta) \in \Delta, \dfrac{\partial g}{\partial \theta}(x, \theta) = u'(x) \dfrac{\partial f}{\partial t}\big(x, y'(x) + \theta u'(x)\big)$.
Cette dérivée partielle étant continue sur Δ, d'après le théorème de dérivation des intégrales sur un segment, paramétrées, G_u est de classe $\mathcal{C}^1$ sur $\mathbb{R}$ et :
$$\forall \theta \in \mathbb{R},\ G_u'(\theta) = \int_0^1 \frac{\partial g}{\partial \theta}(x, \theta)\, dx = \int_0^1 u'(x) \frac{\partial f}{\partial t}\big(x, y'(x) + \theta u'(x)\big)\, dx$$
En particulier, on a : $G_u'(0) = \displaystyle\int_0^1 u'(x) \frac{\partial f}{\partial t}\big(x, y'(x)\big)\, dx$.

4. Si $y \in \Gamma_c^1(I)$ correspond à un minimum local de F, si, et seulement si, $G_u'(0) = 0$ pour tout $u \in \Gamma^1(I)$ *i.e.* $\displaystyle\int_0^1 u'(x) \frac{\partial f}{\partial t}(x, y'(x))\, dx = 0$ pour tout $u \in \Gamma^1(I)$. Comme $x \mapsto \dfrac{\partial f}{\partial t}\big(x, y'(x)\big)$ est continue sur I, d'après I.6. elle est constante sur I.

PARTIE III

1. Comme α est croissante et $\alpha(0) > 0$, on a $\alpha(x) > 0$ pour tout $x \in I$.
$$\alpha(x) \frac{y'(x)}{\sqrt{1 + y'^2(x)}} = \lambda \iff \begin{cases} \alpha^2 y'^2 = \lambda^2 (1 + y'^2) \\ y' \geqslant 0 \end{cases} \iff \begin{cases} (\alpha^2 - \lambda^2) y'^2 = \lambda^2 \\ y' \geqslant 0 \end{cases}$$
$\lambda \in L \iff \big(\forall x \in I, \alpha^2(x) - \lambda^2 > 0\big) \iff \big(\forall x \in I, \alpha(x) > \lambda\big) \iff 0 \leqslant \lambda < \alpha(0)$.
Donc $L = [0, \alpha(0)[$. Si $\lambda \in L$, comme $y_\lambda(0) = 0$, on a :
$$(E_\lambda) \iff \forall x \in I, y'(x) = \frac{\lambda}{\sqrt{\alpha^2(x) - \lambda^2}} \iff \forall x \in I, y_\lambda(x) = \lambda \int_0^x \frac{dt}{\sqrt{\alpha^2(t) - \lambda^2}}.$$

2.a) L'application $\psi : (x, \lambda) \mapsto \dfrac{\lambda}{\sqrt{\alpha^2(x) - \lambda^2}}$ est continue sur $[0,1] \times [0, \alpha(0)[$ par théorèmes généraux. $\dfrac{\partial \psi}{\partial \lambda}$ existe et est continue sur $[0,1] \times [0, \alpha(0)[$. D'après le théorème de dérivation sous le signe somme des intégrales sur un segment, dépendant d'un paramètre, k est de classe $\mathcal{C}^1$ sur L et :

$$k'(\lambda)=\int_0^1 \frac{\partial\psi}{\partial\lambda}(x,\lambda)\,dx=\int_0^1 \frac{\alpha^2(x)}{(\alpha^2(x)-\lambda^2)^{3/2}}\,dx>0.$$

k est donc strictement croissante sur L et est donc injective.

2.b) $\alpha^2(x)-\lambda^2=\big(\alpha(x)-\lambda\big)\big(\alpha(x)+\lambda\big)\geqslant\lambda\big(\alpha(0)-\lambda+\beta x\big)$. Donc, pour tout $\lambda\in L\backslash\{0\}$

$$0<k(\lambda)\leqslant\sqrt{\lambda}\int_0^1\frac{dx}{\sqrt{\alpha(0)-\lambda+\beta x}}=2\sqrt{\lambda}\Big[\sqrt{\alpha(0)-\lambda+\beta}-\sqrt{\alpha(0)-\lambda}\Big].$$

k est bornée sur L. Comme elle est croissante, le théorème de limite monotone permet de conclure qu'elle admet une limite finie en $\alpha(0)$.

3. • Soit $c\geqslant 0$ tel que (E_λ) admette une solution dans $\Gamma_c^1(I)$. Cette solution est nécessairement y_λ (puisqu'elle doit être de classe $\mathcal{C}^1$ sur I et nulle en 0).
Donc $y_\lambda(1)=k(\lambda)=c$. Comme $k(L)=[0,K[$, on doit avoir $c\in[0,K[$.
• Réciproquement, si cette condition est vérifiée, $c\in k(L)$ et il existe un $\lambda\in L$, unique par injectivité, tel que $c=k(\lambda)$. On note $\lambda=\lambda(c)$; on a alors $y_{\lambda(c)}(1)=c$ et $y_{\lambda(c)}$ est une solution de (E_λ) qui est dans $\Gamma_c^1(I)$. On a d'ailleurs vu que c'est la seule.

PARTIE IV

1. La fonction $h:u\mapsto\sqrt{1+(su+t)^2}$ est de classe $\mathcal{C}^\infty$ sur $\mathbb{R}$. Pour $(x,t,s)\in\Delta\times\mathbb{R}$, $\phi(x,t,s)=\alpha(x)\big(h(1)-h(0)-h'(0)\big)=\alpha(x)\displaystyle\int_0^1(1-u)h''(u)du$ d'après le théorème de Taylor-Laplace.

$$h'(u)=\frac{s(su+t)}{\sqrt{1+(su+t)^2}}\text{ et }h''(u)=\frac{s^2}{\big(1+(t+us)\big)^{3/2}}\geqslant 0\Rightarrow\phi(x,t,s)\geqslant 0.$$

2. f est continue sur Δ et admet sur Δ une dérivée partielle $\dfrac{\partial f}{\partial t}$ continue et donnée par : $\forall(x,t)\in\Delta$, $\dfrac{\partial f}{\partial t}(x,t)=\dfrac{t\alpha(x)}{\sqrt{1+t^2}}$. Si $y\in\Gamma_c^1(I)$ correspond à un minimum local de F sur $\Gamma_c^1(I)$, d'après II.4. il existe λ tel que, pour tout $x\in I$, $\dfrac{\partial f}{\partial t}\big(x,y'(x)\big)=\lambda$ *i.e.* y solution de (E_λ). Comme $y\in\Gamma_c^1(I)$, on a vu alors que $\lambda=\lambda(c)$ et $y=y_{\lambda(c)}$.

3. On a vu que ϕ est à valeurs positives. Pour tout $u\in\Gamma^1(I)$, on a donc :

$$0\leqslant\int_0^1\phi(x,y'(x),u'(x))\,dx=F(y+u)-F(y)-\int_0^1u'(x)\frac{\partial f}{\partial t}(x,y'(x))\,dx=$$

$$=F(y+u)-F(y)-\lambda(c)\int_0^1u'(x)\,dx=F(y+u)-F(y)+\lambda(c)\big[u(1)-u(0)\big].$$

Comme, pour tout $u\in\Gamma^1(I), u(1)=u(0)$, on a : $F(y+u)\geqslant F(y)$.
Soit $z\in\Gamma_c^1(I)$; posons $u=z-y$: c'est un élément de $\Gamma^1(I)$ et ce qui précède montre que $F(z)\geqslant F(y)$. Par ailleurs, si on a $F(z)=F(y)$ alors $x\mapsto\phi(x,y'(x),u'(x))$ doit être nulle sur $[0,1]$ (c'est une fonction continue et positive d'intégrale nulle sur

$[0,1]$). L'étude du signe de ϕ indique alors que $u' = 0$: u est constante (on est sur un intervalle). Comme elle est nulle en 0, elle est nulle sur $[0,1]$ et $y = z$. En résumé $\forall z \in \Gamma_c^1(I) \setminus \{y\},\ F(z) > F(y)$ et F présente en y un minimum absolu strict.

4. On a $L = [0, \alpha(0)[= [0,1[$ et pour $\lambda \in L$: $\forall x \in I,\ y_\lambda(x) = \displaystyle\int_0^x \frac{\lambda}{\sqrt{(1+t)^2-\lambda^2}}dt$.

Comme $\displaystyle\int \frac{dt}{\sqrt{t^2+\mu}} = \ln\left|t+\sqrt{t^2+h}\right| + C$, on a

$$y_\lambda(x) = \Big[\ln\Big|(t+1)+\sqrt{(t+1)^2-\lambda^2}\Big|\Big]_{t=0}^{t=x} = \lambda \ln\left[\frac{1+x+\sqrt{(1+x)^2-\lambda^2}}{1+\sqrt{1-\lambda^2}}\right].$$

5. On voudrait avoir $\dfrac{\sqrt{1+\varphi'^2(x)}}{v(x,\varphi(x))} = \alpha(x)\sqrt{1+\varphi'^2(x)}$. Donc si $v(x,\varphi(x)) = \dfrac{1}{\alpha(x)}$ le problème est résolu *i.e.* si la vitesse est fonction de l'abscisse seule et strictement positive, continue décroissante. Si l'on suppose que $\dfrac{1}{v(x)} - \dfrac{1}{v(0)} \geqslant \beta x$ pourtout $x \in I$, on aura existence et unicité d'un arc paramétré en x ($x \mapsto \varphi(x)$).

Fin

Soit une application linéaire U d'un espace vectoriel euclidien E dans espace vectoriel euclidien F. À partir d'une résolution généralisée de l'équation $Ux = y$ où y est donné dans F, on se propose d'associer à U une application linéaire V de F dans E possèdant certaines propriétés de l'inverse d'une application linéaire.
Lorsque U est injective mais non surjective, le remplacement de y par sa projection orthogonale sur l'image de U conduit à la définition de l'inverse à gauche de U ; son étude est faite dans la première partie.
Lorsque U est surjective, mais non injective, on distingue dans l'infinité de solutions de $Ux = y$, celle de norme minimum, ce qui conduit à la définition d'une inverse à droite de U ; son étude est faite dans la deuxième partie.
La troisième partie est consacrée au cas général.
Les espaces vectoriels euclidiens E et F sont les espaces vectoriels $\mathbb{R}^n$ et $\mathbb{R}^m$ respectivement munis de leurs bases canoniques, de leurs produits scalaires canoniques notés $(.|.)_E$ et $(.|.)_F$ et des normes $\|.\|_E$ et $\|.\|_F$ induites par ceux-ci. On identifiera applications linéaires et matrices associées, vecteurs et matrices colonnes. Si A est une matrice, ${}^tA$ désigne sa transposée. L'ensemble des matrices réelles à m lignes et n colonnes est noté $\mathfrak{M}_{m,n}$. Grâce à l'identification faite, cette relation désignera donc ainsi l'ensemble des applications linéaires de E dans F. Ainsi désormais, on utilisera indifféremment les termes de matrice et d'application linéaire. On rappelle que, sous les conditions d'identifications précédentes, le produit scalaire $(Ax|y)_F$ s'écrit sous forme matricielle ${}^ty\,A\,x$ ou ${}^tx\,{}^tA\,y$ où ${}^ty$ et ${}^tx$ désignent respectivement les transposées des colonnes x et y de $\mathbb{R}^n$ et $\mathbb{R}^m$. L'orthogonal d'un sous-espace E' de E est noté $E'^{\perp}$. On rappelle alors que $E' \oplus E'^{\perp} = E$ et cette somme directe est dite orthogonale. On désigne par I_n la matrice unité de $\mathfrak{M}_{n,n}$.

PARTIE 1 - Construction d'une matrice inverse à gauche pour A

Dans cette première partie, la matrice A, élément de $\mathfrak{M}_{m,n}$, est supposée de, rang n. On désigne par P le projecteur orthogonal dans $F = \mathbb{R}^m$ sur le sous-espace $\mathrm{Im}(A)$. On suppose $m > n$ sauf dans la question 3.b).

1. Propriété d'inversibilité et de transposition

a) Montrer que si b est un vecteur de $\mathrm{Im}(A)$, l'équation $Ax = b$ admet une solution unique.

b) Montrer que l'endomorphisme ${}^t\!A\,A$ est symétrique et inversible.

c) Pour un élément M de $\mathfrak{M}_{m,n}$ comparer Ker $\left[{}^t\!M\right]$ et $\left[\mathrm{Im}(M)\right]^{\perp}$ ainsi que $\left[\mathrm{Ker}(M)\right]^{\perp}$ et Im $\left[{}^t\!M\right]$.

2. Détermination d'une inverse à gauche de A

a) Soit y un élément de F. Prouver qu'il existe un vecteur unique x appartenant à E vérifiant $Ax = Py$ et que l'application $y \mapsto x$ ainsi définie de F dans E est linéaire (cette application linéaire est notée $A^{(g)}$).

b) Prouver que le vecteur x précédent est caractérisé par ${}^t\!A\,Ax = {}^t\!A\,y$ et en déduire une expression de $A^{(g)}$ à l'aide de A et de ${}^t\!A$.

c) Déduire de ce qui précède une expression du projecteur P à l'aide de A et de ${}^t\!A$.

3. Propriétés de $A^{(g)}$. Unicité

a) Prouver que $A^{(g)}A = I_n$ et déterminer le rang de $A^{(g)}$.

b) Déterminer $A^{(g)}$ lorsque $m = n$.

c) Soit B un élément de $\mathfrak{M}_{n,m}$ tel que $B\,A = I_n$ et tel que $A\,B$ soit un projecteur orthogonal. Prouver que B annule tout vecteur de $(\mathrm{Im}\,A)^{\perp}$. En déduire que, pour tout y élément de F, on a $By = A^{(g)}y$. Exprimer la propriété d'unicité ainsi mise en évidence.

4. Exemples

a) On suppose que les vecteurs colonnes a_i de A sont orthogonaux deux à deux dans F. Montrer que $A^{(g)}$ s'exprime simplement à l'aide des lignes ${}^t a_i$ et des normes $\|a_i\|$. Peut-on avoir $A^{(g)} = {}^t\!A$?

b) Soit un vecteur b élément non nul de F, cet élément représente l'application linéaire qui à s élément de $\mathbb{R}$ associe $sb \in \mathbb{R}^m$. Déterminer $b^{(g)}$ et exprimer la forme linéaire correspondante, sur F au moyen du produit scalaire dans F.

5. Description d'une méthode de détermination de $A^{(g)}$

On se propose, pour le calcul de $A^{(g)}$, de mettre en œuvre une méthode itérative ne faisant pas appel à des inversions de matrices.

a) Soient F_0 et F_1 deux sous-espaces vectoriels de F tels que $F_1 = F_0 + \mathrm{Vect}(\delta)$ où $\mathrm{Vect}(\delta)$ est le sous-espace vectoriel engendré par un vecteur δ donné dans F_1 et n'appartenant pas à F_0. On pose $\delta = d + d'$ où d' est la projection orthogonale de δ sur F_0. On désigne par P_0 et par P_1 les projecteurs orthogonaux de F respectivement sur F_0 et sur F_1. Prouver que, pour tout vecteur y de F, on a $P_1 y = P_0 y + \beta\big(d|y\big)_F d$, où β est un scalaire que l'on déterminera l'aide de d.

b) On suppose toujours que A est de rang n et que $m > n$. On note A_k $(1 \leqslant k \leqslant n)$ la matrice de $\mathfrak{M}_{m,k}$ dont les colonnes sont les k premières colonnes $(a_1, \dots, a_k)$ de A. À l'aide de ce qui précède, déterminer un vecteur d_k de F tel que pour $k \geqslant 2$, on ait : (1) $\qquad A_k A_k^{(g)} = A_{k-1} A_{k-1}^{(g)} + d_k d_k^{(g)}$.

Exprimer d_k à l'aide de $I_m - A_{k-1}A_{k-1}^{(g)}$ et de a_k.

Pour k entier donné ($1 \leqslant k \leqslant n$) on écrit $A_k^{(g)}$ sous la forme $\begin{pmatrix} C_k \\ {}^t\gamma_k \end{pmatrix}$ où C_k est une matrice de $\mathfrak{M}_{k-1,m}$ et γ_k une matrice colonne à m éléments.

c) Écrire à l'aide des blocs C_k, γ_k, A_{k-1} et a_k la relation $A_k^{(g)}A_k = I_k$. En utilisant le fait que $\gamma_k \in \text{Im}(A_k)$, déduire en particulier des relations ainsi obtenues, que $\gamma_k = \dfrac{d_k}{\|d_k\|^2}$.

d) À l'aide de la relation (1), déterminer C_k à l'aide de $A_{k-1}^{(g)}$, de d_k et de a_k.

Montrer enfin que $C_k = A_{k-1}^{(g)}\left[I_m - a_k d_k^{(g)}\right]$.

PARTIE II - Construction d'une matrice inverse à droite pour A

Dans cette partie, sauf dans la question 2.c) $n > m$ et A est supposée de rang m. Parmi l'infinité de solutions de l'équation $Ax = y$, où y est un vecteur donné de F, on choisit la solution $\overline{x}$ de norme minimum dans E. On définit ainsi une application $F \to E, y \mapsto \overline{x}$.

1. Détermination d'une inverse à droite

a) Soit y un élément fixé dans F. Montrer qu'il existe un vecteur unique noté $\overline{x}$ dans $\left[\text{Ker}(A)\right]^{\perp}$ vérifiant $A\overline{x} = y$. Prouver que $\overline{x}$ est l'élément de E qui a la norme minimum parmi toutes Ies solutions x de $Ax = y$.

b) Prouver que l'application $y \mapsto \overline{x}$ ainsi définie est linéaire. Cette application linéaire est notée $A^{(d)}$. Montrer que $AA^{(d)} = I_m$.

2. Propriétés de $A^{(d)}$

a) Déterminer le rang de $A^{(d)}$.

b) Prouver que $A^{(d)}A$ est un projecteur orthogonal dans E dont on donnera l'image.

c) Déterminer $A^{(d)}$ lorsque $m = n$.

d) Montrer que ${}^t(A^{(d)}){}^tA = I_m$ et que ${}^tA\,{}^t(A^{(d)})$ est un projecteur orthogonal ; en déduire une expression de $A^{(d)}$ à l'aide de A et de ${}^tA$.

PARTIE III - Généralisation

Dans cette partie, on considère une application linéaire (ou une matrice) notée V de E dans F et dont le rang r vérifie $r \leqslant \min(n, m)$. On se propose de généraliser les notions de matrice inverse définies précédemment. On désigne par P le projecteur orthogonal dans F sur $\text{Im}(V)$.

On désigne par Q le projecteur orthogonal dans E sur $[\mathrm{Ker}(V)]^{\perp}$.

1.a) Montrer que la restriction de V à $[\mathrm{Ker}(V)]^{\perp}$ induit un isomorphisme R sur un sous- espace de F que l'on définira. On note R^{-1} l'inverse de cet isomorphisme.

1.b) En déduire l'existence d'une application linéaire W de F dans E possèdant les propriétés suivantes :

$\mathrm{Ker}(W) = [\mathrm{Im}(V)]^{\perp}$; $\mathrm{Im}(W) = [\mathrm{Ker}(V)]^{\perp}$; $WV = Q$ et $VW = P$.

1.c) Montrer que l'application linéaire W est la seule qui possède les 3 propriétés : $WV = Q$, $VW = P$ et $WVW = W$.

1.d) Prouver que si $r = n$ alors $W = V^{(g)}$ et que si $r = m$ alors $W = V^{(d)}$.

Dans ce qui suit, W est notée V^+ qui est appelée pseudo-inverse de V.

2. Propriétés. Établir que $(V^+)^+ = V$. Établir que $({}^tV)^+ = {}^t(V^+)$.

PARTIE IV - Application algorithmique

Étant donné une fonction réelle f définie sur l'intervalle $[0, 1]$ de $\mathbb{R}$, un réel $\varepsilon > 0$, m points distincts $t_i, i \in [\![1, m]\!]$, de cet intervalle, on souhaite construire une approximation polynomiale définie au sens suivant : trouver le plus petit entier $p \in \mathbb{N}$ et $(p+1)$ réels x_k, $k \in [\![0, p]\!]$ tels que l'on ait : $\displaystyle\sum_{i=1}^{m}\left(f(t_i) - \sum_{k=0}^{p} x_k t_i^k\right)^2 \leqslant \varepsilon$.

1. Établir que le problème possède une solution, qui vérifie en outre l'inégalité $p \leqslant m$.

2. À l'aide, des résultats obtenus dans les questions précédentes, proposer un algorithme dont la p-ième itération conduise au résultat cherché.

Connaissances utiles

- Algèbre linéaire.
- Espaces euclidiens.

Solution

Rappels :

- Théorème fondamental : soit $u \in \mathcal{L}(E, F)$. Si E' est un supplémentaire de $\mathrm{Ker}(u)$ dans E, alors u induit un isomorphisme $\widetilde{u}$ d'espaces vectoriels entre E' et $\mathrm{Im}(u)$. On a $\widetilde{u} : E' \to \mathrm{Im}(u), x \mapsto u(x)$.
- Si $f \circ g$ est injective, alors g est injective et si $f \circ g$ est surjective, alors f est surjective.

Partie I

1.a) Comme $\text{rg}(A) = n$, A est injective. D'après le cours, A induit un isomorphisme U de E sur $\text{Im}(A)$:
Pour tout $y \in \text{Im}(A)$, il existe un unique $x \in E$ tel que $Ax = y$.On a $x = U^{-1}(y)$ et $U : E \mapsto \text{Im}(A), x \mapsto Ax$.

1.b) Montrons que $\text{Ker}(A) = \text{Ker}\left[{}^tAA\right]$. On a facilement : $\text{Ker}(A) \subset \text{Ker}\left[{}^tAA\right]$.

Inversement, si $x \in \text{Ker}\left[{}^tAA\right]$, alors ${}^tx{}^tAAx = 0$. D'où $\|Ax\|^2 = 0$ *i.e.* $x \in \text{Ker}(A)$.

D'après le théorème du rang, $\text{rg}({}^tAA) = \text{rg}(A) = n$.
Or ${}^tAA \in \mathfrak{M}_n(\mathbb{R})$, donc ${}^tAA \in \text{GL}_n(\mathbb{R})$.
Comme ${}^t(XY) = {}^tY{}^tX$ et ${}^t({}^tA) = A$, la matrice ${}^tAA$ est symétrique.
1.c) $x \in \text{Ker}\left[{}^tM\right] \iff \forall y \in E, (y|{}^tMx) = 0(\star)$
$(\star) \iff \forall y \in E, (My|x) = 0 \iff x \in \left[\text{Im}(M)\right]^\perp$.
De même, en remplaçant M par ${}^tM$ on montre l'autre résultat.
2.a) $y \in F \Rightarrow P(y) \in \text{Im}(A)$. Donc : $\exists! x \in E$, $Ax = P(y)$; $x = U^{-1} \circ P(y)$.
Donc $A^{(g)} = U^{-1} \circ P \in \mathcal{L}(F, E)$.
2.b) $y = Ax + (y - Ax) \in \text{Im}(A) \oplus \left[\text{Im}(A)\right]^\perp$.
$P(y) = Ax \iff y - Ax \in \text{Ker}\left[{}^tA\right] \iff {}^tAy - {}^tAAx = 0 \iff x = ({}^tAA)^{-1}{}^tAy$.
Donc $A^{(g)} = ({}^tAA)^{-1}{}^tA$.
2.c) $Ax = Py \Rightarrow P = A({}^tAA)^{-1}{}^tA$.
3.a) $A^{(g)}A = \left({}^tAA\right)^{-1}\left({}^tAA\right) = I_n$. Comme ${}^tAA$ est inversible, on a :
$\text{rg}\left(A^{(g)}\right) = \text{rg}\left({}^tA\right) = \text{rg}(A) = n$.
3.b) $A^{(g)} = A^{-1}$ si $A \in \text{GL}_n(\mathbb{R})$.
3.c) Si $BA = I_n$, alors B est surjective.
AB est le projecteur orthogonal sur $\text{Im}(Q) = \text{Im}(AB) = \text{Im}(A)$. Donc $AB = P$.
Comme $AB = P = AA^{(g)}$ et $BA = I_n$, on a $B = A^{(g)}$.
De plus $\text{Ker}\left[A^{(g)}\right] = \text{Ker}\left[{}^tA\right] = \left[\text{Im}(A)\right]^\perp$.

4.a) $${}^tAA = \begin{pmatrix} {}^ta_1 \\ {}^ta_2 \\ \vdots \\ {}^ta_n \end{pmatrix} \begin{pmatrix} a_1 & \dots & a_n \end{pmatrix} = \text{Diag}\left(\|a_1\|^2 \quad \dots \quad \|a_n\|^2 \right).$$

Donc $$A^{(g)} = \begin{pmatrix} \dfrac{{}^ta_1}{\|a_1\|^2} \\ \vdots \\ \dfrac{{}^ta_n}{\|a_n\|^2} \end{pmatrix}.$$ $A^{(g)} = {}^tA$ si, et seulement si, les vecteurs a_i sont unitaires.

4.b) $A = (b) \Rightarrow b^{(g)} = \dfrac{{}^t b}{\|b\|^2}$. Donc $b^{(g)}(y) = \dfrac{(b|y)_F}{\|b\|^2}$.

5.a) $F_1 = F_0 \oplus \text{Vect}(d)$ et $F = F_0 \oplus F_0^\perp$. Pour tout $y \in F, P_1(y) = y_0 + \lambda d$ où $\lambda \in \mathbb{R}$. Donc $P_0(y) = y_0$. On a : $\lambda = \dfrac{(P_1(y)|d)_F}{\|d\|^2}$. On a $y = y_1 + P_1(y)$ où $y_1 \in F_1^\perp$. Comme $d_1 \in F_1$, on a : $(y|d)_F = (P_1(y)|d)_F$.

5.b) $F_k = \text{Vect}(a_1, \ldots, a_k)$; $a_k = d_k + d'_k$ où d'_k est la projection orthogonale de a_k sur F_{k-1}.

$P_k = P_{k-1} + d_k d_k^{(g)}$ où $P_k = A_k A_k^{(g)}$. Donc $d_k = a_k - P_{k-1}a_k = (I_n - A_{k-1}A_{k-1}^{(g)})a_k$.

5.c) $A_k^{(g)} = \begin{pmatrix} C_k \\ {}^t\gamma_k \end{pmatrix}$ et $A_k = \begin{pmatrix} A_{k-1} & a_k \end{pmatrix} \Rightarrow A_k^{(g)} A_k = \begin{pmatrix} C_k A_{k-1} & C_k a_k \\ {}^t\gamma_k A_{k-1} & {}^t\gamma_k a_k \end{pmatrix}$.

Donc $A_k^{(g)} A_k = I_k \iff (C_{k-1}A_{k-1} = I_{k-1}, {}^t\gamma_k A_{k-1} = 0, C_k a_k = 0 \text{ et } {}^t\gamma_k a_k = 1)$.
$\gamma_k \in \text{Im}\,{}^t(A_k^{(g)}) = [\text{Ker}\, A_k^{g)}]^\perp$.
Comme $\text{Ker}\,[A_k^{(g)}] = \text{Ker}\,{}^tA_k = [\text{Im}(A_k)]^\perp$, $\gamma_k \in \text{Im}(A_k) = F_k$.

Comme ${}^t\gamma_k A_{k-1} = 0$, on a $\gamma_k \in \text{Ker}\,[{}^tA_{k-1}] = [\text{Im}(A_{k-1})]^\perp = F_{k-1}^\perp$.
D'où $\gamma_k \in F_k \cap F_{k-1}^\perp = \mathbb{R}\, d_k$.

On peut donc écrire $\gamma_k = \lambda_k d_k$ où $\lambda_k \in \mathbb{R}$. Comme $(\gamma_k|a_k)_F = {}^t\gamma_k a_k = 1$, donc $(\lambda_k d_k | d_k + d'_k)_F = 1$.

Doù : $\gamma_k = \|d_k\|^{-2} d_k$.

5.d) Le produit par blocs $A_k A_k^{(g)}$ donne :
$A_k A_k^{(g)} = A_{k-1}C_k + a_k {}^t\gamma_k = A_{k-1}c_k + a_k d_k^{(g)}$.
Donc : $A_{k-1}C_k + a_k d_k^{(g)} = A_{k-1}A_{k-1}^{(g)} + d_k d_k^{(g)}$. En multipliant à gauche par $A_{k-1}^{(g)}$ on obtient : $C_k + A_{k-1}^{(g)} a_k d_k^{(g)} = A_{k-1}^{(g)} + A_{k-1}^{(g)} d_k d_k^{(g)}$. Comme $\text{Ker}\,[A_{k-1}^{(g)}] = [\text{Im}(A_{k-1})]^\perp$, on a $d_k \in \text{Ker}\,[A_{k-1}^{(g)}]$. D'où $C_k + A_{k-1}^{(g)} a_k d_k^{(g)} = A_{k-1}^{(g)}$ *i.e.* $C_k = A_{k-1}^{(g)}(I_m - a_k d_k^{(g)})$.

Partie II

$\text{rg}(A) = m = \dim(\mathbb{R}^m)$. Donc A est surjective.

1.a) $\mathbb{R}^n = \text{Ker}(A) \oplus [\text{Ker}(A)]^\perp$. D'après le théorème fondamental A induit un isomorphisme A' de $[\text{Ker}(A)]^\perp$ sur $F = \text{Im}(A)$. On a $A' : [\text{Ker}(A)]^\perp \to F, \overline{x} \mapsto y = A\overline{x}$.
D'où $\overline{x} = A'^{-1}y$.

Si $y = Ax = A(\overline{x} + x')$, alors $\|x + x'\|^2 = \|x\|^2 + \|x'\|^2 \geqslant \|\overline{x}\|^2$.

Donc $\overline{x}$ est l'élément de E qui a la norme minimum parmi les solutions x de $Ax = y$.

1.b) $A'^{-1} = A^{(d)}$ est linéaire. Comme $\overline{x} = A^{(d)}y$ et $A\overline{x} = y$, on a $AA^{(d)}y = y$ *i.e.* $AA^{(d)} = I_m$.

2.a) $A^{(d)}$ étant un isomorphisme de F sur $\left[\operatorname{Ker}(A)\right]^{\perp}$, on a $\operatorname{rg}(A^{(d)}) = m$.

2.b) • Comme A est surjective, $\operatorname{Im}(A^{(d)}A) = \operatorname{Im}(A^{(d)})$. Or $\operatorname{Im}(A^{(d)}) = \left[\operatorname{Ker}(A)\right]^{\perp}$ par définition de $A^{(d)}$. Donc $\operatorname{Im}(A^{(d)}A) = \left[\operatorname{Ker}(A)\right]^{\perp}$.

• $x \in \operatorname{Ker}(A^{(d)}A) \iff Ax \in \operatorname{Ker}(A^{(d)}) = \{0\}$ car $A^{(d)}$ est injective puisque $AA^{(d)} = I_m$.
Donc $\operatorname{Ker}(A^{(d)}A) = \operatorname{Ker}(A)$.
Donc $\operatorname{Ker}(A^{(d)}A)$ et $\operatorname{Im}(A^{(d)}A)$ sont deux sous-espaces vectoriels supplémentaires orthogonaux dans F. On peut conclure que $A^{(d)}A$ est le projecteur orthogonal de F sur $\operatorname{Im}(A^{(d)}A) = \left[\operatorname{Ker}(A)\right]^{\perp}$.

2.c) Si $m = n$, alors $A^{(d)} = A^{-1}$.

2.d) $AA^{(d)} = I_m \Rightarrow {}^t\!A^{(d)}\,{}^t\!A = I_m$ par transposition.

$Q = A^{(d)}A$ étant une projection orthogonale, $Q = {}^tQ$. Donc $Q = {}^t\!A\,{}^t\!A^{(d)}$.

D'après I.3. ${}^t\!A^{(d)} = \left({}^t\!A\right)^{(g)} = (A\,{}^t\!A)^{-1}A$. D'où : $A^{(d)} = {}^t\!A\,{}^t(A\,{}^t\!A)^{-1}$.

Partie III

1.a) D'après le théorème fondamental, V induit l'isomorphisme R de $\left[\operatorname{Ker}(V)\right]^{\perp}$ sur $\operatorname{Im}(V)$ défini par $R : \left[\operatorname{Ker}(V)\right]^{\perp} \to \operatorname{Im}(V), x = Q(x) \mapsto Vx$.

1.b) Soit $W : F \to E$ telle $W\big|_{\operatorname{Im}(V)} : y \mapsto R^{-1}y$ et $W\big|_{\left[\operatorname{Im}(v)\right]^{\perp}} : y \mapsto 0$.

On a $\operatorname{Ker}(W) = \left[\operatorname{Im}(V)\right]^{\perp}$ et $\operatorname{Im}(W) = \left[\operatorname{Ker}(V)\right]^{\perp}$.

$\forall x \in \operatorname{Ker}(V), WVx = 0 = Qx$. $\forall x \in \left[\operatorname{Ker}(V)\right]^{\perp}, WVx = R^{-1}(Vx) = x = Qx$.
Donc $WV = Q$.

De même on montre que : $VW = P$.
$\forall x \in F, WVWx = R^{-1}\left[VWx\right] = Wx$. Donc $WV = Q$, $VW = P$ et $WVW = W$.
1.c) S'il existe W' vérifiant $W'V = Q$, $VW' = P$ et $W'VW' = W'$, alors $(W - W')V = 0$.

Donc $W = W'$ sur $\operatorname{Im}(V)$. Si $x \in \left[\operatorname{Im}(V)\right]^{\perp}$,alors $Px = 0$, donc :
$VW'x = 0$ et $W'x = (W'VW')x = 0$. D'où $W = W' = 0$ sur $\left[\operatorname{Im}(V)\right]^{\perp}$. Donc $W = W'$.

1.d) Si $r = n$, alors $Q = I_n = WV$ et $VW = P$ projecteur orthogonal. D'après I.3.c) $W = V^{(g)}$.

Si $r = m$, alors $P = I_m = VW$. Si $y \in F$, alors $\overline{x} = Wy \in \left[\operatorname{Ker}(V)\right]^{\perp}$ et $V\overline{x} = Py = y$.
Donc $\overline{x} = V^{(d)}y \Rightarrow W = V^{(d)}$.

2. $V^+V = Q$, $VV^+ = P$ et $V^+VV^+ = V^+$. Donc : $QV^+ = V^+ = V^+P$.
$PV = V \Rightarrow VV^+V = V$. D'après III.1.c), on a $(V^+)^+ = V$.
Comme $\left[\operatorname{Ker}(V)\right]^{\perp} = \operatorname{Im}(V) = \operatorname{Im}(V^+)$, Q est la projection orthogonale sur $\operatorname{Im}(V^+)$.

P est la projection orthogonale sur $\left[\mathrm{Ker}(V^+)\right]^\perp$.

De même, Q est la projection orthogonale sur $\mathrm{Im}({}^tV)$, P est la projection orthogonale sur $\left[\mathrm{Ker}({}^tV)\right]^\perp$.

${}^t(V^+){}^tV = {}^t(VV^+) = {}^tP = P$; ${}^tV{}^t(V^+) = {}^tQ = Q$; ${}^t(V^+){}^tV{}^t(V^+) = {}^t(V^+)$.

Donc $({}^tV)^+ = {}^t(V^+)$.

Partie IV

1. Il existe $P \in \mathbb{R}_{m-1}[X]$ tel que, pour tout $i \in [\![1, m-1]\!]$, $f(t_i) = P(t_i)$ d'après les polynôme d'interpolation de Lagrange. Donc : $\sum_{i=1}^{m} \left(f(t_i) - P(t_i)\right)^2 = 0 \leqslant \varepsilon$. Le problème possède une solution vérifiant $p \leqslant m - 1$.

2. $A_p = \begin{pmatrix} 1 & t_1 & \dots & t_1^p \\ 1 & t_2 & \dots & t_2^p \\ \vdots & & & \\ 1 & t_m & \dots & t_m^p \end{pmatrix} \in \mathfrak{M}_{m,p+1}(\mathbb{R})$ et $x = \begin{pmatrix} x_0 \\ \vdots \\ \vdots \\ x_p \end{pmatrix}$.

$x \in \mathrm{Ker}(A_p) \iff A_p x = 0 \iff \left(\forall i \in [\![1, m]\!], \sum_{k=0}^{p} x_k t_i^k = 0\right) \iff t_1, \dots, t_m$ sont racines de P où P est le polynôme $P = \sum_{k=0}^{p} x_k X^k$. Donc $x = 0$. D'où A_p est injective.

On a le min $\|y - A_p x\|^2$ si $A_p x$ est la projection orthogonale de y sur $\mathrm{Im}(A_p)$ *i.e.* $x = A_p^{(g)} y$. D'où l'algorithme compte tenu de I.5.

Initialisation : $p := 0$; $y := \begin{pmatrix} f(t_1) \\ \vdots \\ f(t_m) \end{pmatrix}$; $A := \begin{pmatrix} 1 \\ \vdots \\ 1 \end{pmatrix}$; $A^{(g)} := \frac{1}{m}{}^tA$; $P = AA^{(g)}$; $z = (I - P)y$;

Itération : tant que $\|z\|^2 > \varepsilon$ faire : $p := p + 1$; $a := \begin{pmatrix} t_1^p \\ \vdots \\ t_m^p \end{pmatrix}$; $d := (I - P)a$; $d^{(g)} := \frac{1}{\|d\|^2}{}^td$;

$C := A^{(g)}(I - ad^{(g)})$; $A^{(g)} = \begin{pmatrix} C \\ d^{(g)} \end{pmatrix}$; $P := P + dd^{(g)}$; $Z := (I - P)y$;

Résultat : $x := A^{(g)}y$; écrire p ; écrire x.

Fin

Les deux problèmes sont indépendants.

$\mathbb{R}$ désigne le corps des nombres réels.

Problème I

On désigne par $\mathfrak{M}$ l'ensemble des matrices carrées d'ordre 2 à coefficients réels. On se donne trois réels (a, b, c) avec $b \neq 0$ et on pose :

$$F = \begin{pmatrix} a & -b \\ b & c \end{pmatrix}, \quad I = \begin{pmatrix} 1 & 0 \\ 0 & 1 \end{pmatrix}$$

1.a) Montrer que l'ensemble des matrices de $\mathfrak{M}$ qui commutent avec F est un sous-espace vectoriel de $\mathfrak{M}$. On le notera $\mathcal{F}$.
1.b) Montrer que (F, I) est une base de $\mathcal{F}$.
1.c) Établir que pour tout entier $n \geqslant 0$, F^n appartient à $\mathcal{F}$.

2. Pour tout entier $n \geqslant 0$, on pose $F^n = \alpha_n F + \beta_n I$.

2.a) Justifier l'existence de (α_n, β_n).

2.b) Déterminer α_2 et β_2 en fonction de a, b, c. Que dire de $\mathcal{F}$ si $\beta_2 = 0$?

2.c) Déterminer une relation de récurrence entre α_n, α_{n+1}, et α_{n+2}.
2.d) Déterminer les suites $(\alpha_n)_{n\in\mathbb{N}}$ et $(\beta_n)_{n\in\mathbb{N}}$ quand $a = 3$, $b = c = -2$.

2.e) Déterminer les suites $(\alpha_n)_{n\in\mathbb{N}}$ et $(\beta_n)_{n\in\mathbb{N}}$ quand $a = 3$, $b = c = 1$.

3.a) Montrer que $\mathcal{F}$ est un anneau commutatif pour le produit matriciel habituel.
3.b) À quelle condition nécessaire et suffisante, portant sur α_2 et β_2, $\mathcal{F}$ est-il un corps ?
3.c) Dans le cas où $\mathcal{F}$ est un corps, résoudre dans $\mathcal{F}$ l'équation : $X^2 = -I$. Que peut-on conclure ?
3.d) $\mathcal{F}$ est-il un corps dans les cas indiqués aux questions 2.c) et 2.d) ?
Si non, caractériser alors tous ses éléments non inversibles.

4. On considère l'endomorphisme u de $\mathfrak{M}$ défini par : $u : M \mapsto F.M$

4.a) Montrer que $\mathcal{F}$ est stable par u.

4.b) Établir que u est un automorphisme de $\mathfrak{M}$ si, et seulement si, F est inversible.

4.c) Donner la matrice de u dans la base de $\mathfrak{M}$ formée des matrices :

$$E_1 = \begin{pmatrix} 1 & 0 \\ 0 & 0 \end{pmatrix}, \quad E_2 = \begin{pmatrix} 0 & 0 \\ 1 & 0 \end{pmatrix}, \quad E_3 = \begin{pmatrix} 0 & 1 \\ 0 & 0 \end{pmatrix}, \quad E_4 = \begin{pmatrix} 0 & 0 \\ 0 & 1 \end{pmatrix}$$

4.d) À quelle condition nécessaire et suffisante, portant sur α_2 et β_2, u est-il diagonalisable sur $\mathbb{R}$? Déterminer les valeurs propres de u dans chacun des cas indiqués aux questions 2.d) et 2.e).

Problème II

Si $n \geqslant 1$ est un entier, on note $\mathfrak{M}_n(\mathbb{R})$ l'ensemble des matrices carrées d'ordre n à coefficients réels.
On désigne par $(\cdot|\cdot)$ le produit scalaire euclidien canonique sur $\mathbb{R}^n$, c'est-à-dire celui pour lequel la base naturelle $\{(1,0,\dots,0),(0,1,0,\dots,0),\dots,(0,\dots,0,1)\}$ est orthonormée.
Soient $a < b$ deux réels et $n \geqslant 3$ un entier. On désigne par $\mathcal{C}^2[a,b]$ l'ensemble des fonctions numériques deux fois continûment dérivables sur $[a,b]$.
On divise l'intervalle $[a,b]$ en n intervalles de longueur $h = \dfrac{b-a}{n}$ et l'on considère les $(n+1)$ points de $[a,b]$: $x_k = a + k.h$; $k = 0,\dots,n$.
On se donne une fonction numérique f définie sur $[a,b]$ et on note f_k ses valeurs aux points x_k, c'est-à-dire : $\forall k \in \{0,\dots,n\}$, $f(x_k) = f_k$.
Si α et β sont deux réels donnés, on désigne par $W(f,\alpha,\beta)$ l'ensemble des fonctions numériques u qui vérifient les trois propriétés :

P1) u appartient à $\mathcal{C}^2[a,b]$.
P2) u coïncide avec f en chaque point x_k : $\forall k \in \{0,\dots,n\}$, $u(x_k) = f_k$.
P3) $u'(a) = \alpha$, $u'(b) = \beta$.

On désigne par S l'ensemble des fonctions numériques u de $\mathcal{C}^2[a,b]$ qui vérifient la propriété

P4) Sur chaque intervalle $]x_{k-1}, x_k[$, $(k = 0,\dots,n)$, u est un polynôme de degré inférieur ou égal à 3. Justifier succinctement que S est non vide.

On désigne par $\vec{e_0}, \vec{e_1}, \dots, \vec{e_n}$, la base canonique de $\mathbb{R}^{n+1}$ et on identifie les vecteurs de $\mathbb{R}^{n+1}$ à des matrices à $(n+1)$ lignes et une colonne.

A. Interpolation de f par une fonction de S.

Les réels α et β étant donnés, on cherche une fonction G de $W(f,\alpha,\beta)$ qui soit dans S.

1. Soit $\vec{m} = \displaystyle\sum_{k=0}^{n} m_k \vec{e_k}$ un vecteur de $\mathbb{R}^{n+1}$ donné.

a) Soit k un entier de $\{1,\dots,n\}$ montrer qu'il existe un unique polynôme de $\mathbb{R}[X]$, de degré inférieur ou égal à 3, P_k, tel que :

$$P_k(x_{k-1}) = f_{k-1} \quad P_k(x_k) = f_k, \quad P_k''(x_{k-1}) = m_{k-1}, \quad P_k''(x_k) = m_k$$

On cherchera P_k sous la forme :

$$P_k(x) = a_0(x_k - x)^3 + b_0(x - x_{k-1})^3 + a_1(x_k - x) + b_1(x - x_{k-1})$$

et l'on explicitera les coefficients (a_0, b_0, a_1, b_1) en fonction de $(f_{k-1}, f_k, m_{k-1}, m_k, h)$.

b) On considère la fonction g dont la restriction à $[x_{k-1}, x_k]$, $(k = 1, \dots, n)$, est P_k.

Vérifier que g est bien définie et montrer qu'une condition nécessaire et suffisante (C.N.S.) pour que g soit deux fois continûment dérivable sur $[a, b]$ est que : $m_{k-1} + 4m_k + m_{k+1} = \dfrac{6}{h^2}(f_{k-1} - 2f_k + f_{k+1})$; $k = 1, \dots, n-1$.

c) En déduire qu'une C.N.S. pour que g soit deux fois continûment dérivable sur $[a, b]$ et vérifie : $g'(a) = \alpha, g'(b) = \beta$ est que le vecteur $\overrightarrow{m}$ soit solution d'un système linéaire de la forme :

$$A.\overrightarrow{m} = \overrightarrow{b} \qquad (\star)$$

où A est une matrice de $\mathfrak{M}_{n+1}(\mathbb{R})$ dont les coefficients diagonaux sont $(2, 4, 4, \dots, 4, 2)$ et $\overrightarrow{b}$ un vecteur de $\mathbb{R}^{n+1}$ que l'on précisera.

On ne cherchera pas à résoudre ce système.

Que remarque-t-on quant à la forme de A ?

2. Soit $\overrightarrow{v} = \displaystyle\sum_{k=0}^{n} v_k \overrightarrow{e}_k$ un vecteur de $\mathbb{R}^{n+1}$ donné.

a) Montrer que $\left(A.\overrightarrow{v} | \overrightarrow{v}\right) \geqslant \left(\overrightarrow{v} | \overrightarrow{v}\right)$. Déterminer les vecteurs $\overrightarrow{v}$ pour lesquels l'inégalité précédente est une égalité.

b) En déduire que A est inversible.

c) En déduire l'existence et l'unicité de la fonction G cherchée. Indiquer au moins un algorithme permettant de résoudre en pratique le système $(\star)$.

3. On suppose pour cette question que $\alpha = \beta = 0$.

Montrer que le vecteur $\overrightarrow{b}$ du membre de droite de $(\star)$ est de la forme $\overrightarrow{b} = H.\overrightarrow{f}$ où $\overrightarrow{f} = \displaystyle\sum_{k=0}^{n} f_k \overrightarrow{e_k}$ et H est une matrice de $\mathfrak{M}_{n+1}(\mathbb{R})$ que l'on précisera.

Déterminer le noyau de H. Pouvait-on le connaître sans expliciter H ?

4. ***Application.*** On considère la fonction $f : x \mapsto \cos(x)$ avec $a = 0$ et $b = \pi$, et on prend $n = 6$. On cherche la solution $(m_0, m_1, \dots, m_6)$ du système $(\star)$ dans le cas où $\alpha = f'(a)$ et $\beta = f'(b)$.

a) Montrer, sans calculer $\overrightarrow{m}$, que l'on a les relations : $m_i = -m_{6-i}$; $i = 0, 1, 2, 3$. On pourra pour cela, par exemple, introduire la matrice de permutation associée à ces relations. Cette propriété se genéralise-t-elle à n quelconque ?

b) Déterminer alors $(m_0, m_1, m_2, m_3, m_4, m_5, m_6)$.

B. Une propriété «extrémale» des fonctions de S.

1. Montrer que S est un espace vectoriel sur $\mathbb{R}$. Indiquer sa dimension ; il pourra être utile d'exhiber une application linéaire de S dans un certain $\mathbb{R}^p$.

2. On désigne par S_0, la partie de S formée des fonctions u vérifiant l'égalité : $u'(a) = u'(b) = 0$. Montrer que S_0 est un sous-espace vectoriel de S. Indiquer une base de S_0 ainsi que sa dimension.
Si α et β sont deux réels donnés caractériser l'ensemble $S(\alpha, \beta)$ des éléments u de S vérifiant $u'(a) = \alpha$ et $u'(b) = \beta$.

3. À chaque fonction u de $\mathcal{C}^2[a,b]$ on associe le nombre $\Phi(u)$ défini par :

$$\Phi(u) = \int_a^b \left[u''(x)\right]^2 dx.$$

Les réels α et β étant donnés, G désigne la fonction déterminée à la partie précédente.

a) Montrer que pour tout u de $W(f, \alpha, \beta)$ on a $\Phi(u - G) = \Phi(u) - \Phi(G)$.
Il sera utile de considérer directement l'expression $\Phi(u - G) - \left[\Phi(u) - \Phi(G)\right]$.

b) En déduire que $\Phi(\mathrm{G}) = \inf\limits_{u \in W(f,\alpha,\beta)} \Phi(u)$.

c) Existe-t-il une fonction g de S vérifiant la propriété **P2** et la condition $g'(a) = g'(b) = 0$? Si oui, que représente $\Phi(g)$?

Connaissances utiles

- Algèbre linéaire,
- Fonctions d'une variable réelle.

Solution

Problème 1

1.a) L'application $\mathfrak{M} \to \mathfrak{M}, M \mapsto MF - FM$ étant un endomorphisme de l'espace vectoriel $\mathfrak{M}$, son noyau : l'ensemble des matrices de $\mathfrak{M}$ qui commutent avec F est un sous-espace vectoriel de $\mathfrak{M}$.

1.b) I et F sont éléments de $\mathcal{F}$ et si $F = \lambda I$ avec $\lambda \in \mathbb{R}$ alors $b = 0$: impossible. Donc (I, F) est une famille libre de $\mathcal{F}$.

Si $M = \begin{pmatrix} x & z \\ y & t \end{pmatrix}$ alors $MF = \begin{pmatrix} ax + bz & -bx + cz \\ ay + bt & -by + ct \end{pmatrix}$ et $FM = \begin{pmatrix} ax - by & az - bt \\ bx + cy & bz + ct \end{pmatrix}$

Comme $b \neq 0, M \in \mathcal{F} \iff \begin{cases} y = -z \\ x = t + \dfrac{c-a}{b} z \end{cases} \iff M \in \mathrm{Vect}(I, F)$. Donc $\mathcal{F}$ est un $\mathbb{R}$-espace vectoriel de dimension deux dont une base est (I, F).

1.c) Pour tout entier $n \in \mathbb{N}, F^n F = F F^n = F^{n+1}$ *i.e.* $F^n \in \mathcal{F}$.

2.a) Pour tout $n \in \mathbb{N}, F^n \in \mathcal{F} = \text{Vect}(I, F)$. D'où l'existence de $(\alpha_n, \beta_n) \in \mathbb{R}^2$.

2.b) $F^2 = \begin{pmatrix} a^2 - b^2 & -(ab+bc) \\ ab+bc & -b^2+c^2 \end{pmatrix} \Rightarrow \alpha_2 = a + c,\ \beta_2 = -\left(b^2 + ac\right) = -\det(F)$

$\beta_2 = 0 \Leftrightarrow \det(F) = 0 \Leftrightarrow F$ n'est pas inversible.

2.c) Si $F^n = \alpha_n F + \beta_n I \Rightarrow F^{n+1} = \alpha_n F^2 + \beta_n F = (\alpha_2 \alpha_n + \beta_n) F + \beta_2 \alpha_n I$.

Comme (I, F) est libre, pour tout $n \in \mathbb{N}$, $\begin{cases} \alpha_{n+1} = \alpha_2 \alpha_n + \beta_n \\ \beta_{n+1} = \beta_2 \alpha_n \end{cases}$

D'où : $\forall n \in \mathbb{N},\ \alpha_{n+2} - \alpha_2 \alpha_{n+1} - \beta_2 \alpha_n = 0$.

2.d) Si $a = 3$ et $b = c = -2$, alors $\alpha_2 = 1$ et $\beta_2 = 2$. la suite (α_n) est une suite récurrente linéaire d'équation caractéristique $r^2 - r - 2 = 0$ *i.e.* $(r+1)(r-2) = 0$.

$\exists!(\lambda, \mu) \in \mathbb{R}^2, \forall n \in \mathbb{N}, \alpha_n = \lambda 2^n + \mu (-1)^n$.

Comme $\alpha_0 = 0$ et $\alpha_1 = 1$, on obtient : $\forall n \in \mathbb{N}$, $\alpha_n = \dfrac{2^n - (-1)^n}{3}$.

$\beta_0 = 1$ et $\forall n \in \mathbb{N}^\star$, $\beta_n = 2\alpha_{n-1} = \dfrac{2^n + 2(-1)^n}{3}$. Donc $\forall n \in \mathbb{N}, \beta_n = \dfrac{2^n + 2(-1)^n}{3}$.

2.e) Si $a = 3$ et $b = c = 1$, alors $\alpha_2 = 4$ et $\beta_2 = -4$, on obtient de même :

$$\forall n \in \mathbb{N}, \alpha_n = n 2^{n-1} \text{ et } \beta_n = -(n-1) 2^n.$$

3.a) $\mathcal{F} = \mathbb{R}[F]$ est l'anneau commutatif des polynômes de la matrice F.

3.b) $\mathcal{F}$ est un corps si et seulement si toute matrice non nulle de $\mathcal{F}$ admet un inverse dans $\mathcal{F}$. Soit $M = xF + yI = \begin{pmatrix} ax+y & -bx \\ bx & cx+y \end{pmatrix} \in \mathcal{F} \setminus \{0\}$ est inversible si, et seulement si, $\det(M) \neq 0$. Or $\det(M) = (ax+y)(cx+y) + b^2x^2 = -\beta_2 x^2 + \alpha_2 xy + y^2$.

Donc $\det(M) = \left(y + \dfrac{\alpha_2}{2} x\right)^2 - \dfrac{\alpha_2^2 + 4\beta_2}{4} x^2$.

- si $\alpha_2^2 + 4\beta_2^2 < 0$, alors $\det(M) = 0 \iff (x = y = 0) \iff M = 0$.
- sinon $\det(M) = (y - \lambda_1 x)(y + \lambda_1 x)$ peut s'annuler pour $(x, y) \neq (0, 0)$.

Donc $\mathcal{F}$ est un corps si, et seulement si, $\alpha_2^2 + 4\beta_2^2 < 0$.

3.c) On suppose $\alpha_2^2 + 4\beta_2 < 0$, $(xF + yI)^2 = -I$ si, et seulement si,
$\begin{cases} x(\alpha_2 x + 2y) = 0 \\ \beta_2 x^2 + y^2 = -1 \end{cases}$ D'où : $M = \pm \dfrac{1}{\sqrt{-(\alpha_2^2 + 4\beta_2)}} (2F - \alpha_2 I)$.

Posons $X = \dfrac{1}{\sqrt{-(\alpha_2^2 + 4\beta_2)}} (2F - \alpha_2 I)$; la famille (I, X) est une base de $\mathcal{F}$

$\Phi : \mathcal{F} \to \mathbb{C}, xI + yX \mapsto x + iy$ est un isomorphisme de corps.

3.d) • Si $a = 3$ et $b = c = -2, \alpha_2 = 1, \beta_2 = 2$ et $\alpha_2^2 + 4\beta_2 > 0$, alors $\mathcal{F}$ n'est pas un corps. Les matrices non inversibles $(xF + yI)$ vérifient $y^2 + xy - 2x^2 = 0$ soit $x = y$ ou $y = -2x$. Les éléments non inversibles de $\mathcal{F}$ sont les matrices $\lambda(F - 2I)$ ou $\lambda(F + I)$ avec $\lambda \in \mathbb{R}$.

• Si $a = 3$ et $b = c = 1, \alpha_2 = 4, \beta_2 = -4$ et $\alpha_2^2 + 4\beta_2 = 0$. Donc $\mathcal{F}$ n'est pas un corps. Les matrices non inversibles $(xF + yI)$ vérifient $y^2 + 4xy + 4x^2 = 0 = (y + 2x)^2$.

Les éléments non inversibles de $\mathcal{F}$ sont les matrices $\lambda(F - 2I)$ où $\lambda \in \mathbb{R}$.

4.a) $\forall M \in \mathcal{F}, u(M)F = FMF = FFM = FU(M)$.
Donc $u(M) \in \mathcal{F}$ *i.e.* $\mathcal{F}$ est stable par u.

4.b) Si u est un automorphisme de $\mathfrak{M}$, il existe $M \in \mathfrak{M}$ telle que $u(M) = FM = I$. Donc F est inversible.
Réciproquement, si F est inversible, $u(M) = N \iff M = F^{-1}N$. Donc u est bijective.
Donc u est un automorphisme de $\mathfrak{M}$ si, et seulement si, F est inversible.

4.c) La matrice de u dans la base (E_1, E_2, E_3, E_4) est $U = \begin{pmatrix} a & -b & 0 & 0 \\ b & c & 0 & 0 \\ 0 & 0 & a & -b \\ 0 & 0 & b & c \end{pmatrix}$

Donc $U = \mathrm{Diag}(F, F)$.

4.d) Le polynôme caractéristique de U est : $\chi_U(x) = \left(x^2 - \alpha_2 x - \beta_2\right)^2 = (\chi_F(x))^2$
Pour tout $n \in \mathbb{N}, F^n = \alpha_n F + \beta_n I$ alors $U^n = \alpha_n U + \beta_n I$
Donc si P est un polynôme, $(P(U) = 0) \Leftrightarrow (P(F) = 0)$
Or une matrice carrée est diagonalisable si, et seulement si, elle annule un polynôme scindé à racines simples. Donc U est diagonalisable si, et seulement si, F l'est.
F est une matrice de $\mathfrak{M}$, non scalaire car $b \neq 0$, donc elle est diagonalisable si, et seulement si, elle admet deux valeurs propres réelles distinctes
Donc u est diagonalisable si, et seulement si, $\alpha_2^2 + 4\beta_2 > 0$.
Si $a = 3$ et $b = c = -2$, $\chi_u(x) = \left(x^2 - x - 2\right)^2$. L'endomorphisme u de $\mathfrak{M}$ admet deux valeurs propres doubles -1 et 2.
Si $a = 3$ et $b = c = 1$, , $\chi_u(x) = (x-2)^4$. u admet une valeur propre quadruple 2.

Problème 2

S est non vide car la fonction nulle sur $[a, b]$ est élément de S.

Partie A

1.a) La famille $\left\{(x_k - X)^3,\ (X - x_{k-1})^3,\ (x_k - X),\ (X - x_{k-1})\right\}$ est libre dans $\mathbb{R}[X]$ car si $(\alpha, \beta, \gamma, \delta) \in \mathbb{R}^4$, soit $P = \alpha(x_k - X)^3 + \beta(X - x_{k-1})^3 + \gamma(x_k - X) + \delta(X - x_{k-1})$
$P = 0 \Rightarrow \left(P''(x_k) = P''(x_{k-1}) = P(x_k) = P(x_{k-1}) = 0\right) \Rightarrow (\alpha = \beta = \gamma = \delta = 0)$.
Comme elle de cardinal $4 = \dim(\mathbb{R}_3[X])$, elle constitue une base de $\mathbb{R}_3[X]$.
On peut donc chercher P_k sous la forme :
$P_k(x) = a_0(x_k - x)^3 + b_0(x - x_{k-1})^3 + a_1(x_k - x) + b_1(x - x_{k-1})$.

$$P_k(x_{k-1}) = f_{k-1} \quad P_k(x_k) = f_k, \quad P_k''(x_{k-1}) = m_{k-1}, \quad P_k''(x_k) = m_k$$

équivaut à : $\begin{cases} a_0h^3 + a_1h & = f_{k-1} \\ b_0h^3 + b_1h & = f_k \\ 6a_0h & = m_{k-1} \\ 6b_0h & = m_k \end{cases}$

D'où $a_0 = \dfrac{1}{6h}m_{k-1}$, $a_1 = \dfrac{1}{h}f_{k-1} - \dfrac{h}{6}m_{k-1}$, $b_0 = \dfrac{1}{6h}m_k$, $b_1 = \dfrac{1}{h}f_k - \dfrac{h}{6}m_k$.

1.b) g est bien définie puisque pour tout $k \in [\![1, n-1]\!], P_k(x_k) = P_{k+1}(x_k) = f_k$.

g est de classe $\mathcal{C}^2$ sur $[a,b]$ si, et seulement si, $\forall k \in [\![1, n-1]\!], \begin{cases} P_k'(x_k) = P_{k+1}'(x_k) \\ P_k''(x_k) = P_{k+1}''(x_k) \end{cases}$

La seconde égalité précédente est vérifiée par hypothèse.

$P_k'(x) = -\dfrac{1}{2h}m_{k-1}(x_k - x)^2 + \dfrac{1}{2h}m_k(x - x_{k-1})^2 + \dfrac{1}{h}(f_k - f_{k-1}) - \dfrac{h}{6}(m_k - m_{k-1})$

Donc g est de classe $\mathcal{C}^2$ sur $[a,b]$ si, et seulement si,

$$\forall k \in [\![1, n-1]\!], m_{k-1} + 4m_k + m_{k+1} = \frac{6}{h^2}(f_{k-1} - 2f_k + f_{k+1}).$$

1.c) $g'(a) = \alpha \iff P_1'(a) = \alpha \iff 2m_0 + m_1 = \dfrac{6}{h^2}(-f_0 + f_1 - \alpha h)$.

$g'(b) = \beta \iff P_n'(b) = \beta \iff m_{n-1} + 2m_n = \dfrac{6}{h^2}(f_{n-1} - f_n + \beta h)$

Une C.N.S. pour que g soit de classe $\mathcal{C}^2$ sur $[a,b]$ et vérifie $g'(a) = \alpha$ et $g'(b) = \beta$ est donc que $\overrightarrow{m}$ soit solution du systéme $A\overrightarrow{m} = \overrightarrow{b}$ où

$$A = \begin{pmatrix} 2 & 1 & & & & & \\ 1 & 4 & 1 & & & (0) & \\ & \ddots & \ddots & \ddots & & & \\ & & \ddots & \ddots & \ddots & & \\ & & & \ddots & \ddots & \ddots & \\ & (0) & & & 1 & 4 & 1 \\ & & & & & 1 & 2 \end{pmatrix} \text{ et } \overrightarrow{b} = \frac{6}{h^2}\begin{pmatrix} -f_0 + f_1 - \alpha h \\ f_0 - 2f_1 + f_2 \\ \vdots \\ f_{k-1} - 2f_k + f_{k+1} \\ \vdots \\ f_{n-2} - 2f_{n-1} + f_n \\ f_{n-1} - f_n + \beta h \end{pmatrix}$$

On peut remarquer que A est symétrique réelle à diagonale strictement dominante, donc inversible.

2.a) $\left(A.\overrightarrow{v}|\overrightarrow{v}\right) = (2v_0 + v_1)v_0 + \displaystyle\sum_{k=1}^{n-1}(v_{k-1} + 4v_k + v_{k+1})v_k + (2v_n + v_{n-1})v_n$.

Donc : $\left(A.\overrightarrow{v}|\overrightarrow{v}\right) = 2v_0^2 + 4\displaystyle\sum_{k=1}^{n-1} v_k^2 + 2v_n^2 + 2\sum_{k=0}^{n-1} v_kv_{k+1}$.

D'où : $\left(A.\overrightarrow{v}|\overrightarrow{v}\right) - \left(\overrightarrow{v}|\overrightarrow{v}\right) = \displaystyle\sum_{k=0}^{n-1}(v_k + v_{k+1})^2 + \sum_{k=1}^{n-1} v_k^2 \geqslant 0$ *i.e.* $\left(A.\overrightarrow{v}|\overrightarrow{v}\right) \geqslant \left(\overrightarrow{v}|\overrightarrow{v}\right)$

$\left(A.\overrightarrow{v}|\overrightarrow{v}\right) = \left(\overrightarrow{v}|\overrightarrow{v}\right) \iff \begin{cases} \forall k \in [\![0, n-1]\!], v_k + v_{k+1} = 0 \\ \forall k \in [\![1, n-1]\!], v_k = 0 \end{cases} \iff \overrightarrow{v} = \overrightarrow{0}$

2.b) Si $A.\overrightarrow{v} = \overrightarrow{0}$, comme $\left(A.\overrightarrow{v}|\overrightarrow{v}\right) \geqslant \left(\overrightarrow{v}|\overrightarrow{v}\right) \geqslant 0$, alors : $\left(\overrightarrow{v}|\overrightarrow{v}\right) = 0$, donc $\overrightarrow{v} = \overrightarrow{0}$.

0 n'étant pas valeur propre de la matrice carrée A, elle est inversible.

2.c) Le systéme $(\star)$ est donc de Cramer. Il admet une unique solution $\overrightarrow{m}$ et on déduit de A.1. l'existence et l'unicité de la fonction G de $W(f,\alpha,\beta)\cap S$

L'algorithme du pivot de Gauss permet de résoudre le systéme.

3. Si $\alpha=\beta=0$, on a : $\overrightarrow{b}=H.\overrightarrow{f}$ avec $H=\dfrac{6}{h^2}\begin{pmatrix}-1 & 1 & & & & (0) \\ 1 & -2 & \ddots & & & \\ & \ddots & \ddots & \ddots & & \\ & & \ddots & \ddots & \ddots & \\ & & & \ddots & \ddots & \ddots \\ & (0) & & & \ddots & -2 & 1 \\ & & & & & 1 & -1\end{pmatrix}$

$\overrightarrow{f}\in\mathrm{Ker}(H) \iff \forall k\in[\![1,n]\!], f_k=f_{k-1}$ comme on le voit en écrivant le système.

Donc $\mathrm{Ker}(H)$ est la droite vectorielle engendrée par $\displaystyle\sum_{k=0}^{n}\overrightarrow{e_k}$

Autre méthode : si $\overrightarrow{b}=\overrightarrow{0}$, alors $\overrightarrow{m}=\overrightarrow{0}$ car A est inversible. Donc G est affine par morceaux. Comme G est de classe $\mathcal{C}^1$ sur $[a,b]$, G est affine. Comme $G'(a)=0$, la fonction G est constante sur $[a,b]$ donc les f_k sont tous égaux.
Réciproquement si les f_k sont tous égaux, la fonction constante G égale à f_0, est dans $W(f,0,0)\cap S$. C'est l'unique solution. Donc $\overrightarrow{m}=\overrightarrow{0}$ et $\overrightarrow{b}=\overrightarrow{0}$.

4.a) Notons $s_i=m_{6-i}$. On a :

$$A\overrightarrow{s}=-\begin{pmatrix}2m_6+m_5\\ m_6+4m_5+m_4\\ \vdots\\ m_2+4m_1+m_0\\ m_1+2m_0\end{pmatrix}=-\frac{6}{h^2}\begin{pmatrix}f_5-f_6+\beta h\\ f_6-2f_5+f_4\\ \vdots\\ f_2-2f_1+f_0\\ f_1-f_0-\alpha h\end{pmatrix}$$

Comme $\cos(\pi-\theta)=-\cos(\theta)$, on a $f_{n-k}=-f_k$ pour tout k. D'où

$$A\overrightarrow{s}=\frac{6}{h^2}\begin{pmatrix}f_1-f_0+\beta h\\ f_0-2f_1+f_2\\ \vdots\\ f_4-2f_5+f_6\\ f_5-f_6-\alpha h\end{pmatrix}$$

Comme A est inversible, on a $\overrightarrow{f}=\overrightarrow{s} \iff \alpha=\beta$.
Donc si $\alpha=\beta$, alors $m_i=-m_{6-i}$ pour tout i. Cette relation se généralise à n quelconque.

4.b) $f(x)=\cos(x), a=0, b=\pi, n=6$. Donc $\alpha=\beta=0$. Pour $i\in[\![1,6]\!], f_{6-i}=-f_i$.
La détermination des m_i découle du système :

$$\begin{cases} 2m_0 + m_1 = \dfrac{108}{\pi^2}(-2+\sqrt{3}) \\ m_0 + 4m_1 + m_2 = \dfrac{108}{\pi^2}(3-2\sqrt{3}) \\ m_1 + 4m_2 = \dfrac{108}{\pi^2}(-2+\sqrt{3}) \end{cases} \text{ D'où } \begin{cases} m_0 = -m_6 = \dfrac{216}{13\pi^2}(-11+6\sqrt{3}) \\ m_1 = -m_5 = \dfrac{108}{13\pi^2}(18-11\sqrt{3}) \\ m_2 = -m_4 = \dfrac{108}{13\pi^2}(-11+6\sqrt{3}) \\ m_3 = 0 \end{cases}$$

Partie B

1. On montre aisément que S est un sous-espace vectoriel de $\mathcal{C}^2[a,b]$. L'application $H : S \to \mathbb{R}^{n+3}, g \mapsto \big(g(x_0), g(x_1), \cdots, g(x_n), g'(a), g'(b)\big)$ est linéaire. Elle est bijective d'aprés A.2.c). Donc $\dim(S) = \dim\left(\mathbb{R}^{n+3}\right) = n+3$.

2. Avec les notations précédentes, $S_0 = H^{-1}(E)$ où E est l'ensemble des $n+3$ uplets $(x_0, x_1, \ldots x_n, 0, 0)$ de réels.
Comme h est un isomorphisme, $\dim(S_0) = \dim(E) = n+1$.

Une base de S_0 est la famille $(e'_k)_{0\leqslant k\leqslant n}$ où $e'_k = H^{-1}(\varepsilon_k)$ où $(\varepsilon_k)_{0\leqslant k\leqslant n+2}$ est la base canonique de $\mathbb{R}^{n+3}$.
Soit $\varphi \in S(\alpha,\beta)$. Son existence a été prouvée en A.2. $\varphi \in S(\alpha,\beta) \iff (u-\varphi) \in S_0$.
Donc $S(\alpha,\beta)$ est un sous-espace affine de S de direction S_0.

3.a) $G \in S \cap W(f,\alpha,\beta)$. Pour tout $u \in W(f,\alpha,\beta)$,

$$\Delta = \Phi\,(u-G) - [\Phi(u) - \Phi(G)] = \int_a^b 2G''(G''-u'')$$

$G'-u'$ est de classe $\mathcal{C}^1$ sur $[a,b]$, G'' est continue affine par morceaux sur $[a,b]$ donc de classe $\mathcal{C}^1$ par morceaux sur $[a,b]$. Par intégration par parties (licite d'après le programme),

$$\Delta = 2\big[G''(G'-u')\big]_a^b - 2\int_a^b G^{(3)}(G'-u').$$

Comme $(G'-u')(a) = (G'-u')(b) = 0$, on a : $\Delta = -2\displaystyle\int_a^b G^{(3)}(G'-u')$.

$G^{(3)}$ est une fonction en escalier sur $[a,b]$. Si $x \in\,]x_{k-1}, x_k[\,, G^{(3)}(x) = \mu_k$.

Donc $\Delta = -2\displaystyle\sum_{k=1}^{n} \mu_k \big[G-u\big]_{x_{k-1}}^{x_k} = 0$, car pour tout k, $(G-u)\,(x_k) = 0$.

$$\Phi\,(u-G) = \Phi(u) - \Phi(G).$$

3.b) $\forall u \in W(f,\alpha,\beta), \Phi(u) = \Phi\,(u-G) + \Phi(G) \geqslant \Phi\,(G)$ car $\Phi \geqslant 0$.
Comme $G \in W(f,\alpha,\beta)$, le résultat est prouvé.

3.c) En reprenant les calculs de A.1. avec $m_0 = m_n = 0$ et :

$$\forall k \in [\![1, n-1]\!], m_{k-1} + 4m_k + m_{k+1} = \frac{6}{h^2}(f_{k-1} - 2f_k + f_{k+1})$$

On est amené à résoudre :

$$\begin{pmatrix} 4 & 1 & & & \\ 1 & \ddots & \ddots & (0) & \\ & \ddots & \ddots & \ddots & \\ & (0) & \ddots & \ddots & 1 \\ & & & 1 & 4 \end{pmatrix} \begin{pmatrix} m_1 \\ m_2 \\ \vdots \\ \vdots \\ m_{n-1} \end{pmatrix} = \frac{6}{h^2} \begin{pmatrix} f_0 - 2f_1 + f_2 \\ \vdots \\ f_{k-1} - 2f_k + f_{k+1} \\ \vdots \\ f_{n-2} - 2f_{n-1} + f_n \end{pmatrix}$$

Comme en A.2; on prouve l'inversibilité de la matrice du système. Donc il y a une unique solution notée g.

Notons $E(f, \alpha, \beta)$ l'ensemble des fonctions de $\mathcal{C}^2[a, b]$ vérifiant la propriété $\boldsymbol{P_2}$.

$\forall u \in E(f, \alpha, \beta), \Phi\,(u - g) - [\Phi(u) - \Phi(g)] = 2\big[g''(g' - u')\big]_a^b - 2\displaystyle\int_a^b g^{(3)}(g' - u')$

Comme $g''(a) = g''(b) = 0$, on a : $\Phi\,(u - g) - [\Phi(u) - \Phi(g)] = -2\displaystyle\int_a^b g^{(3)}(g' - u')$.

Par un calcul analogue à celui du 3.a), on a : $\Phi\,(u - g) = \Phi(u) - \Phi(g)$.

D'où : $\Phi(g)) = \inf\limits_{u \in E(f, \alpha, \beta)} \Phi(u)$.

Fin

CCP
Filière PC 1998
Épreuve 2

Les deux parties sont totalement indépendantes.

Partie I

1. Soit f une fonction continue sur l'intervalle $[-1,1]$. Calculer la dérivée $F'(x)$ de la fonction $F : x \mapsto \int_0^{\sin(x)} f(t)dt$.

2. Soit f une fonction continue sur sur $\mathbb{R}$ et de période T. Montrer que la fonction $F : x \mapsto \int_x^{x+T} f(t)dt$ est constante sur $\mathbb{R}$.

Soit m un paramètre réel tel que $0 \leqslant m \leqslant 1$. À chaque valeur de m on associe la fonction réelle définie par $u(x) = \int_0^x \frac{dt}{\sqrt{1 - m\sin^2(t)}}$.

3. On commence par traiter deux cas particuliers.

3.a) Préciser le domaine de définition et calculer $u(x)$ pour $m = 0$.

3.b) Préciser le domaine de définition et calculer $u(x)$ pour $m = 1$.

Dans la suite on considère $0 < m < 1$.

4.a) Montrer que u est dérivable et donner l'expression de $u'(x)$

4.b) En déduire que u est croissante et impaire sur $\mathbb{R}$.

4.c) Montrer que : $u(x) \xrightarrow[x \to +\infty]{} +\infty$.

5. Pour $x \in \left]-\frac{\pi}{2}, \frac{\pi}{2}\right[$ on définit $v(x) = \int_0^{\sin(x)} \frac{dt}{\sqrt{(1-t^2)(1-mt^2)}}$.

5.a) Établir que $u(x) = v(x)$ dans cet intervalle.

5.b) La fonction v est-elle définie pour $x = \frac{\pi}{2}$? Admet-elle une limite en ce point ?

5.c) Montrer que la fonction $x \mapsto u(x+\pi) - u(x)$ est constante sur $\mathbb{R}$. Exprimer cette constante qu'on notera $K(m)$, en fonction de $u\left(\frac{\pi}{2}\right)$.

6.a) Démontrer que u admet une fonction réciproque A définie et dérivable sur $\mathbb{R}$. Donner le sens de variation de A.

6.b) Calculer $A\big(x + K(m)\big) - A(x)$.

6.c) Exprimer A' et montrer que A'' vérifie $A'' + m\sin(A)\cos(A) = 0$.

7. Pour tout y réel, on note $x = A(y)$ et on définit les fonctions S, C et D par

$$S(y) = \sin(x),\ C(y) = \cos(x),\ D(y) = \sqrt{1 - m\sin^2(x)}.$$

7.a) Étudiez la parité des 3 fonctions. Montrer qu'elles sont périodiques et donner leur période en fonction de $K(m)$.

7.b) Exprimez les dérivées S', C' et D' en fonction de S, C et D.

Soit $w : (x,t) \mapsto w(x,t)$ une application de classe $\mathcal{C}^3$ de $\mathbb{R}^2$ dans $\mathbb{R}$ dont les dérivées partielles vérifient la relation : $\dfrac{\partial w}{\partial t} - 6w\dfrac{\partial w}{\partial x} + \dfrac{\partial^3 w}{\partial x^3} = 0$.

On cherche les solutions de l'équation aux dérivées partielles considérée pour lesquelles il existe $g \in \mathcal{C}^3(\mathbb{R}, \mathbb{R})$ telle que pour tout $(x,t) \in \mathbb{R}^2$, $w(x,t) = g(x - ct)$ où c est un nombre réel strictement positif donné.

On posera par la suite $\xi = x - ct$.

8.a) Exprimez $\dfrac{\partial w}{\partial t}, \dfrac{\partial w}{\partial x}, \dfrac{\partial^3 w}{\partial x^3}$ en fonction des dérivées de g.

8.b) En déduire une équation différentielle satisfaite par g.

8.c) Montrer, en intégrant deux fois de suite l'équation différentielle précédente, qu'on peut exprimer g'^2 en fonction de g, c et de constantes d'intégration.

9. On fixe les constantes d'intégration en considérant le cas particulier où g, g', g'' tendent vers 0 quand ξ tend vers $\pm\infty$.

9.a) À quelle condition g' est-elle définie ?

9.b) En supposant cette condition satisfaite, déterminer g en fonction de ξ, c et d'une constante arbitraire.

Partie II

On considère l'équation différentielle du second ordre

$$(E) \qquad (x^2 - 1)u''(x) + 2x(1 - n)u'(x) - 2nu(x) = 0$$

d'inconnue la fonction $u : \mathbb{R} \to \mathbb{R}$ de classe $\mathcal{C}^2$ et où n est un paramètre entier.

1. Montrer que $u_n : x \mapsto (x^2 - 1)^n$ vérifie (E).

2. On définit le polynôme $P_n(x) = k_n \dfrac{d^n u_n(x)}{dx^n}$ où k_n est un nombre réel non nul.

2.a) Déterminer une équation différentielle linéaire du second ordre (E_n) satisfaite par P_n.

2.b) Exprimer $P_n(-x)$ en fonction de $P_n(x)$.

2.c) Déterminer la constante k_n pour que P_n vérifie $P_n(1) = 1$.

(*Dans toute la suite, on fixe k_n à cette valeur.*)

2.d) Montrer que toutes les racines de P_n sont situées dans l'intervalle $]-1,1[$.

2.e) Retrouver à l'aide de l'équation différentielle (E_n) que P_n n'a que des racines simples.

3.a) Démontrer que pour deux entiers $m \neq n$, $\displaystyle\int_{-1}^{1} P_n(x)P_m(x)dx = 0$.

3.b) Calculer la valeur de $\displaystyle\int_{-1}^{1} P_n^2(x)dx$.

Remarque : les résultats suivants peuvent être utiles.

$$\int_0^{\frac{\pi}{2}} \big(\cos(x)\big)^{2n}dx = \frac{\pi}{2}\frac{(2n)!}{(2^n n!)^2} \quad \text{et} \quad \int_0^{\frac{\pi}{2}} \big(\cos(x)\big)^{2n+1}dx = \frac{(2^n n!)^2}{(2n+1)!}.$$

4. Soit la fonction réelle f définie pour $x \in [0,1]$ par $f(x) = \dfrac{1}{\sqrt{1-2xh+h^2}}$ où h est un paramètre réel dans $]0,1[$.

4.a) Justifier et effectuer le développement de f sous forme de série de fonctions polynomiales en x et h (*on admettra la permutation des sommations dans toute la question.*)

4.b) En déduire que f peut se décomposer sous la forme :

$$f(x) = \sum_{n=0}^{\infty} c_n(h)P_n(x).$$

4.c) Établir, en dérivant f par rapport à h, une relation de récurrence entre les polynômes P_n.

4.d) De manière analogue et en admettant la dérivation terme à terme par rapport à x du développement de f, montrer que les P_n vérifient :

$$x\frac{d}{dx}P_n(x) - \frac{d}{dx}P_{n-1}(x) - nP_n(x) = 0.$$

Connaissances utiles

- Intégration sur un segment.
- Équations différentielles.
- Séries entières.

Solution

Partie I

1. f étant continue sur $[-1,1]$, la fonction $\varphi : x \mapsto \displaystyle\int_0^x f(t)dt$, sa primitive s'annulant en 0 est de classe $\mathcal{C}^1$ sur $[-1,1]$. Par composition, $F = \varphi \circ \sin$ est de classe $\mathcal{C}^1$ sur $\mathbb{R}$ et $F'(x) = \cos(x).f(\sin(x))$.

2. Si f est continue sur $\mathbb{R}$, la fonction $\varphi : x \mapsto \displaystyle\int_0^x f(t)dt$, sa primitive s'annulant en 0 est de classe $\mathcal{C}^1$ sur $\mathbb{R}$ ainsi que $F : x \mapsto \varphi(x+T) - \varphi(x)$. Donc, pour tout x réel, $F'(x) = \varphi'(x+T) - \varphi'(x) = f(x+T) - f(x) = 0$ puisque f est T-périodique. D'où F est constante.

3.a) Pour $m = 0$, la fonction u est définie sur $\mathbb{R}$ et : $\forall x \in \mathbb{R}\ u(x) = x$

3.b) Pour $m = 1$, u est définie sur $\left]-\frac{\pi}{2}, \frac{\pi}{2}\right[$ et

$\forall x \in \left]-\frac{\pi}{2}, \frac{\pi}{2}\right[,\ u(x) = \ln\left[\tan\left(\frac{x}{2} + \frac{\pi}{4}\right)\right]$.

Le domaine de définition de u est $\left]-\frac{\pi}{2}, \frac{\pi}{2}\right[$ car $u(x) \xrightarrow[x \to \frac{\pi}{2}]{} +\infty$ et $u(x) \xrightarrow[x \to -\frac{\pi}{2}]{} -\infty$.

4.a) Comme $0 < m < 1$, la fonction $x \mapsto 1 - m.\sin^2(t)$ est continue sur $\mathbb{R}$ et à valeurs strictement positives, la fonction $t \mapsto \dfrac{1}{\sqrt{1 - m.\sin^2(t)}}$ est continue sur $\mathbb{R}$. Donc u est de classe $\mathcal{C}^1$ sur $\mathbb{R}$ et : $u'(x) = \dfrac{1}{\sqrt{1 - m.\sin^2(x)}}$.

4.b) Comme $u'(x) > 0$ pour tout x, la fonction u est strictement croissante sur $\mathbb{R}$. u' est paire et $u(0) = 0$, donc u est impaire.

4.c) $\forall x \in \mathbb{R}_+^\star, u(x) \geqslant \displaystyle\int_0^x \frac{dt}{\sqrt{1-m}} = \frac{x}{\sqrt{1-m}}$. Donc, $u(x) \xrightarrow[x \to +\infty]{} +\infty$.

5.a) D'après I.1. v est de classe $\mathcal{C}^1$ sur $\left]-\frac{\pi}{2}, \frac{\pi}{2}\right[$ et, sur cet intervalle, on a $u' = v'$. Donc : $\forall x \in \left]-\frac{\pi}{2}, \frac{\pi}{2}\right[\ , u(x) - v(x) = u(0) - v(0) = 0$.

5.b) La fonction $\psi : t \mapsto \dfrac{1}{\sqrt{(1-t^2)(1-mt^2)}}$ est intégrable sur $[0,1[$. En effet, elle est continue sur $[0,1[\ , \psi(t) \underset{t \to 1}{\sim} \dfrac{1}{\sqrt{2(1-m)}} \dfrac{1}{(1-t)^{1/2}}$ et $t \mapsto \dfrac{1}{(1-t)^{1/2}}$ est intégrable sur $[0,1[$ d'après le critère de Riemann. Donc on peut définir v en $\frac{\pi}{2}$.

On a $v\left(\frac{\pi}{2}\right) = \displaystyle\int_0^1 \psi(t)dt$. D'où : $v\left(\frac{\pi}{2}\right) = \lim_{x \to 1} \displaystyle\int_0^x \psi(t)dt = \lim_{\pi/2} u = u\left(\frac{\pi}{2}\right)$.

5.c) La fonction $t \to \dfrac{1}{\sqrt{1-m\sin^2(t)}}$ étant continue sur $\mathbb{R}$ et π-périodique, on déduit de I.2. que $x \mapsto u(x+\pi)-u(x)$ est constante, et en notant $K(m)$ sa valeur, on a : $K(m) = u\left(\frac{\pi}{2}\right) - u\left(-\frac{\pi}{2}\right) = 2.u\left(\frac{\pi}{2}\right)$ car u est impaire.

6.a) u étant continue, strictement croissante sur l'intervalle $\mathbb{R}$, elle établit un homéomorphisme entre $\mathbb{R}$ et $u(\mathbb{R})$. Comme u est impaire et tend vers $+\infty$ en $+\infty$, on a $u(\mathbb{R}) = \mathbb{R}$. D'où l'existence de A, fonction réciproque de u, elle aussi continue, strictement croissante sur $\mathbb{R}$. Comme $u'(x) > 0$ et u est de classe $\mathcal{C}^1$ sur $\mathbb{R}$, la fonction u est un $\mathcal{C}^1$-difféomorphisme de $\mathbb{R}$ sur $\mathbb{R}$ et $A'(x) = \dfrac{1}{u'\big(A(x)\big)} = \sqrt{1-m\sin^2(x)} > 0$.

6.b) $\forall x \in \mathbb{R}, u\big(A(x)+\pi\big) = u(A(x)) + K(m) = x + K(m)$.
Donc : $A\big(x+K(m)\big) = A(u(A(x)+\pi)) = A(x)+\pi$.

6.c) De I.6.a) on déduit que A' est dérivable sur $\mathbb{R}$ et, pour tout réel x, on a :
$A''(x) = \dfrac{-2m.\sin(A(x))\cos(A(x))}{2\sqrt{1-m.\sin^2(A(x))}} \cdot A'(x) = -m.\sin(A(x))\cos(A(x))$.
D'où le résultat.

7.a) En tant que fonction réciproque d'une fonction impaire A est impaire. Il en découle que C et D sont paires et que S est impaire.
D'après I.6.b), S et C sont $2K(m)$-périodiques et D est $K(m)$-périodique.

7.b) $A' = D$. Donc $S' = CD$, $C' = SD$ et $D' = -mSC$

8.a) $\dfrac{\partial w}{\partial t}(x,t) = -c.g'(x-ct)$, $\dfrac{\partial w}{\partial x}(x,t) = g'(x-ct)$, $\dfrac{\partial^3 w}{\partial x^3}(x,t) = g^{(3)}(x-ct)$ pour tout $(x,t) \in \mathbb{R}^2$

8.b) D'où g est solution de $y^{(3)} - 6yy' - cy' = 0 = 0$.

8.c) Par intégration, il existe $a \in \mathbb{R}, y'' - 3y^2 - cy = a$. En multipliant les deux membres de cette égalité par $2y'$ et en intégrant, on obtient : $g'^2 = 2g^3 + cg^2 + 2ag + b$.

9.a) Les conditions imposées donnent : $a = b = 0$. D'où $g'^2 = c.g^2 + 2.g^3$. Donc, on doit avoir $c.g^2 + 2.g^3 \geqslant 0$.

9.b) On cherche les solutions g de $y'^2 = y(2y+c)$ telles que g, g' et g'' tendent vers 0 en $+\infty$. Compte tenu des imprécisions de l'énoncé et du programme PC, nous supposerons que l'équation différentielle a une unique solution sur un intervalle I dont une borne est $+\infty$ et sur lequel g ne s'annule pas et ne prend pas la valeur $-\dfrac{c}{2}$.

Cette question ne pouvant se traiter par le programme de PC et réclamant aux étudiants de MP de la dextérité, du temps et de la rigueur, nous nous contenterons de donner le résultat sans justifications : $g(\xi) = \dfrac{-c}{2\operatorname{ch}^2\left(\dfrac{\sqrt{c}}{2}\xi + \alpha\right)}$ où $\alpha \in \mathbb{R}$.

Partie II

1. $u_n(x) = (x^2-1)^n \Rightarrow u_n'(x) = 2nx(x^2-1)^{n-1} \Rightarrow (x^2-1)u_n'(x) = 2nxu_n(x)$.
Par dérivation : $(x^2-1)u_n''(x) + 2xu_n'(x) = 2nxu_n'(x) + 2nu_n(x)$. D'où le résultat.

2.a) L'application de la formule de Leibniz à la relation de l'énoncé donne :

$$(x^2-1)u_n^{(n+2)}(x) + \mathrm{C}_n^1(2x)u_n^{(n+1)}(x) + \mathrm{C}_n^2(2)u_n^{(n)}(x) + 2x(1-n)u_n^{(n+1)}(x) + \mathrm{C}_n^1(2)(1-n)u_n^{(n)}(x) - 2nu_n(x) = 0.$$

Après simplification et division des deux membres par k_n et on trouve :

$$\forall x \in \mathbb{R},\ (x^2-1)P_n''(x) + 2xP_n'(x) - n(n+1)P_n(x) = 0.$$

2.b) u_n étant paire, sa dérivée n-ième est de même parité que n.
Donc $P_n(-x) = (-1)^n P_n(x)$.

2.c) De la formule de Leibniz on déduit : $u_n^{(n)}(x) = \displaystyle\sum_{k=0}^{n} \mathrm{C}_n^k\, a^{(k)}(x)b^{(n-k)}(x)$ avec $a(x) = (x-1)^n$ et $b(x) = (x+1)^n$. Le polynôme a ayant 1 pour racine d'ordre de multiplicité n, on a $a^{(k)}(1) = 0$ pour tout $k \in [\![0, n-1]\!]$.
Donc $u^{(n)}(1) = \mathrm{C}_n^n\, a^{(n)}(1)b(1) = n!2^n$. D'où $k_n = \dfrac{1}{2^n.n!}$.

2.d) Le polynôme u_n a -1 et 1 pour zéros d'ordre n.
Comme $u_n'(x) = 2nx(x^2-1)^{n-1}$, les zéros de u_n' sont $-1, 0$ et 1.
Soit $k \in [\![1, n-1]\!]$. Supposons que $u_n^{(k)}$ ait k racines distinctes $\alpha_1, \ldots, \alpha_k$ sur $]-1, 1[$ avec $1 < \alpha_1 < \cdots < \alpha_k < 1$. Comme -1 et 1 sont aussi racines de $u_n^{(k)}$, l'application du théorème de Rolle donne l'existence de $k+1$ zéros distincts $\beta_1, \ldots, \beta_{k+1}$ de $u_n^{(k+1)}$ avec $1 < \beta_1 < \alpha_1$; $\alpha_k < \beta_{k+1} < 1$ et pour tout $i \in [\![1, k-1]\!], \alpha_i < \beta_{i+1} < \alpha_{i+1}$.

Par théorème de récurrence, pour tout $k \in [\![1, n]\!], u_n^{(k)}$ a k zéros distincts sur $]-1, 1[$.
D'où $u_n^{(n)}$ a n zéros distincts sur $]-1, 1[$. Comme $P_n = k_n u_n^{(n)}$ est un polynôme de degré n, ses zéros sont tous réels, distincts et sur $]-1, 1[$.

2.e) Comme ni -1 ni 1 ne sont racines de P_n, si z_0 est racine complexe d'ordre $m \geqslant 2$ de P_n alors z_0 est racine d'ordre $m-1$ de P_n' et donc d'après l'équation différentielle, z_0 est racine d'ordre $m-1$ de P_n'' et donc racine d'ordre $m+1$ de P_n ce qui contredit l'hypothèse.
En conclusion, P_n n'a que des racines simples.

3. D'après la formule d'intégration par parties itérée, si $(f, g) \in \left(\mathcal{C}^n([-1,1], \mathbb{R})\right)^2$,

$$\int_{-1}^{1} f.g^{(n)} = \Big[\sum_{k=0}^{n-1}(-1)^k f^{(k)}(t)g^{(n-1-k)}(t)\Big]_{-1}^{1} + (-1)^n \int_{-1}^{1} f.g^{(n)}.$$

Cette formule appliquée à $g = k_n u_n$ qui vérifie $g^{(k)}(-1) = g^{(k)}(1) = 0$, donne :

$$\int_{-1}^{1} fP_n = \frac{1}{2^n n!}\int_{-1}^{1} f^{(n)}(t)(1-t^2)^n dt \qquad (\star).$$

3.a) Si $m < n$, l'application de cette égalité avec $f = P_m$ donne $f^{(n)} = 0$, d'où

$\int_{-1}^{1} P_n P_m = 0$. Comme $P_m P_n = P_n P_m$, d'où la conclusion si $m \neq n$.

3.b) De $(\star)$ on déduit $\int_{-1}^{1} P_n^2(t)dt = 2\frac{(2n)!}{(2^n n!)^2}\int_0^1 (1-t^2)^n dt$. Par le changement de variable $\theta = \arcsin(t)$ on a : $\int_{-1}^{1} P_n^2(t)dt = 2\frac{(2n)!}{(2^n n!)^2}\int_0^{\pi/2} \cos^{2n+1}(\theta)d\theta = \frac{2}{2n+1}$.

4.a) D'après le cours : $\forall u \in]-1,1[\,, (1-u)^{-1/2} = \sum_{n=0}^{\infty} \lambda_n u^n$

où $\lambda_0 = 1$ et $\lambda_n = \frac{(-1)^n}{n!}\Big(-\frac{1}{2}\Big)\Big(-\frac{1}{2}-1\Big)\cdots\Big(-\frac{1}{2}-n+1\Big) = \frac{(2n)!}{(2^n n!)^2}$ pour $n \geqslant 1$.

Donc, si $|h(2x-h)| < 1$, $f(x) = \sum_{n=0}^{\infty} \frac{(2n)!}{(2^n n!)^2} h^n (2x-h)^n$.

4.b) Donc $f(x) = \sum_{n=0}^{\infty} \frac{(2n)!}{(2^n n!)^2} h^n \sum_{k=0}^{n} \mathrm{C}_n^k\, 2^k x^k (-h)^{n-k}$. En regroupant les termes comme l'énoncé l'autorise, on obtient : $f(x) = \sum_{n=0}^{\infty} h^n.P_n(x)$

4.c) Notons $g(x,h) = \sum_{n=0}^{\infty} h^n.P_n(x) = f(x) = \frac{1}{\sqrt{1-2xh+h^2}}$.

$\frac{\partial g}{\partial h}(x,h) = \frac{(x-h)g(x,h)}{1-2xh+h^2} = \sum_{n=1}^{\infty} n.h^{n-1}.P_n(x)$ Par dérivation terme à terme d'une série entière en h (si $|h| < R_x$).

Donc $(x-h)\sum_{n=0}^{\infty} h^n.P_n(x) = (1-2xh+h^2)\sum_{n=1}^{\infty} n.h^{n-1}.P_n(x)$.

D'après l'unicité du développement en série entière par rapport à h, on a :

$P_0(x) = 1, P_1(x) = x$ et pour $n \geqslant 1, n.P_{n-1}(x) - (2n+1)x.P_n(x) + (n+1).P_{n+1}(x) = 0$

4.d) En procédant de même, on obtient en dérivant, cette fois par rapport à x :

$$(x-h)\sum_{n=0}^{\infty} h^n P_n'(x) = h\sum_{n=0}^{\infty} (n+1)h^n P_{n+1}(x)$$

puis $xP_n'(x) - P_{n-1}'(x) = nP_n(x)$ pour $n \geqslant 1$.

Fin

Notations et objectif

On désigne par :

• α un nombre réel ;

• φ_α la fonction définie sur $[0,+\infty[$ par $\varphi_\alpha(x) = \dfrac{x^{\alpha-1}}{e^x - 1}$ lorsque $x > 0$ et $\varphi_\alpha(0) = 0$;

• h la fonction définie sur $\mathbb{R}^2$ par $h(x,t) = \dfrac{\sin(xt)}{e^x - 1}$ lorsque $x \neq 0$ et $h(0,t) = t$;

On note :

$I(\alpha) = \displaystyle\int_{[0,+\infty[} \varphi_\alpha(x)\,dx$; $\Gamma(\alpha) = \displaystyle\int_{]0,+\infty[} e^{-x}x^{\alpha-1}\,dx$; $H(t) = \displaystyle\int_{[0,+\infty[} h(x,t)\,dx$.

Lorsque la série $\sum \dfrac{1}{n^\alpha}$ converge on note $\zeta(\alpha) = \displaystyle\sum_{n=1}^{\infty} \frac{1}{n^\alpha}$.

L'objet de ce problème est une étude de la fonction H.

La première partie fournit l'expression de $I(\alpha)$ à l'aide des fonctions Γ et ζ, dans la deuxième partie on étudie la fonction H, dont on obtient une expression explicite grâce à l'étude d'une série de Fourier dans la troisième partie. La quatrième partie exploite les résultats obtenus dans les trois premières parties.

Préliminaires

P.1. Préciser, sans justification, l'ensemble de définition $\mathcal{D}(\zeta)$ de la fonction ζ.

P.2. Préciser, sans justification, l'ensemble $\mathcal{D}(\Gamma)$ des réels α tels que la fonction $x \mapsto e^{-x}x^{\alpha-1}$ soit intégrable sur $]0,+\infty[$.

P.3. Établir $\Gamma(\alpha) = (\alpha-1)\Gamma(\alpha-1)$ pour $\alpha - 1 \in \mathcal{D}(\Gamma)$.

P.4. En déduire la valeur de $\Gamma(n)$ pour $n \in \mathbb{N}^\star$.

Première partie

Soit $\Delta(\varphi)$ l'ensemble des réels α pour lesquels la fonction φ_α est continue par morceaux sur $[0,+\infty[$.

I.1. Déterminer l'ensemble $\Delta(\varphi)$.

I.2. Montrer que, pour tout $\alpha \in \Delta(\varphi)$, la fonction φ_α est intégrable sur $[0,+\infty[$.

I.3. On suppose que $\alpha \in \Delta(\varphi)$ et on note, pour tout $n \in \mathbb{N}^\star$, u_n la fonction définie sur $[0,+\infty[$ par $u_n(x) = x^{\alpha-1}e^{-nx}$.

I.3.1. Montrer que la série $\sum u_n(x)$ converge pour tout $x \in [0,+\infty[$ et expliciter sa somme $\sum\limits_{n=1}^{\infty} u_n(x)$.

I.3.2. Montrer que, pour tout $n \in \mathbb{N}^\star$, la fonction u_n est intégrable sur $[0,+\infty[$.

I.3.3. Justifier avec soin l'égalité :

$$\int_{[0,+\infty[} \left(\sum_{n=1}^{\infty} u_n(x)\right) dx = \sum_{n=1}^{\infty} \left(\int_{[0,+\infty[} u_n(x)\, dx\right).$$

I.3.4. Exprimer $\displaystyle\int_{[0,+\infty[} u_n(x)\, dx$ à l'aide de n, de α et de la fonction Γ.

I.3.5. En déduire l'expression de $I(\alpha)$ à l'aide de α et des fonctions Γ et ζ.

I.3.6. Quelle est la limite de $\zeta(\alpha)$ lorsque α tend vers $+\infty$?

I.3.7. En déduire un équivalent de $I(k)$ lorsque $k \in \mathbb{N}$ et k tend vers $+\infty$.

Deuxième partie

II A

II.A.1. Étudier la continuité sur $\mathbb{R}^2$ de la fonction h.

II.A.2. Montrer que la fonction $x \mapsto h(x,t)$ est intégrable sur $[0,+\infty[$ quel que soit $t \in \mathbb{R}$.

II.A.3. Montrer que la fonction H est continue sur $\mathbb{R}$.

II.A.4. Montrer que H est de classe $\mathcal{C}^\infty$ et exprimer sa dérivée n-ième sous forme intégrale.

II B

Soit g_n la fonction définie sur $\mathbb{R}$ par $g_n(x) = e^{-nx}\sin(\alpha x)$ pour $n \in \mathbb{N}^\star$ et $\alpha \in \mathbb{R}$. On désigne par $\mathcal{D}(g)$ l'ensemble des nombres réels x tels que la série $\sum g_n(x)$ converge ; pour tout $x \in \mathcal{D}(g)$ on pose $g(x) = \sum\limits_{n=1}^{\infty} g_n(x)$.

II.B.1. Déterminer l'ensemble $\mathcal{D}(g)$ lorsque $\alpha = 0$ (resp. lorsque $\alpha \neq 0$).

II.B.2. Expliciter $g(x)$ si $x \in \mathcal{D}(g)$.

II.B.3. Montrer que la fonction g_n est intégrable sur $[0,+\infty[$ quel que soit $\alpha \in \mathbb{R}$ et quel que soit $n \in \mathbb{N}^\star$.

II.B.4. Justifier avec soin l'égalité : $H(\alpha) = \displaystyle\sum_{n=1}^{\infty} \left(\int_{[0,+\infty[} g_n(x)\, dx\right)$.

II.B.5. Calculer $\int_{[0,+\infty[} g_n(x)\,dx$ pour tout $n \in \mathbb{N}^\star$ et en déduire une expression de $H(\alpha)$ sous forme de somme d'une série.

Troisième partie

Dans cette partie on suppose $\alpha \neq 0$.

On désigne par E_α l'application 2π-périodique de $\mathbb{R}$ dans $\mathbb{R}$ définie par :

$$E_\alpha(x) = e^{\alpha x} \text{ lorsque } x \in [0, 2\pi[\,.$$

On considère la série de Fourier de la fonction E_α : $\sum c_n e^{inx}, n \in \mathbb{Z}$ et on désigne par $S_p(x)$ la somme partielle $\sum\limits_{n=-p}^{+p} c_n e^{inx}$.

III.1. Calculer les coefficients de Fourier c_n de la fonction E_α.

III.2. En déduire les coefficients de Fourier trigonométriques de E_α.

III.3. La suite $\big(S_p(x)\big)_{p\in\mathbb{N}}$ est-elle convergente pour tout x réel ?

III.4. Justifier la convergence de la série $\sum \dfrac{\alpha}{\alpha^2+n^2}$ et expliciter sa somme $\sum\limits_{n=1}^{\infty} \dfrac{\alpha}{\alpha^2+n^2}$ (on donnera la réponse sous une forme utilisant la fonction cotangente hyperbolique).

III.5. Déduire de II.B.5 et de III.4 une expresssion explicite de $H(\alpha)$.

Quatrième partie

On désigne par t un nombre réel, par ψ_t la fonction définie sur $\mathbb{R}$ par :

$$\psi_t(x) = \frac{\operatorname{sh}(tx)}{e^x - 1} \text{ lorsque } x \neq 0 \text{ et } \psi_t(0) = 0.$$

IV.1. Déterminer l'ensemble $\mathcal{I}(\psi)$ des nombres réels t tels que la fonction ψ_t soit intégrable sur $[0, +\infty[$.

IV.2. On suppose que $t \in \mathcal{I}(\psi)$.

IV.2.1. Justifier avec soin l'égalité : $H(t) = \sum\limits_{k=0}^{\infty} (-1)^k \dfrac{t^{2k+1}}{(2k+1)!} I(2k+2)$ où $I(\alpha) = \int_{[0,+\infty[} \varphi_\alpha(x)\,dx$.

IV.2.2. En déduire que la série entière $\sum (-1)^k \zeta(2k+2) t^{2k+1}$ est convergente pour $t \in \mathcal{I}(\psi)$ et expliciter sa somme $\sum\limits_{k=0}^{\infty} (-1)^k \zeta(2k+2) t^{2k+1}$.

IV.3. Quel est le rayon de convergence de la série entière $\sum(-1)^k\zeta(2k+2)t^{2k+1}$?

IV.4. On pose $a_{2k+1} = (-1)^k \dfrac{\zeta(2k+2)}{\pi^{2k+2}}$ pour $k \in \mathbb{N}$.

IV.4.1. Montrer que, pour tout x dans un intervalle à préciser, on a l'égalité :

$$\mathrm{sh}(x)\sum_{k=0}^{\infty} a_{2k+1}x^{2k+1} = \sum_{k=0}^{\infty} \frac{k}{(2k+1)!}x^{2k}.$$

IV.4.2. En déduire la valeur de la somme $\displaystyle\sum_{p=0}^{k} \frac{a_{2p+1}}{(2(k-p)+1)!}$, puis en déduire que chaque a_{2k+1} est un nombre rationnel.

IV.4.3. Calculer a_5 et $\zeta(6)$.

Connaissances utiles

- Intégration.
- Théorèmes relatifs à la permutation des symboles $\displaystyle\int_I$ et $\displaystyle\sum_{n=0}^{\infty}$.
- Séries numériques.
- Séries de fonctions.
- Séries entières.
- Séries de Fourier.

Indications : pour résoudre la question II.A.1 on pourra utiliser les fonctions :

$$\lambda : x \mapsto \begin{cases} \dfrac{e^x - 1}{x} & \text{si } x \neq 0, \\ 1 & \text{si } x = 0, \end{cases} \quad \text{et } \mu : x \mapsto \begin{cases} \dfrac{\sin(x)}{x} & \text{si } x \neq 0, \\ 1 & \text{si } x = 0. \end{cases}$$

Lorsque f est intégrable sur $[0, +\infty[$ on a, bien sûr, $\displaystyle\int_{[0,+\infty[} f = \int_{]0,+\infty[} f$, cela permet souvent dans ce problème de considérer une fonction continue, notion plus agréable que la notion de fonction continue par morceaux.

Solution

Préliminaires

P.1. $D(\zeta) =]1, +\infty[$.

P.2. $\mathcal{D}(\Gamma) =]0, +\infty[$.

P.3. Si $\alpha > 1$ et $[a, b] \subset \mathbb{R}_+^\star$ alors $\displaystyle\int_a^b e^{-x} x^{\alpha-1}\, dx = \left[-e^{-x} x^{\alpha-1} \right]_a^b + \alpha \int_a^b e^{-x} x^{\alpha-2}\, dx$ en intégrant par parties. Comme $\alpha > 1$, $\displaystyle\lim_{x \to 0} e^{-x} x^{\alpha-1} = 0$ et, par croissances comparées, $\displaystyle\lim_{x \to +\infty} e^{-x} x^{\alpha-1} = 0$. Par conséquent, quand $a \to 0$ et $b \to +\infty$,

$$\Gamma(\alpha) = (\alpha - 1)\Gamma(\alpha - 1).$$

P.4. $\Gamma(1) = \displaystyle\int_0^{+\infty} e^{-x}\, dx = 1$.

Supposons, pour un $n \in \mathbb{N}^\star$, $\Gamma(n) = (n-1)!$, alors la question précédente montre que $\Gamma(n+1) = n \times (n-1)! = n!$

On a donc montré par récurrence que pour tout $n \in \mathbb{N}$, $\Gamma(n) = (n-1)!$

Première partie

I.1. φ_α est continue sur $\mathbb{R}_+^\star$ et, donc, elle est continue par morceaux si, et seulement si, elle admet une limite finie en 0, or $\varphi_\alpha(x) \underset{x \to 0}{\sim} x^{\alpha-2}$. Donc $\Delta(\varphi) = [2, +\infty[$.

I.2. Supposons $\alpha \in \Delta(\varphi)$, la fonction φ_α est continue par morceaux. De plus, par croissances comparées, $\varphi_\alpha(x) \underset{x \to +\infty}{=} o(x^{-2})$, donc φ_α est intégrable sur $\mathbb{R}_+$.

I.3.1. $\sum u_n(0)$ est la série nulle donc convergente et $\sum\limits_{n=1}^{\infty} u_n(0) = 0$.

Si $x > 0$, $\sum u_n(x)$ est une série géométrique de raison $e^{-x} \in]0, 1[$, cela prouve sa convergence ainsi que $\displaystyle\sum_{n=1}^{\infty} u_n(x) = x^{\alpha-1} e^{-x} \frac{1}{1 - e^{-x}} = \varphi_\alpha(x)$.

$$\text{Donc } \sum u_n \text{ converge simplement sur } \mathbb{R}_+ \text{ et } \sum_{n=1}^{\infty} u_n = \varphi_\alpha.$$

I.3.2. Comme $\alpha \geqslant 2$, la fonction u_n est continue sur $\mathbb{R}_+$ et $u_n(x) \underset{x \to +\infty}{=} o(x^{-2})$, donc u_n est intégrable sur $\mathbb{R}_+$.

I.3.3. Utilisons le théorème de convergence monotone :

- Chaque u_n est continue, positive et intégrable sur $\mathbb{R}_+$,
- $\sum u_n$ converge simplement sur $\mathbb{R}_+$ et sa somme, φ_α, est continue par morceaux,

comme φ_α est intégrable sur $\mathbb{R}_+$, le théorème de convergence monotone assure que

$$\sum\left(\int_{\mathbb{R}_+} u_n\right) \text{ converge et que } \int_{\mathbb{R}_+}\left(\sum_{n=1}^{\infty} u_n\right) = \sum_{n=1}^{\infty}\left(\int_{\mathbb{R}_+} u_n\right).$$

I.3.4. Pour tout $n \in \mathbb{N}^\star$, le changement de variable $x \mapsto nx$ est un $\mathcal{C}^1$-difféomorphisme de $\mathbb{R}$ sur lui-même et montre que $\displaystyle\int_{\mathbb{R}_+} u_n(x)\,dx = n^{-\alpha}\int_{\mathbb{R}_+}(nx)^{\alpha-1}e^{-nx}n\,dx = \frac{\Gamma(\alpha)}{n^\alpha}\cdot$

I.3.5. Les questions I.3.3 et I.3.4 montrent que $\displaystyle\int_{\mathbb{R}_+}\varphi_\alpha = \sum_{n=1}^{\infty}\frac{\Gamma(\alpha)}{n^\alpha}$ *i.e.*

$$I(\alpha) = \Gamma(\alpha)\zeta(\alpha).$$

Remarque : l'énoncé est un peu frileux. La continuité par morceaux de φ_α sur $\mathbb{R}_+$ est totalement inutile, la continuité sur $\mathbb{R}_+^\star$ est assurée dès que $\alpha > 1$ et le même théorème de convergence monotone montre que, si $\alpha > 1$, $\displaystyle\int_{\mathbb{R}_+^\star}\varphi_\alpha = \Gamma(\alpha)\zeta(\alpha)$.

I.3.6. Si l'on pose, pour tout $n \geqslant 1$, $f_n : x \mapsto n^{-x}$, alors, si $x \geqslant 2$, $|f_n(x)| \leqslant n^{-2}$ terme général indépendant de x d'une série convergente, et donc $\sum f_n$ converge normalement sur $[2, +\infty[$. De plus, pour tout $n \in \mathbb{N}^\star$, $\lim\limits_{+\infty} f_n = \delta_{n,1}$ et donc le théorème de la double limite montre que ζ admet 1 pour limite en $+\infty$.

I.3.7. La question I.3.5 a prouvé que, si $k \in \mathbb{N}^\star$, $I(k) = \Gamma(k)\zeta(k) = (k-1)!\zeta(k)$, et donc $I(k) \underset{k\to\infty}{\sim} (k-1)!$ d'après la question précédente. Avec la formule de Stirling on en déduit :

$$I(k) \underset{k\to\infty}{\sim} (k-1)! \underset{k\to\infty}{\sim} \left(\frac{k-1}{e}\right)^{k-1}\sqrt{2\pi k}.$$

Deuxième partie

II A

II.A.1. Si $x \neq 0$ on a $h(x,t) = t \times \dfrac{\sin(xt)}{xt} \times \dfrac{x}{e^x - 1} = t\,\dfrac{\mu(xt)}{\lambda(x)}\cdot$

C'est encore vrai si $x = 0$.

La fonction λ est développable en série entière sur $\mathbb{R}$, $\lambda(x) = \displaystyle\sum_{n=1}^{\infty}\frac{x^{n-1}}{n!}$ et sans annulation, donc, comme inverse, $\dfrac{1}{\lambda}$ est de classe $\mathcal{C}^\infty$ sur $\mathbb{R}$.

De même μ est développable en série entière sur $\mathbb{R}$, $\mu(x) = \sum_{n=0}^{\infty} \frac{x^{2n}}{(2n+1)!}$ et donc de classe $\mathcal{C}^\infty$ sur $\mathbb{R}$.

Par produit et composition on en déduit que h est une fonction continue.

II.A.2. La fonction $x \mapsto h(x,t)$ est continue sur $\mathbb{R}_+$ et $h(x,t) \underset{x\to+\infty}{=} o(x^{-2})$, donc $x \mapsto h(x,t)$ est intégrable sur $\mathbb{R}_+$.

II.A.3. Comme sin est lipschitzienne de rapport 1 on a $|\mu| \leqslant 1$ et donc $|h(x,t)| \leqslant |t| \times |\varphi_2(x)|$ sur $\mathbb{R}_+^\star \times \mathbb{R}$.
Soit $a > 0$, alors pour tout $(x,t) \in \mathbb{R}_+^\star \times [-a,a]$, $|h(x,t)| \leqslant a \times |\varphi_2(x)|$ et la fonction $a \times |\varphi_2|$ est intégrable sur $\mathbb{R}_+$ comme l'a établi la question I.2.

En tant qu'intégrale paramétrée cela prouve que H est continue sur $\mathbb{R}$.

II.A.4. La question II.A.1 prouve en fait que h est de classe $\mathcal{C}^\infty$ sur $\mathbb{R} \times \mathbb{R}_+$ et on vient de fournir une domination de h sur $\mathbb{R}_+^\star \times [-a,a]$ pour tout $a > 0$.
Si $n \geqslant 1$ et $(x,t) \in \mathbb{R}_+^\star \times \mathbb{R}$ on a $\left|\frac{\partial^n h}{\partial t^n}(x,t)\right| = \left|\frac{x^n \sin\left(xt + n\frac{\pi}{2}\right)}{e^x - 1}\right| \leqslant \varphi_{n+1}(x)$ et φ_{n+1} est intégrable sur $\mathbb{R}_+^\star$ si $n \geqslant 1$ comme on l'a vu dans I.2.
Comme intégrale paramétrée la fonction H est de classe $\mathcal{C}^\infty$ sur $\mathbb{R}$ et, pour tout $(n,t) \in \mathbb{N}^\star \times \mathbb{R}$, $H^{(n)}(t) = \int_0^{+\infty} \frac{x^n \sin\left(xt + n\frac{\pi}{2}\right)}{e^x - 1}\,dx.$

II B

II.B.1. Si $\alpha = 0$ alors g_n est la fonction nulle pour tout n et donc $\mathcal{D}(g) = \mathbb{R}$.
Sinon $\sum g_n(x)$ est la série géométrique de raison e^{-x} et de premier terme $e^{-x}\sin(\alpha x)$.
Par suite $\mathcal{D}(g) = \mathbb{R}_+^\star \cup \left\{\frac{\pi}{\alpha}\mathbb{Z}\right\}$.

II.B.2. Si $\alpha = 0$ alors g est la fonction nulle.
Sinon, pour $x > 0$, $g(x) = \frac{e^{-x}\sin(\alpha x)}{1 - e^{-x}} = h(x,\alpha)$ et $g(0) = 0$.

II.B.3. g_n est continue sur $\mathbb{R}_+$ et $g_n(x) \underset{x\to+\infty}{=} o(x^{-2})$, ce qui montre que g_n est intégrable sur $\mathbb{R}_+$.

II.B.4. On va appliquer le théorème de convergence dominée sur $I = \mathbb{R}_+^\star$ contrairement à ce que suggère l'énoncé :

- chaque g_n est continue sur $\mathbb{R}_+^\star$,
- $\sum g_n$ converge simplement sur $\mathbb{R}_+^\star$ et sa somme, $x \mapsto h(x,\alpha)$, est continue sur $\mathbb{R}_+^\star$,
- Si $(x,n) \in \mathbb{R}_+^\star \times \mathbb{N}^\star$, $\left|\sum_{k=1}^{n} g_n(x)\right| \leqslant e^{-x}\left|\frac{1 - e^{-nx}}{1 - e^{-x}}\right| |\sin(\alpha x)| \leqslant |h(x,\alpha)|$ et la fonction $x \mapsto |h(x,\alpha)|$ est intégrable sur $\mathbb{R}_+^\star$ d'après II.1.2.

Le théorème de convergence dominée prouve que $\displaystyle\int_{\mathbb{R}_+^\star} h(x,\alpha)\,dx = \sum_{n=1}^{\infty}\left(\int_{\mathbb{R}_+^\star} g_n(x)\,dx\right)$, soit encore $\displaystyle H(\alpha) = \sum_{n=1}^{\infty}\left(\int_{\mathbb{R}_+} g_n(x)\,dx\right)$.

II.B.5. De même que g_n, la fonction $x \mapsto e^{-(n-i\alpha)x}$ est intégrable sur $\mathbb{R}_+$ pour tout $n \in \mathbb{N}$ et $\displaystyle\int_0^{+\infty} g_n(x)\,dx = \Im m\left(\int_0^{+\infty} e^{-(n-i\alpha)x}\,dx\right) = \Im m\left(\frac{1}{n-i\alpha}\right) = \frac{\alpha}{n^2+\alpha^2}$.

$$H(\alpha) = \sum_{n=1}^{\infty} \frac{\alpha}{n^2+\alpha^2}.$$

Troisième partie

III.1. Comme, pour tout $n \in \mathbb{Z}$, $\Re e(\alpha - in) = \alpha \neq 0$ on a :

$c_n = \displaystyle\frac{1}{2\pi}\int_0^{2\pi} e^{(\alpha-in)x}dx = \frac{1}{2(\alpha-in)\pi}\left[e^{(\alpha-in)x}\right]_0^{2\pi} = \frac{\alpha+in}{\alpha^2+n^2} \times \frac{e^{2\alpha\pi}-1}{2\pi}$ d'où

$$c_n = \frac{\alpha+in}{\alpha^2+n^2} \times \frac{e^{\alpha\pi}\,\mathrm{sh}(\alpha\pi)}{\pi}.$$

III.2. Comme E_α est à valeurs réelles on a $a_n = 2\,\Re e(c_n) = \displaystyle\frac{2\alpha}{\alpha^2+n^2} \times \frac{e^{\alpha\pi}\,\mathrm{sh}(\alpha\pi)}{\pi}$ et $b_n = -2\,\Im m(c_n) = -\displaystyle\frac{2n}{\alpha^2+n^2} \times \frac{e^{\alpha\pi}\,\mathrm{sh}(\alpha\pi)}{\pi}$.

III.3. La fonction E_α est de classe $\mathcal{C}^1$ par morceaux et donc, pour tout $x \in \mathbb{R}$, la suite $\big(S_p(x)\big)_p$ converge d'après le théorème de Dirichlet.

III.4. En particulier on a $S_p(0) = \displaystyle\frac{a_0}{2} + \sum_{n=1}^{p} a_n \xrightarrow[p\to\infty]{} \frac{E_\alpha(0^+)+E_\alpha(0^-)}{2}$ soit encore

$$\frac{e^{\alpha\pi}\,\mathrm{sh}(\alpha\pi)}{\pi}\left(\frac{1}{\alpha} + 2\sum_{n=1}^{p}\frac{\alpha}{\alpha^2+n^2}\right) \xrightarrow[p\to\infty]{} \frac{1+e^{2\alpha\pi}}{2} = \frac{e^{\alpha\pi}\,\mathrm{ch}(\alpha\pi)}{\pi}.$$

Cela prouve la convergence de $\displaystyle\sum \frac{\alpha}{\alpha^2+n^2}$ ainsi que $\displaystyle\sum_{n=1}^{\infty}\frac{\alpha}{\alpha^2+n^2} = \frac{\alpha\pi\coth(\alpha\pi)-1}{2\alpha}$.

III.5. On en déduit immédiatement : $H(\alpha) = \displaystyle\frac{\alpha\pi\coth(\alpha\pi)-1}{2\alpha}$.

Quatrième partie

IV.1. La fonction ψ_t est continue sur $\mathbb{R}_+^\star$ et $\psi_t(x) \xrightarrow[x\to 0, x\neq 0]{} t$, par conséquent cette fonction est continue par morceaux sur $\mathbb{R}_+$.
Comme $\psi_{-t} = -\psi_t$ on peut supposer $t \geqslant 0$ et même $t > 0$ car ψ_0 est nulle, donc intégrable sur $\mathbb{R}_+$.
$\psi_t(x) \underset{x\to+\infty}{\sim} \dfrac{e^{(t-1)x}}{2}$ et donc ψ_t est intégrable sur $\mathbb{R}_+$ si, et seulement si, $t < 1$ dans le cas où $t > 0$.

$$\text{En résumé } \mathcal{I}(\psi) =]-1, 1[\,.$$

IV.2.1. On peut envisager deux méthodes :

• ***Inégalité de Taylor-Lagrange***

On a vu que H est de classe $\mathcal{C}^\infty$ et $\left|H^{(n+1)}(t)\right| = \left|\displaystyle\int_0^{+\infty} \frac{x^{n+1}\sin\left(xt + (n+1)\frac{\pi}{2}\right)}{e^x - 1}\,dx\right|$

et donc $\left|H^{(n+1)}(t)\right| \leqslant \displaystyle\int_0^{+\infty} \varphi_{n+2}(x)\,dx = I(n+2) = \Gamma(n+2)\zeta(n+2) = (n+1)!\zeta(n+2)$.
L'inégalité de Taylor-Lagrange montre que :

$$\left|H(t) - \sum_{k=0}^{n} \frac{H^{(k)}(0)}{k!}\,t^k\right| \leqslant \frac{|t|^{n+1}}{(n+1)!}(n+1)!\zeta(n+2) = |t|^{n+1}\zeta(n+2) \underset{n\to\infty}{\sim} |t|^{n+1}$$

d'après I.3.6 et donc $\left|H(t) - \displaystyle\sum_{k=0}^{n} \frac{H^{(k)}(0)}{k!}\,t^k\right| \xrightarrow[n\to\infty]{} 0$, ce qui montre que, sur $\mathbb{R}$, la fonction H est somme de sa série de Taylor. Or H est une fonction impaire et, pour tout $n \in \mathbb{N}$, $H^{(2k+1)}(0) = \displaystyle\int_0^{+\infty} \frac{x^{2k+1}\sin\left((2k+1)\frac{\pi}{2}\right)}{e^x - 1}\,dx$ soit

$H^{(2k+1)}(0) = (-1)^k \displaystyle\int_0^{+\infty} \frac{x^{2k+1}}{e^x - 1}\,dx = (-1)^k I(2k+2)$, d'où :

$$H(t) = \sum_{k=0}^{\infty} (-1)^k \frac{t^{2k+1}}{(2k+1)!}\,I(2k+2).$$

• ***Théorème de convergence en moyenne***

Soit, si $k \in \mathbb{N}$, f_k la fonction définie sur $\mathbb{R}_+^\star$ par $f_k(x) = (-1)^k \dfrac{t^{2k+1}x^{2k+1}}{(2k+1)!}\,\dfrac{1}{e^x - 1}$, il s'agit d'une fonction continue qui admet un prolongement continu en 0 et qui vérifie $f_k(x) \underset{x\to+\infty}{=} o(x^{-2})$, donc f_k est intégrable sur $\mathbb{R}_+^\star$.
Le développement en série entière de sin prouve que $\sum f_k$ converge simplement sur $\mathbb{R}_+^\star$ et admet $x \mapsto h(x,t)$ pour somme, c'est une fonction continue.

Enfin $\displaystyle\int_0^{+\infty} |f_k(x)|\,dx = \frac{|t|^{2k+1}}{(2k+1)!}\int_0^{+\infty} \frac{x^{2k+1}}{e^x - 1}\,dx = \frac{|t|^{2k+1}}{(2k+1)!}\,I(2k+2) \underset{k\to\infty}{\sim} |t|^{2k+1}$

d'après la question I.3.6, ce qui prouve la convergence de $\sum \displaystyle\int_0^{+\infty} |f_k(x)|\,dx$.

Le théorème de convergence en moyenne prouve alors que $H(t) = \sum_{k=0}^{\infty} \left(\int_0^{+\infty} f_k(x)\,dx \right)$

soit encore $H(t) = \sum_{k=0}^{\infty} (-1)^k \dfrac{t^{2k+1}}{(2k+1)!} I(2k+2)$.

IV.2.2. Rappelons que, d'après I.3.5, on a, si $k \in \mathbb{N}$, $I(2k+2) = (2k+1)!\zeta(2k+2)$, on vient donc de prouver à la fois la convergence de $\sum(-1)^k \zeta(2k+2) t^{2k+1}$ et l'égalité :

$$\sum_{k=0}^{\infty} (-1)^k \zeta(2k+2) t^{2k+1} = H(t).$$

IV.3. $\zeta(2k+2) \xrightarrow[k\to\infty]{} 1$ d'après la question I.3.6, cela prouve que le rayon de convergence de $\sum(-1)^k \zeta(2k+2) t^{2k+1}$ est 1.

IV.4.1. En utilisant la question précédente et III.5 on a,

si $0 < |t| < 1$, $\pi \sum_{k=0}^{\infty} a_{2k+1} (\pi t)^{2k+1} = \dfrac{\pi t \coth(\pi t) - 1}{2t}$ ou encore, si $0 < |x| < \pi$,

$$\operatorname{sh}(x) \sum_{k=0}^{\infty} a_{2k+1} x^{2k+1} = \frac{x \operatorname{ch}(x) - \operatorname{sh}(x)}{2x} = \sum_{k=0}^{\infty} \left(\frac{1}{(2k)!} - \frac{1}{(2k+1)!} \right) \frac{x^{2k}}{2}$$

$$= \sum_{k=0}^{\infty} \frac{k}{(2k+1)!} x^{2k}.$$

Par continuité des deux membres en 0 on a donc prouvé l'égalité pour tout $x \in [-\pi, \pi]$.

IV.4.2. Le théorème relatif au produit de Cauchy de séries absolument convergentes montre que, si $|x| < \pi$, on a $\left(\sum_{n=0}^{\infty} \dfrac{x^{2n+1}}{(2n+1)!} \right) \left(\sum_{p=0}^{\infty} a_{2p+1} x^{2p+1} \right) = \sum_{k=0}^{\infty} c_k x^{2k+2}$ où

$$c_k = \sum_{n+p=k} \frac{a_{2p+1}}{(2n+1)!} = \sum_{p=0}^{k} \frac{a_{2p+1}}{(2(k-p)+1)!}.$$

En utilisant maintenant la question précédente, le développement en série entière de sh et l'unicité du développement en série entière de $x \mapsto \sum_{k=0}^{\infty} \dfrac{k}{(2k+1)!} x^{2k}$ on en déduit que, pour tout $k \in \mathbb{N}$, $\sum_{p=0}^{k} \dfrac{a_{2p+1}}{(2(k-p)+1)!} = \dfrac{k+1}{(2k+3)!}$.

Pour $k = 0$ cette égalité donne $a_1 = \dfrac{1}{3!} \in \mathbb{Q}$.

Supposons que $a_1, a_3, \ldots, a_{2k-1}$ sont des nombres rationnels, cette même égalité prouve que a_{2k+1} est aussi un nombre rationnel par structure de corps de $\mathbb{Q}$.

IV.4.3. On a successivement $a_1 = \dfrac{1}{6}$, $a_3 = -\dfrac{1}{90}$, $a_5 = \dfrac{1}{945}$ d'où $\zeta(6) = \dfrac{\pi^6}{945}$.

Fin

CCP
Filière PSI 1998
Épreuve 2

Équation différentielle linéaire avec conditions aux limites

Notations, données et objectif

• Pour $k \in \mathbb{N}$ et $(x_1, x_2) \in \mathbb{R}^2$ avec $x_1 < x_2$, on note $\mathcal{C}^k([x_1, x_2])$ l'ensemble des fonctions réelles de classe $\mathcal{C}^k$ sur $[x_1, x_2]$. En particulier $\mathcal{C}^0([x_1, x_2])$ désigne l'ensemble des fonctions continues sur $[x_1, x_2]$.

• α et β sont deux éléments donnés de $\mathcal{C}^0([0,1])$. On suppose, que $\alpha(x) \geqslant 0$ pour tout $x \in [0,1]$.

Le problème concerne la recherche de solutions approchées du « problème aux limites » :
$$\begin{cases} f \in \mathcal{C}^2([0,1]), \\ \forall x \in [0,1],\ -f''(x) + \alpha(x) f(x) = \beta(x), \\ f(0) = f(1) = 0. \end{cases}$$

• On pose :
$S = \{f \in \mathcal{C}^2([0,1]) \mid \forall x \in [0,1],\ -f''(x) + \alpha(x) f(x) = \beta(x) \text{ et } f(0) = f(1) = 0\}$.

Première partie

On pose $S_E = \{f \in \mathcal{C}^2([0,1]) \mid \forall x \in [0,1],\ -f''(x) + \alpha(x) f(x) = \beta(x)\}$ et
$S_H = \{f \in \mathcal{C}^2([0,1]) \mid \forall x \in [0,1],\ -f''(x) + \alpha(x) f(x) = 0\}$.

I.1.1. Prouver qu'il existe un unique couple (g, h) d'éléments de S_H tel que $g(0) = h'(0) = 0$ et $g'(0) = h(0) = 1$.

I.1.2. Prouver que S_E est non vide.

Dans la suite de cette première partie, g et h désignent les fonctions définies à la question I.1.1 et on se donne un élément ℓ de S_E.

I.2. Déterminer l'ensemble $\{\ell + rg + sh \mid (r, s) \in \mathbb{R}^2\}$.

I.3. Montrer que $g(1) \neq 0$ (on pourra faire un raisonnement par l'absurde dans lequel on s'intéressera au signe de $\displaystyle\int_0^1 g'^2$).

I.4. Montrer qu'il existe un unique couple de réels (r_0, s_0) tel que $\ell + r_0 g + s_0 h \in S$. On, exprimera r_0 et s_0 à l'aide des fonctions ℓ, g et h.

I.5. En déduire que S est un singleton.

Dans la suite du problème, on adopte les notations suivantes :

- $F = \{v \in \mathcal{C}^0([0,1]) \mid v \text{ est de classe } \mathcal{C}^1 \text{ par morceaux}\}$.
- $V = \{v \in F \mid v(0) = v(1) = 0\}$.
- Pour $v \in F$, $D(v)$ ou plus simplement Dv désigne la fonction définie sur $[0,1]$ par $Dv(0) = v'_d(0), Dv(1) = v'_g(1)$ et, si $x \in]0,1[$, $Dv(x) = \dfrac{v'_g(x) + v'_d(x)}{2}$.
- On considère les applications $\widetilde{a} : \begin{pmatrix} F^2 & \to & \mathbb{R} \\ (u,v) & \mapsto & \displaystyle\int_0^1 (DuDv + \alpha uv)(x)dx \end{pmatrix}$ et $b : \begin{pmatrix} F & \to & \mathbb{R} \\ v & \mapsto & \displaystyle\int_0^1 (\beta v)(x), dx \end{pmatrix}$.

Deuxième partie

II.1. Indiquer si chacune des affirmations suivantes est vraie ou fausse ; chaque réponse sera rapidement justifiée.

II.1.1. F est un espace vectoriel réel.

II.1.2. V est un sous-espace vectoriel de F.

II.1.3. b est une forme linéaire sur F.

II.1.4. $\forall (u,v) \in F^2$, $\forall \lambda \in \mathbb{R}$, $D(u + \lambda v) = Du + \lambda Dv$.

II.1.5. $\widetilde{a}$ est une forme bilinéaire symétrique sur F.

II.1.6. Pour $w \in \mathcal{C}^1([0,1])$, on a : $\forall x \in [0,1]$, $Dw(x) = w'(x)$.

II.2. Soit $w \in \mathcal{C}^1([0,1])$ et $v \in F$. Prouver chacune des propriétés suivantes :

II.2.1. Pour $(y,z) \in [0,1]^2$ tel que $y < z$, on a : $\displaystyle\int_y^z Dv(x)\,dx = v(z) - v(y)$.

II.2.2. $\displaystyle\int_0^1 w'(x)v(x)\,dx = \Big[w(x)v(x)\Big]_0^1 - \int_0^1 w(x)Dv(x)\,dx$.

II.3. Pour $u \in F$, on définit l'application $\Psi_u : \begin{pmatrix} F & \to & \mathbb{R} \\ v & \mapsto & \widetilde{a}(u,v) - b(v) \end{pmatrix}$.

II.3.1. Montrer que $\Psi_u(V)$ est égal soit à $\{0\}$, soit à $\mathbb{R}$.

II.3.2. Soit $f \in S$. Déterminer $\Psi_f(V)$ (on pourra utiliser II 2.2).

II.4. Pour cette seule question on suppose α identiquement nulle sur $[0,1]$. Déterminer l'ensemble $\{u \in F \mid \widetilde{a}(u,u) = 0\}$.

Dans la suite on revient à la seule hypothèse : $\forall x \in [0,1]$, $\alpha(x) \geqslant 0$.
On note a la restriction de $\widetilde{a}$ à V^2.

II.5. Déterminer l'ensemble $\{u \in V \mid a(u,u) = 0\}$ et montrer que a est un produit scalaire sur V.

Dans la suite du problème, V est muni de la structure préhilbertienne réelle définie par le produit scalaire a. La norme associée est notée N.

II.6. On note J l'application de V dans $\mathbb{R}$ définie par $J(v) = \dfrac{a(v,v)}{2} - b(v)$.

II.6.1. Soient $f \in S$ et $w \in V$. Montrer que $J(f+w) - J(f)$ est indépendante de f (on utilisera le résultat de la question II.3.2)

II.6.2. Retrouver ainsi le fait que S ne possède pas plus d'un élément.

II.7. On pose $S_2 = \{u \in V \mid \forall v \in V,\ a(u,v) = b(v)\}$. A-t-on $S_2 = S$?

Troisième partie

Dans la suite du problème n désigne un entier naturel non nul.
On pose $\varepsilon = \dfrac{1}{n+1}$ et, pour tout $k \in [\![0, n+1]\!]$, $x_k = k\varepsilon$.
On note A l'ensemble des éléments v de V tels que, pour tout $k \in [\![0, n]\!]$, la restriction de v à $[x_k, x_{k+1}]$ est une fonction affine.

III.1. Vérifier que A est un sous-espace vectoriel de V.

III.2. Soit σ l'application linéaire de A dans $\mathbb{R}^n$ définie par :

$$\forall v \in A,\ \sigma(v) = \big(v(x_1), \ldots, v(x_n)\big).$$

III.2.1. Déterminer le noyau et l'image de σ.

III.2.2. En déduire que A est un espace vectoriel de dimension finie et préciser $\dim(A)$.

Dans la suite du problème on note, pour tout $k \in [\![1, n]\!]$, φ_k l'unique élément de A tel que, pour tout $i \in [\![1, n]\!]$, $\varphi_k(x_i) = \begin{cases} 0 & \text{si } i \neq k \\ 1 & \text{si } i = k \end{cases}$

III.2.3. Montrer que la famille $(\varphi_k)_{1 \leqslant k \leqslant n}$ est une base de A.

III.2.4. Si $x \in [0,1]$ exprimer $\varphi_k(x)$ en fonction de x, k et ε, en distinguant selon que $x \in [x_{k-1}, x_k]$, $x \in \,]x_k, x_{k+1}]$ ou $x \notin [x_{k-1}, x_{k+1}]$.

III.2.5. Soit l'application p de V dans V définie par $p(v) = \sum\limits_{k=1}^{n} v(x_k)\varphi_k$.

Déterminer $\mathrm{Im}(p)$. Montrer que p est un projecteur.

III.3. Montrer l'existence et l'unicité d'un élément g de A tel que, pour tout $v \in A$, $a(g,v) = b(v)$.

Dans la suite du problème, on note g la fonction définie dans la question III.3.

III.4. Déterminer l'ensemble $T = \{w \in A \mid \forall j \in [\![1,n]\!],\ a(w,\varphi_j) = b(\varphi_j)\}$.

III.5. Pour tout $i \in [\![1,n]\!]$ on pose $g_i = g(x_i)$ et $G = {}^t(g_1 \ \cdots \ g_n)$.

III.5.1. Utiliser la question III.4 pour trouver une matrice carrée M symétrique et inversible dont les coefficients s'expriment à l'aide de l'application a et des fonctions φ_k, et un vecteur colonne B dont les coefficients s'expriment à l'aide de b et des φ_k, telles que G vérifie la relation matricielle $MG = B$.

III.5.2. Pour cette seule question, on suppose la fonction α constante. Exprimer les coefficients de M en fonction de α et de ε.

Quatrième partie

On note f l'unique élément de S. On pose $K_0 = \max\limits_{[0,1]} |f''|$ et $L = \max\limits_{[0,1]} |\alpha|$.
On pose $h = p(f)$ où p est le projecteur défini à la question III.2.5 et on rappelle que g a été définie à la question III.3. On rappelle également que a confère à V une structure préhilbertienne réelle et que la norme associée est notée N.

IV.1. Déterminer la projection orthogonale de f sur A (on utilisera notamment le résultat de la question II.3.2).

IV.2. Montrer que $N(f-g) \leqslant N(f-h)$.

IV.3. Soit $k \in [\![0,n]\!]$. Pour alléger l'écriture, on pose $y = x_k$ et $z = x_{k+1}$.

IV.3.1. Vérifier que la restriction de h à $[y,z]$ est de classe $\mathcal{C}^2$.

IV.3.2. On admet que pour toute fonction ψ de classe $\mathcal{C}^1$ sur $[y,z]$ telle que $\psi(y) = \psi(z) = 0$, il existe un élément c de $]y,z[$ tel que $\psi'(c) = 0$.
Montrer qu'il existe une constante K_1, indépendante de x, de n et de k telle que, pour tout $x \in]y,z[$, $|(f-h)'(x)| \leqslant K_1\varepsilon$. On exprimera K_1 en fonction de K_0.

IV.3.3. En déduire une majoration de $\displaystyle\int_y^z (Df - Dh)^2(x)\,dx$ en fonction de ε et de K_1.

IV.3.4. Montrer qu'il existe une constante K_2, indépendante de x, de n et de k telle que, pour tout $x \in [y,z]$, $|(f-h)(x)| \leqslant K_2\varepsilon^2$. Exprimer K_2 en fonction de K_1.

IV.3.5. En déduire une majoration de $\displaystyle\int_y^z (f-h)^2(x)\,dx$ en fonction de ε et de K_2.

IV.4. Montrer qu'il existe une constante K, indépendante de n telle que $N(f-g) \leqslant K\varepsilon$. On exprimera K en fonction de L et de K_0.

Connaissances utiles

- Équations différentielles linéaires.
- Intégrale sur un segment, fonctions de classe $\mathcal{C}^1$ par morceaux.
- Algèbre linéaire, espaces préhilbertiens réels.

Solution

Première partie

I.1.1. L'équation $y'' = \alpha y$ est une équation différentielle linéaire du second ordre et tout problème de Cauchy associé admet une et une seule solution, d'où l'existence et l'unicité de (g, h).

I.1.2. De même l'équation $(E)\quad y'' = \alpha y - \beta$ est une équation différentielle linéaire du second ordre et donc l'ensemble de ses solutions, S_E, est non vide.

I.2. Le wronskien de (g, h) en 0 est $\begin{vmatrix} g(0) & h(0) \\ g'(0) & h'(0) \end{vmatrix}$ soit -1 et donc (g, h) constitue une base de l'espace vectoriel S_H. Comme S_E est un espace affine de direction S_H on en déduit que $\left\{\ell + rg + sh \mid (r, s) \in \mathbb{R}^2\right\} = S_E$.

I.3. Si $g(1) = 0$ alors, en intégrant par parties,
$\displaystyle\int_0^1 g'^2 = \Big[gg'\Big]_0^1 - \int_0^1 gg'' = -\int_0^1 \alpha g^2 \leqslant 0$ et donc $\displaystyle\int_0^1 g'^2 = 0$ ce qui montre, comme g'^2 est continue positive, que g' est la fonction nulle.
C'est en contradiction avec la définition de g. Donc $g(1) \neq 0$.

I.4. Soit $(r, s) \in \mathbb{R}^2$, on sait déjà que $\ell + rg + sh$ est un élément de S_E.

$$\ell + rg + sh \in S \iff \begin{cases} rg(0) + sh(0) = -\ell(0) \\ rg(1) + sh(1) = -\ell(1) \end{cases} \iff \begin{cases} s = -\ell(0) \\ r = \dfrac{-\ell(1) + \ell(0)h(1)}{g(1)} \end{cases}$$ ce qui

détermine un unique couple (r, s).

I.5. On a vu que (g, h) est une base de l'espace vectoriel S_H et donc l'application $\Phi : \begin{pmatrix} \mathbb{R}^2 & \to & S_E \\ (r, s) & \mapsto & \ell + rg + sh \end{pmatrix}$ est une bijection.

La question précédente montre que S est le singleton $\left\{\Phi(r_0, s_0)\right\}$.

Deuxième partie

II.1.1. $\mathcal{C}^0([0,1])$ est un espace vectoriel et le sous-ensemble des applications de classe $\mathcal{C}^1$ par morceaux en est un sous-espace vectoriel , c'est F.

II.1.2. Les applications φ_0 et φ_1 définies sur F par $\varphi_0(v) = v(0)$ et $\varphi_1(v) = v(1)$ sont des formes linéaires, comme $V = \mathrm{Ker}(\varphi_0) \cap \mathrm{Ker}(\varphi_1)$, on en déduit que V est un sous-espace vectoriel de F.

II.1.3. $v \mapsto \beta v$ est une application linéaire sur F et $\begin{pmatrix} \mathcal{C}^0([0,1]) & \to & \mathbb{R} \\ \theta & \mapsto & \displaystyle\int_0^1 \theta \end{pmatrix}$ est une application linéaire, par composition b est une forme linéaire sur F.

II.1.4. Comme $v \mapsto v'_d$ et $v \mapsto v'_g$ sont linéaires sur F, par définition D est linéaire sur F.

II.1.5. La bilinéarité de $\widetilde{a}$ découle de la linéarité de D sur F, de la bilinéarité de $(u, v) \mapsto \alpha uv$ et de la linéarité de l'intégration. La symétrie est immédiate.

II.1.6. Découle directement de la définition de D.

II.2.1. Il s'agit ici de la notion de primitive d'une fonction continue par morceaux, rappelons la démarche.
Soit $(x_0, \dots, x_n)$ une subdivision de $[y, z]$ adaptée à v ; pour tout $k \in [\![0, n-1]\!]$ la restriction de v à $]x_k, x_{k+1}[$ admet un prolongement à $[x_k, x_{k+1}]$ de classe $\mathcal{C}^1$; on note v_k ce prolongement.

$$\begin{aligned} v(z) - v(y) &= \sum_{k=0}^{n-1} \left[v(x_{k+1}) - v(x_k)\right] = \sum_{k=0}^{n-1} \int_{[x_k, x_{k+1}]} v'_k = \sum_{k=0}^{n-1} \int_{]x_k, x_{k+1}[} v'_k \\ &= \sum_{k=0}^{n-1} \int_{]x_k, x_{k+1}[} Dv = \sum_{k=0}^{n-1} \int_{[x_k, x_{k+1}]} Dv = \int_y^z Dv. \end{aligned}$$

II.2.2. La fonction wv est continue et de classe $\mathcal{C}^1$ par morceaux et, par définition et d'après II.1.6, on a $D(wv) = w'v + wDv$.
La question précédente montrer que $\displaystyle\int_0^1 D(wv) = \Big[wv\Big]_0^1$ d'où l'égalité souhaitée.

II.3.1. La restriction de Ψ_u à V est une forme linéaire, son rang est donc 0 ou 1 *i.e.* $\Psi_u(V)$ est $\{0\}$ ou $\mathbb{R}$.

II.3.2. Si $v \in V$ on a :
$$\Psi_f(v) = \int_0^1 f'Dv + \int_0^1 \alpha f v - \int_0^1 \beta v = \underbrace{\Big[f'v\Big]_0^1}_{0 \text{ car } v \in V} - \int_0^1 f''v + \int_0^1 \alpha f v - \int_0^1 \beta v$$
d'après la question II.2.2 et donc $\Psi_f(v) = \displaystyle\int_0^1 (-f'' + \alpha f - \beta)v = 0$ d'où $\Psi_f(V) = \{0\}$.

II.4. Si $\widetilde{a}(u,u)=0$ alors, en tout élément x de $[0,1]$ où u' est continue, on a $u'(x)=0$ car $(Du)^2$ est une fonction continue par morceaux positive, et donc, en tant que primitive de Du, la fonction u est constante.
Réciproquement si u est constante la nullité de $\widetilde{a}(u,u)$ est immédiate.

II.5. $a(u,u)=0 \Rightarrow \displaystyle\int_0^1 (Du)^2 = -\int_0^1 \alpha u^2 \leqslant 0$ et alors, $\displaystyle\int_0^1 (Du)^2 = 0$.
Tout comme dans la question précédente on en déduit que u est constante mais cette constante est nulle car $u(0)=0$.
Comme la réciproque est immédiate on a montré que $a(u,u)=0 \iff u=0$.

II.6.1. Comme a est bilinéaire symétrique et b linéaire on a, en développant :
$$J(f+w)-J(f)=a(f,w)+J(w)=\Psi_f(w)+b(w)+J(w)=J(w)+b(w)=\frac{a(w,w)}{2}$$
d'après la question II.3.2 et donc $J(f+w)-J(f)$ est indépendant de f.

II.6.2. Si f et g sont des éléments de S alors la fonction $w=f-g$ est élément de V et donc $J(f+w)-J(f)=\dfrac{a(w,w)}{2}$ et aussi $J(f+w)-J(f)=-\dfrac{b(f+w)}{2}+\dfrac{b(f)}{2}=-\dfrac{b(w)}{2}$ d'où $b(w)=-a(w,w)$.
En remplaçant w par $-w$ on a, par linéarité de b et par bilinéarité de a, l'égalité $b(w)=a(w,w)$ d'où $a(w,w)=0$ ce qui prouve, comme a est un produit scalaire sur V, que $w=0$ *i.e.* que $f=g$ et donc $\mathrm{Card}(S)\leqslant 1$.

II.7. Si $u\in S$ la question II.3.2 montre que $u\in S_2$.
Soit alors $u\in S_2$. L'application $\Phi : \begin{pmatrix} V & \to & V^\star \\ u & \mapsto & a(u,\cdot)\end{pmatrix}$ est linéaire injective car, si $u\in\mathrm{Ker}(\Phi)$, alors $a(u,u)=0$ *i.e.* $u=0$. Par conséquent b a au plus un antécédent par Φ et, comme $S\subset S_2$, on a exactement un antécédent de b *i.e.* $S=S_2$.

Troisième partie

III.1. La fonction nulle est élément de A et, si $(v,w)\in A^2$, pour tout $k\in[\![0,n]\!]$ et tout $(\lambda,\mu)\in\mathbb{R}^2$, la restriction de $\lambda v+\mu w$ à $[x_k,x_{k+1}]$ est affine, donc $\lambda v+\mu w\in A$, cela montre que A est un sous-espace vectoriel de V.

II.2.1. Un élément v de A est entièrement déterminé par la donnée de $\sigma(v)$ *i.e.* σ est un isomorphisme de A sur $\mathbb{R}^n$. Par conséquent $\mathrm{Ker}(\sigma)=\{0\}$ et $\mathrm{Im}(\sigma)=\mathbb{R}^n$.

III.2.2. On vient de montrer que $\dim(A)=n$.

III.2.3. Si l'on note $(e_1,\dots,e_n)$ la base canonique de $\mathbb{R}^n$ alors, pour tout $k\in[\![1,n]\!]$, on a $\sigma(\varphi_k)=e_k$ et donc $(\varphi_1,\dots,\varphi_n)$ est une base de A.

III.2.4. Si $x\notin[x_{k-1},x_{k+1}]$ alors $\varphi_k(x)=0$.
Si $x\in[x_{k-1},x_k]$ alors $\varphi_k(x)=\dfrac{x-x_{k-1}}{x_k-x_{k-1}}=\dfrac{1}{\varepsilon}(x-(k-1)\varepsilon)=\dfrac{x}{\varepsilon}-(k-1)$.
De même si $x\in[x_k,x_{k+1}]$ on obtient $\varphi_k(x)=(k+1)-\dfrac{x}{\varepsilon}$.

III.2.5. Quand v décrit A, $\sigma(v)$ décrit $\mathbb{R}^n$ et donc $p(v)$ décrit $\text{Vect}(\varphi_1, \dots, \varphi_n)$ ce qui revient à dire que $\text{Im}(p) = A$.
Si $v \in A$ on a $\sigma(v) = \big(v(x_1), \dots, v(x_n)\big) = \sigma\big(p(v)\big)$ et donc $v = p(v)$.
Ces deux résultats prouvent que p est un projecteur sur A.

III.3. le résultat découle immédiatement du fait que l'application $\begin{pmatrix} A & \to & A^\star \\ g & \mapsto & a(g, \cdot) \end{pmatrix}$ est un isomorphisme d'espaces vectoriels.

III.4. $w \in T$ si, et seulement si, $a(w, \cdot)$ et b coïncident en chaque φ_i et, comme $(\varphi_1, \dots, \varphi_n)$ est une base de A, cela équivaut à $a(w, \cdot) = b$ et donc $T = \{g\}$.

III.5.1. Soient M la matrice de a relativement à $(\varphi_1, \dots, \varphi_n)$ et B' celle de b relativement à cette même base de A.
Si l'on note $(\Phi_1, \dots, \Phi_n)$ la base canonique de l'espace vectoriel $\mathfrak{M}_{n,1}(\mathbb{R})$, on a, pour tout $k \in [\![1, n]\!]$, $a(g, \varphi_k) = {}^t GM\Phi_k = B'\Phi_k = b(\varphi_k)$ et donc ${}^t GM = B'$ ou encore, en transposant, $MG = {}^t B'$.

III.5.2. Comme $a(\varphi_k, \varphi_\ell) = \displaystyle\int_0^1 \big(D\varphi_k D\varphi_\ell + \alpha\varphi_k\varphi_\ell\big)$, si $|k - \ell| > 1$, $a(\varphi_k, \varphi_\ell) = 0$.

$$\begin{aligned} a(\varphi_k, \varphi_k) &= \int_{(k-1)\varepsilon}^{k\varepsilon} \left[\frac{1}{\varepsilon} + \varepsilon\alpha\left(\frac{x}{\varepsilon} - (k-1)\right)^2\right] \frac{dx}{\varepsilon} \\ &\quad + \int_{k\varepsilon}^{(k+1)\varepsilon} \left[\frac{1}{\varepsilon} + \varepsilon\alpha\left((k+1) - \frac{x}{\varepsilon}\right)^2\right] \frac{dx}{\varepsilon} \\ &= \int_0^1 \left[\frac{1}{\varepsilon} + \varepsilon\alpha u^2\right] du + \int_0^1 \left[\frac{1}{\varepsilon} + \varepsilon\alpha v^2\right] dv \end{aligned}$$

à l'aide des changements de variable $u = \dfrac{x}{\varepsilon} - (k-1)$ et $v = (k+1) - \dfrac{x}{\varepsilon}$.

Donc $a(\varphi_k, \varphi_k) = 2\displaystyle\int_0^1 \left[\frac{1}{\varepsilon} + \varepsilon\alpha u^2\right] du = 2\left(\frac{1}{\varepsilon} + \frac{\varepsilon\alpha}{3}\right)$.

De même $a(\varphi_k, \varphi_{k+1}) = \displaystyle\int_{k\varepsilon}^{(k+1)\varepsilon} \left[-\frac{1}{\varepsilon} + \varepsilon\alpha\left(\frac{x}{\varepsilon} - k\right)\left((k+1) - \frac{x}{\varepsilon}\right)\right] \frac{dx}{\varepsilon}$ et donc $a(\varphi_k, \varphi_{k+1}) = \dfrac{\varepsilon\alpha}{6} - \dfrac{1}{\varepsilon}$.
Par symétrie de M on a calculé tous ses coefficients.

Quatrième partie

IV.1. Pour tout $u \in V$ la question II.3.2 montre que $a(f, u) = b(u)$ et donc, pour tout $j \in [\![1, n]\!]$, $a(f, \varphi_j) = b(\varphi_j)$ ou encore $a(f - g, \varphi_j) = 0$ *i.e.* $f - g \in \displaystyle\bigcap_{j=1}^n \varphi_j^\perp = A^\perp$, ce qui montre que g est la projection orthogonale de f sur A.

IV.2. La fonction $\begin{pmatrix} A & \to & \mathbb{R}_+ \\ k & \mapsto & N(f-k) \end{pmatrix}$ atteint son minimum en g d'après le théorème de projection orthogonale. Comme $h \in A$ on en déduit : $N(f-g) \leqslant N(f-h)$.

IV.3.1. La restriction de h à $[y,z]$ est affine et donc de classe $\mathcal{C}^2$.

IV.3.2. La restriction de $f-h$ à $[y,z]$ est de classe $\mathcal{C}^2$ et s'annule en y et en z, donc il existe un élément c de $]y,z[$ tel que $(f-h)'(c)=0$.
Comme $(f-h)''=f''$ sur $]y,z[$, d'après l'inégalité des accroissements finis, la fonction $(f-h)'$ est lipschitzienne de rapport K_0 sur $]y,z[$. On utilise le fait que cette fonction est nulle en c et que, si $x \in]y,z[$, alors $|x-c| \leqslant z-y=\varepsilon$ pour en déduire que $\left|(f-h)'(x)\right| \leqslant K_0\varepsilon$ et donc $K_1=K_0$ convient.

IV.3.3. On a $\displaystyle\int_y^z (Df-Dh)^2 = \int_{]y,z[} \left[(f-h)'\right]^2 \leqslant K_1^2\varepsilon^2(z-y) \leqslant K_1^2\varepsilon^3$ d'après l'inégalité de la moyenne et la question précédente.

IV.3.4. Si $x \in [y,z]$, $\displaystyle\left|(f-h)(x)\right| = \left|\int_y^x (Df-Dh)\right| \leqslant \left(\int_y^x (Df-Dh)^2\right)^{\frac{1}{2}} \left(\int_y^x 1^2\right)^{\frac{1}{2}}$ d'après l'inégalité de Cauchy-Schwarz, et donc $\left|(f-h)(x)\right| \leqslant \sqrt{K_1^2\varepsilon^3} \times \sqrt{\varepsilon} = K_1\varepsilon^2$.

On choisit donc $K_2=K_1=K_0$.

IV.3.5. L'inégalité de la moyenne prouve alors que $\displaystyle\int_y^z (f-h)^2 \leqslant K_2^2\varepsilon^5$.

IV.4. $\displaystyle N^2(f-h) = \int_0^1 (Df-Dh)^2 + \int_0^1 \alpha(f-h)^2 \leqslant n(K_0^2\varepsilon^3 + LK_0^2\varepsilon^5)$ d'après les questions précédentes appliqueés à chaque $[x_k, x_{k+1}]$ et comme $\varepsilon^5 \leqslant \varepsilon^3$ il vient $N^2(f-h) \leqslant n\varepsilon K_0^2(1+L)\varepsilon^2 \leqslant (K\varepsilon)^2$ en posant $K=K_0\sqrt{1+L}$ car $n\varepsilon \leqslant 1$.

Alors $N(f-g) \leqslant N(f-h) \leqslant K\varepsilon$.

Fin

On étudie les propriétés de la série de fonctions de la variable réelle dont le terme général est $u_k : x \mapsto \dfrac{1}{(x+k)^{\frac{3}{2}} + (k+x)^{\frac{1}{2}}}$ pour $k \in \mathbb{N}^*$.

Quand elle existe, on note la somme de cette série $U(x) = \displaystyle\sum_{k=1}^{\infty} u_k(x)$.

L'origine historique de ce problème est au cœur de la troisième partie : la fonction U permet l'étude d'une fonction T associée à la définition de la spirale de Théodorus.

Partie I

Dans cette partie, on étudie des propriétés liées à la régularité de U, notamment son comportement aux bornes de son intervalle de définition, ainsi que son intégrabilité.

1. Montrer que le domaine de définition de U est $]-1, +\infty[$ (noté I dans la suite).

2.a) Montrer que l'application $x \mapsto \displaystyle\sum_{k=2}^{\infty} u_k(x)$ est de classe $\mathcal{C}^1$ sur $[-1, +\infty[$.

2.b) En déduire alors, que U est de classe $\mathcal{C}^1$ sur I et

$$\exists(\lambda, \mu) \in \mathbb{R}^2,\ U(x) \underset{x \to -1}{\sim} \frac{\lambda}{(x+1)^{\mu}}.$$

3.a) Montrer que U est intégrable sur $]-1, 0]$.

3.b) Pour $-1 < a < b$ et $k \in \mathbb{N}^*$, calculer $\displaystyle\int_{[a,b]} u_k$. On pourra poser $t = \sqrt{x+k}$ pour $x \in [a, b]$.

3.c) Calculer $\displaystyle\int_{]-1,0]} U$.

4. On étudie U au voisinage de $+\infty$.

4.a) Calculer $\displaystyle\lim_{+\infty} U$.

4.b) Pour $x \in I$ fixé, justifier l'intégrabilité sur $[1, +\infty[$ de la fonction : $t \mapsto \dfrac{1}{(t+x)^{\frac{3}{2}} + (t+x)^{\frac{1}{2}}}$.

4.c) Trouver, à l'aide de $\displaystyle\int_1^{+\infty} \frac{dt}{(t+x)^{\frac{3}{2}} + (t+x)^{\frac{1}{2}}}$, un développement au voisinage de $+\infty$ de la forme : $U(x) \underset{x \to +\infty}{=} \dfrac{\delta}{x^{\nu}} + O\left(\dfrac{1}{x^{\nu+1}}\right)$.

4.d) U est-elle intégrable sur $[0, +\infty[$?

Partie II

Dans cette partie, on étudie : $U(0)$. On pose $\rho_n = \displaystyle\sum_{k=n+1}^{\infty} \frac{1}{k^{\frac{3}{2}} + k^{\frac{1}{2}}}$.

5.a) Montrer que : $\forall n \in \mathbb{N}^*$, $2\arctan\left(\dfrac{1}{\sqrt{n+1}}\right) \leqslant \rho_n \leqslant 2\arctan\left(\dfrac{1}{\sqrt{n}}\right)$.

Calculer alors $U(0)$ à 10^{-1} près, en justifiant le nombre de termes utilisés. Combien faut-il de termes pour calculer $U(0)$ à 10^{-3} près ?

5.b) Donner aussi un équivalent simple de ρ_n lorsque $n \to \infty$.

On étudie maintenant un procédé permettant d'obtenir plus rapidement une valeur approchée de $U(0)$ à 10^{-3} près.

6.a) Montrer qu'il existe une unique suite de fonctions polynomiales sur $[0,1]$, soit (B_n), avec : $B_0 = 1$ et : $\forall n \in \mathbb{N}^*$, $B'_n = nB_{n-1}$ et $\displaystyle\int_{[0,1]} B_n = 0$.

6.b) (i) On note $b_n = B_n(0)$. Montrer que : $\forall n \in \mathbb{N}, n \geqslant 2$, $b_n = B_n(1)$.

(ii) Calculer B_1, B_2, B_3.

6.c) Soit $f \in \mathcal{C}^3([0,1],\mathbb{R})$. Montrer que :

$\dfrac{1}{2}[f(0) + f(1)] = \displaystyle\int_0^1 f + \int_0^1 B_1(x)f'(x)dx$, puis que :

$$\frac{1}{2}[f(0)+f(1)] = \int_0^1 f + \sum_{i=2}^{3}(-1)^i \frac{b_i}{i!}\left[f^{(i-1)}(1) - f^{(i-1)}(0)\right] + \int_0^1 \frac{B_3(x)}{6} f^{(3)}(x)dx.$$

6.d) Montrer qu'il existe une unique fonction $P_n : \mathbb{R} \to \mathbb{R}$, de période 1, et telle que, pour tout $x \in [0,1[$, $P_n(x) = B_n(x)$. On exprimera, pour x réel quelconque, $P_n(x)$ en fonction notamment de x et sa partie entière. Montrer que P_n est de classe $\mathcal{C}^\infty$ par morceaux et qu'elle est continue si, et seulement si, $n \neq 1$.

6.e) Soit $f \in \mathcal{C}^3([0,+\infty[,\mathbb{R})$. Montrer que, pour tout $j \in \mathbb{N}$ et pour tout $m \in \mathbb{N}^*$

$$\sum_{k=j}^{m+j} f(k) = \frac{f(j)+f(m+j)}{2} + \int_j^{m+j} f + \sum_{i=2}^{3} \frac{(-1)^i b_i [f^{(i-1)}(j+m) - f^{(i-1)}(j)]}{i!} + \int_j^{m+j} \frac{P_3 f^{(3)}}{6}.$$

7.a) Étudier les variations de B_3 sur $[0,1]$.

En déduire que $\forall x \in \mathbb{R}$, $|P_3(x)| \leqslant 6.10^{-2}$.

7.b) Soit $g : [1,+\infty[\to \mathbb{R}$, $x \mapsto \dfrac{1}{x^{\frac{3}{2}} + x^{\frac{1}{2}}}$, qui est de classe $\mathcal{C}^3$. Calculer $g'(x)$ pour $x \geqslant 1$. On donne le résultat suivant, pour $x \geqslant 1$, $g''(x) = \dfrac{15x^2 + 10x + 3}{4x^{\frac{5}{2}}(x+1)^3}$, et l'on admet aussi que g'' est décroissante. En déduire l'intégrabilité de l'application : $[1,+\infty[\to \mathbb{R}, x \mapsto P_3(x)g^{(3)}(x)$.

7.c) Montrer que :
$\forall j \in \mathbb{N}^*,\ \rho_{j-1} = \int_j^{+\infty} g + \frac{1}{2} g(j) - \frac{1}{12} g'(j) + \frac{1}{6} \int_j^{+\infty} P_3(x) g^{(3)}(x) dx.$

7.d) En déduire une valeur approchée de $U(0)$ à 10^{-3} près.

Partie III

Dans cette partie, on étudie une fonction T de la variable réelle et à valeurs complexes, qui utilise U de manière fondamentale.

8. On définit la série de fonctions de la variable réelle et à valeurs complexes, dont le terme général est : $v_k : x \mapsto \dfrac{i}{2} \dfrac{1}{(x+k)^{\frac{3}{2}} + i(k+x)}$ pour $k \in \mathbb{N}^*$.

8.a) Simplifier $v_k - \frac{i}{2} u_k$. En déduire que la série $\left(\sum v_k\right)_{k \geqslant 1}$ converge lorsque $x \in I$. On définit $V : I \to \mathbb{C},\ x \mapsto \sum_{k=1}^{\infty} v_k(x)$.

Montrer que $V(x) = \dfrac{i}{2} U(x) + \dfrac{1}{2(x+1)}$ pour tout $x \in I$.

8.b) Justifier la continuité de V sur I.

9.a) Montrer qu'il existe une unique fonction $T : I \to \mathbb{C}$, de classe $\mathcal{C}^1$, telle que T ne s'annule pas sur I, et que : $\dfrac{T'}{T} = V$ et $T(0) = 1$.

9.b) Montrer que, pour tout $x \in I$: $T(x) = \sqrt{1+x} \cdot \exp\left(\dfrac{i}{2} \int_0^x U(t) dt\right)$.

9.c) Montrer que T se prolonge en une fonction continue sur $[-1, +\infty[$ par $T(-1) = 0$. Ce prolongement est-il dérivable en -1 ?

10. On se place dans $\mathbb{R}^2$ euclidien canonique orienté. On considère alors l'arc plan γ, paramétré par $f : I \to \mathbb{R}^2, t \mapsto \sqrt{1+t}\ \vec{u}\left(\dfrac{1}{2} \int_0^t U(w) dw\right)$ où $\vec{u}(\theta) = \big(\cos(\theta), \sin(\theta)\big)$ pour $\theta \in \mathbb{R}$.

10.a) Montrer que cet arc est de classe $\mathcal{C}^1$ et régulier. Donner $\tan\big(\psi(t)\big)$, où $\psi(t)$ est une mesure de l'angle orienté entre le vecteur $\vec{u}\left(\dfrac{1}{2} \int_0^t U(w) dw\right)$ et le vecteur tangent unitaire en $f(t)$. Que représente $U(0)$?

10.b) Étant donné l'intégrabilité de U sur $]-1, 0]$, on prolonge γ en $t = -1$ par $f(-1) = 0$. Montrer que l'arc ainsi obtenu admet en ce point une demi-tangente.

10.c) Tracer sommairement le support de γ.

Partie IV

Dans cette partie, on écrit $U(x)$ sous la forme d'une intégrale.

11.a) Montrer que, pour $t > 0$ donné, l'application $]0, t] \to \mathbb{R},\ u \mapsto \dfrac{e^u}{\sqrt{u}}$ est intégrable, puis que l'application $g :]0, +\infty[\to \mathbb{R}, t \mapsto \displaystyle\int_0^t \frac{e^u}{\sqrt{u}}$ est de classe $\mathcal{C}^1$. Donner $g'(t)$ pour $t > 0$.

11.b) Soit $\alpha > 1$. Montrer que l'application $h_\alpha :]0, +\infty[\to \mathbb{R},\ t \mapsto e^{-\alpha t} g(t)$ est intégrable et montrer, en utilisant $\Gamma\left(\dfrac{1}{2}\right)$, que $\displaystyle\int_{]0,+\infty[} h_\alpha = \frac{\sqrt{\pi}}{\alpha\sqrt{\alpha - 1}}$.

11.c) En déduire, pour tout $k \in \mathbb{N}^*$ et tout $x \in I$, une expression intégrale de $u_k(x)$.

11.d) Soit les applications $\varphi :]0, +\infty[\to \mathbb{R}, t \mapsto \dfrac{t}{e^t - 1}$ et
$F :]0, +\infty[\to \mathbb{R}, t \mapsto e^{-t} \displaystyle\int_0^{\sqrt{t}} e^{v^2} dv$.
Déduire de ce qui précède que, pour tout $x \in I$, l'application G_x : $]0, +\infty[\to \mathbb{R}, t \mapsto \dfrac{\varphi(t)F(t)}{t} e^{-xt}$ est intégrable, et que :

$$U(x) = \frac{2}{\sqrt{\pi}} \int_0^{+\infty} \frac{\varphi(t)F(t)}{t} e^{-xt} dt.$$

12. a) Montrer que U est de classe $\mathcal{C}^\infty$ sur I, et exprimer sous forme intégrale les dérivées successives de U.

12.b) Montrer que U est convexe sur I, et tracer sommairement son graphe.

Connaissances utiles

- Séries de fonctions,
- Intégrales sur un intervalle.

Solution

Partie I

1. Pour tout $k \geqslant 1, x + k > 0 \Rightarrow x > -1$. Donc u_k est définie sur $I =]-1, +\infty[$.
D'autre part, pour tout $x \in I$, on a $u_k(x) \underset{k \to +\infty}{\sim} \dfrac{1}{k^{3/2}}$. Donc U est définie sur I.

2.a) Soit $k \in \mathbb{N}$, $k \geqslant 2$. u_k est de classe $\mathcal{C}^1$ sur $[-1, +\infty[$:

$$u_k'(x) = \frac{-\frac{3}{2}(x+k)^{1/2} - \frac{1}{2}(x+k)^{-1/2}}{\left((x+k)^{3/2} + (x+k)^{1/2}\right)^2} = -\frac{1}{2}\frac{3(x+k)+1}{(x+k)^{3/2}(x+k+1)^2}.$$

$\forall x \in [-1,+\infty[,\ |u_k'(x)| \leqslant \dfrac{3}{2}\dfrac{1}{(x+k)^{3/2}(x+k+1)} \leqslant \dfrac{3}{2}\dfrac{1}{(x+k)^{5/2}} \leqslant \dfrac{3}{2(k-1)^{5/2}}$.

Donc $\left(\sum u_k'\right)_{k\geqslant 2}$ converge normalement *a fortiori* uniformément sur $[-1,+\infty[$; comme $\sum u_k$ converge simplement sur $[-1,+\infty[$, d'après le théorème de dérivation des séries de fonctions de classe $\mathcal{C}^1$ la fonction $V = \sum_{k=2}^{\infty} u_k$ est de classe $\mathcal{C}^1$ sur $[-1,+\infty[$.

2.b) U étant la somme de u_1 et de V, fonctions de classe $\mathcal{C}^1$ sur I, U est $\mathcal{C}^1$ sur I. $u_1(x) \xrightarrow[x\to -1]{} +\infty$ et $V(x) \xrightarrow[x\to -1]{} V(-1) \in \mathbb{R}$ car continue sur $[-1,+\infty[$. Donc $U(x) \underset{x\to -1}{\sim} \dfrac{1}{(x+1)^{1/2}}$.

3.a) U est continue sur $]-1,0]$ et $U(x) \underset{x\to -1}{\sim} \dfrac{1}{(x+1)^{1/2}}$. Donc U est intégrable sur $]-1,0]$.

3.b) Par le changement de variable $t = \sqrt{x+k}$ $\mathcal{C}^1$-difféomorphisme entre $[a,b]$ et $\sqrt{a+k}$ et $\sqrt{b+k}$ on a : $\displaystyle\int_a^b u_k = \int_{\sqrt{a+k}}^{\sqrt{b+k}} \frac{2dt}{1+t^2} = 2\big(\arctan\sqrt{b+k} - \arctan\sqrt{a+k}\big)$.

Donc $\displaystyle\int_{-1}^0 u_k = 2\big[\arctan\sqrt{k} - \arctan\sqrt{k-1}\big]$ et u_k est intégrable sur $]-1,0]$.

3.c) U est intégrable sur $]-1,0]$, et somme d'une série de fonctions intégrables positives, d'après le théorème de convergence monotone, on a :

$$\int_{-1}^0 U = \sum_{k=1}^{\infty}\int_{-1}^0 u_k = 2\sum_{k=1}^{\infty}\Big(\arctan\sqrt{k} - \arctan\sqrt{k-1}\Big).$$

Comme $\displaystyle\sum_{k=1}^{N}\Big[\arctan\sqrt{k} - \arctan\sqrt{k-1}\Big] = \arctan\sqrt{N}$ par télescopage, on a : $\displaystyle\int_{-1}^0 U = \pi$.

4.a) $\left(\sum u_k\right)_{k\geqslant 1}$ converge normalement sur $[0,+\infty[$. En effet,

$\forall x \in \mathbb{R}_+, \forall k \geqslant 1, 0 \leqslant u_k(x) \leqslant \dfrac{1}{(x+k)^{3/2}} \leqslant \dfrac{1}{k^{3/2}}$.

Comme $u_k(x) \xrightarrow[x\to +\infty]{} 0$, d'après le théorème de double limite : $U(x) \xrightarrow[x\to +\infty]{} 0$

4.b) Pour $x \in I$ fixé, la fonction $w_x : [1,+\infty[\to \mathbb{R}, t \mapsto \dfrac{1}{(t+x)^{3/2}+(t+x)^{1/2}}$ est continue sur $[1,+\infty[$ et $w_x(t) \underset{t\to +\infty}{\sim} \dfrac{1}{t^{3/2}}$. Donc w_x est intégrable sur $[1,+\infty[$.

4.c) D'après I.3.b), si $b \geqslant a > 1$, $\displaystyle\int_a^b w_x(t)dt = 2\big[\arctan\sqrt{b+x} - \arctan\sqrt{a+x}\big]$.

Donc : $\displaystyle\int_1^{\infty} w_x(t)dt = 2\Big[\frac{\pi}{2} - \arctan\big(\sqrt{x+1}\big)\Big] = 2\arctan\Big(\frac{1}{\sqrt{x+1}}\Big)$.

w_x est continue, décroissante sur $[1,+\infty[$, donc :

$\forall k \geqslant 1, w_x(k+1) \leqslant \displaystyle\int_k^{k+1} w_x(t)dt \leqslant w_x(k) = u_k(x).$

Comme $U = \sum_{k\geqslant 1} u_k$ et $U \in \mathcal{L}^1([1,+\infty[,\mathbb{R})$, par sommation,

$$U(x) - u_1(x) \leqslant \int_1^{+\infty} w_x(t)dt \leqslant U(x).$$

Donc, pour tout $x \in I$, $0 \leqslant U(x) - 2\arctan\left(\dfrac{1}{\sqrt{x+1}}\right) \leqslant \dfrac{1}{(x+2)\sqrt{x+1}}$.

Or $\dfrac{1}{(x+2)\sqrt{x+1}} \underset{x\to+\infty}{\sim} \dfrac{1}{x^{3/2}}$ et $2\arctan\left(\dfrac{1}{\sqrt{x+1}}\right) \underset{x\to+\infty}{=} \dfrac{2}{\sqrt{x}} + O\Big(\dfrac{1}{x^{3/2}}\Big)$,

donc : $U(x) \underset{x\to+\infty}{=} \dfrac{2}{\sqrt{x}} + O\Big(\dfrac{1}{x^{3/2}}\Big)$.

4.d) Comme $U(x) \underset{x\to+\infty}{\sim} \dfrac{2}{\sqrt{x}}$, U n'est pas intégrable sur $[0,+\infty[$.

Partie II

5.a) Les inégalités de I.4.c) avec $x = 0$ donnent :

$$\forall k \geqslant 1, \int_k^{k+1} w_0(t)dt \leqslant w_0(k) \leqslant \int_{k-1}^{k} w_0(t)dt.$$

Par sommation, on obtient : $\displaystyle\int_{n+1}^{+\infty} w_0(t)dt \leqslant \rho_n \leqslant \int_n^{+\infty} w_0(t)dt.$

D'après les calculs du 4.a) $\displaystyle\int_a^{+\infty} w_0(t)dt = 2\arctan\left(\frac{1}{\sqrt{a}}\right)$, d'où le résultat. *i.e.* $\lambda_n \leqslant \rho_n \leqslant \lambda_{n+1}$.

Soit $\alpha_n = \arctan\left(\dfrac{1}{\sqrt{n}}\right) - \arctan\left(\dfrac{1}{\sqrt{n+1}}\right)$ et $S_n = \displaystyle\sum_{k=1}^{n} u_k(0) = \sum_{k=1}^{n} \frac{1}{k^{3/2}+k^{1/2}}$.

α_n représente la demi-distance des termes qui encadrent ρ_n.

Si $\alpha_n \leqslant \delta$, alors $S_n + \dfrac{\lambda_n + \lambda_{n+1}}{2}$ est une approximation de $U(0)$ à δ près.

On vérifie à la calculatrice que $\alpha_2 \leqslant 0,092 \leqslant 0,1$. Donc une valeur approchée de $U(0)$ à 10^{-1} près est $1,87$.

De même, $\alpha_{62} < 10^{-3}$, donc $S_{62} + \arctan\dfrac{1}{\sqrt{62}} + \arctan\dfrac{1}{\sqrt{63}}$ est une approximation de $U(0)$ à 10^{-3} près.

5.b) De I.5.a), on déduit, par encadrement $\rho_n \underset{n\to\infty}{\sim} \dfrac{2}{\sqrt{n}}$.

6.a) B_0 existe et est évidemment unique. Supposons l'existence et l'unicité de B_{n-1}, alors B_n est une primitive de nB_{n-1} : soit C_n la primitive de nB_{n-1} qui s'annule en 0. Il existe une constante k_n telle que $B_n = C_n + k_n$. La condition $\displaystyle\int_0^1 B_n = 0$ est équivalente à $k_n = -\displaystyle\int_0^1 C_n$. D'où l'existence et l'unicité de B_n.

6.b) (i) $\forall n \geqslant 2, \int_0^1 nB_{n-1} = 0$; or $\int_0^1 nB_{n-1} = \int_0^1 B_n' = B_n(1) - B_n(0)$; donc : $\forall n \geqslant 2, B_n(1) = B_n(0) = b_n$.

(ii) On obtient successivement $B_1 = X - \frac{1}{2}$, $B_2 = X^2 - X + \frac{1}{6}$, $B_3 = X^3 - \frac{3}{2}X^2 + \frac{X}{2}$.

6.c) Par intégration par parties : $\int_0^1 f'B_1 = \Big[B_1.f\Big]_0^1 - \int_0^1 f = \frac{1}{2}\Big[f(0)+f(1)\Big] - \int_0^1 f$

De nouvelles intégrations par parties :

$$\frac{1}{2}(f(0)+f(1)) = \int_0^1 f + \int_0^1 B_1 f' = \int_0^1 f + \left[\frac{1}{2}B_2 f'\right]_0^1 - \int_0^1 \frac{1}{2}B_2 f''$$

$$\frac{1}{2}(f(0)+f(1)) = \int_0^1 f + \frac{b_2}{2}(f'(1)-f'(0)) - \frac{1}{6}\Big[B_3 f''\Big]_0^1 + \int_0^1 \frac{1}{6}B_3 f^{(3)}.$$

$$\frac{1}{2}(f(0)+f(1)) = \int_0^1 f + \frac{b_2}{2}\Big[f'(1)-f'(0)\Big] - \frac{b_3}{6}\Big[f''(1)-f''(0)\Big] + \int_0^1 \frac{1}{6}B_3 f^{(3)}.$$

D'où le résultat.

6.d) L'existence et l'unicité de P_n sont évidentes.

Pour tout $x \in \mathbb{R}$, $P_n(x) = B_n\big(x - E[x]\big)$ et P_n est de classe $\mathcal{C}^\infty$ par morceaux sur $\mathbb{R}$. B_n est continue sur $[0,1]$. Donc P_n est continue sur $\mathbb{R}$ si, et seulement si, elle l'est en 0, ce qui est équivalent à $B_n(0) = B_n(1)$ ce qui est vrai si, et seulement si, $n \geqslant 2$ ou $n = 0$.

6.e) Soit $k \in \mathbb{N}$. Appliquons le résultat de II.6.c) à la fonction $t \mapsto f(t+k)$.

$$\frac{1}{2}[f(k)+f(k+1)] = \int_k^{k+1} f + \sum_{i=2}^{3}(-1)^i \frac{b_i}{i!}\Big[f^{(i-1)}(k+1) - f^{(i-1)}(k)\Big] + \int_k^{k+1} \frac{P_3(x)}{6} f^{(3)}(x)$$

En sommant cette égalité pour k variant de j à $j+m-1$ on obtient :

$$\sum_{k=j}^{j+m} f(k) = \frac{1}{2}[f(j)+f(m+j)] + \int_j^{m+j} f + \sum_{i=2}^{3}(-1)^i \frac{b_i}{i!}\Big[f^{(i-1)}(m+j) - f^{(i-1)}(j)\Big] + \int_j^{m+j} \frac{P_3(x)}{6} f^{(3)}(x).$$

7.a) Comme $B_3(x) = \frac{x}{2}(x-1)(2x-1)$, on a : $B_3(1-x) = -B_3(x)$. Il suffit d'étudier B_3 sur $[0,1/2]$. la fonction B_3 s'annule en 0 et $\frac{1}{2}$, est croissante sur $\left[0, \frac{3-\sqrt{3}}{6}\right]$ et décroissante sur $\left[\frac{3-\sqrt{3}}{6}, \frac{1}{2}\right]$.

Donc $\sup_{x\in[0,1]} |B_3(x)| = \sup_{x\in[0,1/2]} B_3(x) = B_3\left(\frac{3-\sqrt{3}}{6}\right) \leqslant 0{,}049 \leqslant 6\ 10^{-2}$. Donc $\forall x \in \mathbb{R},\ |P_3(x)| \leqslant 6\ 10^{-2}$.

7.b) Pour tout $x \geqslant 1, g'(x) = -\dfrac{3x+1}{2x^{3/2}(x+1)^2}$. Comme g'' est décroissante, $g^{(3)} \leqslant 0$.
D'où : $\forall x \geqslant 1,\ |P_3(x)g^{(3)}(x)| \leqslant 0,06(-g^{(3)}(x))$.

Comme $g'' \geqslant 0$, on a : $\forall x \geqslant 1, \displaystyle\int_1^x -g^{(3)} = g''(1) - g''(x) \leqslant g''(1)$.

Donc la fonction $-g^{(3)}$ est intégrable sur $[1, +\infty[$. Il en est donc de même pour $P_3 g^{(3)}$ fonction continue par morceaux et dominée par une fonction intégrable.

7.c) Comme $g(k) = u_k(0)$, $\displaystyle\lim_{m\to\infty} \sum_{k=j}^{j+m} g(k) = \sum_{k=j}^{\infty} g(k) = \rho_{j-1}$.

$\displaystyle\lim_{m\to\infty} \frac{1}{2}(g(j) + g(m+j)) = \frac{1}{2}g(j)$, $\displaystyle\lim_{m\to\infty} \int_j^{m+j} g = \int_j^{+\infty} g$ car g est intégrable sur $[j, +\infty[$.

$\displaystyle\lim_{m\to\infty} \sum_{i=2}^{3} (-1)^i \frac{b_i}{i!}\left[g^{(i-1)}(m+j) - g^{(i-1)}(j)\right] = -\frac{1}{12}g'(j)$ car $b_2 = \dfrac{1}{6}$ et $b_3 = 0$.

$\displaystyle\lim_{m\to\infty} \int_j^{m+j} \frac{P_3(x)}{6} g^{(3)}(x) = \int_j^{+\infty} \frac{P_3}{6} g^{(3)}$. Par passage à la limite quand $m \to \infty$ dans l'égalité de 6.e) appliquée à g, on a : $\rho_{j-1} = \displaystyle\int_j^{+\infty} g + \frac{1}{2}g(j) - \frac{1}{12}g'(j) + \frac{1}{6}\int_j^{+\infty} P_3\, g^{(3)}$

7.d) Comme $\displaystyle\int_j^{+\infty} g = 2\arctan\left(\frac{1}{\sqrt{j}}\right)$ et

$$\left|\frac{1}{6}\int_j^{+\infty} P_3 g^{(3)}\right| \leqslant \frac{0,06}{6}\int_j^{+\infty} |g^{(3)}| = 0,01\int_j^{+\infty} -g^{(3)} = 0,01\, g''(j) = \varepsilon_j.$$

Donc : $\gamma_j = S_{j-1} + 2\arctan\dfrac{1}{\sqrt{j}} + \dfrac{1}{2}\dfrac{1}{j^{3/2}+j^{1/2}} + \dfrac{1}{24}\dfrac{3j+1}{j^{3/2}(j+1)^2}$ est une valeur approchée de $U(0)$ à ε_j près.
Or, pour $j = 5$, on obtient $\varepsilon_5 < 0.001$; donc $\gamma_5 = 1.860$ est valeur approchée de $U(0)$ à 10^{-3} près.

Partie III

8.a) $v_k(x) - \dfrac{i}{2}u_k(x) = \dfrac{1}{2}\dfrac{1}{(x+k)(x+k+1)} = \dfrac{1}{2}\left[\dfrac{1}{x+k} - \dfrac{1}{x+k+1}\right]$. Comme $\dfrac{1}{x+k} \xrightarrow[k\to\infty]{} 0$ on déduit du critère suite/séries que la série $\sum\left(v_k(x) - \dfrac{i}{2}u_k(x)\right)$ converge. Comme $\sum u_k(x)$ converge aussi pour $x \in I$, il en est de même de la série $\sum v_k$.

$$\forall x \in I, V(x) - \frac{i}{2}U(x) = \sum_{k=1}^{\infty}\left[v_k - \frac{i}{2}u_k\right](x) = \frac{1}{2}\sum_{k=1}^{\infty}\left[\frac{1}{x+k} - \frac{1}{x+k+1}\right] = \frac{1}{2(1+x)}.$$

8.b) L'égalité précédente, avec la continuité de U, permet de conclure que V est continue sur I.

9.a) D'après le théorème de Cauchy-Lipschitz linéaire, l'équation différentielle linéaire du premier ordre à coefficients fonctions continues $y' - V(x)y = 0$ admet une solution unique sur I qui vérifie $y(0) = 1$. C'est, d'après le cours, la fonction $T : x \mapsto \exp\Big(\displaystyle\int_0^x V(t)dt\Big)$. On a $T(x) \neq 0$ si $x \in I$.

9.b) $\displaystyle\int_0^x V(t)dt = \int_0^x \frac{1}{2(t+1)} + \frac{i}{2}\int_0^x U(t)dt = \frac{1}{2}\ln(1+x) + \frac{i}{2}\int_0^x U(t)dt.$
D'où le résultat.

9.c) D'après 3.c), $\displaystyle\lim_{x\to-1} \exp\Big(\frac{i}{2}\int_0^x U(t)\,dt\Big) = \exp\Big(\frac{i}{2}\int_0^{-1} U\Big) = \exp\Big(-\frac{i\pi}{2}\Big) = -i.$
Donc $T(x) \underset{x\to-1}{\sim} -i\sqrt{1+x}$ qui tend vers 0 quand x tend vers -1 ; T se prolonge donc en une fonction continue sur $[-1, +\infty[$; d'après l'équivalence précédente, ce prolongement n'est pas dérivable en -1.

10.a) La courbe admet pour représentation paramétrique en polaires :
$\rho(t) = \sqrt{1+t}$ et $\theta(t) = \displaystyle\frac{1}{2}\int_0^t U(s)\,ds.$
La fonction $f : t \mapsto \rho(t)u\big(\theta(t)\big)$ est de classe $\mathcal{C}^1$ sur I, avec
$f'(t) = \rho'(t)u(\theta(t)) + \rho(t)\theta'(t)u\Big(\theta(t) + \dfrac{\pi}{2}\Big).$
ρ ne s'annule pas, donc f' ne s'annule pas ; l'arc est donc $\mathcal{C}^1$ et régulier.
De plus : $\tan\psi(t) = \dfrac{\rho(t)\theta'(t)}{\rho'(t)} = (1+t)U(t)$; donc $U(0) = \tan\psi(0)$ est la pente de la tangente à γ au point de coordonnées $(1, 0)$ (point de paramètre $t = 0$).
10.b) On a $\lim\limits_{-1} f(t) = 0$; le vecteur $f(t) = \rho(t)\,u(\theta(t))$ est vecteur directeur de la droite D_t qui joint le point O au point $f(t)$; le vecteur $u(\theta(t))$ est également vecteur directeur de cette droite D_t, et $\lim\limits_{t\to-1} u(\theta(t)) = u(-\pi/2)$. Donc l'arc γ admet en $O = f(-1)$ une demi-tangente d'angle polaire $-\pi/2$ (verticale dirigée vers le bas).
10.c) θ est une fonction croissante car sa dérivée U est positive, et $\lim\limits_{+\infty} \theta(t) = +\infty$ car la fonction U est positive mais non intégrable sur $\mathbb{R}_+$ (voir I.4.d).

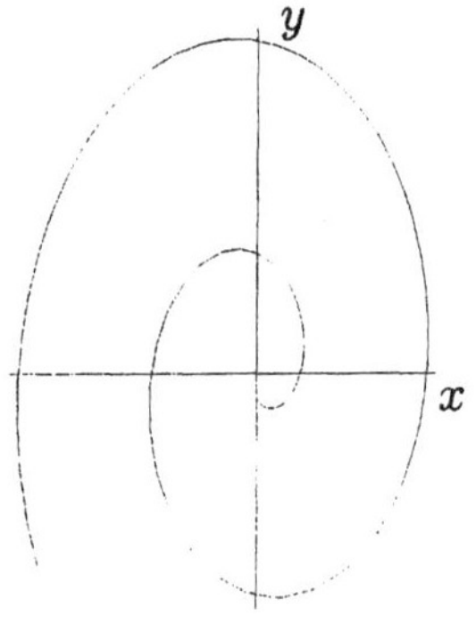

Partie IV

11.a) La fonction $u \mapsto \dfrac{e^u}{\sqrt{u}}$ est positive et continue sur $]0,t]$, et $\dfrac{e^u}{\sqrt{u}} \underset{u\to 0}{\sim} \dfrac{1}{\sqrt{u}}$; elle est donc intégrable sur $]0,t]$. La fonction $t \mapsto g(t) = \displaystyle\int_0^t \frac{e^u}{\sqrt{u}}\,du = g(1) + \int_1^t \frac{e^u}{\sqrt{u}}\,du$ est de classe $\mathcal{C}^1$ sur $]0,+\infty[$, de dérivée $t \mapsto \dfrac{e^t}{\sqrt{t}}$ en tant que primitive d'une fonction continue.

11.b) Notons que : $\forall t \in \mathbb{R}_+^\star, 0 \leqslant g(t) \leqslant e^t \displaystyle\int_0^t \frac{du}{\sqrt{u}} = 2e^t\sqrt{t}$.

h_α est continue sur $]0,+\infty[$ et pour $t>0$, on a : $0 \leqslant h_\alpha(t) \leqslant 2e^{-(\alpha-1)t}\sqrt{t}$.
Elle se prolonge par continuité en 0, car $\lim\limits_{t\to 0} h_\alpha(t) = 0$ par encadrement.

$h_\alpha(t) \underset{t\to+\infty}{=} o\left(\dfrac{1}{t^2}\right)$ par croissance comparée puisque $\alpha > 1$.
Donc h_α est intégrable sur $]0,+\infty[$.

Par intégration par parties : $\displaystyle\int_0^x h_\alpha(t)dt = \left[-\frac{h_\alpha(t)}{\alpha}\right]_0^x + \int_0^x \frac{e^{-\alpha t}}{\alpha}\frac{e^t}{\sqrt{t}}\,dt \quad (\star)$

$\lim\limits_{x\to+\infty} h_\alpha(x) = 0 = \lim\limits_{x\to 0} h_\alpha(x)$ car $\alpha > 1$.

Donc $(\star) \Rightarrow \displaystyle\int_0^{+\infty} h_\alpha = \int_0^{+\infty} \frac{1}{\alpha}\frac{e^{(1-\alpha)t}}{\sqrt{t}}\,dt = \frac{1}{\alpha}\int_0^{+\infty} \frac{1}{\sqrt{\alpha-1}}\frac{e^{-u}}{\sqrt{u}}\,du$ par le changement de variable affine $u = (\alpha-1)t$. Donc : $\displaystyle\int_0^{+\infty} h_\alpha = \frac{1}{\alpha\sqrt{\alpha-1}}\Gamma(1/2) = \frac{\sqrt{\pi}}{\alpha\sqrt{\alpha-1}}$.

11.c) $u_k(x) = \dfrac{1}{(x+k+1)\sqrt{x+k}} \Rightarrow u_k(x) = \dfrac{1}{\sqrt{\pi}}\displaystyle\int_0^{+\infty} h_{x+k+1}(t)\,dt.$

11.d) $h_{x+k+1}(t) = e^{-(x+1)t}g(t)e^{-kt}$. Si $t>0$, alors $0 < e^{-t} < 1$, la série géométrique $\left(\sum e^{-kt}\right)_{k\geqslant 1}$ converge et a pour somme $\displaystyle\sum_{k=1}^{\infty} e^{-kt} = \frac{e^{-t}}{1-e^{-t}} = \frac{1}{e^t-1}$.

La série de fonctions $\left(\sum h_{x+k+1}\right)_{k\geqslant 1}$ converge simplement sur $]0,+\infty[$ et a pour somme $t \mapsto \dfrac{e^{-(x+1)t}}{e^t-1}g(t)$.

Par le changement de variable $\mathcal{C}^1$-difféomorphisme entre $]0,t]$ et $]0,\sqrt{t}]$: $u = v^2$ on a $F(t) = \dfrac{e^{-t}}{2}\displaystyle\int_0^t \frac{e^u}{\sqrt{u}}\,du = \frac{e^{-t}}{2}g(t)$.

Donc $\forall t \in]0,+\infty[, \displaystyle\sum_{k=1}^{\infty} k_{x+k+1}(t) = 2e^{-xt}\frac{\varphi(t)F(t)}{t} = G_x(t)$.

La série de fonctions positives et intégrables sur $]0,+\infty[$: $\left(\sum h_{x+k+1}\right)_{k\geqslant 1}$ converge simplement sur $]0,+\infty[$ et a pour somme la fonction $t \mapsto G_x(t)$ qui y est continue.

Comme la série $\sum \int_0^{+\infty} h_{x+k+1} = \sum u_x(x)$ converge, d'après le théorème de convergence monotone, la fonction $t \mapsto g_x(t)$ est intégrable sur $]0, +\infty[$ et l'on a :
$U(x) = \sum_{k=1}^{\infty} u_k(x) = \frac{1}{\sqrt{\pi}} \sum_{k=1}^{\infty} \int_0^{+\infty} h_{x+k+1}(t)\, dt = \frac{1}{\sqrt{\pi}} \int_0^{+\infty} \sum_{k=1}^{\infty} h_{x+k+1}(t)\, dt.$

Donc : $U(x) = \frac{2}{\sqrt{\pi}} \int_0^{+\infty} \frac{\varphi(t)F(t)}{t} e^{-xt} dt.$

12.a) la fonction $H : (x,t) \mapsto \frac{2}{t}\varphi(t)F(t)e^{-xt}$ est de classe $\mathcal{C}^\infty$ sur $I \times \mathbb{R}_+^\star$.

Soit $a > -1$. Pour $k \in \mathbb{N}^\star$ et $(x,t) \in I \times \mathbb{R}_+^\star$ $\frac{\partial^k H}{\partial x^k}(x,t) = (-t)^k H(x,t)$.

$\forall (x,t) \in [a, +\infty[\times]0, +\infty[, |H(x,t)| \leqslant H(a,t)$ et $\left|\frac{\partial^k H}{\partial x^k}(x,t)\right| \leqslant t^k H(a,t)$.

La fonction $L_k : t \mapsto t^k H(a,t)$ est continue sur $]0, +\infty[$, quel que soit $k \in \mathbb{N}$. Comme $t \mapsto H(x,t)$ est intégrable sur $]0,1]$ pour tout $x \in I$, il en est de même de L_k.

D'autre part, $\forall t \in \mathbb{R}_+^\star, 0 \leqslant L_k(t) \leqslant \frac{2\sqrt{t}\, e^t t^k}{e^t - 1} e^{-(a+1)t}$.

Donc $L_k(t) \underset{t \to +\infty}{=} o(t^{-2})$ par croissances comparées. Donc $L_k \in \mathcal{L}^1(]0, +\infty[, \mathbb{R}_+)$ pour tout $k \in \mathbb{N}$.

D'après un corollaire du théorème de dérivation sous le signe somme des intégrales sur un intervalle dépendant d'un paramètre $U \in \mathcal{C}^\infty(I, \mathbb{R})$, avec

$\forall k \geqslant 1, \forall x \in I, U^{(k)}(x) = (-1)^k \frac{2}{\sqrt{\pi}} \int_0^{+\infty} t^{k-1} \varphi(t)F(t)e^{-xt}\, dt$

12.b) En particulier : $U'(x) = -\frac{2}{\sqrt{\pi}} \int_0^{+\infty} \varphi(t)F(t)e^{-xt}\, dt \leqslant 0$

$U''(x) = \frac{2}{\sqrt{\pi}} \int_0^{+\infty} t\varphi(t)F(t)e^{-xt}\, dt \geqslant 0$. D'où U est convexe sur I.

On a établi $\lim\limits_{+\infty} U = 0$ et $U(x) \underset{x \to -1}{\sim} \frac{1}{\sqrt{x+1}} \xrightarrow[x \to -1]{} +\infty$. D'où le graphe de U.

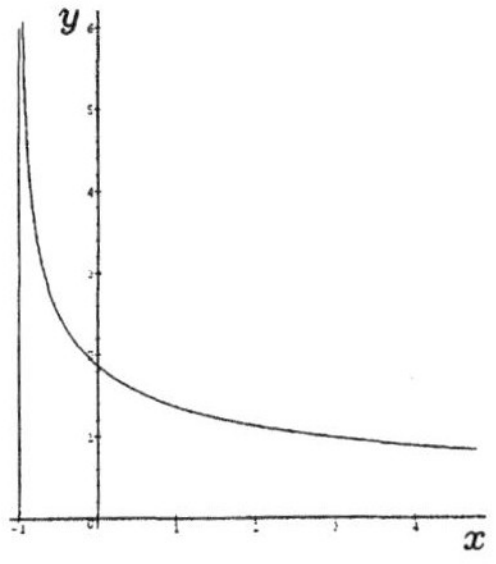

Fin

Dans tout ce problème, E désigne un espace vectoriel euclidien de dimension finie $n > 0$. On notera $(u|v)$ le produit scalaire de deux vecteurs u et v, et $\|u\|$ la norme issue de ce produit scalaire. $\mathcal{O}(E)$ est le groupe orthogonal de E, ses éléments sont les isométries de E. Si H est un hyperplan de E, c'est-à-dire un sous-espace vectoriel de dimension $(n-1)$, on appelle **réflexion** d'hyperplan H la symétrie orthogonale par rapport à H. Elle est entièrement déterminée par H.

Si F est un sous-espace vectoriel de E, **l'orthogonal** de F est le sous-espace vectoriel noté $F^{\perp}$ de E défini par : $F^{\perp} = \{y \in E \mid \forall x \in F, (x|y) = 0\}$. Il a pour dimension $n - \dim(F)$.

Si $f_1, f_2, \ldots, f_p$ sont des isométries, on note gr$< f_1, f_2, \ldots, f_p >$ le plus petit sous-groupe du groupe orthogonal qui contient $f_1, f_2, \ldots, f_p$. C'est le groupe engendré par $f_1, f_2, \ldots, f_p$.

Le but de ce problème est une étude des groupes d'isométries qui sont **finis** et qui sont engendrés par des réflexions. Ces groupes sont appelés **groupes de Coxeter**.

I. Généralités - le cas commutatif

1. Montrer qu'une réflexion d'hyperplan H est diagonalisable. Décrire les sous-espaces propres.

2. Soit u un vecteur non nul orthogonal à H. démontrer que la réflexion s d'hyperplan H est définie par $s : E \to E, x \mapsto x - 2\dfrac{(x|u)}{(u|u)}u$.

3. Soit g une isométrie quelconque et s une réflexion d'hyperplan H, démontrer que $g \circ s \circ g^{-1}$ est une réflexion. Quel est son hyperplan ?

4. On dit que deux hyperplans sont **perpendiculaires** si l'un contient l'orthogonal de l'autre. Ils sont donc distincts. Soient k hyperplans $H_1, H_2, \ldots, H_k$ deux à deux perpendiculaires et $u_1, u_2, \ldots, u_k$ des vecteurs non nuls tels que, pour tout i, u_i est orthogonal à H_i. montrer que les vecteurs $u_1, u_2, \ldots, u_k$ sont orthogonaux. En déduire que $k \leqslant n$.

5. Démontrer que deux réflexions commutent si, et seulement si, elles sont identiques ou si l'hyperplan de l'une est perpendiculaire à l'hyperplan de l'autre.

6. En déduire tous les groupes de Coxeter commutatifs lorsque $n = 3$. On montrera qu'ils sont engendrés par une, deux ou trois réflexions, et l'on décrira chacun des groupes obtenus (par exemple à l'aide de matrices).

II. Le cas de la dimension 2

On suppose dans cette partie que $n = 2$, et que E est muni d'une structure d'espace vectoriel euclidien orienté. Les hyperplans sont alors des droites vectorielles D : on parlera dans ce cas, d'une réflexion d'axe D.

Soit G un groupe de Coxeter engendré par deux réflexions s_1 et s_2 d'axes respectifs D_1 et D_2 distincts ; on choisit deux vecteurs unitaires d_1 sur D_1 et d_2 sur D_2. Soit alors (e_1, e_2) la base orthonormée directe de premier vecteur $e_1 = d_1$; on appelle θ le réel de $]0, 2\pi[$ tel que : $d_2 = \cos(\theta)e_1 + \sin(\theta)e_2$.

1. Donner les matrices de s_1 et de s_2 dans cette base.

2. Démontrer que $s_2 \circ s_1$ est la rotation ρ d'angle de mesure 2θ.

3. Démontrer que le groupe engendré par une rotation d'angle de mesure (2θ) est fini si, et seulement si, il existe p, m entiers premiers entre eux tels que $\theta = \dfrac{p\pi}{m}$.

4. On suppose maintenant que $\theta = \dfrac{p\pi}{m}$ où les entiers p et m sont premiers entre eux. Démontrer que $s_2 = \rho \circ s_1$, $s_1 \circ \rho^k \circ s_1 = \rho^{m-k}$ pour $k \in [\![0, m-1]\!]$.

5. En déduire que G coïncide avec G' défini par :
$G' = \{e, \rho, \rho^2, \ldots, \rho^{m-1}, s_1, \rho \circ s_1, \rho^2 \circ s_1, \ldots, \rho^{m-1} \circ s_1\}$.
On vérifiera en particulier que les éléments de G' sont distincts et que G' est un groupe.

6. Démontrer que G contient m réflexions. Préciser les axes de ces réflexions lorsque $m = 6$.

III. Les familles obtusangles et acutangles

Soit $(r_1, \ldots, r_p)$ une suite de vecteurs non nuls. On dit que c'est une famille obtusangle si $(r_i|r_j) \leqslant 0$ pour tout couple (i, j) où $i \neq j$.

1. On suppose qu'il existe une famille $(r_1, \ldots, r_p)$ obtusangle et formée de vecteurs qui sont tous dans un même demi-espace strict : c'est-à-dire qu'il existe un vecteur t non nul tel que : $\forall i \in [\![1, p]\!]$, $(t|r_i) > 0$.

On veut démontrer que cette famille est une famille libre. On raisonnera par l'absurde, en supposant que, quitte à réordonner la suite $(r_1, \ldots, r_p)$, il existe une relation de liaison de la forme : $\displaystyle\sum_{i=1}^{k} \lambda_i r_i = \sum_{i=k+1}^{p} \mu_i r_i$ où les (λ_i) et les (μ_i) sont positifs, un au moins étant non nul. Soit v le vecteur défini par cette égalité.

1.a) Calculer $(v|v)$ et en déduire que $v = 0$.

1.b) Exprimer le produit scalaire $(v|t)$ et en déduire une contradiction.

2. À une base $(e_1,\dots,e_n)$, on associe la matrice $M = (m_{i,j}) \in \mathfrak{M}_n(\mathbb{R})$ où $m_{i,j} = (e_i|e_j)$.

2.a) Montrer que la matrice M est symétrique. Exprimer ${}^tXMX$ où X désigne la matrice colonne telle que ${}^tX = (x_1\,x_2\cdots x_n)$. En déduire que M est définie positive.

2.b) On suppose à partir de maintenant que les vecteurs $(e_1,\dots,e_n)$ sont unitaires. Démontrer que les valeurs propres de M sont dans l'intervalle $]0,n[$.

3.a) À la base $(e_1,\dots,e_n)$, démontrer que l'on peut associer une base et une seule $(f_1,\dots,f_n)$ telle que : $(e_i|f_j) = \delta_{i,j}$. Cette base s'appelle **base duale** de $(e_1,\dots,e_n)$.

3.b) Vérifier que l'on a alors : $f_i = \sum_{j=1}^{n} (f_i|f_j)e_j$.

3.c) Démontrer que si N est la matrice associée à la base duale, c'est à dire la matrice $(n_{i,j})$ où $n_{i,j} = (f_i|f_j)$, alors $N = M^{-1}$. On pourra calculer le produit NM.

4. On suppose de plus que la base $(e_1,\dots,e_n)$ est obtusangle. On veut démontrer que la base $(f_1,\dots,f_n)$ est acutangle (c'est-à-dire que $(f_i|f_j) \geqslant 0$ pour tout (i,j)). Soit $A = I_n - \frac{1}{n}M$.

4.a) Démontrer que A est diagonalisable et que ses valeurs propres sont dans $]0,1[$.

4.b) En utilisant une série de matrices, démontrer que $(I_n - A)^{-1}$ est une matrice dont tous les coefficients sont positifs.

4.c) Montrer que M^{-1} a tous ses coefficients positifs et conclure.

IV. Les systèmes de racines

Soit G un groupe de Coxeter. On note Δ l'ensemble des vecteurs unitaires u de E tels qu'il existe une réflexion de G d'hyperplan H, avec $u \perp H$. Ainsi, si $u \in \Delta$, alors $-u \in \Delta$.

Δ est appelé **système de racines** de G. Il est fini puisque G est par hypothèse fini.

1. Préciser l'ensemble Δ dans le cas du groupe G de la question II.5, pour le cas $m = 6$.

2. Démontrer que Δ est stable par G, c'est-à-dire que : $\forall u \in \Delta, \forall g \in G,\ g(u) \in \Delta$.

3. On admettra qu'un $\mathbb{R}$-espace vectoriel de dimension strictement positive n'est pas réunion finie d'hyperplans. En déduire qu'il existe un vecteur t qui n'est orthogonal à aucun élément de Δ. On choisit alors un tel vecteur et l'on pose : $\Delta^+ = \{r \in \Delta \mid (t|r) > 0\}$, $\Delta^- = \{r \in \Delta \mid (t|r) < 0\}$.

4. Si $B = \{r_1, r_2, \dots, r_p\}$ est un ensemble de vecteurs de Δ^+, un vecteur x de E est B-**positif** s'il existe des réels $\{\lambda_1, \lambda_2, \dots, \lambda_p\}$ tous positifs ou nuls, tels que $x = \sum_{i=1}^{p} \lambda_i r_i$. Un vecteur est alors B-**négatif** si son opposé est B-positif.

On appelle **système fondamental** de Δ un sous-ensemble $B = \{r_1, r_2, \dots, r_p\}$ de Δ^+ tel que tout élément de Δ^+ soit B-positif, et qui est de cardinal minimal. Montrer qu'il en existe au moins un. On choisit désormais un système fondamental $B = \{r_1, r_2, \dots, r_p\}$. Les vecteurs de Δ^+ sont donc tous B-positifs, ceux de Δ^- tous B-négatifs.

5. Soit i et j distincts de $\{1, 2, \dots, p\}$. Montrer que si $\lambda_i > 0, \lambda_j > 0$, alors $x = \lambda_i r_i - \lambda_j r_j$ n'est ni B-positif, ni B-négatif.

6. Si s_i est la réflexion d'hyperplan orthogonal à r_i, et si $i \neq j$, montrer que $s_i(r_j) \in \Delta^+$ et que $(r_i | r_j) \leqslant 0$. On pourra utiliser la question précédente ainsi que la question I.2.

En déduire que le système fondamental $B = \{r_1, r_2, \dots, r_p\}$ est obtusangle et qu'il forme un système libre.

7. En déduire que si $r \in \Delta$ peut s'écrire $r = \sum_{i=1}^{p} \mu_i r_i$ où un des μ_i est strictement positif, alors tous les μ_i sont positifs et $r \in \Delta^+$.

Soient $(s_1, \dots, s_p)$ les réflexions d'hyperplans orthogonaux à $(r_1, \dots, r_p)$ et $G_0 = \mathrm{gr}< s_1, s_2, \dots, s_p >$. On veut démontrer que $G = G_0$.

8. Démontrer que si $r \in \Delta^+$ alors $s_i(r) \in \Delta^+$ sauf si $r = r_i$.

9. Soit r un vecteur de Δ^+ n'appartenant pas à B *i.e.* $r \in \Delta^+ \setminus B$.

9.a) Démontrer qu'il existe un élément r_i de B tel que $(r | r_i) > 0$.

9.b) On associe à r l'élément $s_i(r)$ où s_i est la réflexion associée à r_i, et l'on pose $u_0 = r$, $u_1 = s_i(r)$. Montrer que la répétition de ce procédé conduit en un nombre fini d'opérations à un élément de B, les éléments intermédiaires $u_j (j \in [\![0, k-1]\!])$ étant dans $\Delta^+ \setminus B$, et tels que la suite finie $((u_i | t))$ soit strictement décroissante.

9.c) En déduire qu'il existe $g \in G_0$ tel que $g(r) \in B$.

10. Démontrer que $G = G_0$ et donc que, pour tout groupe de Coxeter, il existe une famille obtusangle $(r_1, \dots, r_p)$ de vecteurs unitaires, contenue dans un même demi-espace strict, et telle que G est engendré par les réflexions $(s_1, \dots, s_p)$ où s_i est la réflexion d'hyperplan orthogonal à r_i.

V. Le cas de la dimension trois

Dans toute cette partie, on suppose que la dimension de E est trois.

1. Décrire les groupes de Coxeter engendrés par une ou deux réflexions.

2. On se donne une famille obtusangle (r_1, r_2, r_3) de vecteurs unitaires. On note α, β, γ les nombres de $\left[\frac{\pi}{2}, \pi\right[$ tels que :

$$(r_1|r_2) = \cos(\alpha),\ (r_2|r_3) = \cos(\beta),\ (r_3|r_1) = \cos(\gamma).$$

Démontrer que $\alpha + \beta + \gamma < 2\pi$. On pourra utiliser une projection sur le plan engendré par deux des vecteurs.

3. On suppose que G est un groupe de Coxeter dont le système fondamental est r_1, r_2, r_3. Démontrer qu'il existe des entiers a, b et c supérieurs ou égaux à 2 tels que :

$$(r_1|r_2) = -\cos\left(\frac{\pi}{a}\right),\ (r_2|r_3) = -\cos\left(\frac{\pi}{b}\right),\ (r_3|r_1) = -\cos\left(\frac{\pi}{c}\right)$$

puis montrer que l'on a nécessairement : $\frac{1}{a} + \frac{1}{b} + \frac{1}{c} > 1$.

4. En déduire que les trois entiers a, b, c ne peuvent prendre, à l'ordre près, que les séries de valeurs : $(2, 2, c)$ où c est un entier supérieur ou égal à deux, $(2, 3, 3)$, $(2, 3, 4)$, $(2, 3, 5)$.

5. À l'aide d'une base orthonormée (e_1, e_2, e_3) trouver une configuration de trois vecteurs correspondant à la première série, puis une correspondant à la seconde série.

On peut vérifier qu'il existe des configurations correspondant aux deux autres séries, ce qui résout le problème de la classification des groupes de Coxeter en dimension trois.

Connaissances utiles

- Algèbre linéaire.
- Groupes.
- Espaces vectoriels normés.
- Espaces euclidiens.

Remarque : problème long et difficile !

Solution

Partie I

1. Soit s la réflexion d'hyperplan H et u un vecteur non nul orthogonal à H. On a $E = H \oplus H^{\perp}$ où $H = \text{Ker}(s - I_E)$ et $H^{\perp} = \text{Ker}(s + I_E) = \mathbb{R}u$. Donc $\text{Sp}(s) = \{-1, 1\}$ et les sous-espaces propres associée sont $E_s(1) = H$ et $E_s(-1) = \mathbb{R}u$.

2. Avec les notations précédentes : $\forall x \in E, \exists!(y, \lambda) \in H \times \mathbb{R}, x = y + \lambda u$.

Comme, $u \in H^{\perp}$, on a : $(x|u) = \lambda(u|u)$ et $y = x - \lambda u$.

D'où $s(x) = y - \lambda u = x - 2\lambda u = x - 2\dfrac{(x|u)}{(u|u)}u$.

3. Avec les notations de I.1, $s' = g \circ s \circ g^{-1} \in \mathcal{O}(E)$ car $(s, g) \in (\mathcal{O}(E))^2$ et $(\mathcal{O}(E), \circ)$ est un groupe. Comme $s'^2 = g \circ s^2 \circ g^{-1} = g \circ I_E \circ g^{-1} = I_E$ l'application s' est une symétrie orthogonale.
$s'(g(H)) = g(H)$. Donc $\text{Ker}(s')$ contient $g(H)$. Comme $g \in \text{GL}(E), g(H)$ et H ont même dimension *i.e.* $g(H)$ est un hyperplan de E.
$s'(g(u)) = g \circ s(u) = -g(u)$ car g est linéaire et $s(u) = -u$. Donc $s \neq I_E$. D'où s' est la réflexion d'hyperplan $g(H)$.

4. $i \neq j \Rightarrow H_i \perp H_j \Rightarrow H_i^{\perp} \subset H_j$. Donc, si $i \neq j, u_i \in H_j$. Comme $u_j \in H_j^{\perp}$, on peut écrire : $i \neq j \Rightarrow (u_i|u_j) = 0$. La famille $(u_1, \ldots, u_k)$ est constituée de vecteurs non nuls et deux à deux orthogonaux. D'après un théorème du cours, elle est libre. Par suite, son cardinal k est au plus égal à $n = \dim(E)$.

5. Soit s la réflexion d'hyperplan H et $u \neq 0_E$ tel que $\text{Vect}(u) = H^{\perp}$. Soit s' la réflexion d'hyperplan H' et $u \neq 0_E$ tel que $\text{Vect}(u') = H'^{\perp}$.
Si $s \circ s' = s' \circ s$, d'après le cours, tout sous-espace propre de s est stable par s'. Donc $s'(H) \subset H$ et $s'(u) \in \text{Vect}(u)$. Comme $s' \in \text{GL}(E)$ les sous-espaces vectoriels H et $s'(H)$ ont même dimension, d'où $s'(H) = H$.
Comme $\text{Sp}(s') = \{-1, 1\}$ on a $s'(u) = u$ ou $s'(u) = -u$.
Si $s'(u) = -u$, $u \in \text{Vect}(u') \setminus \{0_E\}$. Donc $H^{\perp} = H'^{\perp} = \text{Vect}(u) = \text{Vect}(u')$. Donc $H = H'$ et $s = s'$.

Si $s'(u) = u$ alors $u \in H'$. Comme $u \in H^{\perp}$, H et H' sont perpendiculaires.

Réciproquement : si $s = s'$ alors $s \circ s' = s' \circ s$.

Si H et H' sont perpendiculaires, $H \cap H'$ est un sous-espace vectoriel de E de dimension $(n - 2)$ car H et H' sont deux hyperplans distincts de E. La famille (u, u') constituée de deux vecteurs orthogonaux non nuls est libre et $\text{Vect}(u, u') = (H \cap H')^{\perp}$.
$s(u) = -u$ et $s'(u) = u$ car $u \in H^{\perp}$ et $u \in H'$.
De même, $s'(u') = -u'$ et $s(u') = u'$.
Donc $s \circ s'(u) = s' \circ s(u) = -u$ et $s' \circ s(u') = s \circ s'(u') = -u'$.
Comme $s \circ s'(x) = s' \circ s(x)$ pour tout $x \in (H \cap H')^{\perp}$, on a $s \circ s' = s' \circ s$.
On peut noter que $s \circ s'$ est la symétrie orthogonale par rapport à $H \cap H'$.

6. Si le cardinal du groupe de Coxeter est k, comme k est le nombre d'hyperplans deux à deux perpendiculaires, $k \leqslant 3$ d'après I.3. *i.e.* le groupe de Coxeter est engendré par 0, 1, 2 ou 3 réflexions.

• Le groupe de Coxeter engendré par 0 réflexion est $\{I_E\}$.

• Étude de gr$< s, s' >$ si s et s' sont deux réflexions d'hyperplans respectifs H, H' qui commutent. Comme H et H' sont perpendiculaires, on peut choisir une base orthonormale (e_1, e_2, e_3) dans laquelle les matrices de s et s' sont $S = \text{Diag}(1,\ 1,\ -1)$ et $S' = \text{Diag}(1,\ -1,\ 1)$.
Comme $SS' = S'S = \text{Diag}(1,\ -1,\ -1)$, l'application $s \circ s'$ est le demi-tour d'axe $\text{Vect}(e_1) = H \cap H'$. Donc gr$< s, s' >= \{I_E, s, s', s \circ s'\}$.

• Étude de gr$< s_1, s_2, s_3 >$ où les s_i sont des réflexions d'hyperplans deux à deux perpendiculaires qui commutent.
En procédant comme dans le second cas, on a trois matrices $S_1 = \text{Diag}(-1,\ 1,\ 1)$ $S_2 = \text{Diag}(1,\ -1,\ 1)$ et $S_3 = \text{Diag}(1,\ 1,\ -1)$.
$S_1S_2 = -S_3$, $S_1S_3 = -S_2$, $S_2S_3 = -S_1$ et $S_1S_2S_3 = -I_3$.
Donc gr$< s_1, s_2, s_3 >= \{I_E, s_1, s_2, s_3, -s_1, -s_2, -s_3, -I_E\}$ où s_i est la réflexion de plan orthogonal à e_i et $-s_i$ est le demi-tour d'axe $\text{Vect}(e_i)$.

Partie II

1. Notons ici S_i la matrice de s_i dans la base orthonormale directe (e_1, e_2) du plan. Comme $s_1(e_1) = e_1$ et $s_1(e_2) = -e_2$, on a $S_1 = \text{Diag}(1,\ -1)$.
Le vecteur $d_2' = -\sin(\theta)e_1 + \cos(\theta)e_2$ est orthogonal à d_2. Donc $E = D_2 \oplus D_2'$ avec $D_2' = \text{Vect}(d_2')$. D'après I.2, $s_2 : x \mapsto -2(x|d_2')d_2'$ car $\|d_2'\| = 1$.

$$\begin{cases} s_2(e_1) = e_1 + 2\sin(\theta)\big(-\sin(\theta)e_1 + \cos(\theta)e_2\big) = \cos(2\theta)e_1 + \sin(2\theta)e_2 \\ s_2(e_2) = e_2 - 2\cos(\theta)\big(-\sin(\theta)e_1 + \cos(\theta)e_2\big) = \sin(2\theta)e_1 - \cos(2\theta)e_2 \end{cases}$$

Doù $S_2 = \begin{pmatrix} \cos(2\theta) & \sin(2\theta) \\ \sin(2\theta) & -\cos(2\theta) \end{pmatrix}$.

2. $S_1S_2 = \begin{pmatrix} \cos(2\theta) & -\sin(2\theta) \\ \sin(2\theta) & \cos(2\theta) \end{pmatrix}$ est la matrice de la rotation ρ d'angle de mesure 2θ.

3. Si $\text{gr}(\rho) = \{\rho^\ell \mid \ell \in \mathbb{Z}\}$ est fini, il existe $k \in \mathbb{N}$ tel que $\rho^k = I_E$. Comme ρ^k est la rotation d'angle de mesure $2k\theta$, $\rho^k = I_E \iff \exists k' \in \mathbb{Z}, 2k\theta = 2k'\pi$.
Si $\delta = \text{pgcd}(k, k')$, alors $\delta \neq 0, k = m\delta, k' = p\delta$ avec $m \wedge p = 1$. D'où $\theta = \dfrac{p\pi}{m}$.
Réciproquement : si $\theta = \dfrac{p\pi}{m}$ avec $m \wedge p = 1$ alors l'ordre de ρ est égal à m et $\text{gr}(\rho) = \{I_E, \rho, \rho^2, \ldots, \rho^{m-1}\}$ groupe fini de cardinal m.

4. $s_2 \circ s_1 = \rho \Rightarrow s_2 = \rho \circ s_1$ car $s_1^2 = I_E$.
$s_1 \circ \rho \circ s_1 = s_1 \circ s_2 = s_1^{-1} \circ s_2^{-1} = (s_2 \circ s_1)^{-1} = \rho^{-1} = \rho^{m-1}$ d'après II.3.
Montrons par récurrence que : $\forall k \in [\![0, m-1]\!], s_1 \circ \rho^k \circ s_1 = \rho^{m-k}$.
Supposons $2 \leqslant k \leqslant m-2$ et $s_1 \circ \rho^k \circ s_1 = \rho^{m-k}$.

$\rho' = s_1 \circ \rho^{k+1} \circ s_1 = (s_1 \circ \rho^k) \circ (\rho \circ \circ s_1) = (s_1 \circ \rho^k) \circ (s_1 \circ \rho^{-1})$ car $s_1 \circ \rho^k \circ s_1 = \rho^{-1}$
Donc $\rho' = (s_1 \circ \rho^k \circ s_1) \circ \rho^{-1}$ car $\circ$ est associative;

$\rho' = \rho^{m-k} \circ \rho^{-1}$ par hypothèse de récurrence. Donc $\rho' = \rho^{m-k-1}$.
Par théorème de récurrence le résultat est prouvé.

5. On a vu en II.3. que les éléments $I_E, \rho, \ldots, \rho^{m-1}$ sont deux à deux distincts. Soit $F = \text{gr}(\rho) = \{I_E, \rho, \rho^2, \ldots, \rho^{m-1}\}$ et $F' = \{s_1, \rho \circ s_1, \ldots, \rho^{m-1} \circ s_1\}$. Comme s_1 est inversible, l'application $F \mapsto F', r \mapsto r \circ s_1$ est bijective. Donc les éléments de F' sont deux à deux distincts. Comme les éléments de F sont dans $\mathcal{SO}(E)$ et ceux de F' dans $\mathcal{O}(E) \setminus \mathcal{SO}(E)$ puisque, si $r \in \mathcal{O}(E), \det(r \circ s_1) = -1$, on peut conclure que les éléments de G' sont deux à deux distincts ; donc $\text{Card}(G') = 2m$.

$\forall (p,q) \in [\![0, m-1]\!]^2, \rho^p \circ \rho^q = \rho^{p+q} \in G'$.

$\forall (p,q) \in [\![0, m-1]\!]^2, \rho^p \circ s_1 \circ \rho^q = \rho^p \circ (\rho^{-q} \circ s_1) = \rho^{p-q} \circ s_1 \in G'$ d'après II.4.
Donc G' est le sous-groupe de $\mathcal{O}(E)$ engendré par ρ et s_1. Comme $\rho \circ s_1 = s_2$, G est le sous-groupe de $\mathcal{O}(E)$ engendré par ρ et s_1. Donc $G = G'$.

6. On a vu en II.5. que $s_1, \rho \circ s_1, \ldots, \rho^{m-1} \circ s_1$ sont m éléments distincts de G de déterminant -1. Donc g a m réflexions qui sont $s_1, \rho \circ s_1, \ldots, \rho^{m-1} \circ s_1$.

$\rho \circ s_1 = s_2$. Notons $\rho^k \circ s_1 = s_{2k}$: réflexion d'axe $D_k = \text{Vect}(d_{2k})$ avec
$d_{2k} = \cos(k\theta) e_1 + \sin(k\theta) e_2$, $k \in [\![0, m-1]\!]$.
Les réflexions de G sont celles d'axes $D_k, k \in [\![0, m-1]\!]$.

Si $m = 6$, comme $p \wedge 6 = 1$ et $0 < \theta < 2\pi$, on a : $p \in \{1, 5, 7, 11\}$.
Si $p = 7, 2k\theta = \dfrac{7k\pi}{3} = 2k\pi + k\dfrac{\pi}{3}$, si $p = 11, 2k\theta = \dfrac{11k\pi}{3} = 4k\pi - k\dfrac{\pi}{3}$,
si $p = 5, 2k\theta = \dfrac{5k\pi}{3} = 2k\pi - k\dfrac{\pi}{3}$.
Les axes des réflexions sont les droites D_k correspondant à $p \in \{1, 5\}$. On vérifie que l'ensemble des droites D_k si $p = 1$ est l'ensemble des droites D_k si $p = 5$.

En conclusion, Les axes des réflexions sont les droites dont les vecteurs directeurs respectifs sont $u_k = \cos\left(\dfrac{k\pi}{6}\right) e_1 + \sin\left(\dfrac{k\pi}{6}\right) e_2$ où $k \in [\![0, 5]\!]$.

Partie III

1.a) $(u|v) = \displaystyle\sum_{i=1}^{k} \sum_{j=k+1}^{p} \lambda_i \mu_j (r_i | r_j)$ avec les notations de l'énoncé, car le produit scalaire est bilinéaire. Comme, pour $i \neq j$, $(r_i | r_j) \leqslant 0$ et comme les $\lambda_i \mu_j$ sont positifs, on a $(v|v) \leqslant 0$. Le produit scalaire étant défini positif, $v = 0_E$.

1.b) S'il existe un λ_i au moins dans $\mathbb{R}_+^\star$, alors $(t|v) = \displaystyle\sum_{i=1}^{k} \lambda_i (t | r_i)$ est à la fois nul et strictement négatif ce qui est absurde. Donc tous les λ_i sont nuls et de même tous les μ_i. On conclut à la liberté de $(r_i)_{1 \leqslant i \leqslant p}$.

2.a) Le produit scalaire étant symétrique, $m_{i,j} = m_{j,i}$ *i.e.* M est symétrique.
${}^tXMX = \sum_{i=1}^{n}\sum_{j=1}^{n}(e_i|e_j)x_ix_j = \Big(\sum_{i=1}^{n}x_ie_i\Big|\sum_{j=1}^{n}x_je_j\Big)$ par bilinéarité du produit scalaire. Donc ${}^tXMX = \|x\|^2 \geqslant 0$ où $x = \sum_{i=1}^{n}x_ie_i$.

Si $X \neq 0$ alors $x \neq 0_E$ et ${}^tXMX > 0$ car le produit scalaire est défini positif. Donc M est symétrique définie positive.

2.b) Si les vecteurs e_i sont unitaires, $m_{i,i} = 1$ pour tout $i \in [\![1,n]\!]$.

D'où $\mathrm{tr}(M) = \sum_{i=1}^{n} m_{i,i} = n$. La matrice M étant symétrique définie définie positive, elle est diagonalisable dans $\mathbb{R}$ et si l'on note $\lambda_1, \ldots, \lambda_n$ ses valeurs propres avec $\lambda_1 \leqslant \cdots \leqslant \lambda_n$, alors $0 < \lambda_1 \leqslant \cdots \leqslant \lambda_n < \sum_{i=1}^{n}\lambda_i = \mathrm{tr}(M) = n$ *i.e.* $\mathrm{Sp}(M) \subset]0,n[$.

3.a) D'après le cours, si $\mathcal{B}$ est une base de E, sa base duale est $\mathcal{B}^\star = (\varphi_i)_{1\leqslant i\leqslant n}$ la base de $E^\star$, son dual tel que : $\forall (i,j) \in [\![1,n]\!]^2, \varphi_i(e_j) = \delta_{i,j}$.
E étant un espace euclidien, il est canoniquement isomorphe à $E^\star$ par l'application $\Phi : y \mapsto (y|\cdot)$. Il existe donc une unique famille $\mathcal{B}' = (f_i)_{1\leqslant i\leqslant n}$ de vecteurs de E telle que pour tout $i \in [\![1,n]\!], \varphi_i = (f_i|\cdot)$ *i.e.* il existe une unique famille $\mathcal{B}' = (f_i)_{1\leqslant i\leqslant n}$ telle que : $\forall (i,j) \in [\![1,n]\!]^2 \varphi_i(e_j) = \delta_{i,j} = (f_i|e_j)$.
Φ étant un isomorphisme d'espaces vectoriels et $\mathcal{B}^\star$ étant une base de $E^\star$, comme $f_i = \Phi^{-1}(\varphi_i)$, $\mathcal{B}'$ est une base de E.

3.b) Toujours d'après le cours sur la dualité : $\forall x \in E, x = \sum_{j=1}^{n}\varphi_j(x)e_j$.

Donc : $\forall i \in [\![1,n]\!]$, $f_i = \sum_{j=1}^{n}\varphi_j(f_i)e_j = \sum_{j=1}^{n}(f_i|f_j)e_j$.

3.c) On a : $\forall i \in [\![1,n]\!], f_i = \sum_{k=1}^{n} n_{i,k}e_k$ car $n_{i,k} = (f_i|f_k)$.

$\forall (i,j) \in [\![1,n]\!]^2, \delta_{i,j} = (f_i|e_j) = \sum_{k=1}^{n} n_{i,k}(e_k|e_j) = \sum_{k=1}^{n} n_{i,k}m_{k,j}$.
Ces égalités sont équivalentes à $I_n = NM$. Donc la matrice N est inversible. En effet, «inversible à droite» équivaut à «inversible» dans $\mathfrak{M}_n(\mathbb{R})$ et $N^{-1} = M$.

4.a) Avec les notations de III.2.b), $M = PD{}^tP$ où $P \in \mathcal{O}(n)$ et $D = \mathrm{Diag}(\lambda_i)_{1\leqslant i\leqslant n}$.
d'où $A = I_n - \frac{1}{n}M = PD'{}^tP$ où $D' = \mathrm{Diag}\left(1 - \frac{\lambda_i}{n}\right)_{1\leqslant i\leqslant n}$

La matrice symétrique réelle A a donc pour valeurs propres les $\left(1 - \frac{\lambda_i}{n}\right)$ $1 \leqslant i \leqslant n$.

Comme $\lambda_i \in]0,n[$, pour tout i, on a $0 < 1 - \frac{\lambda_i}{n} < 1$ pour tout $i \in [\![1,n]\!]$.

4.b) La matrice A étant symétrique définie positive, d'après le cours, sa norme subordonnée à la norme euclidienne est $\|A\| = \max\{\mu \mid \mu \in \mathrm{Sp}(A)\}$. D'après III.4.a), $\|A\| < 1$. Toujours d'après le cours, la série matricielle $\sum A^k$ converge dans l'espace vectoriel de dimension finie $\mathfrak{M}_n(\mathbb{R})$, la matrice $(I_n - A)$ est inversible et de plus :

$$(I_n - A)^{-1} = \sum_{k=0}^{\infty} A^k.$$

Si l'on note $A = (a_{i,j}) \in \mathfrak{M}_n(\mathbb{R})$, alors $a_{i,j} = \delta_{i,j} - \dfrac{m_{i,j}}{n} = \delta_{i,j} - \dfrac{(e_i|e_j)}{n}$.

Si $i \neq j$, $a_{i,j} = -\dfrac{(e_i|e_j)}{n} \geqslant 0$ car $(e_i)_{1\leqslant i\leqslant n}$ est obtusangle.

$a_{i,i} = 1 - \dfrac{(e_i|e_i)}{n} = {}^tE_iAE_i > 0$ car A est symétrique définie positive.

Notons $a_{i,j}^{(k)}$ *resp.* $\ell_{i,j}$ le coefficient de la i-ème ligne, j-ème colonne de A^k $\Big($*resp.* $\sum\limits_{k\geqslant 0} A^k\Big)$. On a $\ell_{i,j} = \sum\limits_{k\geqslant 0} a_{i,j}^{(k)}$. Comme $a_{i,j} \geqslant 0$, par récurrence, $a_{i,j}^{(k)} \geqslant 0$ pour tout $k \in \mathbb{N}$, d'où $\ell_{i,j} \geqslant 0$. La matrice $(I_n - A)^{-1}$ est donc à coefficients positifs.

4.c) $(I_n - A)^{-1} = \left(\dfrac{1}{n}M\right)^{-1} = nM^{-1}$ a donc ses coefficients positifs ; donc $(f_i|f_j) \geqslant 0$ pour tout $(i,j) \in [\![1,n]\!]^2$. La famille $(f_i)_{i\in[\![1,n]\!]}$ est acutangle.

Partie IV

1. On a vu en II.5. que les axes de réflexion des éléments de G sont les 6 droites engendrées par les vecteurs $u_k = \cos\left(\dfrac{k\pi}{6}\right)e_1 + \sin\left(\dfrac{k\pi}{6}\right)e_2$ où $k \in [\![0,5]\!]$.
Δ est l'ensemble des vecteurs unitaires orthogonaux à ces 6 vecteurs *i.e.* les 12 vecteurs $u'_k = \cos\left(\dfrac{k\pi}{6} \pm \dfrac{\pi}{2}\right)e_1 + \sin\left(\dfrac{k\pi}{6} \pm \dfrac{\pi}{2}\right)e_2$ où $k \in [\![0,5]\!]$.

2. Soit $g \in G, u \in \Delta$ et s la réflexion d'hyperplan H tel que $H^\perp$.
D'après I.3. $g \circ s \circ g^{-1}$ est la réflexion d'hyperplan $g(H)$ tel que $[g(H)]^\perp = \mathrm{Vect}\,(g(u))$.
Comme g et s sont éléments du groupe G, on a $g \circ s \circ g^{-1} \in g$.

Comme $g \in \mathcal{O}(E)$ et u est unitaire, $g(u)$ est unitaire. Donc $g(u) \in \Delta$.

3. E n'étant pas réunion finie d'hyperplans, Δ est fini. Donc E n'est pas réunion d'hyperplans H tels que $H^\perp = \mathrm{Vect}(u), u \in \Delta$. D'où l'existence de $t \in E$ tel que $t \notin H$.
Soit t un tel vecteur. Alors : $\forall u \in \Delta$, $(t|u) \neq 0$.
On pose Δ^+ et Δ^- comme dans l'énoncé.

4. L'ensemble $\mathcal{E}$ des sous-ensembles B de Δ^+ tels que tout élément de Δ^+ est B-positif est non vide puisqu'il contient Δ^+. Il existe un élément de $\mathcal{E}$ de cardinal minimal *i.e.* il existe un système fondamental de Δ.

5. Moyennant l'échange de i et j, il suffit de montrer que $x = \lambda_i r_i - \lambda_j r_j$ n'est pas B-positif. Supposons qu'il le soit. Il existe $(\alpha_k)_{1\leqslant k\leqslant p} \in (\mathbb{R}_+)^p$ tel que :

$x = \lambda_i r_i - \lambda_j r_j = \sum_{k=1}^{p} \alpha_k r_k$. Comme λ_i et λ_j sont non nuls,

$$r_i = \frac{\lambda_j}{\lambda_i} r_j + \sum_{k=1}^{p} \frac{\alpha_k}{\lambda_i} r_k = \frac{\alpha_j + \lambda_j}{\lambda_i} r_j + \sum_{\substack{k=1 \\ k \neq j}}^{p} \frac{\alpha_k}{\lambda_i} r_k \qquad (\star).$$

Si $\lambda_i = \alpha_i$, cette égalité équivaut à $w = \sum_{\substack{k=1 \\ k \neq i}}^{p} \beta_k r_k = 0$ où $\beta_k \geqslant 0$ pour tout k et $\beta_j > 0$.

On a $(t|w) = 0$ car le produit scalaire est bilinéaire et $(t|w) \geqslant \beta_j (t|r_j) > 0$ ce qui est absurde. Donc $\lambda_i \neq \alpha_i$.

On déduit de $(\star)$ que $r_i = \sum_{\substack{k=1 \\ k \neq i}}^{p} \gamma_k r_k$ où $\gamma_k = \dfrac{\alpha_k}{\lambda_i - \alpha_i}$ si $k \neq j$ et $\gamma_j = \dfrac{\alpha_j + \lambda_j}{\lambda_i - \alpha_i}$

On note que les γ_k sont tous du signe de $(\lambda_i - \alpha_i)$.

Si tous les γ_k sont positifs, cela contredit le caractère minimal de B. S'ils sont tous négatifs, alors $(t|r_i) \leqslant 0$ ce qui est absurde puisque $r_i \in \Delta^+$. Donc x n'est pas B positif. D'où le résultat demandé.

6. D'après I.2. $s_i(r_j) = r_j - 2(r_i|r_j) r_i$ car $\|r_i\| = 1$.

D'après IV.2. $s_i(r_j) \in \Delta$. Si $(r_i|r_j) > 0$, d'après IV.5. $s_i(r_j)$ n'est ni B-positif ni B-négatif. Donc $(r_i|r_j) \leqslant 0$. La famille B est donc obtusangle et $s_i(r_j) \in \Delta^+$. Comme les r_i sont dans Δ^+, d'après III.B.1, B est libre.

7. Si $r \in \Delta$, soit $r \in \Delta^+$ soit $r \in \Delta^-$.

$r \in \Delta^+ \Rightarrow \exists (\mu_i)_{1 \leqslant i \leqslant p} \in (\mathbb{R}_+)^p, r = \sum_{i=1}^{p} \mu_i r_i$.

$r \in \Delta^- \Rightarrow \exists (\mu_i)_{1 \leqslant i \leqslant p} \in (\mathbb{R}_-)^p, r = \sum_{i=1}^{p} \mu_i r_i$.

Comme B est libre, seule une de ces décompositions est possible. Si un des μ_i est strictement positif, tous les μ_i sont dans $\mathbb{R}_+$.

8. Soit $r \in \Delta^+ \setminus \{r_i\}$. Il existe $(\mu_i)_{1 \leqslant i \leqslant p} \in (\mathbb{R}_+)^p \setminus \{0\}$ tel que $r = \sum_{i=1}^{p} \mu_i r_i$.

Si, pour tout $j \neq i, \mu_j = 0$, alors $\mu_i > 0$ et $r = \mu_i r_i$. comme r et r_i sont unitaires, $\mu_i = 1$ et $r = r_i$: impossible.

Il existe $j \neq i$ tel que $\mu_j > 0$. Par linéarité de s_i,

$$s_i(r) = -\mu_i r_i + \sum_{\substack{j=1 \\ j \neq i}}^{p} \lambda_j s_i(r_j) = -\mu_i r_i + \sum_{\substack{j=1 \\ j \neq i}}^{p} \lambda_j \left[r_j - 2(r_i|r_j) r_i \right] \text{ d'après IV.6.}$$

$$\text{Donc } s_i(r) = \sum_{j=1}^{p} \nu_j r_j \text{ où } \begin{cases} \nu_j = \mu_j & \text{si } j \in [\![1, p]\!] \setminus \{i\} \\ \nu_i - 2\sum_{\substack{j=1 \\ j \neq i}}^{p} \mu_j (r_i|r_j) & \text{si } j = i \end{cases}$$

Comme il existe $i \neq j$ tel que $\nu_j = \mu_j > 0$, on peut conclure que $s_i(r) \in \Delta^+$.

9.a) Soit $r \in \Delta^+ \setminus B$. Il existe $(\mu_i) \in (\mathbb{R}_+)^p$ tel que $r = \sum_{i=1}^{p} \mu_i r_i$.

Si $(r|r_i) \leqslant 0$ pour tout i, alors $(r|r) = \sum_{i=1}^{p} \mu_i (r|r_i) \leqslant 0$: absurde car $\|r\| = 1$.

Il existe donc $r_i \in B$ tel que $(r|r_i) > 0$.

9.b) À $r \in \Delta^+ \setminus B$ on associe $i \in [\![1,p]\!]$ tel que $(r|r_i) > 0$. On a $s_i(r) \in \Delta^+$ et $s_i(r) = r - 2(r|r_i)r_i$. Donc $(t|s_i(r)) = (t|r) - 2(r|r_i)(t|r_i) < (t|r)$.

On définit donc la suite $(u_k)_{k \geqslant 0}$ par $u_0 = r$, $u_1 = s_i(r)$ et u_{k+1} à partir de u_k comme $s_i(r)$ à partir de r. On obtient : $(t|u_{k+1}) < (t|u_k)$. Donc les termes de la suite sont distincts. Comme Δ^+ est fini, il existe $j \in [\![1,p]\!]$ tel que $u_j \in B$.

9.c) Si l'on note $s_{i_1}, \ldots, s_{i_j}$ les symétries telles que $s_{i_j} \circ \cdots \circ s_{i_1}(r) \in B$, on a : $g = s_{i_j} \circ \cdots \circ s_{i_1}$ tel que $g(r) = u_j \in B$ et $g \in G_0$.

10. Soit f une réflexion de G et $r \in \Delta^+$ tel que l'hyperplan de g soit orthogonal à r. Prenons, comme en IV.9, $g \in G_0$ tel que $g(r) \in B$.
$g \circ h \circ g^{-1}$ est une réflexion d'hyperplan dont l'orthogonal contient $g(r)$. C'est donc un élément de G_0. Par stabilité, $f \in G_0$. Donc G_0 contient toutes les réflexions de G. Compte tenu de la définition de G, G_0 contient G. Donc $G = G_0$.

Partie V

1. Le groupe de Coxeter engendré par une réflexion est $\{I_E, s\}$.
Soient deux réflexions s_1, s_2 distinctes. On note $G = \text{gr}< s_1, s_2 >$. Les plans de s_1 et s_2 sont distincts donc leur intersection est une droite $\text{Vect}(u)$ où u est unitaire. Comme $s_2(u) = u = s_1(u)$, pour tout g de $G, g(u) = u$.

De même, comme $(s_1, s_2) \in (\mathcal{O}(E))^2$, le plan $P = [\text{Vect}(u)]^\perp$ est stable par s_1, s_2 et g. Notons σ_1, σ_2, g_P les applications induites par s_1, s_2 et g sur P. L'application $g \mapsto g_P$ est un morphisme du groupe G sur le groupe $G_P = \text{gr}< \sigma_1, \sigma_2 >$ qui est un groupe de Coxeter de II.6. Il contient $2m$ isométries de P : les rotations d'angle de mesure $\frac{2k\pi}{m}, 0 \leqslant k < m$ et m réflexions. Donc G est constitué de m rotations d'axe $\text{Vect}(u)$ et d'angle de mesure $\frac{2k\pi}{m}, 0 \leqslant k < m$ et de m réflexions de plan contenant u et faisant un angle de mesure $\frac{k\pi}{m}$.

2. D'après II.1. (r_1, r_2, r_3) est libre dans E qui est de dimension 3. Donc c'est une base de E. L'application du procédé de Schmidt donne (e_1, e_2, e_3) une base orthonormale de E.

$r_1 = e_1$. Puis $e_2 = \frac{e'_2}{\|e'_2\|}$ où $e'_2 = r_2 - (r_2|e_1)e_1$.

Enfin $e_3 = \dfrac{e_3'}{\|e_3'\|}$ où $e_3' = r_3 - (r_3|e_1)e_1 - (r_3|e_2)e_2$.
$(r_2|e_1) = \cos(\alpha) \Rightarrow e_2' = r_2 - \cos(\alpha)e_1$.
Comme $\|r_2\| = \|e_1\| = 1$ et $(r_2|e_1) = \cos(\alpha)$, on a $\|e_2'\| = \sin(\alpha)$.
Donc $r_2 = \cos(\alpha)e_1 + \sin(\alpha)e_2$. En procédant de même,
$(r_3|r_1) = \cos(\alpha)$, $(r_3|r_2) = \cos(\gamma)$, $(r_3|e_2) = \dfrac{\cos(\beta) - \cos(\alpha)\cos(\gamma)}{\sin(\alpha)}$.
D'où $e_3' = r_3 - \cos(\gamma)e_1 - \dfrac{\cos(\beta) - \cos(\alpha)\cos(\gamma)}{\sin(\alpha)}e_2$.
$\|e_3'\|^2 = \dfrac{1}{\sin^2(\alpha)}\Big(\cos(\alpha-\gamma) - \cos(\beta)\Big)\Big(\cos(\beta) - \cos(\alpha+\gamma)\Big)$.
$\|e_3'\|^2 > 0 \Rightarrow \cos(\alpha+\gamma) < \cos(\beta) < \cos(\alpha-\gamma)$.
$\alpha + \gamma \geqslant \pi \Rightarrow 2\pi - (\alpha+\gamma) \leqslant \pi$.
Donc $\cos(\alpha+\gamma) < \cos(\beta) \Rightarrow \beta < 2\pi - (\alpha+\gamma)$ *i.e.* $\alpha + \beta + \gamma < 2\pi$.

3. On n'a pas prouvé l'unicité du système fondamental d'un groupe de Coxeter. Il suffit d'utiliser la question précédente avec :
$\alpha = \pi - \dfrac{\pi}{a}$, $\beta = \pi - \dfrac{\pi}{b}$, $\gamma = \pi - \dfrac{\pi}{c}$ où a, b, c sont des entiers supérieurs ou égaux à 2.
De plus, $\alpha + \beta + \gamma < 2\pi \iff \dfrac{1}{a} + \dfrac{1}{b} + \dfrac{1}{c} > 1$.

4. On peut supposer $a \leqslant b \leqslant c$.
Si $a \geqslant 3$ alors $\dfrac{1}{a} + \dfrac{1}{b} + \dfrac{1}{c} \leqslant \dfrac{1}{3} + \dfrac{1}{3} + \dfrac{1}{3} = 1$ contradiction avec V.3.
Donc $a = 2$. D'où $2 \leqslant b \leqslant c$ et $\dfrac{1}{b} + \dfrac{1}{c} > \dfrac{1}{2}$ $\quad(\star\star)$.
Si $b = 2$, alors $c \geqslant 2$ quelconque convient.
Si $b \geqslant 4$, alors $\dfrac{1}{b} + \dfrac{1}{c} \leqslant \dfrac{1}{4} + \dfrac{1}{4} = \dfrac{1}{2}$ ce qui contredit $(\star\star)$.
Donc $b = 3$ et $\dfrac{1}{c} > \dfrac{1}{6}$. D'où $3 \leqslant c \leqslant 5$.
Les solutions sont celles indiquées par l'énoncé.

5. On peut donner la construction dans tous les cas en V.4.
On reprend V.2. avec $\alpha = \pi - \dfrac{\pi}{a}$, $\beta = \pi - \dfrac{\pi}{b}$, $\gamma = \pi - \dfrac{\pi}{c}$.
Comme $\|e_3'\|^2 > 0$, on a : $\big|\cos(\beta) - \cos(\alpha)\cos(\gamma)\big| < \sin(\alpha)\sin(\gamma)$.
Notons $\cos(\beta) = \cos(\alpha)\cos(\gamma) + \sin(\alpha)\sin(\gamma)\cos(\delta)$ où $\delta \in]0, \pi[$.
D'où $r_1 = e_1$; $r_2 = \cos(\alpha)e_1 + \sin(\alpha)e_2$;
$r_3 = \cos(\gamma)e_1 + \sin(\gamma)\cos(\delta)e_2 + \sin(\gamma)\sin(\delta)e_3$.

Fin

Partie I

On désigne par φ l'application de classe $\mathcal{C}^1$ de $\mathbb{R}$ dans $\mathbb{R}^2$ qui à t, fait correspondre $\big(x(t), y(t)\big)$ vérifiant pour tout t réel $\begin{cases} x'(t) = ax(t) + by(t) \\ y'(t) = cx(t) + dy(t) \end{cases}$ et $\begin{cases} x(0) = x_0 \\ y(0) = y_0 \end{cases}$

a, b, c, d, x_0 et y_0 étant des réels donnés.

On pose $A = \begin{pmatrix} a & b \\ c & d \end{pmatrix}$ et $m_0 = (x_0, y_0)$.

On appelle $\mathcal{C}(m_0)$ l'ensemble de $\varphi(t)$ lorsque t décrit $\mathbb{R}$.

Dans toutes les représentations graphiques, on indiquera, pour t croissant, le sens de parcours de $\mathcal{C}(m_0)$.

I.1. Déterminer $\mathcal{C}(m_0)$ lorsque $m_0 = (0, 0)$.

I.2. Dans cette question on prend $A = \begin{pmatrix} \lambda & 0 \\ 0 & \mu \end{pmatrix}$.

Déterminer φ et dans chacun des trois cas suivants, représenter $\mathcal{C}(m_0)$

cas 1 : $\mu < \lambda < 0$ cas 2 : $\mu = \lambda < 0$ cas 3 : $\mu < 0 < \lambda$.

Pour chaque cas, on représentera sur une même figure $\mathcal{C}(m_0)$ pour :

$x_0 = 0$ et $y_0 > 0$ $x_0 > 0$ et $y_0 = 0$ $x_0 > 0$ et $y_0 > 0$.

On étudiera $\mathcal{C}(m_0)$ lorsque t tend vers $+\infty$ et vers $-\infty$.

I.3. Déterminer φ pour $A = \begin{pmatrix} \lambda & 1 \\ 0 & \lambda \end{pmatrix}$ avec $\lambda < 0$.

Représenter sur une même figure $\mathcal{C}(m_0)$ pour :

$x_0 = 0$ et $y_0 > 0$ $x_0 > 0$ et $y_0 = 0$.

I.4. Dans cette question, on prend $A = \begin{pmatrix} \alpha & -\beta \\ \beta & \alpha \end{pmatrix}$ avec $\alpha \leqslant 0 < \beta$. On prend $x_0 > 0$ et $y_0 = 0$.

Représenter $\mathcal{C}(m_0)$ en séparant les cas $\alpha = 0$ et $\alpha < 0$ (on pourra étudier l'application de $\mathbb{R}$ dans $\mathbb{C}$ qui à t, fait correspondre $x(t) + iy(t)$ et chercher une représentation polaire de $\mathcal{C}(m_0)$).

Partie II

Dans cette partie, E désigne un espace vectoriel réel de dimension finie n $(n \geqslant 2)$ et L un endomorphisme de E. Dans les questions 2 et 6, on prend $n = 2$. Dans les autres questions et sauf indication contraire, n est quelconque $(n \geqslant 2)$.

II.1. Soit A une matrice à n lignes et n colonnes et à coefficients réels, V une matrice à n lignes et 1 colonne à coefficients complexes, λ un nombre complexe tel que $AV = \lambda V$. On appelle α et β les parties réelle et imaginaire de λ.

Si $V = \begin{pmatrix} z_1 \\ \vdots \\ z_n \end{pmatrix}$ on note $\overline{V} = \begin{pmatrix} \overline{z_1} \\ \vdots \\ \overline{z_n} \end{pmatrix}$. On pose $W_1 = V + \overline{V}$ et $W_2 = i(V - \overline{V})$.

Calculer AW_1 et AW_2 en fonction de α, β, W_1 et W_2.

II.2. Dans cette question, on suppose que $n = 2$ et que L n'a pas de valeur propre réelle, on note les racines complexes de son polynôme caractéristique $\alpha + i\beta$ et $\alpha - i\beta$ avec α et β réels.
Démontrer qu'il existe une base de E telle que la matrice de L dans cette base soit $\begin{pmatrix} \alpha & -\beta \\ \beta & \alpha \end{pmatrix}$.

II.3. Démontrer qu'il existe un sous-espace vectoriel de E de dimension 1 ou 2 stable par L.

II.4. On dit que L vérifie la propriété (p) lorsque tout sous-espace vectoriel de E stable par L admet un sous-espace vectoriel supplémentaire également stable par L.

II.4.1. Donner, pour $n = 2$, un exemple d'endomorphisme ne vérifiant pas (p).

II.4.2. Démontrer que, si L est diagonalisable, il vérifie (p).

II.4.3. Donner, pour $n = 2$, un exemple d'endomorphisme non diagonalisable et vérifiant (p).

II.5. On dit que L vérifie la propriété (q) lorsque E est somme directe de sous-espaces vectoriels stables par L de dimension 1 ou 2.

II.5.1. Donner, pour $n = 3$, un exemple d'endomorphisme ne vérifiant pas (q).

II.5.2. Soit L vérifiant (p).
On considère E' un sous-espace vectoriel de E stable par L, démontrer que l'endomorphisme L' de E' induit par L vérifie aussi la propriété (p).
En déduire, par récurrence sur la dimension n de E, que L vérifie la propriété (q).

II.6. Dans cette question, $n = 2$.

II.6.1. Soit (e_1, e_2) une base donnée de E. Démontrer qu'on peut définir sur E un produit scalaire pour lequel (e_1, e_2) est une base orthonormale.

II.6.2. On suppose L diagonalisable, on appelle λ et μ ses valeurs propres avec $\mu \leqslant \lambda$.
Démontrer qu'il existe un produit scalaire sur E noté $(\ |\ )$ tel que, pour tout v de E, on ait $\mu(v|v) \leqslant (v|L(v)) \leqslant \lambda(v|v)$.

II.6.3. On suppose L non diagonalisable et ayant une valeur propre réelle λ, soit ε un réel strictement positif donné.
Démontrer qu'il existe une base de E telle que la matrice de L dans cette base soit $\begin{pmatrix} \lambda & \varepsilon \\ 0 & \lambda \end{pmatrix}$.
En déduire qu'il existe un produit scalaire sur E noté $(\ |\ )$ tel que, pour tout v de E, on ait $(\lambda - \varepsilon)(v|v) \leqslant (v|L(v)) \leqslant (\lambda + \varepsilon)(v|v)$.

II.6.4. On suppose que L n'a pas de valeur propre réelle, on note les racines complexes de son polynôme caractéristique $\alpha + i\beta$ et $\alpha - i\beta$ avec α et β réels. Démontrer qu'il existe un produit scalaire sur E noté $(\ |\ )$ tel que, pour tout v de E, on ait $(v|L(v)) = \alpha(v|v)$.

II.7. On revient au cas n quelconque ($n \geqslant 2$) et on suppose que L vérifie (q). On considère deux réels a et b tels que, pour toute racine réelle ou complexe λ du polynôme caractéristique de L, on ait $a < \Re e(\lambda) < b$. Démontrer qu'il existe un produit scalaire sur E noté $(\ |\ )$ tel que, pour tout v de E, on ait $a(v|v) \leqslant (v|L(v)) \leqslant b(v|v)$.

Partie III

Dans cette partie E désigne l'espace vectoriel $\mathbb{R}^n$.
On considère une application f de classe $\mathcal{C}^1$ de E dans E et L un endomorphisme de E vérifiant les hypothèses (H) suivantes :

$$(H)\begin{cases} (H_1)\ f(0) = 0 \\ (H_2)\ L \text{ vérifie la propriété } (q) \text{ définie au II.5} \\ (H_3)\ \text{Pour toute racine } \lambda \text{ du polynôme caractéristique de } L, \Re e(\lambda) < 0 \\ (H_4)\ \text{Il existe une norme } N \text{ sur } E \text{ telle que } \displaystyle\lim_{v \to 0} \frac{N\big(f(v) - L(v)\big)}{N(v)} = 0 \end{cases}$$

v_0 étant un élément non nul de E, on considère une fonction φ de classe $\mathcal{C}^1$ de $[0, +\infty[$ dans E telle que :

$$(S)\begin{cases} \text{pour tout } t \text{ positif ou nul, } \varphi'(t) = f\big(\varphi(t)\big) \\ \text{pour tout } t \text{ positif ou nul, } \varphi(t) \text{ est non nul} \\ \varphi(0) = v_0 \end{cases}$$

III.1. Démontrer que (H_4) est alors vérifiée pour une norme quelconque de E.

III.2. Quelle est la différentielle de f en 0 ?

III.3.1. Démontrer qu'il existe un produit scalaire sur E noté $(\ |\ )$ et deux réels strictement positifs c et α tels que, pour tout v de E vérifiant $\|v\|$ inférieur à α, on ait $(v|f(v)) \leqslant -c(v|v)$ où l'on a posé $\|v\| = \sqrt{(v|v)}$, cette notation sera utilisée dans la suite de cette question 3.

III.3.2. α désigne le réel obtenu à la question précédente. On suppose $\|v_0\| < \alpha$, démontrer que, pour tout t positif, $\|\varphi(t)\| < \alpha$ et en déduire la limite en $+\infty$ de $\varphi(t)$ (on pourra étudier la fonction ψ définie par $\psi(t) = \|\varphi(t)\|^2$).

III.4. Dans cette question, $n = 2$ et f est l'application de E dans E définie par

$$f(x,y) = \big(-x - y + x(x^2+y^2), x - y + y(x^2+y^2)\big).$$

On considère une fonction φ de classe $\mathcal{C}^1$ sur $[0,+\infty[$ solution de (S), on explicite φ sous la forme $\varphi(t) = \big(x(t), y(t)\big)$ et on pose enfin $v_0 = (x_0, y_0)$ avec $0 < x_0^2 + y_0^2 \leqslant 1$.

III.4.1. Construire un endomorphisme L de E tel que f et L vérifient les hypothèses (H).

III.4.2. On définit les fonctions ψ et ξ sur $[0,+\infty[$ par $\psi(t) = x^2(t) + y^2(t)$ et $\xi(t) = \left(\dfrac{\psi(t)-1}{\psi(t)}\right)^2$.

Démontrer que, pour tout t positif, $\psi'(t) = 2\psi(t)\big[\psi(t) - 1\big]$, en déduire $\xi(t)$ puis $\psi(t)$ en séparant les cas $x_0^2 + y_0^2 < 1$ et $x_0^2 + y_0^2 = 1$.

III.4.3. Peut-on trouver une fonction φ de classe $\mathcal{C}^1$ sur $[0,+\infty[$ solution de (S) lorsque $x_0^2 + y_0^2 > 1$?

Connaissances utiles

- Équations différentielles linéaires.
- Réduction d'un endomorphisme.
- Produit scalaire.
- Espaces vectoriels normés.
- Différentielle.

Les questions II.5.2 et III.3.2 sont délicates.

Solution

Partie I

On remarque tout d'abord que l'équation différentielle vectorielle $X' = AX$ est linéaire et donc, que si m_0 est fixé dans $\mathbb{R}^2$, le problème de Cauchy $\big(X' = AX$ et $X(0) = {}^t(x_0 \quad y_0)\big)$ admet une unique solution sur $\mathbb{R}$.

I.1. Comme la fonction nulle est solution c'est la seule solution et donc $\mathcal{C}(m_0)$ est réduite au point m_0.

I.2. On a immédiatement, pour tout $t \in \mathbb{R}$, $\varphi(t) = (x_0 e^{\lambda t}, y_0 e^{\mu t})$.

• Si $x_0 = 0$ et $y_0 > 0$ on obtient une demi-droite ouverte verticale passant par m_0 d'extrémité O orientée vers O si $\lambda < 0$ et dans l'autre sens si $\lambda > 0$.

• Si $y_0 = 0$ et $x_0 > 0$ on obtient une demi-droite ouverte horizontale passant par m_0 d'extrémité O orientée vers O si $\mu < 0$ et dans l'autre sens si $\mu > 0$.

• Si $x_0 > 0$ alors x est une bijection de $\mathbb{R}$ sur $\mathbb{R}_+^\star$ croisssante si, et seulement si, $\lambda > 0$ et on a toujours $y(t) = y_0 \times \left(\dfrac{x(t)}{x_0}\right)^{\frac{\mu}{\lambda}}$.

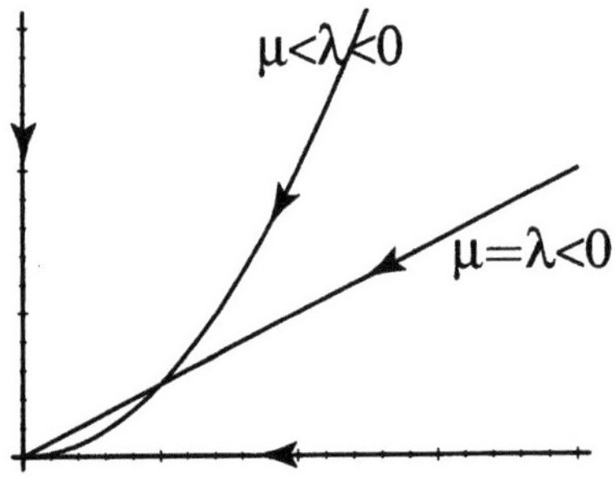

Cas 1 et 2

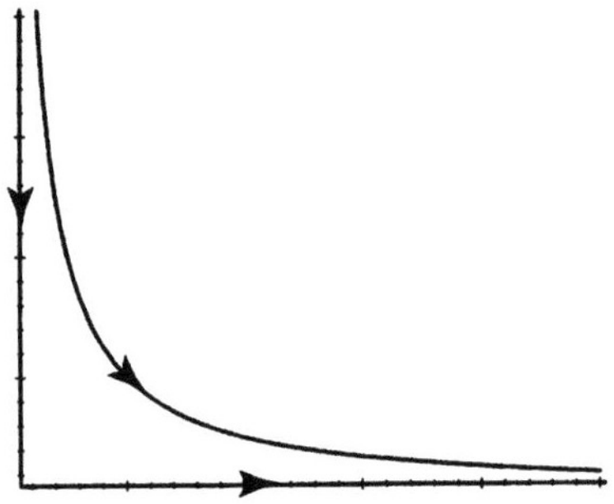

Cas 3

I.3. On a, pour tout $t \in \mathbb{R}$, $y(t) = y_0 e^{\lambda t}$ et donc x est solution de $x' - \lambda x = y_0 e^{\lambda t}$ d'où, pour tout $t \in \mathbb{R}$, $x(t) = (x_0 + t y_0) e^{\lambda t}$.

Commençons par le cas où $y_0 > 0$ et $x_0 = 0$:

	$-\infty$		0		$-\dfrac{1}{\lambda}$		$+\infty$
x	$-\infty$	$\nearrow$	0	$\nearrow$		$\searrow$	0
y	$+\infty$	$\searrow$		$\searrow$	y_0	$\searrow$	0

Si $y_0 = 0$ et $x_0 > 0$ on obtient une demi-droite ouverte horizontale passant par m_0 d'extrémité O orientée vers O.

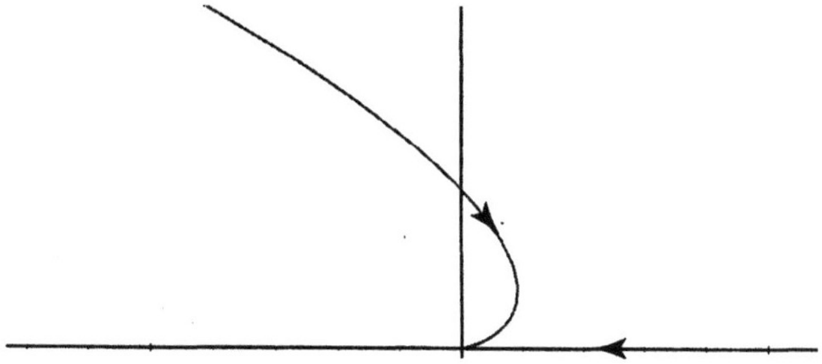

I.4. On a, pour tout $t \in \mathbb{R}$, $z'(t) = \alpha x(t) - \beta y(t) + i\beta x(t) + i\alpha y(t) = (\alpha + i\beta)z(t)$.
Comme $z(0) = x_0 \in]0, +\infty[$ on a, pour tout $t \in \mathbb{R}$, $z(t) = x_0 e^{\alpha t} e^{i\beta t}$ et donc $\theta(t) = \beta t$ convient et θ est une bijection croissante de $\mathbb{R}$ sur lui-même, ce qui prouve que $\mathcal{C}(m_0)$ est parcourue dans le sens direct. Une équation polaire de $\mathcal{C}(m_0)$ est $\rho = x_0 e^{\frac{\alpha}{\beta}\theta}$.
Si $\alpha = 0$ il s'agit du cercle de centre O passant par m_0, sinon c'est une spirale.

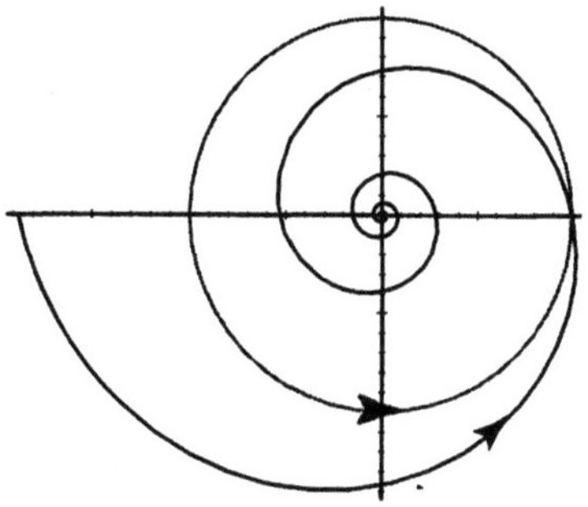

Partie II

II.1. On a $2V = W_1 - iW_2$ et $2\overline{V} = W_1 + iW_2$ et, comme A est à coefficients réels, $A\overline{V} = \overline{\lambda} \times \overline{V}$ d'où $AW_1 = \lambda V + \overline{\lambda} \times \overline{V} = (\alpha + i\beta)\dfrac{W_1 - iW_2}{2} + (\alpha - i\beta)\dfrac{W_1 + iW_2}{2}$ soit encore $AW_1 = \alpha W_1 + \beta W_2$.
De même $AW_2 = i\lambda V - i\overline{\lambda} \times \overline{V} = (-\beta + i\alpha)\dfrac{W_1 - iW_2}{2} + (-\beta - i\alpha)\dfrac{W_1 + iW_2}{2}$ d'où $AW_2 = -\beta W_1 + \alpha W_2$.

II.2. Soit (e_1, e_2) une base de E et A la matrice de L dans cette base. Si V est un vecteur propre de A associé à $\alpha + i\beta$, on pose $W_1 = V + \overline{V}$ et $W_2 = i(V - \overline{V})$. Ces deux matrices sont à coefficients réels et comme la matrice exprimant (W_1, W_2) en fonction de la famille $(V, \overline{V})$ libre sur $\mathbb{R}$ est $\begin{pmatrix} 1 & i \\ 1 & -i \end{pmatrix}$, et donc inversible, en posant $W_1 = \begin{pmatrix} x_1 \\ y_1 \end{pmatrix}$ et $W_2 = \begin{pmatrix} x_2 \\ y_2 \end{pmatrix}$, on en déduit que $(x_1 e_1 + y_1 e_2, x_2 e_1 + y_2 e_2)$ est une base de E dans laquelle la matrice de L est $\begin{pmatrix} \alpha & -\beta \\ \beta & \alpha \end{pmatrix}$ comme on l'a prouvé dans la question précédente.

II.3. Si $\mathrm{Sp}(L) \neq \varnothing$ alors toute droite propre de L est stable par L.
Sinon on choisit une racine complexe λ du polynôme caractéristique de L et la même démonstration qu'à la question précédente fournit un plan stable par L, de plus $\begin{pmatrix} \alpha & -\beta \\ \beta & \alpha \end{pmatrix}$ est une matrice de l'endomorphisme induit sur ce plan si $\lambda = \alpha + i\beta$.

II.4.1. Un endomorphisme de matrice $\begin{pmatrix} 0 & 1 \\ 0 & 0 \end{pmatrix}$ dans une base (e_1, e_2) ne vérifie pas la propriété (p).
En effet, sinon, $\mathrm{Ker}(L) = \mathrm{Vect}(e_1)$ est une droite stable par L et si D est une droite supplémentaire stable par L alors $L(D) \subset \mathrm{Im}(L) \cap D = \mathrm{Ker}(L) \cap D = \{0\}$ d'où $D \subset \mathrm{Ker}(L)$, ce qui est absurde.

II.4.2. Soit V un sous-espace vectoriel de E stable par L ; on note $(v_1, \ldots, v_p)$ une base de V.
Si $(e_1, \ldots, e_n)$ est une base de E formée de vecteurs propres de E alors, quitte à renuméroter, $(v_1, \ldots, v_p, e_{p+1}, \ldots, e_n)$ est une base de E et alors le sous-espace vectoriel $W = \mathrm{Vect}(e_{p+1}, \ldots, e_n)$ est un supplémentaire de V dans E stable par L car une de ses bases est formée de vecteurs propres de L.

II.4.3. Un endomorphisme de matrice $\begin{pmatrix} 0 & -1 \\ 1 & 0 \end{pmatrix}$ dans une base (e_1, e_2) vérifie la propriété (p) mais n'est pas diagonalisable.
En effet, son spectre est vide, les seuls sous-espaces vectoriels stables par L sont $\{0\}$ et E qui admettent respectivement E et $\{0\}$ comme supplémentaire stable.

II.5.1. Un endomorphisme de matrice $\begin{pmatrix} 0 & 1 & 0 \\ 0 & 0 & 1 \\ 0 & 0 & 0 \end{pmatrix}$ dans une base (e_1, e_2, e_3) ne vérifie pas la propriété (q).
Sinon on aurait $E = D \oplus \Pi$ où D est une droite stable et Π un plan stable. Comme la seule valeur propre de L est 0 et comme $\mathrm{Ker}(L) = \mathrm{Vect}(e_1)$ on a donc $D = \mathrm{Vect}(e_1)$. Alors $L^2(\Pi) \subset \mathrm{Im}(L^2) \cap \Pi = \mathrm{Ker}(L) \cap \Pi = \{0\}$ d'où $\Pi \subset \mathrm{Ker}(L^2) = \mathrm{Vect}(e_1, e_2)$, ce qui contredit $D \cap \Pi = \{0\}$.

II.5.2. Soit V' un sous-espace vectoriel de E' stable par L.
Comme E' est stable par L, il admet un supplémentaire F dans E stable par L.
Si l'on pose $V = V' \oplus F$, alors V est stable par L et donc admet un supplémentaire W dans E lui-même stable par L.

On a donc : $E = E' \oplus F = V' \oplus W \oplus F$, tous les sous-espaces vectoriels de ces décompositions étant stables par L.

Soient p le projecteur sur E' parallèlement à F et $W' = p(W)$, comme W est en somme directe avec F, l'application p induit un isomorphisme de W sur W' et donc $\dim(W') + \dim(V') = \dim(W) + \dim(V') = \dim(E')$.

Reste à montrer que $\begin{cases} V' \cap W' = \{0\} \\ L(W') \subset W' \end{cases}$ pour prouver que W' convient.

• Si $x \in V' \cap W'$ alors $x = w + f$ où $(w, f) \in W \times F$ et donc $x - w \in (V' + W) \cap F = \{0\}$ d'où $x = 0$.

• Si $x \in W'$ on écrit encore $x = w + f$ où $(w, f) \in W \times F$.
$L(x) = L(w) + L(f)$ d'où $p\big(L(x)\big) = p\big(L(w)\big) \in W'$ car $L(w) \in W$ et $L(f) \in F$.

Montrons que L vérifie la proprtiété (q) par récurrence sur n. Le cas $n \leqslant 2$ est immédiat.
Si cela a été établi jusqu'à la dimension n où $n \geqslant 2$ et si L est un endomorphisme vérifiant (p) dans un espace vectoriel E de dimension $n+1$ alors, d'après la question II.3 il existe un sous-espace vectoriel V_0 de E stable par L et donc on peut écrire $E = V_0 \oplus W$ avec $L(W) \subset W$. L'endomorphisme induit par L sur W vérifie (p) et donc (q) par hypothèse de récurrence, par suite $W = \bigoplus_{i=1}^{p} V_i$ où, pour tout $i \in [\![1, p]\!]$, V_i est un sous-espace vectoriel de W de dimension 1 ou 2 stable par L. En définitive $E = \bigoplus_{i=0}^{p} V_i$ où chaque V_i est un sous-espace vectoriel de E de dimension 1 ou 2 stable par L, ce qui termine la récurrence.

II.6.1. Pour tout $x \in E$ on note X la matrice colonne de ses coordonnées dans la base (e_1, e_2). Alors $(x, y) \mapsto {}^tXY$ est un produit scalaire sur E pour lequel (e_1, e_2) est une base orthonormale.

II.6.2. On choisit e_1 (resp. e_2) un vecteur propre de L associé à la valeur propre λ (resp. μ), la famille (e_1, e_2) est une base de E, le produit scalaire défini à la question précédente pour cette base est alors solution du problème. En effet si $v = xe_1 + ye_2$ on a $L(v) = \lambda x e_1 + \mu y e_2$ d'où

$$\big(v|L(v)\big) = \lambda x^2 + \mu y^2 \text{ d'où } \mu\big(v|v\big) = \mu(x^2 + y^2) \leqslant \big(v|L(v)\big) \leqslant \lambda(x^2 + y^2) = \lambda\big(v|v\big).$$

II.6.3. Soient e_1 un vecteur propre de L associé à la valeur propre λ et e_2 un élément de E tel que (e_1, e_2) soit une base de E. Dans cette base la matrice A de L est de la forme $A = \begin{pmatrix} \lambda & \alpha \\ 0 & \lambda \end{pmatrix}$ car la seule valeur propre de L est λ et, comme L n'est pas diagonalisable, nécessairement $\alpha \neq 0$. On a $L(\varepsilon e_2) = \varepsilon L(e_2) = \varepsilon(\alpha e_1)$ et donc, dans la base $(e_1', e_2') = (\alpha e_1, \varepsilon e_2)$, la matrice de L est $\begin{pmatrix} \lambda & \varepsilon \\ 0 & \lambda \end{pmatrix}$.

Pour le produit scalaire défini dans II.6.1 avec cette nouvelle base, si $v = xe_1' + ye_2'$, on a $L(v) = (\lambda x + \varepsilon y)e_1' + \lambda y e_2'$ d'où $\big(v|L(v)\big) = \lambda(x^2 + y^2) + \varepsilon xy$.
Rappelons que $|xy| \leqslant \dfrac{x^2 + y^2}{2} \leqslant x^2 + y^2$, on en déduit que

$$(\lambda - \varepsilon)\big(v|v\big) = (\lambda - \varepsilon)(x^2 + y^2) \leqslant \big(v|L(v)\big) \leqslant (\lambda + \varepsilon)(x^2 + y^2) = (\lambda + \varepsilon)\big(v|v\big).$$

II.6.4. On choisit une base (e_1, e_2) dans laquelle la matrice de L est $\begin{pmatrix} \alpha & -\beta \\ \beta & \alpha \end{pmatrix}$ comme dans II.2 et on choisit le produit scalaire défini dans II.6.1 pour cette base. Si $v = xe_1 + ye_2$ alors $L(v) = (\alpha x - \beta y)e_1 + (\beta x + \alpha y)e_2$ et

$$\big(v|L(v)\big) = (\alpha x - \beta y)x + (\beta x + \alpha y)y = \alpha(x^2 + y^2)\big(v|v\big).$$

II.7. On commence par choisir un réel strictement positif ε tel que, pour toute racine complexe λ du polynôme caractéristique de L, on ait : $a + \varepsilon \leqslant \Re e(\lambda) \leqslant b - \varepsilon$.

On écrit $E = \bigoplus_{i=1}^{p} V_i$ où chaque V_i est un sous-espace vectoriel de E de dimension 1 ou 2 stable par L. On choisit, pour chaque V_i de dimension 1 un vecteur directeur et, pour chaque V_i de dimension 2 une base adaptée aux questions II.6.2 à II.6.4. On forme ainsi une base $\mathcal{E} = (e_1, \dots, e_n)$ de E. Si $x \in E$ on note X sa matrice colonne relativement à $\mathcal{E}$ et on considère le produit scalaire $\big(\ |\ \big)$ défini sur E par $\big(x|y\big) = {}^tXY$.

Pour tout $i \in [\![1, p]\!]$, si $v \in V_i$ on distingue deux cas :

- si $\dim(V_i) = 1$ alors il existe une valeur propre λ de L telle que
$$a\big(v|v\big) \leqslant \lambda\big(v|v\big) = \big(v|\lambda v\big) = \big(v|L(v)\big) \leqslant b\big(v|v\big),$$
- si $\dim(V_i)$ d'après les questions II.6.2 à II.6.4, on a $a\big(v|v\big) \leqslant \big(v|L(v)\big) \leqslant b\big(v|v\big)$ et donc, comme la somme des V_i est directe orthogonale par construction du produit scalaire, ces inégalités sont vraies pour tout $v \in E$.

Partie III

III.1. Soit P une norme sur E, comme E est de dimension finie les normes N et P sont équivalentes. On choisit α et β réels strictement positifs tels que $\alpha N \leqslant P \leqslant \beta N$.
Si $v \in E$ et $v \neq 0$ on a $0 \leqslant \dfrac{P\big(f(v) - L(v)\big)}{P(v)} \leqslant \dfrac{\beta N\big(f(v) - L(v)\big)}{\alpha N(v)} \xrightarrow[v \to 0]{} 0$ et donc (H_4) est vérifiée pour P.

III.2. Par unicité du développement limité d'ordre 1 de f en 0 on a $df(0) = L$.

III.3.1. Soit $\big(\ |\ \big)$ un produit scalaire sur E.
La propriété (H_3) permet d'utiliser la question II.7 qui assure l'existence d'un réel strictement négatif b tel que, pour tout $v \in E$, $\big(v|L(v)\big) \leqslant b\big(v|v\big)$; on choisit un tel b.

Soit $\varepsilon = -\dfrac{b}{2}$ alors $\varepsilon > 0$ et, si l'on pose $c = -\varepsilon$, on a $c > 0$ et $-c = b + \varepsilon$.
On choisit alors $\alpha > 0$ tel que, pour tout $v \in E$, si $\|v\| \leqslant \alpha$ alors $\|f(v) - L(v)\| \leqslant \varepsilon\|v\|$ et un tel α existe d'après (H_4).

Supposons $\|v\| \leqslant \alpha$.
On a $\big|\big(v|f(v)\big) - \big(v|L(v)\big)\big| = \big|\big(v|f(v) - L(v)\big)\big| \leqslant \|v\| \times \|f(v) - L(v)\|$ d'après l'inégalité de Cauchy-Schwarz et donc $\big|\big(v|f(v)\big) - \big(v|L(v)\big)\big| \leqslant \varepsilon\|v\|^2$ puis

$$\big(v|f(v)\big) \leqslant \varepsilon\|v\|^2 + \big(v|L(v)\big) \leqslant (\varepsilon + b)\|v\|^2 = -c\|v\|^2.$$

3.2. La fonction $\psi = (\varphi|\varphi)$ est de classe $\mathcal{C}^1$ et $\psi' = 2(\varphi'|\varphi) = 2(f \circ \varphi|\varphi)$.
On a $\psi(0) = \|v_0\|^2 < \alpha^2$ et donc, au voisinage de 0, $\psi(t) < \alpha^2$.
On va alors utiliser une idée assez éloignée du programme : on considère le plus grand intervalle I de $\mathbb{R}_+$ d'extrémité inférieure 0 tel que, sur I, on a $\psi(t) < \alpha^2$. Il s'agit de prouver que $I = \mathbb{R}_+$ et on raisonne par l'absurde.

Sinon I admettrait une borne supérieure que l'on note t_0 et, par continuité de ψ en t_0, on a $\psi(t_0) = \alpha^2$.
Alors $\psi'(t_0) \leqslant -2c\alpha^2 < 0$ d'après la question précédente et donc ψ est localement strictement décroissante, ce qui est en contradiction avec $\begin{cases} \forall t \in [0, t_0[\ \psi(t) < \alpha^2 \\ \psi(t_0) = \alpha^2 \end{cases}$

4.1. On constate $f(0) = 0$ d'où (H_1).
Comme $n = 2$ l'endomorphisme L vérifie la propriété (p), d'où (H_2).
$f(x,y) \underset{(x,y)\to(0,0)}{=} -(x+y, -x+y) + o\big((x^2+y^2)\big)$ et donc $L = df(0)$ a pour matrice $\begin{pmatrix} -1 & 1 \\ -1 & -1 \end{pmatrix}$. Le polynôme caractéristique de L est $X^2 + 2X + 2$, les valeurs propres ont -1 pour partie réelle, d'où (H_3).
f est de classe $\mathcal{C}^\infty$ car polynomiale d'où (H_4).

4.2. On a, pour tout nombre réel positif t :

$$\begin{aligned}\psi'(t) &= 2x(t)x'(t) + 2y(t)y'(t)\\ &= 2x(t)\big[-x(t) - y(t) + x(t)\psi(t)\big] + 2y(t)\big[x(t) - y(t) + y(t)\psi(t)\big]\\ &= -2\psi(t) + 2\psi^2(t) = 2\psi(t)\big[\psi(t) - 1\big].\end{aligned}$$

La fonction ξ est de classe $\mathcal{C}^1$ car on a supposé φ sans annulation et donc ψ est à valeurs strictement positives.
On a alors, pour tout $t \in \mathbb{R}_+$, $\xi'(t) = 2\left(\dfrac{\psi(t)-1}{\psi(t)}\right) \times \dfrac{\psi'(t)}{\psi^2(t)} = 4\xi(t)$ d'après l'expression fournie de ψ'. Par conséquent, pour tout $t \in \mathbb{R}_+$, $\xi(t) = \xi(0)e^{4t}$ et $\xi(0) = \left(1 - \dfrac{1}{Om_0^2}\right)^2$.

- Si $Om_0^2 = 1$ alors $\xi(0) = 0$ et donc ξ est nulle, la fonction ψ est constante égale à 1.
- Si $Om_0^2 < 1$ alors ξ est à valeurs dans $\mathbb{R}_+^\star$ et donc $\psi - 1$ est sans annulation, strictement négative en 0, donc à valeurs dans $\mathbb{R}_-^\star$.

On a donc, pour tout $t \in \mathbb{R}_+$, $\dfrac{1}{\psi(t) - 1} = \sqrt{\xi(0)}\, e^{2t}$ d'où $\psi(t) = \dfrac{1}{1 + \sqrt{\xi(0)}\, e^{2t}}$.

4.3. Supposons l'existence de φ.
De la même façon la fonction $\psi - 1$ est sans annulation, strictement positive en 0, donc à valeurs dans $\mathbb{R}_+^\star$.
Pour tout $t \in \mathbb{R}_+$, $1 - \dfrac{1}{\psi(t)} = \sqrt{\xi(0)}\, e^{2t}$ d'où $\psi(t) = \dfrac{1}{1 - \sqrt{\xi(0)}\, e^{2t}}$, ce qui n'a aucun sens car le dénominateur décrit $\left]-\infty, 1 - \sqrt{\xi(0)}\right]$ qui contient 0 par hypothèse.

On désigne par $\mathcal{C}([0,1])$ (resp. $\mathcal{C}^1([0,1]), \ldots \mathcal{C}^k([0,1]), \ldots$) l'ensemble des applications continues (resp. de classe $\mathcal{C}^1, \ldots, \mathcal{C}^k, \ldots$) à valeurs réelles définies sur $[0,1]$.
On note : $(\cdot|\cdot)$, le produit scalaire habituel sur $\mathcal{C}([0,1])$, et $\|\cdot\|_2$ la norme associée, définis respectivement pour tout $(f,g) \in \mathcal{C}([0,1])^2$, par :

$$(f|g) = \int_0^1 f(x)g(x)\,dx \; ; \|f\|_2 = (f|f)^{\frac{1}{2}}.$$

Soit $a > 0$ un réel donné. Pour chaque réel k on désigne par $\mathcal{E}(k)$ l'ensemble des fonctions u de classe $\mathcal{C}^2$ sur $[0,1]$ qui vérifient :

$$(1) \qquad \begin{cases} u'' + ku = 0 \\ aku(0) + u'(0) = 0 \\ u(1) = 0 \end{cases}$$

I. Étude des solutions du problème (1)

Dans les deux premières questions on ne cherchera pas à expliciter les solutions de (1).

I.1. On désigne par 0 la fonction nulle de $\mathcal{C}([0,1])$. Soit k un réel. Établir que $\mathcal{E}(k)$ est un sous-espace vectoriel de $\mathcal{C}^2([0,1])$ et que $\mathcal{E}(0) = \{0\}$.

I.2. Soit k un réel et soit u une fonction de $\mathcal{E}(k)$.

I.2.1. Soit $f \in \mathcal{C}^1([0,1])$. Établir que : $(u'|f') = k(u|f) + aku(0)f(0) + u'(1)f(1)$.

I.2.2. En déduire que : $k(u|u) + aku^2(0) = (u'|u')$, puis, que si $\mathcal{E}(k) \neq \{0\}$ alors $k > 0$.

I.2.3. Soit ℓ un réel distinct de k et v une fonction de $\mathcal{E}(\ell)$.
Montrer que : $(u'|v') = 0$.

I.3. On suppose pour cette question que : $a = 0$.
Montrer que les réels k pour lesquels $\mathcal{E}(k)$ n'est pas réduit à $\{0\}$ forment une suite croissante $(k_n)_{n\in\mathbb{N}}$, de réels strictement positifs que l'on précisera. Pour chaque $n \in \mathbb{N}$, on montrera que $\mathcal{E}(k_n)$ est de dimension 1 et on indiquera un de ses générateurs.

I.4. On suppose pour cette question que : $a > 0$.

I.4.1. Soit k un réel. Montrer que si $\mathcal{E}(k) \neq \{0\}$, il existe un réel $\lambda > 0$ tel que la fonction $u : x \in [0,1] \mapsto \sin\big(\lambda(1-x)\big)$ soit dans $\mathcal{E}(k)$.
En déduire l'équivalence :

$$\big(\mathcal{E}(k) \neq \{0\}\big) \iff \big(\exists \lambda \in \mathbb{R}_+^\star ; k = \lambda^2 \text{ et } a\lambda \tan(\lambda) = 1\big).$$

Montrer en particulier que si $\mathcal{E}(k)$ n'est pas réduit à $\{0\}$, il est de dimension 1.

I.4.2. Soit n un entier naturel. Étudier succinctement les variations de la fonction φ_n, à valeurs réelles, définie sur $D_n =]n\pi, (n+1)\pi[\setminus \left\{n\pi + \dfrac{\pi}{2}\right\}$ par :
$\varphi_n(x) = \tan(x) - \dfrac{1}{ax}$, et en déduire que les solutions de l'équation $ax\tan(x) = 1$ sur $\mathbb{R}_+^\star$ forment une suite croissante $(\lambda_n)_{n\in\mathbb{N}}$ telle que pour chaque entier n, λ_n appartienne à l'intervalle $\left]n\pi, n\pi + \dfrac{\pi}{2}\right[$.

I.4.3. Déduire de ce qui précède que l'ensemble des réels k pour lesquels $\mathcal{E}(k)$ n'est pas réduit à $\{0\}$ forment la suite croissante $(\lambda_n^2)_{n\in\mathbb{N}}$.

I.4.4. Établir que pour tout $x \in \left[0, \dfrac{\pi}{2}\right[$, $\tan(x) \geqslant x$.
En déduire que $\lambda_0^2 \leqslant \dfrac{1}{a}$, puis que, pour tout $n \geqslant 1$, $n\pi \leqslant \lambda_n \leqslant n\pi + \dfrac{1}{an\pi}$.

I.4.5. Montrer que, pour tout $n \in \mathbb{N}$, $\sin^2(\lambda_n) = \dfrac{1}{1 + a^2\lambda_n^2}$ et que, pour tout $n \in \mathbb{N}$, $\sin(2\lambda_n) = \dfrac{2a\lambda_n}{1 + a^2\lambda_n^2}$.

I.4.6. En déduire que $\dfrac{1}{a} - \dfrac{1}{a^2} \leqslant \lambda_0^2 \leqslant \dfrac{1}{a}$.

I.5. Dans cette question, on se place dans le cas général où $a \geqslant 0$ est quelconque. De manière à ne pas singulariser le cas $a = 0$ on désignera encore, pour chaque $n \in \mathbb{N}$, par λ_n, l'unique réel strictement positif tel que $k_n = \lambda_n^2$, où k_n a été déterminé à la question 3.
Pour chaque $n \in \mathbb{N}$, soit f_n une fonction engendrant le sous-espace vectoriel $\mathcal{E}(\lambda_n^2)$ telle que $f_n(0)$ soit du signe de $(-1)^n$, et soit u_n la fonction définie sur $[0,1]$ par $u_n = \dfrac{f_n}{\|f_n'\|_2}$. On pose alors, pour tout $n \in \mathbb{N}$, $v_n = u_n'$.
Montrer que la famille $(v_n)_{n\in\mathbb{N}}$ est orthonormale dans $\big(\mathcal{C}([0,1]), (\cdot|\cdot)\big)$.
Montrer que :

$$\forall n \in \mathbb{N},\ \forall x \in [0,1],\ u_n(x) = \left[\frac{2(1 + a^2\lambda_n^2)}{1 + a + a^2\lambda_n^2}\right]^{\frac{1}{2}} \frac{\sin\big(\lambda_n(1-x)\big)}{\lambda_n}.$$

Pour chaque $f \in \mathcal{C}\big([0,1]\big)$ et chaque $n \in \mathbb{N}$, on posera : $c_n(f) = \big(f|v_n\big)$.

I.6. On suppose $a > 0$ et on considère la fonction $f \in \mathcal{C}([0,1])$ définie par :

$$\forall x \in [0,1],\ f(x) = 1.$$

I.6.1. Déterminer les coefficients $(c_n(f))_{n\in\mathbb{N}}$.

En déduire : $\displaystyle\sum_{n=0}^{\infty} \frac{1}{\lambda_n^2(1+a+a^2\lambda_n^2)} \leqslant \frac{1}{2}$.

I.6.2. Montrer que les séries $\sum c_n(f)v_n$ et $\sum c_n(f)u_n$ convergent normalement sur $[0,1]$. Quelle relation y a-t-il entre leurs sommes ?

I.6.3. Montrer que quand $a \to +\infty$, $\displaystyle\sum_{n=1}^{\infty} c_n(f)u_n(0) = O\Big(\frac{1}{a^2}\Big)$.

I.7. On suppose que $a = 0$ et on considère la fonction $g \in \mathcal{C}([0,1])$ définie par :

$$\forall x \in [0,1],\ g(x) = x.$$

I.7.1. Calculer les coefficients $(c_n(g))_{n\in\mathbb{N}}$.

I.7.2. Montrer que la série $\sum c_n(g)v_n$ converge normalement sur $[0,1]$.

I.7.3. On admet que sa somme est g. Calculer $\displaystyle\sum_{n=0}^{\infty} \frac{1}{(2n+1)^2}$ puis $\displaystyle\sum_{n=1}^{\infty} \frac{1}{n^2}$.

II. Application en hydrodynamique

Présentation du problème : *On considère l'écoulement d'un fluide visqueux incompressible entre deux plaques planes parallèles infinies, écartées d'une distance $h > 0$, quand une des plaques est immobile et que l'autre peut glisser librement en translation dans son plan. On suppose que l'écoulement est généré par une densité surfacique de forces, $\vec{F} = F\,\vec{\imath}$ constante, appliquée à la plaque mobile à partir de l'instant initial $t = 0$, le système étant précédemment au repos. À un instant donné $t > 0$, le champ des vitesses est alors invariant par translation selon la direction $\vec{\imath}$ et la vitesse en un point : $\vec{V} = v(y,t)\,\vec{\imath}$ est dirigée selon $\vec{\imath}$ et ne dépend que de la distance y de ce point à la plaque mobile. On peut montrer, et on l'admettra, que v est solution de :*

$$(2)\qquad \begin{cases} \rho\,\dfrac{\partial v}{\partial t} = \mu\,\dfrac{\partial^2 v}{\partial y^2} \\ \forall t \in]0,+\infty[,\ v(h,t) = 0 \\ \forall t \in]0,+\infty[,\ m\,\dfrac{\partial v}{\partial t}(0,t) = \mu\,\dfrac{\partial v}{\partial y}(0,t) + F \end{cases}$$

et vérifie la condition initiale (3) $\quad \forall y \in [0,h],\ v(y,0) = 0.$

Les réels ρ, m et *μ sont des constantes strictement positives qui représentent respectivement la densité volumique de masse du fluide, la densité surfacique de masse de la plaque mobile et la viscosité du fluide.*

Le but de cette partie est de déterminer v.

Si I et J sont deux intervalles quelconques, non nécessairement bornés, on rappelle que :

1. Une application à valeurs réelles définie sur $I \times J$ est dite de classe $\mathcal{C}^k$ si elle admet en tout point de $I \times J$ des dérivées partielles jusqu'à l'ordre k qui sont continues sur $I \times J$.

2. Si $I = [a, b]$ est un intervalle fermé, x_2 un point de J et f une application à valeurs réelles définie sur $I \times J$ sa dérivée partielle par rapport à la première variable - si elle existe - au point (a, x_2) (resp. (b, x_2)) est la dérivée à droite au point a (resp. à gauche au point b) de l'application : $x \mapsto f(x, x_2)$.

Aux questions 6 et 7 de cette partie, on admettra la proposition suivante qui sera établie à la partie III. Soit $\mathcal{A}$ une partie d'un espace vectoriel normé réel de dimension finie. On désigne par $B(\mathcal{A})$ l'espace vectoriel réel des applications bornées de A dans $\mathbb{R}$. On rappelle que l'application $\mathcal{N}_\infty$ de $B(\mathcal{A})$ dans $\mathbb{R}_+$, définie par : $\forall f \in B(\mathcal{A}),\ \mathcal{N}_\infty(f) = \sup\limits_{x \in \mathcal{A}} |f(x)|$ est une norme sur $B(\mathcal{A})$.

On dit qu'une suite $(f_n)_{n \in \mathbb{N}}$ est de Cauchy dans $\big(B(\mathcal{A}), \mathcal{N}_\infty\big)$, si :

$$\forall \varepsilon > 0,\ \exists N \in \mathbb{N};\ \forall p \geqslant N,\ \forall q \geqslant N : \ \mathcal{N}_\infty(f_p - f_q) \leqslant \varepsilon$$

On a alors la proposition :

Proposition A *Toute suite de Cauchy de $\big(B(\mathcal{A}), \mathcal{N}_\infty\big)$ est uniformément convergente, c'est à dire qu'elle converge dans $\big(B(\mathcal{A}), \mathcal{N}_\infty\big)$ et si, de plus, elle est formée de fonctions continues sur $\mathcal{A}$ alors sa limite est une fonction continue sur $\mathcal{A}$.*

On dira qu'une fonction u à valeurs réelles, définie sur $[0, h] \times [0, +\infty[$ est solution de $(2-3)$ si :

(i) v est de classe $\mathcal{C}^2$ sur $[0, h] \times]0, +\infty[$ et y vérifie (2),

(ii) v est continue sur $[0, h] \times [0, +\infty[$,

(iii) v vérifie (3).

II.1. Soit v_1 et v_2 deux fonctions de classe $\mathcal{C}^2$ sur $[0, h] \times]0, +\infty[$. On pose : $w = v_1 - v_2$. On suppose que v_1 est solution de (2). Montrer que v_2 est solution de (2) si et seulement si w vérifie :

$$(4) \qquad \begin{cases} \rho \dfrac{\partial w}{\partial t} = \mu \dfrac{\partial^2 w}{\partial y^2} \\ \forall t \in]0, +\infty[,\ w(h, t) = 0 \\ \forall t \in]0, +\infty[,\ m \dfrac{\partial w}{\partial t}(0, t) = \mu \dfrac{\partial w}{\partial y}(0, t) \end{cases}$$

II.2. Soit v_1 et v_2 deux solutions de $(2-3)$. On pose comme ci-dessus, $w = v_1 - v_2$.

II.2.1. Montrer que :

$$\forall t > 0,\ \frac{d}{dt}\left(\frac{\rho}{2}\int_0^h w^2(y,t)\,dy + \frac{m}{2}\,w^2(0,t)\right) + \mu\int_0^h \left(\frac{\partial w}{\partial y}\right)^2 (y,t)\,dy = 0.$$

II.2.2. En déduire que : $\forall t > 0,\ \dfrac{\rho}{2}\displaystyle\int_0^h w^2(y,t)\,dy + \dfrac{m}{2}\,w^2(0,t) = 0.$

II.2.3. En déduire que $(2-3)$ admet au plus une solution.

II.3. Montrer que (2) admet une solution v_0, que l'on déterminera, qui ne dépend pas de la seconde variable t.

II.4. On suppose que (4) admet une solution w définie et de classe $\mathcal{C}^2$ sur $[0,h]\times\,]0,+\infty[$, non identiquement nulle et à variables séparables. C'est à dire qu'il existe deux fonctions à valeurs réelles, α et β, définies respectivement sur $[0,h]$ et $]0,+\infty[$, telles que : $\forall (y,t)\in[0,h]\times\,]0,+\infty[,\ w(y,t) = \alpha(y)\beta(t)$.

II.4.1. Justifier qu'il existe un point y_0 de $[0,h]$ tel que $\alpha(y_0) \neq 0$. Montrer alors que β est de classe $\mathcal{C}^2$ et, en considérant l'équation aux dérivées partielles au point (y_0,t), montrer que β est solution d'une équation différentielle de la forme $\beta' = A\beta$ où A est une constante réelle que l'on précisera en fonction des données et de la valeur en y_0 de la fonction α et de certaines de ses dérivées. En déduire que β ne s'annule pas sur $]0,+\infty[$ et peut être prolongée par continuité en 0.

II.4.2. On considère la fonction à valeurs réelles, τ , définie sur $[0,1]$ par :

$$\tau(x) = \alpha(xh).$$

Justifier que τ est de classe $\mathcal{C}^2$. Montrer alors qu'il existe un réel k et un paramètre $a > 0$, tels que la fonction τ soit solution du problème (1). On précisera a et k en fonction des données et de la valeur en y_0 de la fonction α et de certaines de ses dérivées. Pour toute la suite de cette partie, le paramètre a du problème (1) est fixé à la valeur ainsi obtenue.

II.4.3. En déduire la forme générale des solutions de (4), définies et de classe $\mathcal{C}^2$ sur $[0,h]\times\,]0,+\infty[$, à variables séparables. Montrer en particulier que pour chaque $n\in\mathbb{N}$, il en existe une et une seule, que l'on notera w_n, telle que :

$$\forall y\in[0,h],\ \lim_{t\to 0} w_n(y,t) = u_n\left(\frac{y}{h}\right),$$

où la fonction u_n a été définie à la question I.5. Montrer que w_n peut être alors être prolongée par continuité sur $[0,h]\times\,]0,+\infty[$. On notera encore w_n la fonction ainsi obtenue.

II.5. Pour la suite de cette partie, on admet que la série $\sum c_n(f)v_n$ déterminée à la question I.6, converge vers f sur $[0,1]$.

II.5.1. En déduire qu'il existe une suite de réels, $(a_n)_{n\in\mathbb{N}}$, que l'on précisera, telle que : $\forall y\in[0,h],\ -v_0(y)=\sum\limits_{n=0}^{\infty} a_n u_n\left(\frac{y}{h}\right)$
et telle que la convergence de cette série soit uniforme sur $[0,h]$.

II.5.2. Établir qu'une telle suite $(a_n)_{n\in\mathbb{N}}$ est unique.

II.6. Pour chaque $n\in\mathbb{N}$, on considère la fonction à valeurs réelles, f_n, définie sur $[0,h]\times\,]0,+\infty[$, par : $f_n=\sum\limits_{p=0}^{n} a_p w_p$.

II.6.1. Soit $y\in[0,h]$ et $t\in[0,+\infty[$ deux réels fixés. Montrer que la série numérique $\sum a_p w_p(y,t)$ converge absolument.
En déduire que la suite $(f_n)_{n\in\mathbb{N}}$ admet sur $[0,h]\times\,]0,+\infty[$ une limite simple, que l'on notera w.

II.6.2. Montrer que pour tout $n\in\mathbb{N}$, la fonction f_n est continue et bornée sur $[0,h]\times\,]0,+\infty[$.

II.6.3. Montrer que la suite $(f_n)_{n\in\mathbb{N}}$ est de Cauchy dans l'espace vectoriel normé $\big(B([0,h]\times\,]0,+\infty[\,),\mathcal{N}_\infty\big)$.
En déduire que w est continue sur $[0,h]\times[0,+\infty[$.

II.7. On garde les notations de la question précédente. Soient $r\in\mathbb{N}$ et $s\in\mathbb{N}$ deux entiers tels que $r+s\geqslant 1$ et soit t_0 un réel.

II.7.1. Montrer que pour chaque $n\in\mathbb{N}$, f_n admet une dérivée partielle $\dfrac{\partial^{r+s}f_n}{\partial x^r\partial t^s}$ définie, continue et bornée sur $[0,h]\times[0,+\infty[$.

II.7.2. Montrer que la suite $\left(\dfrac{\partial^{r+s}f_n}{\partial x^r\partial t^s}\right)_{n\in\mathbb{N}}$ est de Cauchy dans l'espace vectoriel normé $\big(B([0,h]\times\,]0,+\infty[\,),\mathcal{N}_\infty\big)$.

II.7.3. En déduire que w admet des dérivées partielles à tout ordre définies et continues sur $[0,h]\times[0,+\infty[$.

II.8. Déduire de ce qui précède que w est une solution du système (4) puis que $v=v_0+w$ est, alors la solution du problème $(2-3)$.

II.9. Expliciter, en fonction des données et des nombres $(\lambda_n)_{n\in\mathbb{N}}$, la vitesse $v(0,t)$ de la plaque mobile.

II.10. Montrer que la vitesse de la plaque mobile est alors donnée par :

$$\frac{Fh}{\mu}\left[1-\exp\left(-\frac{t}{t_0}\right)\right]+O\left(\frac{1}{a}\right)$$

où t_0 est un réel dont on donnera un équivalent en fonction de $\frac{1}{a}\cdot$ Interpréter physiquement le temps t_0.

III. Établissement de la proposition A

On se propose d'établir la proposition A et on conserve les notations introduites à ce sujet dans la partie précédente.

III.1. Soit $(x_n)_{n\in\mathbb{N}}$ une suite de Cauchy de $\mathbb{R}$ et soit x sa limite. Soit $\varepsilon > 0$ un réel donné. Soit $N \in \mathbb{N}$ tel que : $\forall p \geqslant N, \forall q \geqslant N,\ |x_p - x_q| \leqslant \varepsilon$.

III.1.1. Montrer que : $\forall p \geqslant N, \forall q \geqslant N,\ |x_p - x| \leqslant \varepsilon + |x_q - x|$.

III.1.2. En déduire que : $\forall p \geqslant N,\ |x_p - x| \leqslant \varepsilon$.

III.2. Soit $(f_n)_{n\in\mathbb{N}}$ une suite de Cauchy de $\big(B(\mathcal{A},\mathbb{R}),\mathcal{N}_\infty\big)$.

III.2.1. Montrer que la suite $(f_n)_{n\in\mathbb{N}}$ admet sur $\mathcal{A}$ une limite simple que l'on notera f.

III.2.2. Déduire de la question III.1 que $(f_n)_{n\in\mathbb{N}}$ converge vers f dans l'espace vectoriel normé $\big(B(\mathcal{A},\mathbb{R}),\mathcal{N}_\infty\big)$.

III.2.3. Montrer que si de plus les fonctions $(f_n)_{n\in\mathbb{N}}$ sont continues sur $\mathcal{A}$, alors f l'est.

Connaissances utiles

- Intégrale sur un segment.
- Équations différentielles linéaires.
- Suites et séries de fonctions.
- Fonctions de plusieurs variables.
- Espaces vectoriels normés.

Solution

Partie I

I.1. Chacune des équations $u'' + ku = 0$, $aku(0) + u'(0) = 0$ et $u(1) = 0$ est linéaire en l'inconnue u, donc $\mathcal{E}(k)$ est un sous-espace vectoriel de $\mathcal{C}^2\big([0,1]\big)$.

Si $k = 0$ et si $u \in \mathcal{E}(k)$ alors u'' est la fonction nulle et, par suite, u est affine constante car $u'(0) = 0$. La nullité de $u(1)$ prouve que u est nulle et donc, en tant que sous-espace vectoriel de $\mathcal{C}^2\big([0,1]\big)$ on a $\mathcal{E}(k) = \{0\}$.

I.2.1. On intégre par parties :

$$\begin{aligned}\big(u'|f'\big) = \int_0^1 u'f' = \Big[u'f\Big]_0^1 - \int_0^1 u''f = u'(1)f(1) + aku(0)f(0) + k\int_0^1 uf\\ = k\big(u|f\big) + aku(0)f(0) + u'(1)f(1).\end{aligned}$$

I.2.2. Avec $f = u$ la question précédente fournit : $\big(u'|u'\big) = k\big(u|u\big) + aku^2(0)$.

$\big(u|u\big) + au^2(0) \geqslant \big(u|u\big)$ et donc, si u est non nulle, $k = \dfrac{\big(u'|u'\big)}{\big(u|u\big) + au^2(0)} \geqslant 0$ et $k = 0$ est exclu d'après la question I.1, donc $k > 0$.

I.2.3. La question I.2.1 montre que :

$$\big(u'|v'\big) = k\left[\big(u|v\big) + au(0)v(0)\right] = \ell\left[\big(u|v\big) + au(0)v(0)\right]$$

et, comme $k \neq \ell$, on en déduit $\big(u|v\big) + au(0)v(0) = 0$ puis $\big(u'|v'\big) = 0$.

I.3. On suppose que $\mathcal{E}(k) \neq \{0\}$, on a vu que k est strictement positif, on pose donc $k = \lambda^2$ où $\lambda \in \mathbb{R}_+^\star$.

Comme $u'' + \lambda^2 u = 0$, il existe un couple de réels (A, B) tel que, pour tout $x \in \mathbb{R}$, $u(x) = A\cos\big(\lambda(1-x)\big) + B\sin\big(\lambda(1-x)\big)$ et la condition $u(1) = 0$ équivaut à $A = 0$ d'où $u : x \mapsto B\sin\big(\lambda(1-x)\big)$.
Alors la condition $aku(0) + u'(0) = 0$ qui est ici $u'(0) = 0$ équivaut à $B\lambda\cos(\lambda) = 0$.

- S'il existe un élément n de $\mathbb{N}^\star$ tel que $\lambda = n\pi + \dfrac{\pi}{2}$ et alors $\mathcal{E}(k)$ est la droite vectorielle engendrée par $x \mapsto \sin\big(\lambda(1-x)\big)$,
- sinon $\mathcal{E}(k) = \{0\}$, ce qui est exclu.

La suite croissante $(k_n)_{n\in\mathbb{N}}$ cherchée est donc la suite de terme général $\left(n\pi + \dfrac{\pi}{2}\right)^2$ et, pour tout $n \in \mathbb{N}$, $\mathcal{E}(k_n)$ est la droite vectorielle engendrée par $x \mapsto \sin\big(\sqrt{k_n}(1-x)\big)$.

I.4.1. Ici aussi on sait que $k > 0$ et donc on pose encore $\lambda = \sqrt{k}$, l'équation différentielle linéaire $u'' + ku = 0$ admet pour solutions les fonctions de la forme $u : x \mapsto A\cos\big(\lambda(1-x)\big) + B\sin\big(\lambda(1-x)\big)$ où (A, B) est un couple de réels.
La condition $u(1) = 0$ est encore équivalente à $A = 0$, ce que l'on suppose.

Alors $u \in \mathcal{E}(k) \iff aku(0) + u'(0) = 0 \iff \lambda\big[a\lambda\sin(\lambda) - \cos(\lambda)\big] = 0$.
On sait que $\lambda \neq 0$ et, si $\cos(\lambda) = 0$, cette dernière condition devient $\sin(\lambda) = 0$, ce qui est impossible car $\cos^2 + \sin^2 = 1$.

Donc $\mathcal{E}(k)$ est non réduit à la fonction nulle si, et seulement si, λ vérifie : $a\lambda\tan(\lambda) = 1$ et, dans ce cas, $\mathcal{E}(k)$ est la droite vectorielle engendrée par $x \mapsto \sin\big(\lambda(1-x)\big)$.

I.4.2. La fonction φ_n est de classe $\mathcal{C}^1$ et, si $x \in D_n$, $\varphi_n'(x) = 1 + \tan^2(x) + \dfrac{1}{ax^2} > 0$ d'où les tableaux :

Si $n \geqslant 1$

	$n\pi$		$n\pi + \frac{\pi}{2}$		$n\pi + \pi$
	$-\frac{1}{n\pi}$	$\nearrow$	$+\infty \,\Vert\, -\infty$	$\nearrow$	$-\frac{1}{(n+1)\pi}$

Si $n = 0$

	0		$\frac{\pi}{2}$		π
	$-\infty$	$\nearrow$	$+\infty \,\Vert\, -\infty$	$\nearrow$	$-\frac{1}{(n+1)\pi}$

Ces tableaux prouvent que φ_n admet un et un seul zéro dans D_n et qu'il est en fait dans $\left]n\pi, n\pi + \dfrac{\pi}{2}\right[$.
La suite de terme général λ_n ainsi obtenue est strictement croissante car, pour tout $n \in \mathbb{N}$, $n\pi < \lambda_n < (n+1)\pi < \lambda_{n+1}$, on peut même remarquer que $\lambda_n \underset{n\to\infty}{\sim} n\pi$.

I.4.3. Découle des deux questions précédentes.

I.4.4. La fonction tan est convexe sur $\left[0, \dfrac{\pi}{2}\right[$ et $\tan'(0) = 1$, par conséquent, sur cet intervalle, $\tan(x) \geqslant x$.

En particulier $\lambda_0 \in \left]0, \dfrac{\pi}{2}\right[$ et donc $1 = a\lambda_0\tan(\lambda_0) \geqslant a\lambda_0^2$ d'où $\lambda_0^2 \leqslant \dfrac{1}{a}$.

De même $\lambda_n - n\pi \in \left]0, \dfrac{\pi}{2}\right[$ d'où $1 = a\lambda_n\tan(\lambda_n - n\pi) \geqslant a\lambda_n(\lambda_n - n\pi) \geqslant an\pi(\lambda_n - n\pi)$ d'où $n\pi \leqslant \lambda_n \leqslant n\pi + \dfrac{1}{an\pi}$ en utilisant de plus I.4.2.

I.4.5. $\dfrac{\sin^2(\lambda_n)}{1 - \sin^2(\lambda_n)} = \tan^2(\lambda_n) = \dfrac{1}{a^2\lambda_n^2}$ d'où $\sin^2(\lambda_n) = \dfrac{1}{1 + a^2\lambda_n^2}$.

De plus $\sin(2\lambda_n) = \dfrac{2\tan(\lambda_n)}{1 + \tan^2(\lambda_n)} = \dfrac{\frac{2}{a\lambda_n}}{1 + \frac{1}{a^2\lambda_n^2}} = \dfrac{2a\lambda_n}{1 + a^2\lambda_n^2}$.

I.4.6. Par concavité, sur $[0,\pi]$, $\sin(x) \leqslant x$ d'où $\dfrac{2a\lambda_0}{1+a^2\lambda_0^2} \leqslant 2\lambda_0$ *i.e.* $a \leqslant 1 + a^2\lambda_0^2$ puis $\dfrac{1}{a} - \dfrac{1}{a^2} \leqslant \lambda_0^2 \leqslant \dfrac{1}{a}$ en utilisant de plus I.4.4.

I.5. Pour tout $n \in \mathbb{N}$, $v_n = \dfrac{f_n'}{\|f_n'\|_2}$ et donc v_n est unitaire.
La question I.2.3 a montré que $(v_n)_{n\in\mathbb{N}}$ est une famille orthogonale, c'est donc une famille orthonormale.

D'après la question I.2.2 on a $1 = \|v_n\|_2^2 = \lambda_n^2\left[\|u_n\|_2^2 + au_n^2(0)\right]$.
Or il existe un réel α_n tel que u_n soit définie par $u_n(x) = \alpha_n \sin\big(\lambda_n(1-x)\big)$ sur $[0,1]$ et on doit avoir $(-1)^n\alpha_n\sin(\lambda_n) > 0$ *i.e.* $\alpha_n > 0$ car $n\pi < \lambda_n < (n+1)\pi$.

$$\begin{aligned}\|u_n\|_2^2 &= \alpha_n^2 \int_0^1 \sin^2\big(\lambda_n(1-x)\big)\,dx = \frac{\alpha_n^2}{2}\int_0^1 \Big[1-\cos\big(2\lambda_n(1-x)\big)\Big]dx\\ &= \frac{\alpha_n^2}{2}\left[1-\frac{\sin(2\lambda_n)}{2\lambda_n}\right] = \frac{\alpha_n^2}{2}\left[1-\frac{a}{1+a^2\lambda_n^2}\right] = \frac{\alpha_n^2(1-a+a^2\lambda_n^2)}{2(1+a^2\lambda_n^2)}.\end{aligned}$$

On a donc $1 = \lambda_n^2\alpha_n^2\left[\dfrac{(1-a+a^2\lambda_n^2)}{2(1+a^2\lambda_n^2)} + a\sin^2(\lambda_n)\right] = \lambda_n^2\alpha_n^2\left[\dfrac{1-a+a^2\lambda_n^2+2a}{2(1+a^2\lambda_n^2)}\right]$ et donc $\alpha_n = \left(\dfrac{2(1+a^2\lambda_n^2)}{1+a+a^2\lambda_n^2}\right)^{\frac{1}{2}}\dfrac{1}{\lambda_n}$ et l'expression souhaitée de u_n en découle.

I.6.1. Pour tout $n\in\mathbb{N}$, $c_n(f) = \displaystyle\int_0^1 v_n = u_n(1) - u_n(0) = -\alpha_n\sin(\lambda_n)$ en utilisant les notations de la question précédente, d'où $c_n(f) = -\dfrac{\sqrt{2}}{\lambda_n\sqrt{1+a+a^2\lambda_n^2}}$.

L'inégalité de Bessel-Parseval montre la convergence de $\sum c_n^2(f)$ ainsi que l'inégalité $\sum\limits_{n=0}^{\infty} c_n^2(f) \leqslant \|f\|_2^2$ ou encore $\sum\limits_{n=0}^{\infty}\dfrac{1}{\lambda_n^2(1+a+a^2\lambda_n^2)} \leqslant \dfrac{1}{2}$.

I.6.2. On utilise toujours la notation α_n et on rappelle que $\lambda_n \underset{n\to\infty}{\sim} n\pi$.
$\alpha_n \underset{n\to\infty}{\sim} \dfrac{\sqrt{2}}{n\pi}$ et $\sin(\lambda_n) = \dfrac{1}{\sqrt{1+a^2\lambda_n^2}} \underset{n\to\infty}{\sim} \dfrac{1}{an\pi}$ d'où $|c_n(f)| \underset{n\to\infty}{\sim} \dfrac{\sqrt{2}}{an^2\pi^2}$, et aussi $\mathcal{N}_\infty(u_n) = \dfrac{|\alpha_n|}{\lambda_n} \underset{n\to\infty}{\sim} \dfrac{\sqrt{2}}{n^2\pi^2}$ et $\mathcal{N}_\infty(v_n) = |\alpha_n| \underset{n\to\infty}{\sim} \dfrac{\sqrt{2}}{n\pi}$.

On a donc $\mathcal{N}_\infty\big(c_n(f)u_n\big) \underset{n\to\infty}{\sim} \dfrac{2}{an^4\pi^4}$ et $\mathcal{N}_\infty\big(c_n(f)v_n\big) \underset{n\to\infty}{\sim} \dfrac{2}{an^3\pi^3}$ et les convergences normales de $\sum c_n(f)u_n$ et de $\sum c_n(f)v_n$ sur $[0,1]$ en découlent.
Comme, pour tout $n\in\mathbb{N}$, $c_n(f)v_n = \big(c_n(f)u_n\big)'$, le théorème de dérivation des séries de fonctions montre que $\sum\limits_{n=0}^{\infty} c_n(f)v_n$ est la dérivée de $\sum\limits_{n=0}^{\infty} c_n(f)u_n$.

I.7.1. $c_n(g) = \displaystyle\int_0^1 x u_n'(x)\,dx = \Big[x u_n(x)\Big]_0^1 - \int_0^1 u_n(x)\,dx = -\int_0^1 u_n(x)\,dx$

d'où $c_n(g) = -\alpha_n \displaystyle\int_0^1 \sin\big(\lambda_n(1-x)\big)\,dx = -\alpha_n \frac{1-\cos(\lambda_n)}{\lambda_n} = -\frac{\alpha_n}{\lambda_n}$ car $\lambda_n = n\pi + \dfrac{\pi}{2}\cdot$

Par suite $c_n(g) = -\dfrac{\sqrt{2}}{\lambda_n^2} = -\dfrac{\sqrt{2}}{\left(n\pi+\frac{\pi}{2}\right)^2} = -\dfrac{4\sqrt{2}}{\pi^2}\,\dfrac{1}{(2n+1)^2}\cdot$

I.7.2. $\mathcal{N}_\infty\big(c_n(g)v_n\big) \underset{n\to\infty}{\sim} \dfrac{2}{n^2\pi^2}$ d'où la convergence normale sur $[0,1]$ de $\sum c_n(g)v_n\cdot$

I.7.3. On a $g(1) = \sum\limits_{n=0}^{\infty} c_n(g)v_n(1)$ *i.e.* $1 = \dfrac{8}{\pi^2}\sum\limits_{n=0}^{\infty}\dfrac{1}{(2n+1)^2}$ d'où $\sum\limits_{n=0}^{\infty}\dfrac{1}{(2n+1)^2} = \dfrac{\pi^2}{8}\cdot$

$$\zeta(2) = \sum_{n=1}^{\infty}\frac{1}{n^2} = \sum_{n=1}^{\infty}\frac{1}{(2n)^2} + \sum_{n=0}^{\infty}\frac{1}{(2n+1)^2} = \frac{\zeta(2)}{4} + \frac{\pi^2}{8} \text{ d'où } \zeta(2) = \frac{4}{3}\times\frac{\pi^2}{8} = \frac{\pi^2}{6}\cdot$$

Partie II

II.1. Question immédiate.

II.2.1. Comme w est de classe $\mathcal{C}^2$ sur $[0,h]\times\mathbb{R}_+^\star$, en tant qu'intégrale paramétrée, $I : t \mapsto \dfrac{\rho}{2}\displaystyle\int_0^h w^2(y,t)\,dy$ est de classe $\mathcal{C}^1$ sur $\mathbb{R}_+^\star$ et, pour tout $t>0$, on a :

$$\begin{aligned} I'(t) =& \rho\int_0^h \frac{\partial w}{\partial t}(y,t)w(u,t)\,dy = \mu\int_0^h \frac{\partial^2 w}{\partial y^2}(y,t)w(y,t)\,dy \\ =&\mu\left[\frac{\partial w}{dy}(y,t)w(y,t)\right]_0^h - \mu\int_0^h\left(\frac{\partial w}{\partial y}\right)^2(y,t)dy \\ =& -m\frac{\partial w}{\partial t}(0,t)w(0,t) - \mu\int_0^h\left(\frac{\partial w}{\partial y}\right)^2(y,t)dy. \end{aligned}$$

L'égalité demandée en découle.

II.2.2. La fonction $t\mapsto \dfrac{\rho}{2}\displaystyle\int_0^h w^2(y,t)\,dy + \frac{m}{2}w^2(0,t)$ est positive sur $\mathbb{R}_+$ et on vient de prouver sa décroissance. La condidition $(2-3)$ prouve de plus qu'elle est continue et nulle en 0, elle est donc nulle sur $\mathbb{R}_+$.

II.2.3. Si v_1 et v_2 vérifient $(2-3)$ alors, en utilisant les notations des questions précédentes, par continuité et positivité, pour tout $t>0$ on a, pour tout $y\in[0,h]$, $w(y,t)=0$ *i.e.* w est nulle et donc $v_1=v_2$.

II.3. On cherche $v_0 \in \mathcal{C}^2\big([0,h]\big)$ vérifiant $v''=0$, $v(h)=0$ et $v'(0) = -\dfrac{F}{\mu}\cdot$

Ce problème admet une seule solution, $v_0 : y \mapsto \dfrac{F}{\mu}(h-y)$.

II.4.1. Si la fonction α est nulle alors w est nulle, ce qui est exclu, donc il existe un élément y_0 de $[0,h]$ tel que $\alpha(y_0) \neq 0$.

On a alors, pour tout $t > 0$, $\beta(t) = \dfrac{w(y_0,t)}{\alpha(y_0)}$ et donc β est de classe $\mathcal{C}^2$. Il va de soi que la même démonstration justifie la classe $\mathcal{C}^2$ de α.

La condition $\rho\,\dfrac{\partial w}{\partial t}(y_0,t) = \mu\,\dfrac{\partial^2 w}{\partial y^2}(y_0,t)$ s'écrit $\rho\alpha(y_0)\beta'(t) = \mu\alpha''(y_0)\beta(t)$ et donc, en posant $A = \dfrac{\mu\alpha''(y_0)}{\rho\alpha(y_0)}$, on a $\beta' = A\beta$ d'où, pour tout $t > 0$, $\beta(t) = \beta(1)e^{A(t-1)}$ et, comme β ne peut pas être la fonction nulle, elle a un signe (au sens strict) constant sur $\mathbb{R}+^\star$. Prolonger β à $\mathbb{R}_+$ en une fonction de classe $\mathcal{C}^\infty$ ne présente aucune difficulté.

I.4.2. On a déjà justifié la classe $\mathcal{C}^2$ de α et donc de τ par composition.
On prolonge β par continuité en 0 et alors, pour tout $(y,t) \in [0,h] \times \mathbb{R}_+$ on obtient $w(y,t) = \beta(0)\alpha(y)e^{At}$ et le système (4) s'écrit alors, après simplifications, $\mu\alpha'' = A\rho\alpha$, $\alpha(h) = 0$ et $\mu\alpha'(0) = mA\alpha(0)$ *i.e.* $\mu\tau'' = Ah^2\rho\tau$, $\mu\tau'(0) = mA\tau(0)$ et $\tau(1) = 0$.

En utilisant la valeur trouvée de A et en posant $k = -h^2\,\dfrac{\alpha''(y_0)}{\alpha(y_0)}$ et $a = \dfrac{m}{\rho h}$, on obtient $\tau'' + k\tau = 0$, $ak\tau(0) + \tau'(0) = 0$ et $\tau(1) = 0$.

II.4.3. En dehors de la fonction nulle et en utilisant I.5 il existe $n \in \mathbb{N}$ tel que $k = k_n$ et $w : (y,t) \mapsto \gamma_n u_n\left(\dfrac{y}{h}\right)e^{A_n t}$ où $\gamma_n \neq 0$ et $A_n \in \mathbb{R}$. Si l'on incorpore la fonction nulle alors γ_n est un réel quelconque.

La fonction w_n cherchée est $(y,t) \mapsto u_n\left(\dfrac{y}{h}\right)e^{A_n t}$ et le prolongement continu est immédiat.

II.5.1. Pour tout $x \in [0,1]$ on a $1 = \sum\limits_{n=0}^{\infty} c_n(f)v_n(x)$ (où les v_n sont à prendre au sens de la partie I) et, comme la convergence est normale sur $[0,1]$, en intégrant sur $[x,1]$, on a $1-x = -\sum\limits_{n=0}^{\infty} c_n(f)u_n(x)$ ou encore, pour tout $y \in [0,h]$, $\dfrac{y}{h} - 1 = \sum\limits_{n=0}^{\infty} c_n(f)u_n\left(\dfrac{y}{h}\right)$ *i.e.* $-v_0(y) = \sum\limits_{n=0}^{\infty} \dfrac{Fh}{\mu}\,c_n(f)u_n\left(\dfrac{y}{h}\right)$ d'après l'expression donnée de v_0 dans II.3 (conflit de notations).

La question I.6.2 a prouvé que la convergence est normale sur $[0,h]$.

II.5.2. Il suffit de montrer que, si $\sum\limits_{n=0}^{\infty} a_n u_n$ est la fonction nulle alors la suite de terme général a_n est la suite nulle.

Si c'est le cas, pour tout $p\in\mathbb{N}$, on a $0 = (0|up) = \int_0^1 \sum_{n=0}^{\infty} a_n u_n u_p$ et, comme on a $\mathcal{N}_\infty(u_p) = \frac{\sqrt{2}}{p^2\pi^2}$, la série $\sum a_n u_n u_p$ converge normalement sur $[0,1]$ d'où $0 = \sum_{n=0}^{\infty} a_n(u_n|u_p)$, or $(u_n|u_p) = \frac{1}{k}(u'_n|u'_p) - au_n(0)u_p(0) = \frac{\delta_{n,p}}{k} - au_n(0)u_p(0)$ d'où $0 = \frac{a_p}{k} - au_p(0)\sum_{n=0}^{\infty} a_n u_n(0)$ *i.e.* $a_p = 0$.

II.6.1. On a $|a_p w_p(y,t)| \leqslant |a_p|\mathcal{N}_\infty(u_p)$ car chaque A_p est strictement négatif d'après I.2.2, de plus $|a_p|\mathcal{N}_\infty(u_p) \underset{p\to\infty}{\sim} \frac{2FH}{a\mu p^4\pi^4}$ et la convergence absolue de $\sum a_p w_p(y,t)$ en découle ainsi que sa convergence *i.e.* la convergence simple de $(f_n)_{n\in\mathbb{N}}$ sur $[0,h]\times\,]0,+\infty[$.

II.6.2. La fonction f_n est continue en tant que somme finie.
Comme chaque A_p est strictement négatif d'après I.2.2 on a, si $(y,t)\in[0,h]\times\,]0,+\infty[$, $|f_n(t)| \leqslant \sum_{p=0}^{n} |a_p|\mathcal{N}_\infty(u_p)$ et donc f_n est bornée.

II.6.3. Comme à la question précédente on a $\mathcal{N}_\infty(f_{n+p} - f_p) \leqslant \sum_{k=n+1}^{n+p} |a_k|\mathcal{N}_\infty(u_k)$ et la convergence de $\sum |a_k|\mathcal{N}_\infty(u_k)$ prouve que $(f_n)_{n\in\mathbb{N}}$ est de Cauchy pour $\mathcal{N}_\infty$.
La proposition A assure alors de la continuité de w et prouve que II.6.1 est superflue.

II.7.1. Comme chaque $a_p w_p$ est de classe $\mathcal{C}^\infty$, chaque f_n est de classe $\mathcal{C}^\infty$. Toutes les dérivées partielles de f_n sont bornées car il s'agit de somme de fonctions du type $(y,t) \mapsto \mu_p(y)e^{A_p t}$ et car chaque A_p est un réel négatif.

II.7.2. $\frac{\partial^{r+s} w_n}{\partial x^r \partial t^s} = \frac{(-\lambda_n)^r A_n^s}{h^r} w_n$ or $A_n = C\lambda_n^2$ où C est une constante strictement négative et, comme $\mathcal{N}_\infty(u_n) = \frac{C'}{n^4}$ où C' est une constante, sur $[0,h]\times[\alpha,+\infty[$, où $\alpha > 0$ on a $\left|\frac{\partial^{r+s} w_n}{\partial x^r \partial t^s}\right| \leqslant Kn^{r+2s-4}e^{-C\lambda_n^2\alpha} \underset{n\to\infty}{=} o\left(\frac{1}{n^2}\right)$ car $\lambda_n \geqslant n\pi$.

La série $\sum Kn^{r+2s-4}e^{-C\lambda_n^2\alpha}$ converge et donc la suite de terme général $\frac{\partial^{r+s} w_n}{\partial x^r \partial t^s}$ est de Cauchy dans $\mathcal{B}([0,h]\times[\alpha,+\infty[)$ pour $\mathcal{N}_\infty$, ce qui n'est pas exactement le résultat demandé.

II.7.3. en fixant une variable puis l'autre le théorème de dérivation des séries de fonctions prouve l'existence de $\frac{\partial^{r+s} w}{\partial x^r \partial t^s}$ et la proposition A montre la continuité de la restriction de $\frac{\partial^{r+s} w}{\partial x^r \partial t^s}$ à tout ensemble de la forme $[0,h]\times[\alpha,+\infty[$ et donc la continuité de $\frac{\partial^{r+s} w}{\partial x^r \partial t^s}$. En définitive w est de classe $\mathcal{C}^\infty$.

II.8. Ce même théorème relatif aux séries de fonctions montre que $\rho\,\dfrac{\partial w}{\partial t} = \mu\,\dfrac{\partial^2 w}{\partial y^2}$ et $m\,\dfrac{\partial w}{\partial t}(0,t) = \mu\,\dfrac{\partial w}{\partial y}(0,t)$ pour tout $t > 0$. La nullité de $w(h,\cdot)$ est immédiate. Par conséquent w vérifie (4).

La question II.1 montre que v est solution de (2) et (3) découle de II.5.1, donc v est la solution de $(2-3)$.

II.9. En utilisant les diverses expressions trouvées on a :

$$v(0,t) = \frac{Fh}{\mu}\left[1 - 2\sum_{n=0}^{\infty} \frac{1}{\lambda_n^2(1+a+a^2\lambda_n^2)} \exp\left(-\frac{\mu\lambda_n^2 t}{\rho h^2}\right)\right].$$

II.10. La question I.6.3 montre que $\displaystyle\sum_{n=1}^{\infty} \frac{1}{\lambda_n^2(1+a+a^2\lambda_n^2)} \exp\left(-\frac{\mu\lambda_n^2 t}{\rho h^2}\right)$ est dominé par $\dfrac{1}{a^2}$ d'où $v(0,t) = \dfrac{Fh}{\mu}\left[1 - \dfrac{2}{\lambda_0^2(1+a+a^2\lambda_0^2)} \exp\left(-\dfrac{\mu\lambda_0^2 t}{\rho h^2}\right)\right] + O\left(\dfrac{1}{a^2}\right)$.

La question I.4.6 a montré que $\lambda_0^2 = \dfrac{1}{a} + O\left(\dfrac{1}{a^2}\right)$ et alors un développement limité fastidieux montre que $t_0 = \dfrac{\mu}{a\rho h} = \dfrac{\mu}{m}$ convient.

Partie III

III.1.1. Découle de l'inégalité triangulaire.

III.1.2. On fait tendre q vers ∞ dans l'inégalité précédente.

III.2.1. Pour tout x fixé dans $\mathcal{A}$ et tout couple (p,q) d'entiers naturels on a : $\left|f_p(x) - f_q(x)\right| \leqslant \mathbb{N}_\infty(f_p - f_q)$ et donc $\left(f_n(x)\right)_{n\geqslant 0}$ est une suite de Cauchy de réels , donc convergente. Cela revient à dire que $(f_n)_{n\geqslant 0}$ converge simplement sur $\mathcal{A}$.

III.2.2. On fixe $\varepsilon > 0$ et on choisit $N \in \mathbb{N}$ tel que, si $p \leqslant N$ et $q \geqslant N$, alors $\mathcal{N}_\infty(f_p - f_q) \leqslant \varepsilon$, et donc, pour tout $x \in \mathcal{A}$, $\left|f_p(x) - f_q(x)\right| \leqslant \varepsilon$.
Si $x \in \mathcal{A}$ et $p \geqslant N$, la question III.1.2 montre que $\left|f_p(x) - f(x)\right| \leqslant \varepsilon$, d'où, par inégalité triangulaire, $\left|f(x)\right| \leqslant \varepsilon + \mathcal{N}_\infty(f_N)$, ce qui prouve que f est bornée, puis, toujours si $p \geqslant N$, $\mathcal{N}_\infty(f_p - f) \leqslant \varepsilon$ ce qui prouve la convergence de $(f_n)_{n\geqslant 0}$ vers f pour $\mathcal{N}_\infty$.

III.2.3. Soient $a \in \mathcal{A}$ et $\varepsilon > 0$. On fixe $N \in \mathbb{N}$ tel que $\mathcal{N}_\infty(f_N - f) \leqslant \varepsilon$ puis $\eta > 0$ tel que, si $x \in \mathcal{A}$ et $\|x - a\| \leqslant \eta$, alors $\left|f_N(x) - f_N(a)\right| \leqslant \varepsilon$.
Si $x \in \mathcal{A}$ et $\|x - a\| \leqslant \eta$ on a :

$$\left|f(x) - f(a)\right| \leqslant \left|f(x) - f_N(x)\right| + \left|f_N(x) - f_N(a)\right| + \left|f_N(a) - f(a)\right| \leqslant 3\varepsilon$$

ce qui établit la continuité de f en a. Par suite f est continue.

Fin

On désigne par $\mathcal{C}(2\pi)$ (resp. $\mathcal{C}m(2\pi)$) le $\mathbb{R}$-espace vectoriel des applications 2π-périodiques et continues de $\mathbb{R}$ dans $\mathbb{R}$ (resp. continues par morceaux).

Lorsque $\varphi \in \mathcal{C}m(2\pi)$ et $k \in \mathbb{Z}$ on note $c_k(\varphi) = \dfrac{1}{2\pi}\displaystyle\int_{-\pi}^{\pi} \varphi(t)e^{-ikt}dt$ le coefficient de Fourier d'indice k de φ.

Lorsque $k \in \mathbb{N}$ on note :

$$a_k(\varphi) = \frac{1}{\pi}\int_{-\pi}^{\pi} \varphi(t)\cos(kt)\,dt \text{ et } b_k(\varphi) = \frac{1}{\pi}\int_{-\pi}^{\pi} \varphi(t)\sin(kt)\,dt$$

les coefficients de Fourier trigonométriques d'indice k.
La somme partielle de rang n de la série de Fourier de φ est la fonction S_n définie sur $\mathbb{R}$ par $S_n(t) = \dfrac{a_0(\varphi)}{2} + \displaystyle\sum_{k=1}^{n} [a_k(\varphi)\cos(kt) + b_k(\varphi)\sin(kt)]$.

Cette épreuve comporte trois parties indépendantes les unes des autres.

Dans la première partie on étudie la somme d'une série trigonométrique, dans la deuxième partie on étudie une condition suffisante portant sur la fonction φ pour que les sommes $\displaystyle\sum_{k=-n}^{n} |c_k(\varphi)|$ soient majorées indépendamment de n. Dans la dernière partie on étudie les valeurs propres d'une matrice $M_n(\varphi)$ construite à partir des coefficients $c_k(\varphi)$.

Partie I

I.1. On considère l'équation différentielle $(E)\quad y'' + y = \alpha t^2 + \beta t + \gamma + \delta\cos(t)$ où α, β, γ et δ désignent quatre nombres réels.

Déterminer les solutions réelles de l'équation (E)

I.1.1. lorsque $\delta = 0$,

I.1.2. lorsque $\alpha = \beta = \gamma = 0$,

I.1.3. dans le cas général.

I.2. Soit F l'application 2π-périodique de $\mathbb{R}$ dans $\mathbb{R}$ définie par :

$$\text{pour tout } t \in]-\pi, \pi],\ F(t) = t^2.$$

I.2.1. Déterminer la série de Fourier trigonométrique de F.

I.2.2. Étudier la convergence ponctuelle de cette série et préciser sa somme.

I.3. On désigne respectivement par f, g et h les trois fonctions définies par
$f(t) = \sum_{k=2}^{\infty} \frac{(-1)^k}{k^2(k^2-1)} \cos(kt)$, $g(t) = \sum_{k=2}^{\infty} \frac{(-1)^k}{k(k^2-1)} \sin(kt)$ et
$h(t) = \sum_{k=2}^{\infty} \frac{(-1)^k}{k^2-1} \cos(kt)$, lorsque ces séries convergent.

I.3.1. Montrer que ces trois fonctions sont définies sur $\mathbb{R}$.

I.3.2. Montrer que f est de classe $\mathcal{C}^2$ sur $\mathbb{R}$ et exprimer f' et f'' en fonction de g et de h.

I.3.3. Quelle est la valeur de $f'(0)$?

I.3.4. Calculer explicitement $f''(\pi)$.

I.3.5. Déduire de ce qui précède, et en particulier de I.2, que f est solution sur $]-\pi, \pi]$ de l'équation différentielle

$$(E) \quad y'' + y = \alpha t^2 + \beta t + \gamma + \delta \cos(t)$$

pour des constantes α, β, γ et δ que l'on explicitera.

I.3.6. Déduire de I.3.5 que f est de classe $\mathcal{C}^\infty$ sur $]-\pi, \pi[$ et donner une expression explicite de $f''(t) + f(t)$ pour $t \in]-\pi, \pi[$.

I.3.7. La fonction f est-elle de classe $\mathcal{C}^3$ sur $\mathbb{R}$?

I.3.8. Expliciter $f(t)$ pour $t \in]-\pi, \pi]$.

Partie II

Dans cette partie on désigne par φ un élément quelconque de $\mathcal{C}m(2\pi)$ et on pose, pour tout $n \in \mathbb{N}$, $T_n(\varphi) = \sum_{k=-n}^{n} |c_k(\varphi)|$.

L'objet de cette partie est l'étude d'une condition suffisante de convergence de la suite de terme général $T_n(\varphi)$.

II.1 On considère l'application φ_1 2π-périodique, impaire, de $\mathbb{R}$ dans $\mathbb{R}$ définie sur $[0, \pi]$ par $\varphi_1(0) = \varphi_1(\pi) = 0$ et $\varphi_1(t) = \pi$ pour $t \in]0, \pi[$.

La suite $\big(T_n(\varphi_1)\big)_n$ est-elle convergente ?

Dans toute la suite de cette partie on désigne par φ un élément de $\mathcal{C}(2\pi)$ qui vérifie la condition :

$(\mathcal{L})$ il existe $A_1 \in \mathbb{R}_+$ et $s \in]0, 1[$ tels que, pour tout $(x, y) \in \mathbb{R}^2$, on ait :

$$|\varphi(x) - \varphi(y)| \leqslant A_1 |x - y|^s.$$

Étant donné $h \in \mathbb{R}_+^\star$ on associe à la fonction φ la fonction ψ_h définie sur $\mathbb{R}$ par

$$\psi_h(t) = \varphi(t + h) - \varphi(t - h).$$

II.2. Montrer que, pour tout $h \in \mathbb{R}_+^\star$, $\psi_h \in \mathcal{C}(2\pi)$.

II.3. Exprimer le coefficient de Fourier $c_k(\psi_h)$ en fonction de $c_k(\varphi)$.

II.4. Justifier, pour tout $n \in \mathbb{N}$, $\displaystyle\sum_{k=-n}^{n} \sin^2(kh)\left|c_k(\varphi)\right|^2 \leqslant \frac{1}{8\pi}\int_{-\pi}^{\pi} \psi_h^2(t)\,dt.$

II.5. En déduire qu'il existe $A_2 \in \mathbb{R}_+$ tel que, pour tout $n \in \mathbb{N}$ on ait l'inégalité :

$$\sum_{k=-n}^{n} \sin^2(kh)\left|c_k(\varphi)\right|^2 \leqslant A_2 \times h^{2s}.$$

II.6. Pour $p \in \mathbb{N}^\star$ on considère l'ensemble $I_p = \left\{k \in \mathbb{Z} \mid 2^{p-1} \leqslant |k| \leqslant 2^p - 1\right\}$ et on note $H(p)$ son cardinal.

II.6.1. Expliciter $H(p)$.

II.6.2. Montrer, pour tout $k \in I_p$, $\sin^2\left(\dfrac{k\pi}{2^{p+1}}\right) \geqslant \dfrac{1}{2}$.

II.6.3. Justifier, pour tout $p \in \mathbb{N}^\star$, $\left(\displaystyle\sum_{k \in I_p} \left|c_k(\varphi)\right|\right)^2 \leqslant H(p) \sum_{k \in I_p} \left|c_k(\varphi)\right|^2.$

II.6.4. On suppose que $s > \dfrac{1}{2}$; établir la convergence de $\displaystyle\sum \frac{H^{1/2}(p)}{(2^{p+1})^s}$; déduire alors de tout ce qui précède que la suite $\left(T_n(\varphi)\right)_n$ est majorée, puis préciser sa nature.

Partie III

Dans cette partie $n \in \mathbb{N}^\star$. Si $M \in \mathfrak{M}_n(\mathbb{C})$ on pose $M = \left(\mu_{j,k}\right)_{1 \leqslant j,k \leqslant n}$ où $\mu_{j,k}$ désigne le coefficient situé à l'intersection de la j-ème ligne et la k-ième colonne. Lorsque $\varphi \in \mathcal{C}m(2\pi)$ on définit $M_n(\varphi) \in \mathfrak{M}_n(\mathbb{C})$ par

$$\mu_{j,k} = c_{j-k}(\varphi) = \frac{1}{2\pi}\int_{-\pi}^{\pi} \varphi(t)e^{-i(j-k)t}dt \text{ pour tout } (j,k) \in [\![1,n]\!]^2.$$

L'objet de cette partie est l'étude de propriétés des valeurs propres de $M_n(\varphi)$.

III.1. Soit $\sigma \in \mathbb{R}$, on considère la fonction φ_0 définie sur $\mathbb{R}$ par $\varphi_0(t) = \sigma$ pour tout $t \in \mathbb{R}$.
Expliciter alors $M_n(\varphi_0)$ et préciser ses valeurs propres.

III.2. Dans cette question on suppose que $\varphi = \varphi_1$ (fonction définie dans II.1).

III.2.1. Expliciter $M_3(\varphi_1)$.

III.2.2. Calculer ses valeurs propres.

III.3. Dans cette question on suppose que $\varphi = f$ où f a été définie au I.3.

III.3.1. Déterminer la valeur des coefficients $c_k(f)$ pour $k \in \mathbb{Z}$ (justifier la réponse avec soin).

III.3.2. Expliciter la matrice $M_3(f)$ et calculer ses valeurs propres.

Dans toute la suite du problème $\varphi \in \mathcal{C}m(2\pi)$ et $n \in \mathbb{N}^\star$.

III.4. Exprimer ${}^t M_n(\varphi)$ en fonction de $M_n(\varphi)$ dans les cas suivants :

III.4.1. lorsque la fonction φ est paire,

III.4.2. lorsque la fonction φ est impaire.

III.5. Soient $\lambda_r, 1 \leqslant r \leqslant n$ les valeurs propres (complexes) de $M_n(\varphi)$ comptées avec leur ordre de multiplicité ; exprimer $\dfrac{1}{n}\displaystyle\sum_{r=1}^{n} \lambda_r$ en fonction de $\displaystyle\int_{-\pi}^{\pi} \varphi(t)\,dt$.

III.6. Étant donné n nombres complexes $z_j, 1 \leqslant j \leqslant n$, on considère la matrice colonne $Z = \begin{pmatrix} z_1 \\ z_2 \\ \vdots \\ z_n \end{pmatrix}$ et on note $Z^\star$ la transposée de la conjuguée de Z. On pose alors $\mathcal{P} = Z^\star M_n(\varphi) Z$ et on note $\theta(n, \varphi, Z)$ l'unique coefficient de $\mathcal{P}$.

III.6.1. Exprimer $\theta(n, \varphi, Z)$ en fonction de $\displaystyle\int_{-\pi}^{\pi} \left| \sum_{k=1}^{n} z_k e^{ikt} \right|^2 \varphi(t)\,dt$.

III.6.2. En déduire que toutes les valeurs propres de $M_n(\varphi)$ sont réelles.

III.6.3. On suppose, dans cette question, que $\varphi(\mathbb{R}) \subset \mathbb{R}_+$.
Montrer que le nombre $\theta(n, \varphi, Z)$ est réel et positif ou nul.

III.6.4. On désigne de nouveau par φ un élément quelconque de $\mathcal{C}m(2\pi)$. Montrer qu'il existe $(a, b) \in \mathbb{R}^2$, $a \leqslant b$ tel que $\varphi(\mathbb{R}) \subset [a, b]$. Déduire de ce qui précède, en particulier de III.1. et de III.6, que toutes les valeurs propres de $M_n(\varphi)$ appartiennent à l'intervalle $[a, b]$.

III.7. Pour simplifier on écrira c_k au lieu de $c_k(\varphi)$. On rappelle que tout élément de $\mathfrak{M}_n(\mathbb{C})$ est trigonalisable.

III.7.1. Calculer la trace de $\left(M_n(\varphi)\right)^2$ en fonction de $|c_0|^2, |c_1|^2, \ldots, |c_{n-1}|^2$.

III.7.2. Exprimer $\dfrac{1}{n}\displaystyle\sum_{r=1}^{n} \lambda_r^2$ en fonction de $|c_0|^2, |c_1|^2, \ldots, |c_{n-1}|^2$ où les λ_r désignent les valeurs propres de $M_n(\varphi)$.

III.7.3. Soit u une suite de nombres réels positifs ou nuls. On suppose que $\sum u_k$ converge. Quelle est la limite de $\displaystyle\sum_{k=1}^{n-1} \frac{k}{n} u_k$ lorsque $n \to \infty$?

III.7.4. Montrer, en utilisant ce qui précède, que la suite de terme général $\dfrac{1}{n}\displaystyle\sum_{r=1}^{n} \lambda_r^2$ converge et exprimer sa limite en fonction de $\displaystyle\int_{-\pi}^{\pi} \varphi^2(t)\,dt$.

Connaissances utiles

- Équations différentielles linéaires.
- Séries de fonctions, séries de Fourier.
- Réduction d'une matrice.

Solution

Partie I

I.1. On remarque pour commencer que (cos, sin) est un système fondamental de solutions de l'équation différentielle linéaire homogène associée : $y'' + y = 0$.

I.1.1. On cherche une solution particulière de la forme $y_a : t \mapsto at^2 + bt + c$ et alors, pour tout réel t on a $y_a''(t) + y_a(t) = at^2 + bt + (2a+c)$ d'où $a = \alpha, b = \beta, c = \gamma - 2\alpha$ et donc la solution générale est de la forme $y : t \mapsto A\cos(t) + B\sin(t) + \alpha t^2 + \beta t + (\gamma - 2\alpha)$ où $(A, B) \in \mathbb{R}^2$.

I.1.2. On cherche une solution particulière de l'équation différentielle $y'' + y = \delta e^{it}$ de la forme $y_b : t \mapsto dte^{it}$ puis l'on utilisera sa partie réelle.
Pour $t \in \mathbb{R}$ on a $y_b''(t) + y_b(t) = 2ide^{it}$ d'où $y_b : t \mapsto -\dfrac{i\delta t}{2} e^{it}$ et $\Re e(y_b) : t \mapsto \dfrac{\delta t}{2} \sin(t)$ et enfin la solution générale

$$y : t \mapsto A\cos(t) + \left(B + \frac{\delta t}{2}\right)\sin(t) \text{ où } (A, B) \in \mathbb{R}^2.$$

I.1.3. Le principe de superposition fournit la solution générale :

$$y : t \mapsto A\cos(t) + \left(B + \frac{\delta t}{2}\right)\sin(t) + \alpha t^2 + \beta t + (\gamma - 2\alpha) \text{ où } (A, B) \in \mathbb{R}^2.$$

I.2.1. La fonction F est paire et donc, pour tout $k \in \mathbb{N}^\star$, $b_k(F) = 0$.

$$\frac{a_0(F)}{2} = \frac{1}{\pi}\int_0^\pi t^2\,dt = \frac{\pi^2}{3}.$$

Si $k \geqslant 1$, $a_k(F) = \dfrac{2}{\pi}\displaystyle\int_0^\pi t^2\cos(kt)\,dt = \dfrac{2}{\pi}\left[t^2\,\dfrac{\sin(kt)}{k}\right]_0^\pi - \dfrac{4}{k\pi}\displaystyle\int_0^\pi t\sin(kt)\,dt$ d'où

$$a_k(F) = -\frac{4}{k\pi}\left[-t\,\frac{\cos(kt)}{k}\right]_0^\pi - \frac{4}{k^2\pi}\int_0^\pi \cos(kt)\,dt = \frac{4(-1)^k}{k^2}.$$

$$\text{Pour tout } n \in \mathbb{N},\ S_n : t \mapsto \frac{\pi^2}{3} + 4\sum_{k=1}^{n}\frac{(-1)^k\cos(kt)}{k^2}.$$

I.2.2. Comme F est continue et de classe $\mathcal{C}^1$ par morceaux la suite $(S_n)_n$ converge uniformément vers F sur $\mathbb{R}$ car le théorème de convergence normale s'applique.

I.3.1. On considère, pour $k \geqslant 2$, $f_k : t \mapsto \dfrac{(-1)^k}{k^2(k^2-1)}\cos(kt)$, $g_k : t \mapsto \dfrac{(-1)^k}{k(k^2-1)}\sin(kt)$ et $h_k : t \mapsto \dfrac{(-1)^k}{k^2-1}\cos(kt)$, ces fonctions sont bornées sur $\mathbb{R}$ avec
$\|f_k\|_\infty = \dfrac{1}{k^2(k^2-1)} \underset{k\to\infty}{\sim} \dfrac{1}{k^4}$, $\|g_k\|_\infty = \dfrac{1}{k(k^2-1)} \underset{k\to\infty}{\sim} \dfrac{1}{k^3}$ et
$\|h_k\|_\infty = \dfrac{1}{k^2-1} \underset{k\to\infty}{\sim} \dfrac{1}{k^2}$ d'où les convergences normales sur $\mathbb{R}$ des séries de fonctions $\sum f_k, \sum g_k$ et $\sum h_k$.

Cela prouve que f, g et h sont définies continues et 2π-périodiques sur $\mathbb{R}$.

I.3.2. Chaque f_k est de classe $\mathcal{C}^2$ sur $\mathbb{R}$ et $f_k' = -g_k$ ainsi que $f_k'' = -h_k$.
Le théorème de dérivation des séries de fonctions prouve que f est de classe $\mathcal{C}^2$ sur $\mathbb{R}$, que $f' = -g$ et $f'' = -h$.

I.3.3. $f'(0) = -g(0) = 0$.

I.3.4. $f''(\pi) = -\displaystyle\sum_{k=2}^{\infty} \frac{1}{k^2-1}$. Or $\dfrac{2}{k^2-1} = \dfrac{1}{k-1} - \dfrac{1}{k+1}$ et donc, pour tout $n \geqslant 2$,

$$\sum_{k=2}^{n} \frac{2}{k^2-1} = \sum_{k=2}^{n} \frac{1}{k-1} - \sum_{k=2}^{n} \frac{1}{k+1} = \sum_{k=2}^{n} \frac{1}{k-1} - \sum_{k=4}^{n+2} \frac{1}{k-1} = \frac{3}{2} - \frac{1}{n} - \frac{1}{n+1} \xrightarrow[n\to\infty]{} \frac{3}{2}$$

et donc $f''(\pi) = -\dfrac{3}{4}$.

I.3.5. Soit $t \in]-\pi, \pi]$, on a $f''(t) + f(t) = f(t) - h(t) = \displaystyle\sum_{k=2}^{\infty} \frac{(-1)^k}{k^2(k^2-1)}\left[1-k^2\right]\cos(kt)$
d'où $f''(t)+f(t) = -\displaystyle\sum_{k=2}^{\infty} \frac{(-1)^k}{k^2}\cos(kt)$ or $\displaystyle\sum_{k=2}^{\infty} \frac{(-1)^k}{k^2}\cos(kt) = \frac{1}{4}\left(t^2 - \frac{\pi^2}{3}\right) + \cos(t)$
d'après la question I.2 et donc $f''(t) + f(t) = -\dfrac{t^2}{4} + \dfrac{\pi^2}{12} - \cos(t)$.

I.3.6. L'expression de $f'' + f$ vient d'être donnée et montre, à l'aide d'une récurrence, que f est de classe $\mathcal{C}^\infty$ sur $]-\pi, \pi[$ car le second membre de l'équation différentielle est de classe $\mathcal{C}^\infty$ sur cet intervalle.

I.3.7. Si f était de classe $\mathcal{C}^3$ alors F serait de classe $\mathcal{C}^1$ car $4(f''+f) = \dfrac{\pi^2}{3} - F - 4\cos$ mais la courbe représentative de F présente un point anguleux au point d'abscisse π, ce qui prouve que F n'est pas de classe $\mathcal{C}^1$ et donc que f n'est pas de classe $\mathcal{C}^3$.

I.3.8. On a, pour tout $t\in\,]-\pi,\pi]$, $f(t) = A\cos(t)+B\sin(t)-\dfrac{t^2}{4}+\left(\dfrac{\pi^2}{12}+\dfrac{1}{2}\right)-\dfrac{t}{2}\sin(t)$.

$f'(0)=0 \iff B=0.$

$f''(\pi)=-\dfrac{3}{4} \iff A-\dfrac{1}{2}+1=-\dfrac{3}{4} \iff A=-\dfrac{5}{4}\cdot$

$$\text{Pour tout } t\in\,]-\pi,\pi],\ f(t)=-\frac{5}{4}\cos(t)-\frac{t^2}{4}+\left(\frac{\pi^2}{12}+\frac{1}{2}\right)-\frac{t}{2}\sin(t).$$

Partie II

II.1. Si $n\in\mathbb{N}^\star$ on a :

$$\begin{aligned}c_n(\varphi_1) =&\frac{1}{2\pi}\left(\int_{-\pi}^{0}(-\pi)e^{-int}dt+\int_0^{\pi}\pi e^{-int}dt\right)\\ =&\frac{1}{2}\int_0^{\pi}(e^{-int}-e^{int})dt=-i\int_0^{\pi}\sin(nt)\,dt=\frac{i}{n}[(-1)^n-1]\end{aligned}$$

et donc $\left|c_{2n+1}(\varphi_1)\right|=\dfrac{2}{2n+1}$ ce qui prouve la divergence de $\big(T_n(\varphi_1)\big)_n$.

II.2. $\psi_h\in\mathcal{C}(2\pi)$ par composition et combinaison linéaire.

II.3. On a :

$$\begin{aligned}c_k(\psi_h) =&\frac{1}{2\pi}\int_{-\pi}^{\pi}\big[\varphi(t+h)-\varphi(t-h)\big]e^{-ikt}dt\\ =&\frac{1}{2\pi}\int_{-\pi}^{\pi}\varphi(t+h)e^{-ikt}dt-\frac{1}{2\pi}\int_{-\pi}^{\pi}\varphi(t-h)e^{-ikt}dt\\ =&\frac{1}{2\pi}\int_{-\pi}^{\pi}\varphi(u)e^{-ik(u-h)}du-\frac{1}{2\pi}\int_{-\pi}^{\pi}\varphi(u)e^{-ik(u+h)}du\\ =&\frac{e^{ikh}-e^{-ikh}}{2\pi}\int_{-\pi}^{\pi}\varphi(u)e^{-iku}du=2i\sin(kh)c_k(\varphi).\end{aligned}$$

II.4. L'inégalité de Besssel-Parseval montre que, pour tout $n\in\mathbb{N}$, on a

$$\sum_{k=-n}^{n}\left|c_k(\psi_h)\right|^2\leqslant\frac{1}{2\pi}\int_{-\pi}^{\pi}\psi_h^2$$

d'où l'on déduit, en utilisant la question précédente :

$$4\sum_{k=-n}^{n}\sin^2(kh)\left|c_k(\varphi)\right|^2\leqslant\frac{1}{2\pi}\int_{-\pi}^{\pi}\psi_h^2 \text{ puis le résultat.}$$

II.5. Pour tout réel t on a $\left|\psi_h(t)\right|\leqslant A_1(2h)^s$ d'après $(\mathcal{L})$ et donc, d'après la question précédente $\displaystyle\sum_{k=-n}^{n}\sin^2(kh)\left|c_k(\varphi)\right|^2\leqslant\frac{A_1}{4}(2h)^{2s}$.

II.6.1. $I_p =]\!] -2^p, -2^{p-1}]\!] \cup [\![2^{p-1}, 2^p[\![$ et donc $H(p) = 2 \times (2^p - 2^{p-1}) = 2^p$.

II.6.2. Si $k \in I_p$ alors $\frac{\pi}{4} \leqslant \left|\frac{k\pi}{2^{p+1}}\right| < \frac{\pi}{2}$ et donc $\frac{1}{2} \leqslant \sin^2\left(\frac{k\pi}{2^{p+1}}\right) < 1$.

II.6.3. Soient $\overrightarrow{x} \in \mathbb{R}^{I_p}$ de composantes $|c_k(\varphi)|$ et $\overrightarrow{y} \in \mathbb{R}^{I_p}$ de composantes 1, l'inégalité de Cauchy-Schwarz montre que $(\overrightarrow{x}|\overrightarrow{y})^2 \leqslant \|\overrightarrow{x}\|^2 \times \|\overrightarrow{y}\|^2$ ce qui revient à

$$\left(\sum_{k\in I_p} |c_k(\varphi)|\right)^2 \leqslant H(p) \sum_{k\in I_p} |c_k(\varphi)|^2.$$

II.6.4. On a $0 \leqslant \frac{H^{1/2}(p)}{\left(2^{p+1}\right)^s} = 2^{p\left(\frac{1}{2}-s\right)-s}$ terme général d'une série géométrique de raison $2^{\frac{1}{2}-s}$ convergente car, par hypothèse, $\frac{1}{2} < s$.

Soit $n \in \mathbb{N}$. On choisit P tel que $n \leqslant 2^P - 1$, et c'est possible car $2^P - 1 \xrightarrow[P\to\infty]{} \infty$.

On a $[\![-n, n]\!] \subset \{0\} \cup \bigcup_{p=1}^{P} I_p$ et donc $T_n(\varphi) \leqslant |c_0(\varphi)| + \sum_{p=1}^{P} \left(\sum_{k\in I_p} |c_k(\varphi)|\right)$.

Pour tout $p \in [\![1, P]\!]$ on a :

$$\left(\sum_{k\in I_p} |c_k(\varphi)|\right)^2 \leqslant H(p) \sum_{k\in I_p} |c_k(\varphi)|^2 \leqslant 2H(p) \sum_{k\in I_p} \sin^2\left(\frac{k\pi}{2^{p+1}}\right) |c_k(\varphi)|^2$$

$$\leqslant 2A_2 H(p) \left(\frac{\pi}{2^{p+1}}\right)^{2s}$$

d'où $\sum_{k\in I_p} |c_k(\varphi)| \leqslant \sqrt{2A_2}\, \pi^s \frac{H^{1/2}(p)}{\left(2^{p+1}\right)^s}$ et donc $T_n(\varphi) \leqslant |c_0(\varphi)| + \sum_{p=1}^{\infty} \sqrt{2A_2}\, \pi^s \frac{H^{1/2}(p)}{\left(2^{p+1}\right)^s}$.

Comme $(T_n(\varphi))_n$ est une suite croissante, cela prouve sa convergence.

Partie III

III.1. $c_0(\varphi_0) = \sigma$ et, pour $n \neq 0$, $c_n(\varphi_0) = 0$.
Par conséquent $M_n(\varphi_0) = \sigma I_n$ et a pour spectre $\{\sigma\}$.

III.2.1. On a $c_0(\varphi_1) = \frac{1}{2\pi}\int_{-\pi}^{\pi} \varphi_1 = 0$, $c_{2n}(\varphi_1) = 0$ si $n \neq 0$ et $c_{2n+1}(\varphi_1) = -\frac{2i}{2n+1}$ pour $n \in \mathbb{N}$, par suite $M_3(\varphi_1) = 2i\begin{pmatrix} 0 & 1 & 0 \\ -1 & 0 & 1 \\ 0 & -1 & 0 \end{pmatrix}$.

III.2.2. Si $A = \begin{pmatrix} 0 & 1 & 0 \\ -1 & 0 & 1 \\ 0 & -1 & 0 \end{pmatrix}$ alors $\chi_A(X) = -X(X^2+2)$ et donc $\mathrm{Sp}(A) = \{-i\sqrt{2}, 0, i\sqrt{2}\}$. On en déduit que $\mathrm{Sp}\left(M_3(\varphi_1)\right) = \{-2\sqrt{2}, 0, 2\sqrt{2}\}$.

III.3.1. On considère, si $k \geqslant 2$, $f_k : x \mapsto \dfrac{(-1)^k \cos(kx)}{k^2(k^2-1)}$ et alors $\sum f_k$ converge normalement sur $\mathbb{R}$ tout comme les séries de termes généraux $x \mapsto f_k(x)\cos(nx)$ et $x \mapsto f_k(x)\sin(nx)$ d'où :

$$a_n(f) = \frac{1}{\pi}\int_{-\pi}^{\pi} f(x)\cos(nx)\,dx = \sum_{k=2}^{\infty} a_n(f_k) = \begin{cases} \dfrac{(-1)^n}{n^2(n^2-1)} & \text{si } n \geqslant 2 \\ 0 & \text{sinon} \end{cases}$$ et aussi

$$b_n(f) = \sum_{k=2}^{\infty} b_n(f_k) = 0.$$

Soit $k \in \mathbb{N}$, on a $c_k(f) = \dfrac{1}{2}\big[a_k(f) - ib_k(f)\big] = \begin{cases} \dfrac{(-1)^k}{k^2(k^2-1)} & \text{si } k \geqslant 2 \\ 0 & \text{si } k \in [\![0,1]\!] \end{cases}$ et

$$c_{-k}(f) = \frac{1}{2}\big[a_k(f) + ib_k(f)\big] = \begin{cases} \dfrac{(-1)^k}{k^2(k^2-1)} & \text{si } k \leqslant -2 \\ 0 & \text{si } k \in [\![-1,0]\!] \end{cases}$$

En résumé $c_k(f) = 0$ si $|k| \leqslant 1$ et $c_k(f) = \dfrac{(-1)^k}{k^2(k^2-1)}$ si $|k| \geqslant 2$.

III.3.2. $M_3(f) = \dfrac{1}{24}\begin{pmatrix} 0 & 0 & 1 \\ 0 & 0 & 0 \\ 1 & 0 & 0 \end{pmatrix}$ et facilement $\operatorname{Sp}\big(M_3(f)\big) = \left\{-\dfrac{1}{24}, 0, \dfrac{1}{24}\right\}$.

III.4.1. $\forall k \in \mathbb{Z}$, $c_{-k}(\varphi) = \dfrac{1}{2\pi}\displaystyle\int_{-\pi}^{\pi} \varphi(t)e^{ikt}dt = \dfrac{1}{2\pi}\int_{-\pi}^{\pi} \varphi(-u)e^{-iku}du$ à l'aide du changement de variable $u = -t$ et donc $c_{-k}(\varphi) = c_k(\varphi)$ ce qui prouve que

$${}^t M_n(\varphi) = M_n(\varphi).$$

III.4.2. De même pour tout $k \in \mathbb{Z}$ le même changement de variable montre que $c_{-k}(\varphi) = -c_k(\varphi)$ et donc ${}^t M_n(\varphi) = -M_n(\varphi)$.

III.5. $\dfrac{1}{n}\displaystyle\sum_{r=1}^{n} \lambda_r = \dfrac{1}{n}\operatorname{tr}\big(M_n(\varphi)\big) = c_0(\varphi) = \dfrac{1}{2\pi}\int_{-\pi}^{\pi} \varphi(t)\,dt.$

III.6.1. On a :

$$\theta(n,\varphi,Z) = \sum_{1 \leqslant j,k \leqslant n} \mu_{j,k}\overline{z_j}z_k = \sum_{1 \leqslant j,k \leqslant n} \frac{1}{2\pi}\int_{-\pi}^{\pi} \varphi(t)\overline{z_j e^{ijt}}z_k e^{ikt}dt$$

$$= \frac{1}{2\pi}\int_{-\pi}^{\pi} \varphi(t)\left(\sum_{1 \leqslant j,k \leqslant n} \overline{z_j e^{ijt}}z_k e^{ikt}\right)dt = \int_{-\pi}^{\pi}\left|\sum_{k=1}^{n} z_k e^{ikt}\right|^2 \varphi(t)\,dt.$$

III.6.2. Soit λ une valeur propre de $M_n(\varphi)$ et Z un vecteur propre associé, on a $Z^\star M_n(\varphi)Z = \lambda Z^\star Z = \lambda\|Z\|^2$ et comme $\theta(n,\varphi,Z)$ est un nombre réel d'après la question précédente, on en déduit que $\lambda \in \mathbb{R}$ et donc $\operatorname{Sp}\big(M_n(\varphi)\big) \subset \mathbb{R}$.

III.6.3. Il suffit de procéder comme à la question précédente.

III.6.4. $\varphi(\mathbb{R}) = \varphi([0, 2\pi])$ partie bornée de $\mathbb{R}$ car φ est continue par morceaux, d'où l'existence de $[a, b]$.

Avec toujours les mêmes notations on a $\lambda\|Z\|^2 = \displaystyle\int_{-\pi}^{\pi} \left|\sum_{k=1}^{n} z_k e^{ikt}\right|^2 \varphi(t)\,dt$ et donc

$\displaystyle\frac{a}{2\pi}\int_{-\pi}^{\pi}\left|\sum_{k=1}^{n} z_k e^{ikt}\right|^2 dt \leqslant \lambda\|Z\|^2 \leqslant \frac{b}{2\pi}\int_{-\pi}^{\pi}\left|\sum_{k=1}^{n} z_k e^{ikt}\right|^2 dt$ or la question III.1 montre que $\theta(n, a, Z) = a\|Z\|^2$ et $\theta(n, b, Z) = b\|Z\|^2$ et donc, en utilisant III.6.1 on obtient $a\|Z\|^2 \leqslant \lambda\|Z\|^2 \leqslant b\|Z\|^2$ d'où $\mathrm{Sp}\,(M_n(\varphi)) \subset [a, b]$.

III.7.1. Le coefficient j, j de $(M_n(\varphi))^2$ est $\alpha_j = \sum\limits_{k=1}^{n} c_{j-k}c_{k-j}$ or $c_{-r} = \overline{c_r}$ car φ est à valeurs réelles, d'où $\alpha_j = \sum\limits_{k=1}^{n} |c_{j-k}|^2$ et donc $\mathrm{tr}\left[(M_n(\varphi))^2\right] = \sum\limits_{j=1}^{n}\left(\sum\limits_{k=1}^{n}|c_{j-k}|^2\right)$ soit encore $\mathrm{tr}\left[(M_n(\varphi))^2\right] = n|c_0|^2 + 2(n-1)|c_1|^2 + \cdots + 2(n-k)|c_k|^2 + \cdots + 2|c_{n-1}|^2$.

III.7.2. $M_n(\varphi)$ est semblable à $\begin{pmatrix} \lambda_1 & & (\star) \\ & \ddots & \\ (0) & & \lambda_n \end{pmatrix}$ et $(M_n(\varphi))^2$ est semblable à

$\begin{pmatrix} \lambda_1^2 & & (\star) \\ & \ddots & \\ (0) & & \lambda_n^2 \end{pmatrix}$ d'où $\displaystyle\frac{1}{n}\sum_{r=1}^{n}\lambda_r^2 = \frac{1}{n}\mathrm{tr}\left[(M_n(\varphi))^2\right] = |c_0|^2 + 2\sum_{k=1}^{n-1}\left(1 - \frac{k}{n}\right)|c_k|^2$.

III.7.3. Soit $\varepsilon > 0$ puis $n_0 \in \mathbb{N}^\star$ tel que $\sum\limits_{k=n_0}^{\infty} u_k \leqslant \varepsilon$.

Si $n \geqslant n_0$ alors $0 \leqslant \displaystyle\sum_{k=1}^{n-1}\frac{k}{n}u_k \leqslant \frac{1}{n}\sum_{k=1}^{n_0-1}ku_k + \sum_{k=n_0}^{\infty}u_k \leqslant \varepsilon + \frac{K}{n}$ où K est une constante.

Par conséquent il existe $n_1 \geqslant n_0$ tel que, pour tout $n \in \mathbb{N}^\star, n \geqslant n_1 \Rightarrow \displaystyle\sum_{k=1}^{n-1}\frac{k}{n}u_k \leqslant 2\varepsilon$

et donc $\displaystyle\sum_{k=1}^{n-1}\frac{k}{n}u_k \xrightarrow[n\to\infty]{} 0$.

III.7.4. Comme la série de terme général $|c_k|^2 + |c_{-k}|^2$ converge les deux questions précédentes montrent que la suite de terme général $\displaystyle\frac{1}{n}\sum_{r=1}^{n}\lambda_r^2$ converge vers la même limite que celle de terme général $|c_0|^2 + 2\sum\limits_{k=1}^{n}\left(|c_k|^2 + |c_{-k}^2|\right)$ soit

$$\frac{1}{n}\sum_{r=1}^{n}\lambda_r^2 \xrightarrow[n\to\infty]{} \frac{1}{2\pi}\int_{-\pi}^{\pi}\varphi^2(t)\,dt.$$

Fin

Problème 1

Avertissement : dans les questions où un résultat est demandé, le candidat mettra clairement en évidence celui qu'il aura obtenu. Dans les questions où une démonstration est demandée, le candidat s'attachera à produire des démonstrations complètes et aussi concises que possible. À toutes fins utiles, on rappelle que pour prouver l'égalité des cardinaux de deux ensembles, il suffit de construire une bijection entre ces ensembles.

- On rappelle qu'une paire est un ensemble de cardinal 2.
- Pour tout $p \in \mathbb{N}^\star$ on note C_p l'ensemble $[\![1, p]\!]$.
- Pour tout couple d'ensembles (E, F), on note $E \setminus F$ l'ensemble des éléments de E qui n'appartiennent pas à F.

Dans tout le problème, on appellera ***graphe*** tout couple (S, A) où S est un sous-ensemble fini non vide de $\mathbb{N}$ et A un ensemble de paires d'éléments de S. Étant donné un graphe (S, A), les éléments de S seront appelés les ***sommets*** du graphe G, et les éléments de A les ***arêtes*** du graphe G.

Pour tout graphe G, l'ensemble des sommets de G sera noté S_G, ou simplement S s'il n'y a pas d'ambigüité ; de même, l'ensemble des arêtes de G sera noté A_G, ou simplement A s'il n'y a pas d'ambiguïté. On notera n_G, ou simplement n s'il n'y a pas d'ambigüité, le nombre de sommets du graphe.

Dans tout le problème, on considère, à titre d'exemples, les quatre graphes particuliers définis de la façon suivante : pour $k \in [\![1, 4]\!]$, $G_k = (S_k, A_k)$ où

- $S_k = \{1, 2, 3, 4, 5\}$,
- $A_1 = \{\{1, 2\}, \{2, 3\}, \{3, 1\}, \{3, 4\}, \{4, 5\}\}$,
- $A_2 = \{\{4, 2\}, \{2, 3\}, \{3, 1\}, \{3, 4\}, \{4, 5\}\}$,
- $A_3 = \{\{1, 2\}, \{2, 3\}, \{3, 5\}, \{3, 4\}, \{4, 5\}\}$,
- $A_4 = \{\{1, 3\}, \{1, 4\}, \{1, 5\}, \{3, 5\}\}$.

1. Une ***représentation*** d'un graphe G consiste à associer à chaque sommet de G un point du plan et à tracer le segment défini par deux de ces points si, et seulement si, les sommets auxquels sont associés ces points forment une arête de G. Les points représentant les sommets du graphe doivent être choisis de telle sorte que les segments représentant deux arêtes distinctes quelconques ne puissent se rencontrer en plus d'un point.

Par exemple le graphe $G = (S, A)$ où $S = \{2, 5, 6, 11\}$ et
$A = \{\{2,5\},\{6,5\},\{2,6\},\{2,11\}\}$ peut être représenté par la figure :

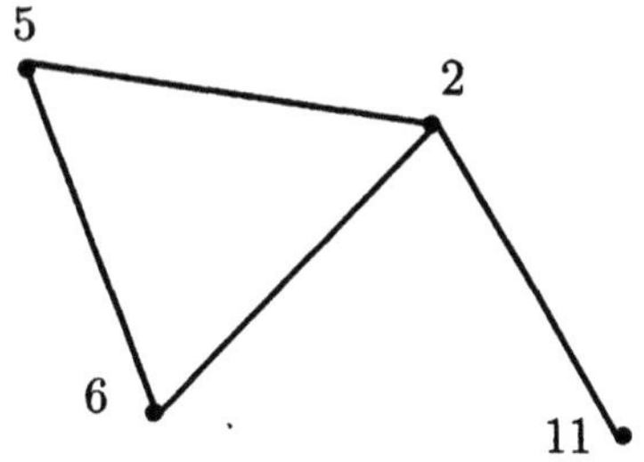

Représenter les graphes G_k pour $k \in [\![1, 4]\!]$.
Dans la mesure du possible, on évitera les représentations dans lesquelles deux segments se coupent en un point ne représentant pas un sommet du graphe.

2. On dira que deux graphes $G = (S, A)$ et $G' = (S', A')$ sont ***isomorphes*** s'il existe une bijection φ de S sur S' telle que :

$$\big(\forall (x, y) \in S^2,\ \{x, y\} \in A \iff \{\varphi(x), \varphi(y)\} \in A'\big)\ ;$$

une telle bijection est appelée ***isomorphisme*** de G sur G'.

2.1. Prouver que les graphes G_1 et G_3 sont isomorphes.

2.2. Pour tout graphe $G = (S, A)$ et tout sommet s de ce graphe, on note $\alpha_G(s)$ (ou simplement $\alpha(s)$ s'il n'y a pas d'ambiguïté) le nombre d'arêtes du graphe auxquelles s appartient, et on note $V_G(s)$ (ou simplement $V(s)$ s'il n'y a pas d'ambiguïté) l'ensemble $\{t \in S \mid \{s, t\} \in A\}$.

2.2.1. Montrer que, pour tout graphe G et tout sommet s de G, on a :

$$\alpha(s) = \operatorname{Card}\big(V(s)\big).$$

2.2.2. Montrer que si φ est un isomorphisme entre les graphes $G = (S, A)$ et $G' = (S', A')$, alors : $\forall s \in S,\ \alpha_{G'}\big(\varphi(s)\big) = \alpha_G(s)$.

2.3. Les graphes G_1 et G_2 sont-ils isomorphes ?

Dans la suite du problème, pour tout $p \in \mathbb{N}^\star$ et tout graphe G,

- on appelle p-coloriage de G toute application ψ de S dans C_p,
- on appelle bon p-coloriage de G tout p-coloriage ψ de G tel que :

$$\forall (s, t) \in S^2,\ \{s, t\} \in A \Rightarrow \psi(s) \neq \psi(t).$$

- On note $B(p, G)$l'ensemble des bons p-coloriages de G.

De plus, pour tout graphe G, on note f_G l'application de $\mathbb{N}^\star$ dans $\mathbb{N}$ définie par $f_G(p) = \operatorname{Card}\big(B(p, G)\big)$ et on note $E(G)$ l'ensemble des éléments p de $\mathbb{N}^\star$ tels que $f_G(p) \neq 0$.

3. Soit G un graphe.

3.1. Montrer que $n_G \in E(G)$.

3.2. Prouver que, pour tout $p \in \mathbb{N}^\star$, si $p \in E(G)$, alors $p+1 \in E(G)$.

3.3. En déduire l'existence d'un unique entier $\theta_G \in \mathbb{N}^\star$ tel que

$$E(G) = \{p \in \mathbb{N}^\star \mid p \geqslant \theta_G\}.$$

Le but des questions suivantes est l'étude d'une méthode de détermination de f_G et de θ_G (appelé nombre chromatique de G).

4. Soit G un graphe.

4.1. On suppose $A_G = \varnothing$. Expliciter $f_G(p)$ pour tout $p \in \mathbb{N}^\star$.

4.2. On suppose $A_G \neq \varnothing$. On note $R_G = \bigcup_{a \in A_G} a$.

On définit deux sommets particuliers de G, notés respectivement $\sigma(G)$ et $\tau(G)$, en posant : $\sigma(G) = \min\big(R(G)\big)$, $\tau(G) = \min\big\{t \in S_G \mid \{\sigma(G), t\} \in A_G\big\}$.

4.2.1. Déterminer $\sigma(G_4)$ et $\tau(G_4)$.

Soit κ_G l'application de S_G dans S_G définie par $\kappa_G(s) = \begin{cases} s & \text{si } s \neq \sigma(G) \\ \tau(G) & \text{si } s = \sigma(G) \end{cases}$

et on définit deux nouveaux graphes à partir de G, notés respectivement $\lambda(G)$ et $\mu(G)$ en posant :

$$S_{\lambda(G)} = S_G,\ A_{\lambda(G)} = A_G \setminus \big\{\{\sigma(G), \tau(G)\}\big\},$$
$$S_{\mu(G)} = S_G \setminus \{\sigma(G)\},\ A_{\mu(G))} = \big\{\{\kappa_G(s), \kappa_G(t)\} \mid \{s,t\} \in A_{\lambda(G)}\big\}.$$

4.2.2. Déterminer les graphes $\lambda(G_4)$ et $\mu(G_4)$.

4.2.3. Prouver $\mathrm{Card}\big(A_{\lambda(G)}\big) < \mathrm{Card}(A_G)$ et $\mathrm{Card}\big(A_{\mu(G)}\big) < \mathrm{Card}(A_G)$.

4.2.4. Soit $p \in \mathbb{N}^\star$.

4.2.4.1. Vérifier que $B(p,G) \cap B\big(p, \mu(G)\big) = \varnothing$.

4.2.4.2. Vérifier que $B(p,G) \subset B\big(p, \lambda(G)\big)$.

4.2.4.3. Pour tout élément ψ de $B\big(p, \mu(G)\big)$, on note $\widetilde{\psi}$ le p-coloriage de $\lambda(G)$ défini par : $\widetilde{\psi}(s) = \begin{cases} \psi(s) & \text{si } s \neq \sigma(G) \\ \psi\big(\tau(G)\big) & \text{si } s = \sigma(G) \end{cases}$

Vérifier que $\widetilde{\psi} \in B\big(p, \lambda(G)\big)$.

4.2.4.4. Établir une relation entre $\mathrm{Card}\big(B(p,G)\big)$, $\mathrm{Card}\Big(B\big(p,\mu(G)\big)\Big)$ et $\mathrm{Card}\Big(B\big(p,\lambda(G)\big)\Big)$. Dans ce but, on pourra considérer l'application γ de $B(p,G) \cup B\big(p,\mu(G)\big)$ dans $B\big(p,\lambda(G)\big)$ définie par $\gamma(\psi) = \begin{cases} \psi & \text{si } \psi \in B(p,G) \\ \widetilde{\psi} & \text{si } \psi \in B\big(p,\mu(G)\big) \end{cases}$

4.2.5. Exprimer la fonction f_G à l'aide des fonctions $f_{\lambda(G)}$ et $f_{\mu(G)}$.

5. Prouver que, pour tout graphe G, la fonction f_G est polynomiale à coefficients entiers, de degré n_G (on pourra effectuer une récurrence sur le nombre d'arêtes).

6. Que peut-on dire des fonctions f_G et $f_{G'}$ si G et G' sont des graphes isomorphes ?

7. Soit $G = \Big(\{1,2,3,4\},\{\{1,2\},\{2,3\},\{3,4\},\{4,1\}\}\Big)$.

7.1. Expliciter f_G sans justifier.

7.2. Déterminer le nombre chromatique θ_G de G.

Problème 2

Dans tout le problème, n désigne un entier naturel supérieur ou égal à 2.

- $\mathfrak{M}_n$ désigne l'algèbre des matrices carrées d'ordre n à coefficients complexes.
- Les éléments de l'espace vectoriel $\mathbb{C}^n$ seront considérés comme des «matrices colonnes», c'est à dire des matrices à n lignes et une seule colonne. Ainsi, pour tout $Z \in \mathbb{C}^n$ et tout $A \in \mathfrak{M}_n$, l'expression AZ désignera un élément de $\mathbb{C}^n$.
- Pour tout $A \in \mathfrak{M}_n$, et tout couple (i,j) d'indices compris entre 1 et n, l'expression $(A)_{i,j}$ désigne le coefficient de A d'indice (i,j). Par ailleurs, on écrira simplement $A = (a_{i,j})$ pour exprimer que : $\forall (i,j) \in [\![1,n]\!]^2,\ a_{i,j} = (A)_{i,j}$.
- De même, pour tout $Z \in \mathbb{C}^n$, et pour tout $k \in [\![1,n]\!]$, l'expression $(Z)_k$ désigne le k-ième coefficient de Z. Et on écrira simplement $Z = (z_k)$ pour exprimer que : $\forall k \in [\![1,n]\!],\ z_k = (Z)_k$.
- La matrice identité de $\mathfrak{M}_n$ est notée I, la matrice nulle simplement 0.
- On dira que ψ est ***norme matricielle*** si c'est une norme sur l'algèbre $\mathfrak{M}_n$, autrement dit si ψ est une norme sur l'espace vectoriel $\mathfrak{M}_n$ qui vérifie :
$$\forall (A,B) \in \mathfrak{M}_n^2,\ \psi(AB) \leqslant \psi(A)\psi(B).$$
- Pour toute norme N sur $\mathbb{C}^n$, on notera $\widetilde{N}$ la norme matricielle associée à N, c'est à dire la norme matricielle définie par :
$$\forall A \in \mathfrak{M}_n,\ \widetilde{N}(A) = \sup_{Z \in \mathbb{C}^n \setminus \{0\}} \frac{N(AZ)}{N(Z)}.$$

Pour tout $A \in \mathfrak{M}_n$ on note $\mathrm{Sp}(A)$ le spectre de A, et $\rho(A)$ le nombre défini par :
$$\rho(A) = \max\big\{|\lambda| \mid \lambda \in \mathrm{Sp}(A)\big\}.$$

- Conformément à l'usage, on note N_∞ la norme définie sur $\mathbb{C}^n$ par :
$$\forall Z = (z_k) \in \mathbb{C}^n,\ N_\infty(Z) = \max_{k \in [\![1,n]\!]} |z_k|.$$
- Tous les espaces vectoriels considérés dans ce problème étant de dimension finie, on dira qu'une suite $(u_k)_{k\in\mathbb{N}}$ de vecteurs d'un espace vectoriel E converge vers un vecteur u de E si la convergence a lieu dans l'espace vectoriel normé obtenu en munissant E d'une norme quelconque.

1.1. Soit N une norme sur $\mathbb{C}^n$.
Montrer que : $\forall (A,Z) \in \mathfrak{M}_n \times \mathbb{C}^n,\ N(AZ) \leqslant \widetilde{N}(A)N(Z)$.

1.2. Prouver que : $\forall A = (a_{i,j}) \in \mathfrak{M}_n,\ \widetilde{N}_\infty(A) \leqslant \max\limits_{i \in [\![1,n]\!]} \sum\limits_{j=1}^{n} |a_{i,j}|$.

1.3. Établir la formule donnant, pour toute matrice $A = (a_{i,j}) \in \mathfrak{M}_n$, la valeur de $\widetilde{N}_\infty(A)$ en fonction des nombres $a_{i,j}$.

2.1. Soit $Z \in \mathbb{C}^n$, $Z \neq 0$. Montrer que $Z\,{}^tZ$ est un élément non nul de $\mathfrak{M}_n$.

2.2. Soit $A \in \mathfrak{M}_n$ et ψ une norme matricielle. Montrer que $\rho(A) \leqslant \psi(A)$.
(on pourra utiliser la question 2.1 en considérant un vecteur Z bien choisi).

3. Le but de cette question est de prouver que, pour toute matrice $A \in \mathfrak{M}_n$ et tout réel $\varepsilon > 0$, il existe une norme N sur $\mathbb{C}^n$ tel que $\widetilde{N}(A) \leqslant \rho(A) + \varepsilon$.

Soit donc $A \in \mathfrak{M}_n$ et $\varepsilon > 0$, quelconques.
Soit $U \in \mathfrak{M}_n$ une matrice inversible telle que $U^{-1}AU$ soit triangulaire supérieure (le candidat admettra l'existence d'une telle matrice U, quelle que soit la matrice A).
On pose $U^{-1}AU = T = (t_{i,j})$.

3.1. Que représente l'ensemble $\{t_{i,i} \mid i \in [\![1,n]\!]\}$ pour la matrice A ?
Pour tout $\delta > 0$, on note D_δ la matrice de $\mathfrak{M}_n$ définie par :

$$\forall (i,j) \in [\![1,n]\!]^2,\ \begin{cases} i \neq j \Rightarrow (D_\delta)_{i,j} = 0 \\ \quad (D_\delta)_{i,i} = \delta^{i-1} \end{cases}$$

et on note V_δ la matrice définie par $V_\delta = UD_\delta$.

3.2. Calculer $V_\delta^{-1}AV_\delta$.

3.3. Montrer qu'il existe un réel $\delta_\varepsilon > 0$ vérifiant la propriété suivante :

$$\forall i \in [\![1,n-1]\!],\ \sum_{j=i+1}^{n} |\delta_\varepsilon^{j-i} t_{i,j}| \leqslant \varepsilon.$$

Dans la suite, on pose $V = V_{\delta_\varepsilon}$, où δ_ε désigne un réel vérifiant la propriété ci-dessus. On note ψ l'application de $\mathfrak{M}_n$ dans $\mathbb{R}$ définie par :

$$\forall B \in \mathfrak{M}_n,\ \psi(B) = \widetilde{N}_\infty(V^{-1}BV).$$

3.4. Prouver que $\psi(A) \leqslant \rho(A) + \varepsilon$.

3.5. Montrer qu'il existe une norme N sur $\mathbb{C}^n$ telle que $\psi = \widetilde{N}$.

4. Soit $A \in \mathfrak{M}_n$.

4.1. Prouver l'implication : $\left(\lim\limits_{k\to\infty} A^k = 0\right) \Rightarrow \left(\forall Z \in \mathbb{C}^n,\ \lim\limits_{k\to\infty} A^k Z = 0\right)$.

4.2. Prouver l'implication : $\left(\forall Z \in \mathbb{C}^n,\ \lim\limits_{k\to\infty} A^k Z = 0\right) \Rightarrow (\rho(A) < 1)$.

4.3. Prouver l'implication :
$(\rho(A) < 1) \Rightarrow$ (il existe une norme N sur $\mathbb{C}^n$ telle que $\widetilde{N}(A) < 1$).

4.4. Prouver l'implication :

$$\left(\text{il existe une norme } N \text{ sur } \mathbb{C}^n \text{ telle que } \widetilde{N}(A) < 1\right) \Rightarrow \left(\lim_{k\to\infty} A^k = 0\right)$$

5. Soient $\sigma \in]0,1[$, N une norme sur $\mathbb{C}^n$ et $f : \mathbb{C}^n \to \mathbb{C}^n$ une application σ-lipschitzienne sur l'espace vectoriel normé $(\mathbb{C}^n, N)$.

5.1. Soit $Z_0 \in \mathbb{C}^n$, un vecteur quelconque. On considère la suite $(Z_k)_{k\in\mathbb{N}}$ de premier terme Z_0 et qui vérifie la relation de récurrence

$$\forall k \in \mathbb{N},\ Z_{k+1} = f(Z_k).$$

Montrer que la suite $(Z_k)_{k\in\mathbb{N}}$ est convergente.

5.2. Montrer que f admet un unique point fixe.

6. Soient $W \in \mathbb{C}^n$ et $B \in \mathfrak{M}_n$. Donner une condition nécessaire et suffisante sur $\rho(B)$ pour qu'il existe un vecteur $X \in \mathbb{C}^n$ tel que toutes les suites de vecteurs $(Z_k)_{k\in\mathbb{N}}$ vérifiant

$$\forall k \in \mathbb{N},\ Z_{k+1} = BZ_k + W$$

convergent vers X.

7. Soit $A \in \mathfrak{M}_n$ une matrice inversible, et soit $Y \in \mathbb{C}^n$.
Soit $M \in \mathfrak{M}_n$ une matrice inversible. On note F la matrice M^{-1}, et on pose $Q = M - A$.
On suppose que $\rho(FQ) < 1$.
Utiliser F, Q et Y pour définir une application $f : \mathbb{C}^n \to \mathbb{C}^n$ telle que toute suite $(Z_k)_{k\in\mathbb{N}}$ vérifiant

$$\forall k \in \mathbb{N},\ Z_{k+1} = f(Z_k)$$

converge vers l'unique solution du système linéaire $AX = Y$.

L'expression de l'image par f d'un vecteur quelconque $Z \in \mathbb{C}^n$ sera construite à partir des seules matrices F, Q, Y et Z et des seules opérations d'addition (ou de soustraction) et de multiplication matricielles, mais sans faire appel à l'inversion matricielle.

Remarque : en pratique, on prend pour M une matrice facile à inverser, par exemple une matrice diagonale à coefficients diagonaux non nuls ; ce qui précède fournit alors (sous réserve que la condition $\rho(FQ) < 1$ soit vérifiée) une méthode numérique de résolution approchée du système linéaire $AX = Y$.

Connaissances utiles

- Normes associées.

Solution

Problème 1

1.

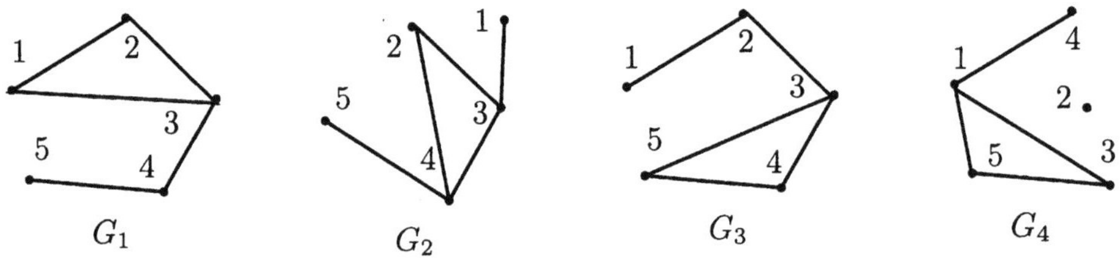

2.1. Il suffit d'exhiber un isomorphisme.
Soit $f : S_1 \to S_3$ définie par $f(1) = 5, f(2) = 4, f(3) = 3, f(4) = 2$ et $f(5) = 1$, les descriptions de A_1 et A_3 prouvent que f convient.

2.2.1. Soit a une arête.
$s \in a \iff a = \{r, s\}$ où $r \in V(s)$ et donc $\begin{pmatrix} V(s) & \to & \{a \in A \mid s \in a\} \\ r & \mapsto & \{r, s\} \end{pmatrix}$ est une bijection. Par suite $\alpha(s) = \text{Card}\big(V(s)\big)$.

2.2.2 Soient $s \in S, a \in A$ et $a' \in A'$, $a' = \varphi(a)$.
$s \in a \iff \exists! r \in V(s), a = \{r, s\}$.
$\varphi(s) \in a' \iff \exists r' \in V\big(\varphi(s)\big), a' = \big\{\varphi(s), r'\big\}$. Par définition d'un isomorphisme :
$a = \{s, r\} \iff a' = \{\varphi(s), \varphi(r)\}$ et donc φ induit une bijection de $V(s)$ sur $V\big(\varphi(s)\big)$.
On a alors $\alpha\big(\varphi(s)\big) = \text{Card}\Big[V\big(\varphi(s)\big)\Big] = \text{Card}\,\big[V(s)\big] = \alpha(s)$.

2.3. Dans S_1 le sommet $s = 5$ est le seul tel que $\alpha(s) = 1$ alors que, dans S_2, les sommets 1 et 5 sont les solutions de ce problème. D'après la question précédente les graphes G_1 et G_2 ne sont pas isomorphes.

Remarque : en clair un bon coloriage est un coloriage tel qu'aucune arête ne joint deux points de même couleur.

3.1. Comme S et C_{n_G} sont des ensembles de même cardinal fini il existe une bijection de l'un sur l'autre et c'est un bon n_G-coloriage, donc $n_G \in E(G)$.

3.2. Si f est un bon p-coloriage alors $\widetilde{f} : \begin{pmatrix} S & \to & C_{p+1} \\ s & \mapsto & f(s) \end{pmatrix}$ est un bon $(p+1)$-coloriage et donc $p + 1 \in E(G)$.

3.3. La question 3.1 prouve que $E(G)$ est non vide. Comme c'est une partie de $\mathbb{N}^\star$ elle admet un plus petit élément dans $\mathbb{N}^\star$ et c'est θ_G.

4.1. Les bons p-coloriages de G sont toutes les applications de S dans C_p et elles sont au nombre de p^{n_G} *i.e.* $f_G(p) = p^{n_G}$.

4.2.1. Une arête a 1 pour sommet, donc $\sigma(G_4) = 1$. Enfin $2 \notin V(1)$ mais $3 \in V(1)$ donc $\tau(G) = 3$.

4.2.2. On a $S_{\lambda(G_4)} = S_4 = \{1,2,3,4,5\}$ et $A_{\lambda(G_4)} = \{\{1,4\},\{1,5\},\{3,5\}\}$.
$S_{\tau(G_4)} = \{2,3,4,5\}$ et $A_{\tau(G_4)} = \{\{3,4\},\{3,5\}\}$.
De façon imagée $\lambda(G)$ consiste à conserver S et à enlever la «première arête», $\tau(G)$ consiste à retirer à S le «premier sommet» relié à un autre et à modifier les arêtes ayant ce sommet pour extrémité, en enlevant toutefois «la première». On comprendra que le «premier sommet» est $\sigma(G)$, la «première arête» est $\{\sigma(G),\tau(G)\}$.

4.2.3. Comme $A_G \neq \varnothing$, par définition $\text{Card}(A_{\lambda(G)}) = \text{Card}(A_G) - 1 < \text{Card}(A_G)$.
De même $\text{Card}(A_{\mu(G)}) \leqslant \text{Card}(A_G) - 1$ avec égalité si, par exemple, $V(\sigma(G))$ est réduit à $\{\tau(G)\}$.

4.2.4.1. L'ensemble des applications de S_G dans C_p n'a bien sûr aucun rapport avec celui des applications de $S_{\mu(G)}$ dans C_p car $S_G \neq S_{\mu(G)}$.

4.2.4.2. Tout bon p-coloriage de G est un bon p-coloriage de $\lambda(G)$ car, d'une part $S_G = S_{\lambda(G)}$ et, d'autre part, $A_{\lambda(G)} \subset A_G$.

4.2.4.3. Soit $a = \{r,s\} \in A_{\lambda(G)}$.
- Si $\sigma(G) \notin a$ alors $\widetilde{\psi}(r) = \psi(r) \neq \psi(s) = \widetilde{\psi}(s)$.
- Si, par exemple, $s = \sigma(G)$ alors $\{\tau(G), r\}$ est une arête de $\mu(G)$ par définition de $A_{\mu(G)}$ et, comme ψ est un bon p-coloriage de (G), on a $\psi(\tau(G)) \neq \psi(r)$ ou encore $\widetilde{\psi}(s) \neq \widetilde{\psi}(r)$.

Par conséquent $\widetilde{\psi} \in B(p, \lambda(G))$.

4.2.4.4. Les deux questions précédentes montrent que γ définit une application. Reste à montrer qu'elle est bijective.
- Supposons $\gamma(\psi_1) = \gamma(\psi_2)$ et distinguons plusieurs cas :
  ◁ si ψ_1 et ψ_2 sont éléments de $B(p,G)$ alors, par définition de γ, on a $\psi_1 = \psi_2$,
  ◁ si ψ_1 et ψ_2 sont éléments de $B(p,\mu(G))$, alors $\widetilde{\psi_1} = \widetilde{\psi_2}$ ce qui impose $\psi_1 = \psi_2$ car $\sigma(G) \notin S_{(\mu G)}$,
  ◁ si, par exemple $\psi_1 \in B(p,G)$ et $\psi_2 \in B(p,\mu(G))$, les restrictions à $G \setminus \{\sigma(G)\}$ de ψ_1 et ψ_2 coïncident.

Alors $\psi_1(\sigma(G)) = \widetilde{\psi_1}(\sigma(G)) = \widetilde{\psi_2}(\sigma(G)) = \psi_2(\tau(G)) = \psi_1(\tau(G))$ d'après ce que l'on vient de voir, cela contredit l'appartenance de ψ_1 à $B(p,G)$, ce cas n'est donc pas possible.

En résumé : $\gamma(\psi_1) = \gamma(\psi_2) \Rightarrow \psi_1 = \psi_2$.
- Si enfin $\psi \in B(p,\lambda(G))$ on distingue deux cas :
  ◁ si $\psi(\sigma(G)) \neq \psi(\tau(G))$ alors $\psi \in B(p,G)$ et $\psi = \gamma(\psi)$,
  ◁ sinon, la restriction θ de ψ à $S_{\mu(G)}$ est élément de $B(p,\mu(G))$ et, par construction, $\gamma(\theta) = \widetilde{\theta} = \psi$.

Comme γ est bijective et que les ensembles $B(p,G)$ et $B(p,\mu(G))$ n'ont aucun élément en commun, on a : $\text{Card}\left[B(p,\lambda(G))\right] = \text{Card}\left[B(p,G)\right] + \text{Card}\left[B(p,\mu(G))\right]$.

4.2.5. On vient de montrer que $f_G = f_{\lambda(G)} - f_{\mu(G)}$.

5. Si $A_G = \varnothing$ on a vu dans 4.1 que f_G est polynomiale de degré n_G.
Supposons la propriété établie pour tout graphe ayant au maximum k arêtes.
Soit G un graphe ayant $k+1$ arêtes, le graphe $\lambda(G)$ a k arêtes et le graphe $\mu(G)$ a au plus k arêtes comme on l'a vu dans 4.2.3.
Comme $f_G = f_{\lambda(G)} - f_{\mu(G)}$ est une différence entre une fonction polynomiale de degré n_G et une fonction polynomiale de degré $n_G - 1$, c'est une fonction polynomiale de degré n_G.

6. Si φ est un isomorphisme entre les graphes G et G' alors $f \in B(p, G)$ si, et seulement si, $f \circ \varphi^{-1} \in B(p, G')$. On en déduit : $f_G = f_{G'}$.

7.1. $f_G : p \mapsto p(p-1)(p^2 - 3p + 3)$ en utilisant $\lambda(G)$ et $\mu(G)$ par exemple.

7.2. La question précédente montre que $\theta_G = 2$.

Problème 2

1.1. Si $Z \neq 0$, par définition $\dfrac{N(AZ)}{N(Z)} \leqslant \widetilde{N}(A)$ d'où $N(AZ) \leqslant \widetilde{N}(A)N(Z)$.
C'est encore vrai si $Z = 0$.

1.2. Si $Z \neq 0$ on pose $Y = AZ$ et alors, pour tout $i \in [\![1, n]\!]$,
$|y_i| = \left|\sum_{j=1}^{n} a_{i,j} z_j\right| \leqslant N_\infty(Z) \sum_{j=1}^{n} |a_{i,j}| \leqslant N_\infty(Z) \max_{1 \leqslant i \leqslant n} \left(\sum_{j=1}^{n} |a_{i,j}|\right)$ et donc le nombre $\max_{1 \leqslant i \leqslant n} \left(\sum_{j=1}^{n} |a_{i,j}|\right)$ majore l'ensemble des $\dfrac{N_\infty(AZ)}{N_\infty(Z)}$, ce qui prouve que

$$\widetilde{N}_\infty(A) \leqslant \max_{1 \leqslant i \leqslant n} \left(\sum_{j=1}^{n} |a_{i,j}|\right).$$

1.3. Soit $A \in \mathfrak{M}_n$. On choisit $i_0 \in [\![1, n]\!]$ tel que $\sum_{j=1}^{n} |a_{i_0,j}| = \max_{1 \leqslant i \leqslant n} \left(\sum_{j=1}^{n} |a_{i,j}|\right)$.

On pose, pour tout $j \in [\![1, n]\!]$, $z_j = \dfrac{\overline{a_{i_0,j}}}{|a_{i_0,j}|}$ si $a_{i_0,j} \neq 0$ et $z_j = 1$ sinon. Alors, en distinguant deux cas, $a_{i_0,j} z_j = |a_{i_0,j}|$ pour tout $j \in [\![1, n]\!]$.
On a $N_\infty(Z) = 1$ et $(AZ)_{i_0} = \sum_{j=1}^{n} a_{i_0,j} z_j = \sum_{j=1}^{n} |a_{i_0,j}| = \max_{1 \leqslant i \leqslant n} \left(\sum_{j=1}^{n} |a_{i,j}|\right)$, ce qui prouve que $\widetilde{N}_\infty(A) \geqslant \max_{1 \leqslant i \leqslant n} \left(\sum_{j=1}^{n} |a_{i,j}|\right)$ et donc $\widetilde{N_\infty}(A) = \max_{1 \leqslant i \leqslant n} \left(\sum_{j=1}^{n} |a_{i,j}|\right)$.

2.1. On a immédiatement $Z^t Z \in \mathfrak{M}_n$ et, si $z_{i_0} \neq 0$, on a $(Z^t Z)_{i_0,i_0} = z_{i_0}^2 \neq 0$, donc $Z^t Z$ n'est pas nulle.

2.2. Soit λ une valeur propre de A de module maximal et Z un vecteur propre unitaire associé. $N(AZ) = N(\lambda Z) = |\lambda| \leqslant \widetilde{N}(A)$ par 1.1 et donc $\rho(A) \leqslant \widetilde{N}(A)$.

3.1. Comme A et T sont semblables et comme T est triangulaire, on a

$$\{t_{i,i} \mid i \in [\![1,n]\!]\} = \mathrm{Sp}(A).$$

3.2. $V_\delta^{-1} A V_\delta = D_\delta^{-1} U^{-1} A U D_\delta = D_\delta^{-1} T D_\delta$.
Si $(i,j) \in [\![1,n]\!]^2$, $(V_\delta^{-1} A V_\delta)_{i,j} = (D_\delta^{-1})_{i,i}(T)_{i,j}(D_\delta)_{j,j} = \delta^{1-i} t_{i,j} \delta^{j-1} = \delta^{j-i} t_{i,j}$.

3.3. Si $i \in [\![1,n]\!]$ la fonction $\varphi_i : \delta \mapsto \sum\limits_{j=i+1}^{n} |\delta^{j-i} t_{i,j}|$ est continue en 0 et $\varphi_i(0) = 0$.

La fonction $\varphi = \sum\limits_{i=1}^{n} \varphi_i$ vérifie donc la même propriété et donc il existe $\delta_\varepsilon > 0$ tel que $\varphi(\delta_\varepsilon) \leqslant \varepsilon$. Comme φ majore toutes les fonctions φ_i, on a, pour tout $i \in [\![1,n]\!]$, $\sum\limits_{j=i+1}^{n} |\delta_\varepsilon^{j-i} t_{i,j}| \leqslant \varepsilon$.

3.4. D'après la question 1.3 et comme T est triangulaire supérieure, on a
$\psi(A) \leqslant \max\limits_{1 \leqslant i \leqslant n} (\varphi_i(\delta_\varepsilon) + |t_{i,i}|) \leqslant \varepsilon + \rho(A)$ car, d'après 3.1, $\rho(A) = \max\limits_{1 \leqslant i \leqslant n} |t_{i,i}|$.

3.5. Soit $N : \begin{pmatrix} \mathbb{C}^n & \to & \mathbb{R}_+ \\ Z & \mapsto & N_\infty(V^{-1}Z) \end{pmatrix}$.

- Si $N(Z) = 0$ alors $N_\infty(V^{-1}Z) = 0$ d'où $V^{-1}Z = 0$ puis $Z = 0$.
- Si $\lambda \in \mathbb{R}$ et $Z \in \mathbb{C}^n$ on a $N(\lambda Z) = N_\infty(\lambda V^{-1} Z) = |\lambda| N_\infty(V^{-1}Z) = |\lambda| N(Z)$.
- Si $Z' \in \mathbb{C}^n$ on a $N(Z + Z') = N_\infty(V^{-1}Z + V^{-1}Z') \leqslant N_\infty(V^{-1}Z) + N_\infty(V^{-1}Z')$ d'où $N(Z + Z') \leqslant N(Z) + N(Z')$ et donc N est une norme sur $\mathbb{C}^n$.

Soit $B \in \mathfrak{M}_n$. L'application $\Theta : Z \mapsto V^{-1}Z$ est un automorphisme de $\mathfrak{M}_n$ et, si $Z \neq 0$, en posant $Y = \Theta(Z)$ on a $\dfrac{N(BZ)}{N(Z)} = \dfrac{N_\infty(V^{-1}BZ)}{N_\infty(V^{-1}Z)} = \dfrac{N_\infty(V^{-1}BVY)}{N_\infty(Y)}$, ce qui prouve que $\widetilde{N}(B) = \psi(B)$ pour tout élément B de $\mathfrak{M}_n$ et donc $\widetilde{N} = \psi$.

4.1. Soit $Z \in \mathbb{C}^n$, l'application $\Phi_Z : \begin{pmatrix} \mathfrak{M}_n & \to & \mathbb{C}^n \\ B & \mapsto & BZ \end{pmatrix}$ est linéaire donc continue car $\mathbb{C}^n$ est de dimension finie. Si $A^k \xrightarrow[k \to \infty]{} 0$ on en déduit que $\Phi(A^k) \xrightarrow[k \to \infty]{} 0$, ce qui fournit le résultat.

4.2. Si λ est une valeur propre de A et Z un vecteur propre unitaire pour N_∞ associé alors $N_\infty(A^k Z) = |\lambda|^k \xrightarrow[k \to \infty]{} 0$ et donc $|\lambda| < 1$, ce qui prouve que $\rho(A) < 1$.

4.3. découle immédiatement de la question 3.

4.4. Comme $\widetilde{N}$ est une norme matricielle, pour tout $k \in \mathbb{N}^\star$ on a $\widetilde{N}(A^k) \leqslant \widetilde{N}^k(A)$ et donc, par majoration $\widetilde{N}(A^k) \xrightarrow[k \to \infty]{} 0$ *i.e.* $A^k \xrightarrow[k \to \infty]{} 0$.

5.1. Pour tout $k \in \mathbb{N}^\star$, $N(Z_{k+1} - Z_k) = N\big(f(Z_k) - f(Z_{k-1})\big) \leqslant \sigma N(Z_k - Z_{k-1})$ et donc, par comparaison logarithmique, la série $\sum N(Z_{k+1} - Z_k)$ converge, ce qui prouve que la série de terme général $Z_{k+1} - Z_k$ est de Cauchy dans $\mathbb{C}^n$ et donc convergente. Cela revient à dire que $(Z_k)_{k\in\mathbb{N}}$ converge.

5.2. On définit une suite $(Z_k)_k$ comme dans la question précédente et on note Z_∞ sa limite. Par continuité de f il s'agit d'un point fixe de f.
Si Y est un point fixe de f on a $N_\infty(Y - Z_\infty) = N_\infty\big(f(Y) - f(Z_\infty)\big) \leqslant \sigma N_\infty(Y - Z_\infty)$ et donc $N_\infty(Y - Z_\infty) = 0$ *i.e.* $Y = Z_\infty$.

En résumé f a un et un seul point fixe.

6. On note $f : \begin{pmatrix} \mathbb{C}^n & \to & \mathbb{C}^n \\ Z & \mapsto & BZ + W \end{pmatrix}$.

• Supposons $\rho(B) < 1$. La question 3 montre qu'il existe une norme N sur $\mathbb{C}^n$ telle que $\sigma = \widetilde{N}(B) < 1$ et, comme $f(Z) - f(Z') = B(Z - Z')$, la question 1.1 montre que f est lipschitzienne de rapport σ. Alors la question 5 montre que toutes les suites $(Z_k)_k$ vérifiant la relation de récurrence $Z_{k+1} = BZ_k + W$ convergent vers l'unique point fixe, noté X, de f.

• On suppose alors que B est solution mais que $\rho(B) \geqslant 1$. On note X l'unique point fixe de f et Y_0 un vecteur propre de B associé à une valeur propre de module $\rho(B)$. Si $(Z_k)_k$ vérifie la relation de récurrence $Z_{k+1} = BZ_k + W$ alors, pour tout $k \in \mathbb{N}$, $Z_{k+1} - X = B(Z_k - X)$ et donc, en choisissant $Z_0 = X + Y_0$, on a $Z_k - X = \lambda^k Y_0$ pour tout $k \in \mathbb{N}$. Alors $(Z_k - X)_k$ ne converge pas vers 0 contrairement à l'hypothèse.

La matrice B convient si, et seulement si, $\rho(B) < 1$.

7. Soit $f : \begin{pmatrix} \mathbb{C}^n & \to & \mathbb{C}^n \\ Z & \mapsto & FQZ + FY \end{pmatrix}$.

Si $Z_0 \in \mathbb{C}^n$ et si, pour tout $k \in \mathbb{N}$, $Z_{k+1} = f(Z_k)$, alors les questions 5 et 6 montrent que f a un unique point fixe, on le note X, et que $(Z_k)_k$ converge vers X.

$f(Z) = Z \iff FQZ + FY = Z \iff FY = (I - FQ)Z \iff Y = (M - Q)X$ car $M = F^{-1}$. On vient de montrer que $f(Z) = Z \iff Y = AZ$ et donc, en particulier, A est inversible et X est la solution de l'équation matricielle $Y = AZ$.

La fonction f répond à la question.

Fin

Le problème proposé a pour but la démonstration d'un théorème relatif aux contractions d'un espace de Banach et l'étude, grâce à ce théorème d'une équation fonctionnelle.

Si X et Y sont des ensembles, Y^X désigne l'ensemble des applications de X dans Y.

Si $X \neq \emptyset$, $N_\infty(f) = \sup\{|f(x)| \mid x \in X\}$.

I. Convergence uniforme dans $\mathcal{C}([0,1],\mathbb{R})$.

Soit (f_n) une suite de Cauchy pour N_∞ sur $\mathcal{C}([0,1],\mathbb{R})$.

1. Montrer que, pour tout $x \in [0,1]$, $(f_n(x))$ converge. Soit f la limite simple de la suite (f_n).

2. Montrer que f est bornée et que $N_\infty(f_n - f) \xrightarrow[n\to\infty]{} 0$.

3. Justifier que $\Big(\mathcal{C}([0,1],\mathbb{R}), N_\infty\Big)$ est un espace de banach.

4. Soit $(u_n)_{n\in\mathbb{N}}$ la suite de $\mathcal{C}([0,1],\mathbb{R})$ définie par $u_n(x) = e^{x^n}$ pour tout $x \in [0,1]$. Montrer que pour tout $x \in [0,1]$, $(u_n(x))$ converge. La suite (u_n) est-elle de Cauchy pour N_∞ ?

5. Soit $(v_n)_{n\in\mathbb{N}}$ la suite de $\mathcal{C}([0,1],\mathbb{R})$ définie par $v_n(x) = \displaystyle\int_0^x e^{t^n}\,dt$ pour tout $x \in [0,1]$.
Montrer que (v_n) converge uniformément sur $[0,1]$ vers un élément v de $\mathcal{C}([0,1],\mathbb{R})$.

II. Théorème du point fixe de Banach

Soit $(E, \|.\|)$ un espace de Banach réel, soit A un sous-ensemble fermé non vide de E et soit $T \in A^A$ vérifiant : $\exists \alpha \in [0,1[$, $\forall (x,y) \in A^2$, $\|T(x)-T(y)\| \leqslant \alpha\|x-y\|$. (On dit que T est contractante ou encore que T est une contraction.)

1. Soit $(x,y) \in A^2$ tel que $T(x) = x$, $T(y) = y$. Montrer que $x = y$.

2. Soit $a \in A$, on définit (a_n) par $a_0 = a$, $a_{n+1} = T(a_n)$.

a) Montrer que $\|a_{n+1} - a_n\| \leqslant \alpha^n\|a_1 - a_0\|$. En déduire que si $(n,p) \in \mathbb{N} \times \mathbb{N}^*$ on a :

$$\|a_{n+p} - a_n\| \leqslant \|a_1 - a_0\| \sum_{i=0}^{p-1} \alpha^{n+i}$$

b) Montrer que (a_n) est convergente et que sa limite est un élément de A.

c) Montrer que T possède un unique point fixe qui est la limite de (a_n).

3. On suppose que $A = E$, soit alors, $U \in E^E$ définie par $U(x) = x + T(x)$.

a) Montrer que U est une bijection continue de E sur E.

b) Montrer que, pour tout $(x, y) \in E^2$, $\|U^{-1}(x) - U^{-1}(y)\| \leqslant (1 - \alpha)^{-1}\|x - y\|$ (U est donc un homéomorphisme de E sur E.)

4. Soit $\mathcal{L}(E)$ l'ensemble des applications linéaires et continues de E dans E. On note encore $\|V\| = \sup\{\|V(x)\| \mid \|x\| \leqslant 1\}$ la norme subordonnée de $V \in \mathcal{L}(E)$. Soit I l'identité de E.

a) Soit $V \in \mathcal{L}(E)$ telle que $\|V\| < 1$, montrer que V est contractante.

b) Soit (V_n) une suite de $\mathcal{L}(E)$ et soit $V \in \mathcal{L}(E)$ tels que $\|V_n\| < 1$ pour tout $n \in \mathbb{N}$, $\|V\| < 1$ et $\|V_n - V\| \xrightarrow[n\to\infty]{} 0$.
Soit $y \in E$, d'après 3. $I + V_n$ et $I + V$ sont des isomorphismes de E ; on peut définir $(x_n)_{n\in\mathbb{N}} = \big((I + V_n)^{-1}(y)\big)_{n\in\mathbb{N}}$ et $x = (I + V)^{-1}(y)$, montrer que : $\|x_n - x\| \xrightarrow[n\to\infty]{} 0$.

On aura intérêt à écrire : $V(x) - V_n(x_n) = \big(V(x) - V_n(x)\big) + \big(V_n(x - x_n)\big)$.

III. Étude d'une transformation de l'ensemble $\mathcal{C}([0,1], \mathbb{R})$

Soit $\varphi : [0,1] \times [0,1] \times \mathbb{R} \to \mathbb{R}$, on dira que φ est de type $\mathcal{U}$ si φ est continue et $\exists r \in \mathbb{R}_+, \forall (x, y, z, z') \in [0,1] \times [0,1] \times \mathbb{R} \times \mathbb{R}, |\varphi(x, y, z) - \varphi(x, y, z')| \leqslant r|z - z'|$.

1. Montrer que s'il existe $(\psi, M) \in \mathcal{C}^1(\mathbb{R}^3, \mathbb{R}) \times \mathbb{R}_+$ tel que :
$\varphi = \psi\big|_{[0,1] \times [0,1] \times \mathbb{R}}$ et $\left|\dfrac{\partial \psi}{\partial z}(x, y, z)\right| \leqslant M$ pour $(x, y, z) \in [0,1] \times [0,1] \times \mathbb{R}$,
alors φ est de type $\mathcal{U}$.

2. On suppose que φ est de type $\mathcal{U}$.

a) Soit $u \in \mathcal{C}([0,1], \mathbb{R})$, montrer que, pour tout $x \in [0,1]$, l'application $y \mapsto \varphi(x, y, u(y)) \in \mathcal{C}([0,1], \mathbb{R})$.

b) Montrer que l'on peut définir $T_\varphi : \mathcal{C}([0,1], \mathbb{R}) \to \mathbb{R}^{[0,1]}$ par :

$$\big(T\varphi(u)\big)(x) = \int_0^1 \varphi(x, y, u(y))dy.$$

Montrer que, pour tout $u \in \mathcal{C}([0,1], \mathbb{R}), T_\varphi(u) \in \mathcal{C}([0,1], \mathbb{R})$.

c) Montrer que l'on a :

$$\forall (u_1, u_2) \in \big(\mathcal{C}([0,1], \mathbb{R})\big)^2, N_\infty\big(T_\varphi(u_1) - T_\varphi(u_2)\big) \leqslant r N_\infty(u_1 - u_2).$$

d) On définit, pour tout $\lambda \in \mathbb{R}$, $S_{(\varphi,\lambda)} : \mathcal{C}([0,1],\mathbb{R}) \to \mathcal{C}([0,1],\mathbb{R})$ par $S_{(\varphi,\lambda)}(u) = u + \lambda T_\varphi(u)$. On suppose $r > 0$, montrer que si $\lambda \in \left] -\frac{1}{r}, \frac{1}{r} \right[$ alors $S_{(\varphi,\lambda)}$ est un homéomorphisme de $\big(\mathcal{C}([0,1],\mathbb{R}), N_\infty\big)$ sur lui-même.

3. Soit $\mu \in \mathcal{C}([0,1]^2,\mathbb{R})$ et $\varphi : [0,1]^2 \times \mathbb{R} \to \mathbb{R}$ définie par $\varphi(x,y,z) = \mu(x,y)z$; on supposera $\mu \neq 0$.

a) Montrer que φ est de type $\mathcal{U}$ et que si $\lambda \in]-1/N_\infty(\mu), 1/N_\infty(\mu)[$, on a $S_{(\varphi,\lambda)}$ est un isomorphisme de $\big(\mathcal{C}([0,1],\mathbb{R}), N_\infty\big)$ sur lui-même.

b) Soit (μ_n) une suite de $\mathcal{C}([0,1]^2,\mathbb{R})$ telle que $N_\infty(\mu_n - \mu) \xrightarrow[n\to\infty]{} 0$. On note $\|.\|_\infty$ la norme subordonnée associée à N_∞, définie sur $\mathcal{L}\big(\mathcal{C}([0,1],\mathbb{R})\big)$. Si (φ_n) est la suite de $\mathcal{C}\big([0,1]\times[0,1]\times\mathbb{R},\mathbb{R}\big)$ définie par $\varphi_n(x,y,z) = \mu_n(x,y)z$ montrer que $\|T_{\varphi_n} - T_\varphi\|_\infty \xrightarrow[n\to\infty]{} 0$.

IV. Étude d'une application

On considère l'équation intégrale de Fredholm

$$(E) : w(x) = x + \int_0^1 \sin(xy)w(y)dy$$

Une solution de (E) (s'il en existe) est donc un élément de $\mathbb{R}^{[0,1]}$ tel que, pour tout $x \in [0,1]$, on ait $w(x) = x + \int_0^1 \sin(xy)w(y)dy$. On s'intéresse à la résolution de (E) dans $\mathcal{C}([0,1],\mathbb{R})$.

1. Montrer en utilisant III. que (E) possède une solution unique $w \in \mathcal{C}([0,1],\mathbb{R})$.

2. Soit (v_n) la suite de $\mathcal{C}([0,1]^2,\mathbb{R})$ définie par $v_n(x,y) = \sum_{i=1}^{n} \frac{(-1)^{i+1}}{(2i-1)!}(xy)^{2i-1}$.

Pour $n \in \mathbb{N}^\star$ on définit l'équation (E_n) par $w_n(x) = x + \int_0^1 v_n(x,y)w_n(y)dy$.

a) Montrer que (E_1) possède une solution unique $w_1 \in \mathcal{C}([0,1],\mathbb{R})$ et l'expliciter.

b) Montrer que pour tout $n \geqslant 2$, la résolution de (E_n) se ramène à celle d'un système linéaire que l'on explicitera.

c) Montrer en utilisant III.3. que si $n \geqslant 2$, (E_n) possède une solution unique $w_n \in \mathcal{C}([0,1],\mathbb{R})$ *on aura intérêt à montrer que :* $-1 \in]-1/N_\infty(v_n), 1/N_\infty(v_n)[$ *si* $n \geqslant 2$.

d) Montrer que $N_\infty(w_n - w) \xrightarrow[n\to\infty]{} 0$.

Connaissances utiles

- Espaces vectoriels normés.
- Intégrales sur un segment.
- Séries numériques.
- Séries de fonctions.
- Fonctions de plusieurs variables réelles.

Solution

Partie I

1. $\forall x \in [0,1], \forall (n,p) \in \mathbb{N}^2, |f_n(x) - f_{n+p}(x)| \leqslant N_\infty(f_n - f_{n+p})$
Comme la suite $(f_n)_{n\in\mathbb{N}}$ est de Cauchy dans $\big(\mathcal{C}([0,1],\mathbb{R}), N_\infty\big)$, pour x fixé dans $[0,1]$, la suite $\big(f_n(x)\big)_{n\in\mathbb{N}}$ est de Cauchy dans $\mathbb{R}$ qui est complet. Elle converge. Soit $f(x)$ sa limite. Ce raisonnement étant vrai pour tout $x\in\mathbb{R}$, la suite de fonctions (f_n) converge simplement vers f sur $[0,1]$.

2. D'après l'hypothèse, soit $\varepsilon > 0$.

$$\exists n_0 \in \mathbb{N}, \forall (n,p) \in \mathbb{N}^2, \forall x \in [0,1], n \geqslant n_0 \Rightarrow |f_n(x) - f_{n+p}(x)| \leqslant \varepsilon \qquad (1).$$

Pour ε, n, x fixés, faisons faisons tendre p vers l'infini dans (1). On obtient $|f_n(x) - f(x)| \leqslant \varepsilon$. Comme ε, x et n sont quelconques, on a :

$$\exists n_0 \in \mathbb{N}, \forall n \in \mathbb{N}, \forall x \in [0,1], n \geqslant n_0 \Rightarrow |f_n(x) - f(x)| \leqslant \varepsilon \qquad (2).$$

Autrement dit : $N_\infty(f_n - f) \xrightarrow[n\to\infty]{} 0$.
Si l'on fixe $\varepsilon = 1$ dans (2) par exemple, on a : $\forall x \in [0,1], |f_{n_0}(x) - f(x)| \leqslant 1$.
D'où : $\forall x \in [0,1], |f(x)| \leqslant 1 + |f_{n_0}(x)| \leqslant 1 + N_\infty(f_{n_0})$.
La fonction f est bornée.

3. Il ne reste plus qu'à prouver que $f \in \mathcal{C}\big([0,1],\mathbb{R}\big)$. Or f est limite uniforme sur $[0,1]$ de la suite (f_n) de fonctions continues sur $[0,1]$. Donc f est continue. L'espace vectoriel considéré est un espace de Banach.

4. La suite de fonctions (u_n) converge simplement sur $[0,1]$ vers u définie par
$u(x) = \begin{cases} 1 & \text{si } 0 \leqslant x < 1 \\ e & \text{si } x = 1 \end{cases}$ Comme u n'est pas continue, d'après I.3. la suite (u_n) d'éléments de $\mathcal{C}([0,1],\mathbb{R})$ ne peut être de Cauchy.

5. Soit $t \in [0,1[$. La suite réelle $(u_n(t))$ converge en décroissant vers 1.

$$\forall x \in [0,1], 0 \leqslant v_n(x) - x = \int_0^x \big[u_n(t) - 1\big]dt \leqslant \int_0^1 \big[u_n(t) - 1\big]dt = \lambda_n$$

La suite de fonctions continues donc intégrables sur sur $[0,1]$ étant telle que $(u_n(x))_{n\geqslant 0}$ est décroissante et convergente simplement vers la fonction u élément de $\mathcal{CM}([0,1],\mathbb{R})$, d'après le théorème de convergence monotone,

$$\int_0^1 u_n(t)dt \xrightarrow[n\to\infty]{} \int_0^1 u(t)dt = 1$$

Donc $\lambda_n \xrightarrow[n\to\infty]{} 0$. D'où la convergence uniforme de (v_n) vers $x \mapsto x$ sur $[0,1]$.

Partie II

1. Si $T(x) = x$ et $T(y) = y$ alors $(1-\alpha)\|x-y\| \leqslant 0$. D'où $\|x-y\| \leqslant 0$ car $\alpha < 1$ Donc $x = y$ car $\|\cdot\|$ est une norme.

2.a) $\forall n \in \mathbb{N}^\star, \|a_{n+1} - a_n\| = \|T(a_n) - T(a_{n-1})\| \leqslant \alpha \|a_n - a_{n-1}\|$.
Par récurrence, on a : $\forall n \in \mathbb{N}, \|a_{n+1} - a_n\| \leqslant \alpha^n \|a_1 - a_0\|$.

Par télescopage des termes, $a_{n+p} - a_n = \displaystyle\sum_{i=0}^{p-1}(a_{n+i+1} - a_{n+i})$.

Par inégalité triangulaire, $\|a_{n+p} - a_n\| \leqslant \displaystyle\sum_{i=0}^{p-1} \|a_{n+i+1} - a_{n+i}\|$.

De l'inégalité démontrée au début de cette question, on déduit :

$\forall (n,p) \in \mathbb{N} \times \mathbb{N}^\star, \|a_{n+p} - a_n\| \leqslant \left(\displaystyle\sum_{i=0}^{p-1} \alpha^{n+i}\right) \|a_1 - a_0\|$

2.b) Comme $\alpha \in [0,1[, 0 \leqslant \displaystyle\sum_{i=0}^{p-1} \alpha^{n+i} \leqslant \sum_{i=0}^{\infty} \alpha^{n+i} = \frac{\alpha^n}{1-\alpha}$.

Donc $\forall (n,p) \in \mathbb{N} \times \mathbb{N}^\star, \|a_{n+p} - a_n\| \leqslant \dfrac{\alpha^n \|a_1 - a_0\|}{1-\alpha}$

$\displaystyle\lim_{n\to\infty} \frac{\alpha^n \|a_1 - a_0\|}{1-\alpha} = 0$. Donc : $\forall \varepsilon \in \mathbb{R}_+^\star, \exists n_0 \in \mathbb{N}, \forall n \geqslant n_0, \dfrac{\alpha^n \|a_1 - a_0\|}{1-\alpha} \leqslant \varepsilon$.

Donc $\forall \varepsilon \in \mathbb{R}_+^\star, \exists n_0 \in \mathbb{N}, \forall n \geqslant n_0, \forall p \in \mathbb{N}, \|a_{n+p} - a_n\| \leqslant \varepsilon$.
Donc la suite (a_n) est de Cauchy dans la partie A qui est complète puisque fermée dans un espace de Banach. Elle converge vers un élément $\ell \in A$.

2.c) Comme T est lipschitzienne, elle est continue sur A. Par passage à la limite $a_{n+1} = f(a_n)$ donne $\ell = T(\ell)$ *i.e.* ℓ est un point fixe de T. On déduit de II.1. que T admet un unique point fixe.

3.a) $U = I_E + T$. Donc U est continue sur E en tant que somme de deux applications continue.

U est bijective si, et seulement si, $\forall y \in E, \exists! x \in E, y = x + T(x)$.
Soit y fixé dans E notons $T_1 : E \to E, x \mapsto y - T(x)$. Si l'on montre que T_1 a un unique point fixe, alors U sera bijective. Compte tenu de I.1 et I.2. il suffit de prouver que T_1 est contractante puisque E est un espace de Banach.
Comme $\|T_1(x) - T_1(x')\| = \|T(x') - T(x)\| \leqslant \alpha \|x - x'\|$, l'application T_1 est contractante de E dans E et U est bijective.

3.b) Soit $x = U(x') = x' + T(x')$ et $y = U(y') = y' + T(y')$. On a :
$\|x - y\| \geqslant \|x' - y'\| - \|T(x') - T(y')\| \geqslant \|x' - y'\| - \alpha \|x' - y'\|$.
D'où : $\|x' - y'\| \leqslant \dfrac{1}{1-\alpha} \|x - y\|$ *i.e.* le résultat.

4.a) Par linéarité de V et compte tenu de la définition de $\|V\|$:
$\|V(x)-V(y)\| = \|V(x-y)\| \leqslant \|V\|.\|x-y\|$ et donc V est contractante.
4.b) Comme $\|V_n\| < 1$ et $\|V\| < 1$, on déduit de I.3.b) que $I+V_n$ et $I+V$ sont des homéomorphismes de E. Comme ce sont des applications linéaires, $(I+V_n)^{-1}$ et $(I+V)^{-1}$ sont éléments de $\mathcal{L}(E)$.
Comme $\|V_n\| \xrightarrow[n\to\infty]{} \|V\|$, comme $\|V\| < 1$ et $\|V_n\| < 1$ pour tout n, soit $\alpha \in]\|V\|, 1[$.
Soit $n_0 \in \mathbb{N}$ tel que pour $n \geqslant n_0$, $\|V_n\| \leqslant \alpha < 1$.
D'où $\|(I+V_n)^{-1}\| \leqslant (1-\alpha)^{-1}$ d'après II.3.b)
D'après l'énoncé, $y = x_n + V_n(x_n) = x + V(x)$.
Donc : $x_n - x = V(x) - V_n(x_n) = \big(V(x) - V_n(x)\big) - \big(V_n(x_n) - V_n(x)\big)$.
Donc : $x_n - x = \big(V(x) - V_n(x)\big) - V_n(x_n - x)$ *i.e.* $(I+V_n)(x_n - x) = (V - V_n)(x)$
Donc : $\|x_n - x\| = \|(I+V_n)^{-1} \circ (V - V_n)(x)\| \leqslant \dfrac{\|V - V_n\|.\|x\|}{1-\alpha}$.
$\|V_n - V\| \xrightarrow[n\to\infty]{} 0 \Rightarrow \|x_n - x\| \xrightarrow[n\to\infty]{} 0$ par encadrement.

Partie III

1. Appliquons l'inégalité des accroissements finis à l'application
$\theta : \mathbb{R} \to \mathbb{R}, z \mapsto \psi(x,y,z)$. Elle est de classe $\mathcal{C}^1$ sur $\mathbb{R}$ et $|\theta'(z) = |D_3\psi(x,y,z)| \leqslant M$
Pour tout $(z,z') \in \mathbb{R}^2$, $|\theta(z) - \theta(z')| \leqslant M.|z'-z|$. Il en résulte que φ est de type $\mathcal{U}$.
2.a) Par théorème de composition, $y \mapsto \varphi\big(x,y,u(y)\big)$ est continue.
2.b) On déduit de II.2.a) que l'intégrale $\big(T_\varphi\big)(x)$ est définie. D'après le théorème de continuité des intégrales sur un segment, paramétrées $T_\varphi(u)$ est continue sur $[0,1]$ car l'application $(x,y) \mapsto \varphi\big(x,y,u(y)\big)$ est continue sur $[0,1]^2$.
2.c) Pour tout $x \in [0,1]$, on a :

$$|T_\varphi(u_1)(x) - T_\varphi(u_2)(x)| = \left|\int_0^1 \varphi\big(x,y,u_1(y)\big) - \varphi\big(x,y,u_2(y)\big)\, dy\right|.$$

$$|T_\varphi(u_1)(x) - T_\varphi(u_2)(x)| \leqslant \int_0^1 \Big|\varphi\big(x,y,u_1(y)\big) - \varphi\big(x,y,u_2(y)\big)\Big| dy$$

$$|T_\varphi(u_1)(x) - T_\varphi(u_2)(x)| \leqslant \int_0^1 r|u_1(y) - u_2(y)| dy \leqslant r N_\infty(u_1 - u_2).$$

$\big\{|T_\varphi(u_1)(x) - T_\varphi(u_2)(x)| \ / \ x \in [0,1]\big\}$ étant majoré par $N_\infty(u_1 - u_2)$, on a :
$N_\infty\big(T_\varphi(u_1) - T_\varphi(u_2)\big) \leqslant r\, N_\infty(u_1 - u_2)$.
2.d) Si $|\lambda| < r^{-1}$ λT_φ est une contraction de $\big(\mathcal{C}([0,1],\mathbb{R}), N_\infty\big)$. On en déduit de II.3. que $S_{\varphi,\lambda}$ est un homéomorphisme de $\mathcal{C}\big([0,1],\mathbb{R}\big)$ sur lui-même.
3.a) $(x,y,z) \mapsto \mu(x,y)$ et $(x,y,z) \mapsto z$, étant continues, la fonction φ est continue. La fonction μ étant continue sur le compact $[0,1]^2$ de $\mathbb{R}^2$, il existe $r = N_\infty(\mu)$. On a donc : $|\varphi(x,y,z) - \varphi(x,y,z')| = |\mu(x,y)||z - z'| \leqslant r|z - z'|$
D'après II.2.d) si $|\lambda| < 1/N_\infty(\mu)$ l'application $S_{\varphi,\lambda}$ est un homéomorphisme de $\mathcal{C}\big([0,1],\mathbb{R}\big)$ sur lui-même.

3.b) Soit $u \in \mathcal{C}([0,1],\mathbb{R})$. Pour tout $x \in [0,1]$,

$$\left|\left(T_{\varphi_n}(u)-T_{\varphi}(u)\right)(x)\right| = \left|\int_0^1 \left(\mu_n(x,y)-\mu(x,y)\right)\, u(y)\,dy\right| \leqslant N_\infty(\mu_n-\mu).N_\infty(u)$$

D'où : $\left\|T_{\varphi_n}-T_{\varphi}\right\|_\infty \leqslant N_\infty(\mu_n-\mu)$ par définition d'une norme subordonnée.
Par encadrement $T_{\varphi_n}-T_{\varphi} \xrightarrow[n\to\infty]{} 0$.

Partie IV

1. En posant $\varphi(x,y,z) = \sin(xy)z$, on obtient, d'après III.2. T_φ contractante car $\mu(x,y) = \sin(xy)$ et $N_\infty(\mu) = \sin 1 < 1$.
D'après II, $I + T_\varphi$ possède un unique point fixe dans $\mathcal{C}([0,1]\mathbb{R})$.

2.a) $(E_1) : w_1(x) = x + \displaystyle\int_0^1 xy\, w(y)\,dy = x\left(1+\int_0^1 y\, w_1(y)\,dy\right)$.

Donc si w_1 est solution alors $w_1(x) = \lambda x$ avec $\lambda = 1 + \displaystyle\int_0^1 \lambda y^2 dy$ *i.e.* $\lambda = \dfrac{3}{2}\cdot$

2.b) De même, par récurrence, soit w_n un polynôme impair de degré $2n-1$.

Notons $w_n(x) = \displaystyle\sum_{k=1}^{n} a_{2k-1}x^{2k-1}$. On a :

$$w_n(x) = x\left(1+\int_0^1 y\, w_n(y)dy\right) + \sum_{i=2}^{n} x^{2i-1}\int_0^1 \frac{(-1)^{i+1}y^{2i-1}}{(2i-1)!}w_n(y)dy.$$

de l'unicité des coefficients d'un polynôme, on déduit :

$$a_1 = 1 + \sum_{i=1}^{n}\int_0^1 a_{2i-1}\, y^{2i}\,dy = 1 + \sum_{i=1}^{n}\frac{a_{2i-1}}{2i+1}\cdot \text{ Pour } i \geqslant 2,$$

$$a_{2i-1} = \frac{(-1)^{i+1}}{(2i-1)!}\sum_{k=1}^{n}\int_0^1 a_{2k-1}\, y^{2k+2i-2}\,dy = \frac{(-1)^{i+1}}{(2i-1)!}\sum_{k=1}^{n}\frac{a_{2k-1}}{2i+2k-1}\cdot$$

2.c) Comme la série de somme partielle $v_n(x,y)$ vérifie si $(x,y) \in [0,1]^2$ et est fixé, le théorème spécial des séries alternées. En effet la suite de terme général $\dfrac{(xy)^{2i-1}}{(2i-1)!}$ décroît et converge vers vers 0, on a : $0 \leqslant v_2(x,y) = xy - \dfrac{(xy)^3}{6} \leqslant v_n(x,y)$

Donc $N_\infty(v_n) \geqslant N_\infty(v_2) = \dfrac{5}{6}\cdot$ On peut prendre $\lambda = -1$ dans III.3. d'où une unique solution donnée par II.

2.d) La suite de fonctions (v_n) converge uniformément vers la fonction sinus sur $[0,1]$ car, d'après le théorème spécial des séries alternées on a :

$$\forall t \in [0,1], |\sin(t) - v_n(t)| \leqslant \frac{t^{2n+1}}{(2n+1)!} \leqslant \frac{1}{(2n+1)!}\cdot$$

Donc $N_\infty(v_n - v) \xrightarrow[n\to\infty]{} 0$. D'après III.3.b) on a alors $\|V_n - V\|_\infty \xrightarrow[n\to\infty]{} 0$. D'après II.4.b) $N_\infty(w_n - w) \xrightarrow[n\to\infty]{} 0$ *i.e.* (w_n) converge uniformément vers w.

Fin

Dans ce problème, on se propose d'étudier des familles de matrices que l'on rencontre lors de la résolution numérique de problèmes relatifs à des équations aux dérivées partielles de type elliptique par des méthodes de différences finies.

Matrices irréductibles - Matrices à diagonales faiblement ou fortement dominantes.

Définition 1 : soient $(e_1, \ldots, e_n)$ la base canonique de $\mathbb{R}^n$ et σ une permutation de $[\![1, n]\!]$. On appellera matrice de permutation P_σ associée à σ, la matrice de $\mathfrak{M}_n(\mathbb{R})$ telle que $P_\sigma e_i = e_{\sigma(i)}$. Alors $P_\sigma = \left(\delta_{i,\sigma(j)}\right)$ où $\delta_{i,j}$ est le symole de Kronecker.

Définition 2 : on dit qu'une matrice $A = (a_{i,j})$ de $\mathfrak{M}_n(\mathbb{R})$ est irréductible si pour tout couple (S, T) de parties de $[\![1, n]\!]$ telles que $S \cap T = \emptyset$ et $S \cup T = [\![1, n]\!]$, il existe un élément $a_{i,j} \neq 0$ avec $i \in S$ et $j \in T$. Dans le cas contraire on dira que A est réductible.

Définition 3 : $A = (a_{i,j}) \in \mathfrak{M}_n(\mathbb{R})$ est à diagonale faiblement dominante si :

1) pour tout $i \in [\![1, n]\!], |a_{i,i}| \geqslant \sum\limits_{\substack{j=1 \\ j \neq i}}^{n} |a_{i,j}|$,

2) pour au moins un $i \in [\![1, n]\!], |a_{i,i}| > \sum\limits_{\substack{j=1 \\ j \neq i}}^{n} |a_{i,j}|$.

Définition 4 : A est à diagonale fortement dominante si :

$$\forall i \in [\![1, n]\!], |a_{i,i}| > \sum_{\substack{j=1 \\ j \neq i}}^{n} |a_{i,j}|.$$

Rappel : une matrice réelle symétrique est dite positive (définie positive) si ses valeurs propres sont positives (strictement positives).

Première partie

1.a) Soient σ et σ' deux permutations de $[\![1, n]\!]$. Montrer que $P_\sigma P_{\sigma'} = P_{\sigma\sigma'}$. Montrer que P_σ est inversible et que $P_\sigma^{-1} = P_{\sigma^{-1}}$. Montrer que $P_\sigma^{-1} = {}^tP_\sigma$.

b) Soit $(A, P_\sigma) \in \left(\mathfrak{M}_n(\mathbb{R})\right)^2$. On définit $B = P_\sigma^{-1} A P_\sigma = (b_{i,j})$. Exprimer $b_{i,j}$ à l'aide de σ.

c) Montrer que $A \in \mathfrak{M}_n(\mathbb{R})$ est irréductible si, et seulement si, il n'existe pas de matrice de permutation P_σ telle que $P_\sigma^{-1} A P_\sigma$ soit de la forme

$\begin{pmatrix} F & O \\ G & H \end{pmatrix}$ où F et H sont des matrices appartenant respectivement à $\mathfrak{M}_p(\mathbb{R})$ et $\mathfrak{M}_{n-p}(\mathbb{R})$ et O une matrice dont tous les coefficients sont nuls.

2.a) Soit $C \in \mathfrak{M}_n(\mathbb{R})$ telle que $C = \begin{pmatrix} F & O \\ G & H \end{pmatrix}$ où F et H appartiennent respectivement à $\mathfrak{M}_p(\mathbb{R})$ et $\mathfrak{M}_{n-p}(\mathbb{R})$ et sont inversibles. Résoudre le système linéaire $CX = U$ où $X \in \mathfrak{M}_{n,1}(\mathbb{R})$ est la matrice des inconnues et $U \in \mathfrak{M}_{n,1}(\mathbb{R})$ est donnée. On utilisera pour cela une décomposition convenable de X en blocs $U = \begin{pmatrix} U_1 \\ U_2 \end{pmatrix}$, $X = \begin{pmatrix} X_1 \\ X_2 \end{pmatrix}$.

b) On suppose que $A \in \mathfrak{M}_n(\mathbb{R})$ est réductible. Proposer une méthode de résolution du système $AX = U$.

3. On veut montrer que $A \in \mathfrak{M}_n(\mathbb{R})$ est irréductible si, et seulement si, la propriété (P) suivante est vérifiée : pour tout couple (i, j) d'indices distincts de $[\![1, n]\!]$, $a_{i,j} \neq 0$ ou alors il existe un entier s et des indices $i_1, i_2, \dots, i_s$ tels que le produit $a_{i,i_1} a_{i_1,i_2} \cdots a_{i_{s-1},i_s} a_{i_s,j}$ soit non nul.

a) Établir que la condition est suffisante.

b) On suppose maintenant que $A \in \mathfrak{M}_n(\mathbb{R})$ est irréductible. Pour chaque indice $i \in [\![1, n]\!]$, on définit X_i comme l'ensemble des indices j de $[\![1, n]\!]$ tels que :

1) $j \neq i$;

2) soit $a_{i,j} \neq 0$ soit il existe $i_1, i_2, \dots, i_s$ tels que $a_{i,i_1} a_{i_1,i_2} \cdots a_{i_{s-1},i_s} a_{i_s,j} \neq 0$.

Montrer que $X_i = [\![1, n]\!] \setminus \{i\}$ et en déduire que la condition est nécessaire.

4. Le concept d'irréductibilité peut être illustré graphiquement.
Soit $A = (a_{i,j}) \in \mathfrak{M}_n(\mathbb{R})$ et $\{(P_i | i \in [\![1, n]\!]\}$ un ensemble de n points distincts du plan. Pour chaque couple $(i, j) \in [\![1, n]\!]^2$ tel que $a_{i,j} \neq 0$, on trace une flèche allant du point P_i vers le point P_j. Si $a_{i,j}$ et $a_{j,i}$ sont non nuls, il y aura une flèche du point P_i vers le point P_j et une autre de P_j vers P_i. Si $a_{i,i} \neq 0$ on pourra tracer une boucle allant de P_i vers lui-même.

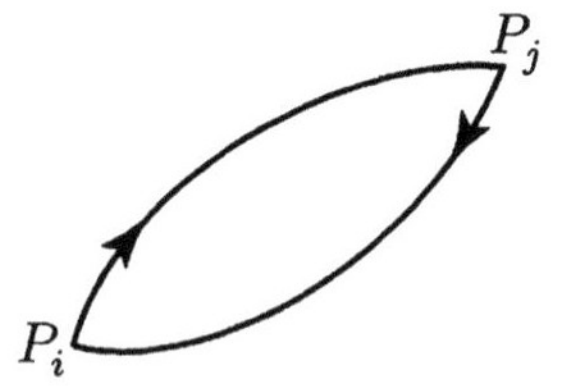

$a_{i,j} \neq 0$ et $a_{j,i} \neq 0$

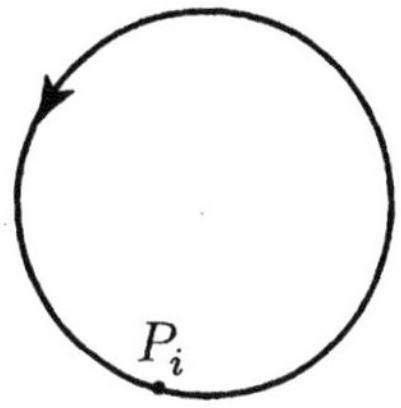

$a_{i,i} \neq 0$

On associe ainsi à chaque matrice ce que l'on appelle un graphe orienté. En étudiant les graphes associés aux deux matrices suivantes :

$$A_1 = \begin{pmatrix} 0 & 1 & 0 & 1 \\ 1 & 0 & 1 & 0 \\ 0 & 1 & 0 & 1 \\ 1 & 0 & 0 & 1 \end{pmatrix} \in \mathfrak{M}_4(\mathbb{R}) \; ; \; A_2 = \begin{pmatrix} 1 & 1 & 1 \\ 0 & 0 & 1 \\ 0 & 0 & 1 \end{pmatrix} \in \mathfrak{M}_3(\mathbb{R}).$$

donner une interprétation graphique du caractère réductible ou irréductible de chacune d'elles.

Deuxième partie

1. Soit $A \in \mathfrak{M}_n(\mathbb{R})$ à diagonale fortement dominante ;

soit $U = \begin{pmatrix} u_1 \\ \vdots \\ u_n \end{pmatrix} \in \mathfrak{M}_{n,1}(\mathbb{R})$ tel que $AU = 0$; soit i, un indice tel que $|u_i| = \max\{|u_1|, \ldots, |u_n|\}$· En considérant la i-ème ligne du produit AU montrer que, nécesairement $U = 0$. Que peut-on en déduire pour $\det(A)$?

2. On suppose que $A \in \mathfrak{M}_n(\mathbb{R})$ est irréductible et à diagonale faiblement dominante.

a) Montrer qu'alors, pour tout indice $i \in [\![1, n]\!]$, $|a_{i,i}| > 0$.

b) Montrer que $\det(A) \neq 0$. Pour cela, on raisonnera comme dans la question II.1) et l'on montrera d'abord que si $AU = 0$, tous les éléments de la matrice colonne U sont nécessairement égaux en valeur absolue.

3.a) Si $A \in \mathcal{S}_n(\mathbb{R})$ est à éléments diagonaux dans $\mathbb{R}_+$ et si, de plus, elle est à diagonale faiblement dominante, montrer que toutes les valeurs propres de A sont dans $\mathbb{R}_+$.

b) Si, de plus, A est irréductible ou inversible, on montrera que toutes les valeurs propres de A sont strictement positives.

Troisième partie

Définition 5 : $A \in \mathcal{S}_n(\mathbb{R})$ est une L-matrice si,
1) $\forall i \in [\![1, n]\!]$, $a_{i,i} > 0$, 2) $\forall (i,j) \in [\![1, n]\!]^2$, $i \neq j$, $a_{i,j} < 0$.

Définition 6 : $A \in \mathcal{S}_n(\mathbb{R})$ est une S-matrice si,
1) A est définie positive, 2) $\forall (i,j) \in [\![1, n]\!]^2$, $i \neq j$, $a_{i,j} < 0$.

Définition 7 : $A \in \mathcal{S}_n(\mathbb{R})$ est une M-matrice si,
1) $\forall (i,j) \in [\![1, n]\!]^2$, $i \neq j$, $a_{i,j} < 0$,
2) A est inversible,
3) tous les coefficients de A^{-1} sont dans $\mathbb{R}_+$.

1.a) Soit $A \in \mathcal{S}_n(\mathbb{R})$ définie positive, montrer que : $\forall i \in [\![1, n]\!], a_{i,i} > 0$

En déduire que $A \in \mathcal{S}_n(\mathbb{R})$ est une S-matrice si, et seulement si, A est une L-matrice définie positive.

b) Montrer que toute M-matrice est une L-matrice.

c) Montrer que si $A \in \mathcal{S}_n(\mathbb{R})$ est une L-matrice irréductible, à diagonale faiblement dominante, alors A est une S-matrice.

2. Le spectre de Q est par définition, l'ensemble des valeurs réelles ou complexes de Q. On appelle rayon spectral de $Q, S(Q) = \max\{|\lambda| \mid \lambda \in \mathrm{Sp}(Q)\}$.
a) Si $Q \in \mathfrak{M}_n(\mathbb{R})$, montrer que la série $\sum Q^k$ est convergente si, et seulement si, $S(Q) < 1$.
On admettra l'équivalence : $Q^n \xrightarrow[n\to\infty]{} 0 \iff S(Q) < 1$.

Dans toute la suite de la question III.2. on considère une L-matrice A d'ordre n et D la matrice diagonale ayant la même diagonale que A.

Soit $C = (c_{i,j}) \in \mathfrak{M}_n(\mathbb{R})$, telle que $A = D - C$ et soit $B = D^{-1}C$ (on justifiera l'existence de D^{-1}). On suppose que $S(B) < 1$.

b) Justifier le fait que $I_n - B$ est inversible et montrer que tous les éléments de $(I_n - B)^{-1}$ sont positifs ou nuls.

c) Montrer que A est inversible et que A est une M-matrice.

3. Si D est une matrice à coefficients diagonaux strictement positifs, on définit $D^{1/2}$ et $D^{-1/2}$ matrices diagonales dont les éléments diagonaux sont respectivement $\sqrt{d_{i,i}}$ et $\dfrac{1}{\sqrt{d_{i,i}}}$ pour tout $i \in [\![1, n]\!]$.

Soit A une M-matrice. On définit D, C, B comme à la question précédente et $\widehat{A} \in \mathfrak{M}_n(\mathbb{R})$ par $\widehat{A} = D^{-1/2}AD^{-1/2} = I_n - D^{-1/2}CD^{-1/2}$ et $\widehat{B} \in \mathfrak{M}_n(\mathbb{R})$ par $\widehat{B} = D^{1/2}BD^{-1/2}$.

a) Montrer que $\widehat{A}$ est une M-matrice et que, pour tout $m \in \mathbb{N}^*$:
$\big(\widehat{A}\big)^{-1} = \big(I_n - \widehat{B}\big)^{-1} = I_n + \widehat{B} + \big(\widehat{B}\big)^2 + \cdots + \big(\widehat{B}\big)^m + \big(I_n - \widehat{B}\big)^{-1}\big(\widehat{B}\big)^{m+1}$.

b) Soit $G_m \in \mathfrak{M}_n(\mathbb{R})$ définie par $G_m = I_n + \widehat{B} + \cdots + \big(\widehat{B}\big)^m$. Montrer que tous les éléments de G_m sont positifs et majorés indépendamment de m.

c) En déduire que $S(B) < 1$.

4. Soit $A \in \mathcal{S}_n(\mathbb{R})$ une S-matrice. On utilise les mêmes notations qu'en III.2 et III.3.

a) Montrer que A est inversible et que $A^{-1} = (I_n - B)^{-1}D^{-1}$.

b) On veut maintenant montrer que $S(B) < 1$ ce qui suffira pour établir que toute S-matrice est une M-matrice.

1. Montrer que $\widehat{A}$ est définie positive.

2. En supposant $S(B) \geqslant 1$, montrer que l'on est conduit à une contradiction et que donc toute S-matrice est une M-matrice. On admettra que si $Q \in \mathfrak{M}_n(\mathbb{R})$ a tous ses éléments positifs ou nuls, alors, il existe $\mu \in \mathrm{Sp}(Q)$ tel que $\mu = S(Q)$.

Connaissances utiles

- Algèbre linéaire,
- Espaces vectoriels normés,
- Algèbre bilinéaire et espaces euclidiens.

Solution

Partie I

1.a) Pour tout $i \in [\![1,n]\!], P_\sigma P_{\sigma'}(e_i) = P_\sigma\left(e_{\sigma'}(i)\right) = e_{\sigma\circ\sigma'}(i)$. Donc $P_\sigma P_{\sigma'} = P_{\sigma\circ\sigma'}$.
Comme $P_\sigma P_{\sigma^{-1}} = P_{\sigma^{-1}} P_\sigma = I_n$, on a : $P_{\sigma^{-1}} = P_\sigma^{-1}$
L'image de la base canonique par l'endomorphisme associé à P_σ est une base constituée des mêmes vecteurs dans un autre ordre. C'est donc encore une base orthonormale pour le produit scalaire canonique. En tant que matrice de changement de bases orthonormales, P_σ est une matrice orthogonale.
1.b) Soit $(E_1, \ldots, E_n)$ la base canonique de $\mathfrak{M}_n(\mathbb{R})$. On sait que :
$a_{i,j} = {}^tE_i A E_j$ si $A = (a_{i,j})$, $\quad P_\sigma^{-1} = {}^tP_\sigma, \quad P_\sigma E_i = E_{\sigma(i)}$.
Donc $b_{i,j} = {}^tE_i B E_j = {}^tE_i {}^tP_\sigma A P_\sigma E_j = {}^t(P_\sigma E_i) A (P_\sigma E_j) = E_{\sigma(i)} A E_{\sigma(j)} = a_{\sigma(i),\sigma(j)}$.
1.c) • Si A est réductible, il existe une partition (S,T) de $[\![1,n]\!]$ telle que $a_{s,t} = 0$ si $(s,t) \in S \times T$. Supposons S, T ordonnées et notons $p = \operatorname{Card}(S)$. Soit $\sigma \in \mathfrak{S}_n$ telle que $\sigma([\![1,p]\!]) = S$ et $\sigma([\![p+1,n]\!]) = T$. Dans $B = P_\sigma^{-1} A P_\sigma = (b_{i,j})$, on a :
si $(i,j) \in [\![1,p]\!] \times [\![p+1,n]\!], b_{i,j} = a_{\sigma(i),\sigma(j)} = 0$. Donc $B = \begin{pmatrix} F & 0_{p,n-p} \\ G & H \end{pmatrix}$.
• Réciproquement : si B a la forme indiquée, on pose $\sigma([\![1,p]\!]) = S$ et $\sigma([\![p+1,n]\!]) = T$, on obtient une partition de $[\![1,n]\!]$ et pour $(s,t) \in S \times T$ $\; a_{s\,t} = a_{\sigma(i)\,\sigma(j)} = b_{i\,j} = 0$ car $i \leqslant p$ et $j \geqslant p+1$.
2.a) Avec les notations de l'énoncé $(U_1, X_1) \in \left(\mathfrak{M}_{p,1}(\mathbb{R})\right)^2$ et $(U_2, X_2) \in \left(\mathfrak{M}_{n-p,1}(\mathbb{R})\right)^2$

$$CX = U \iff \left(FX_1 = U_1 \text{ et } HX_2 = U_2 - G.X_1\right) \iff \begin{cases} X_1 = F^{-1}U_1 \\ X_2 = H^{-1}(U_2 - GF^{-1}U_1) \end{cases}$$

2.b) Si A est réductible et inversible, $\det(B) = \det(A)$ car A et B sont semblables. B décomposable en blocs a des blocs inversibles sur la diagonale.
On peut donc résoudre le système en résolvant deux systèmes «plus petits». On détermine S, T puis F, H et leurs inverses.

3.a) Si A est réductible il existe une partition (S,T) de $[\![1,n]\!]$, telle que pour tout couple $(i,j) \in S \times T, a_{i,j} = 0$. Il existe donc $(i,j) \in S \times T \subset [\![1,n]\!]^2$ tel que $a_{i,j} = 0$ et quel que soit $s \in [\![1,n]\!]$ et la suite d'indices $i_1, i_2, \cdots, i_s$ le produit $a_{i,i_1} a_{i_1,i_2} \cdots a_{i_s,j} = 0$. En effet si le produit est non nul, les termes sont tous non nuls.

On procède comme suit. Avec $i \in S$ et $a_{i\,i_1} \neq 0$ $i_1 \notin T$ donc $i_1 \in S$,.
Puis $i_1 \in S$ et $a_{i_1\,i_2} \neq 0$ $i_2 \notin T$ donc $i_2 \in S$, etc... jusqu'à $j \in S$, or $j \in T$: absurde.
D'où non(P) est vraie : la condition (P) est suffisante pour assurer A irréductible.

3.b) Supposons $X_i \neq [\![1,n]\!] \setminus \{i\}$ et considérons $S = X_i \cup \{i\}$ et $T = [\![1,n]\!] \setminus S$. On a bien une partition de $[\![1,n]\!]$. Soit $(p,q) \in S \times T$ et supposons $a_{p,q} \neq 0$; puisque $p \in X_i$, on a soit $p = i$ soit $a_{i,p} \neq 0$, soit il existe $i_1, \dots, i_s$ tel que $a_{i,i_1} a_{i_1,i_2} \dots a_{i_{s-1},i_s} a_{i_s,i_p} \neq 0$. Le premier cas est exclu car $q \notin X_i$; le deuxième cas est exclu car sinon en posant $i_1 = p$ on a $a_{i,i_1} a_{i_1,q} \neq 0$ soit $q \in X_i$. Le troisième cas est exclu car sinon en posant $i_{s+1} = p$ on a $a_{i,i_1} a_{i_1,i_2} \dots a_{i_{s-1},i_s} a_{i_s,i_{s+1}} a_{i_{s+1},q} \neq 0$ ce qui impliqure $q \in X_i$. Donc, pour tout $(p,q) \in S \times T$, $a_{p,q} = 0$ *i.e.* A est réductible. Donc si A est irréductible, pour tout $i \in [\![1,n]\!]$, $X_i = [\![1,n]\!] \setminus \{i\}$, ce qui équivaut à la propriété (P).

4. La traduction graphique de (P) est : le graphe associé à A est connexe par arcs *i.e.* pour tout couple de points distincts (P_i, P_j), il existe un chemin orienté, allant de P_i à P_j

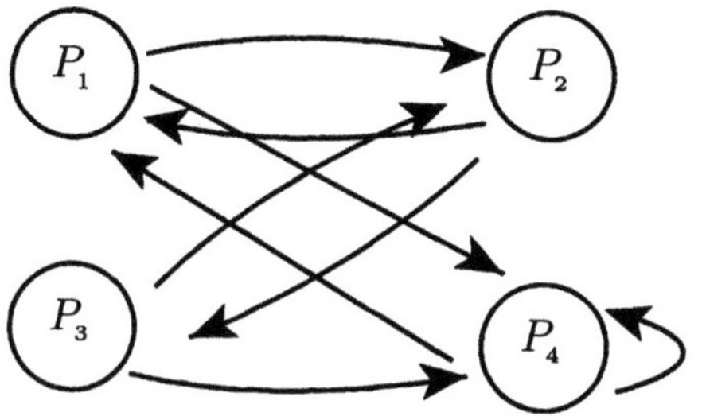

A_1

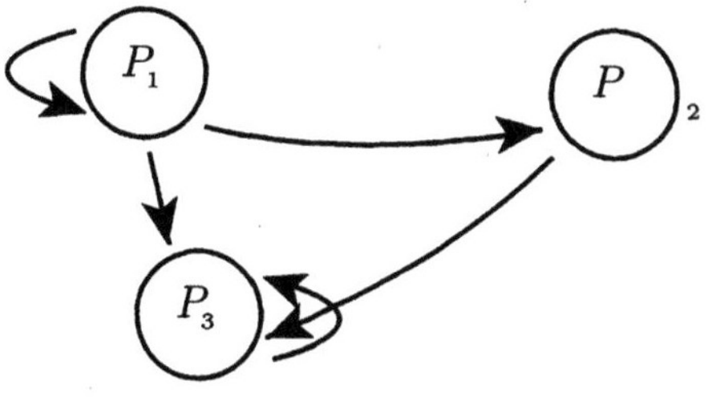

A_2

On constate ainsi que A_1 est irréductible et A_2 est réductible.

Partie II

1. Soit i un entier tel que $|u_i| = \max\{|u_1|, \cdots, |u_n|\}$ · Alors

$$A.U = 0 \Rightarrow a_{i,i} u_i = -\sum_{j \neq i} a_{i,j} u_j \Rightarrow |a_{i,i}|.|u_i| \leqslant \sum_{j \neq i} |a_{i,j}|.|u_j| \leqslant \Big(\sum_{j \neq i} |a_{i,j}|\Big)|u_i|.$$

Donc $\Big(\sum_{j \neq i} |a_{i,j}| - |a_{i,i}|\Big)|u_i| \geqslant 0$. D'où $u_{i,i} = 0$ car A est à diagonale strictement dominante. On a alors $U = 0$ vu la définition de i. La matrice A n'ayant pas 0 pour valeur propre est inversible. D'où $\det(A) \neq 0$.

2.a) Si $a_{i,i} = 0$, alors pour $j \neq i$, $a_{i,j} = 0$ car A est à diagonale faiblement dominante. A est irréductible : il suffit de prendre $S = \{i\}$ et $T = [\![1,n]\!] \setminus \{i\}$· D'où le résultat par contraposition.

2.b) Avec les mêmes notations qu'en II.1. avec A à diagonale faiblement dominante

$$|a_{i,i}|.|u_i| = \Big|\sum_{j \neq i} a_{i,j} u_j\Big| \leqslant \sum_{j \neq i} |a_{i,j}|.|u_j| \leqslant \Big(\sum_{j \neq i} |a_{i,j}|\Big)|u_i| \leqslant |a_{i,i}||u_i|.$$

Donc ces inégalités sont des égalités. Si $U \neq 0$ alors $u_i \neq 0$. Donc $a_{i,j} \neq 0 \Rightarrow |u_i| = |u_j|$. On peut recommencer en échangeant i et j. Utilisons la propriété (P). Soit $j \in [\![1,n]\!]$, on a $a_{i,j} \neq 0$ ou il existe $i_1, i_2, \dots, i_s$ tels que $a_{i,i_1}.a_{i_1,i_2} \dots a_{i_s,j} \neq 0$. Dans le premier cas, on a $|u_j| = |u_i|$, dans le second, on a $|u_i| = |u_{i_1}|$ puis $|u_{i_1}| = |u_{i_2}|$ ainsi de suite jusqu'à $|u_{i_s}| = |u_j|$. Finalement $|u_i| = |u_j|$. Donc tous les u_i ont même module. Ceci montre qu'en reprenant la démonstration de II.1. que l'on peut prendre n'importe quel i. Comme il existe i tel que $|a_{i,i}| > \sum_{j\neq i} |a_{i,j}|$, en prenant cet indice on aboutit comme en II.1. à $U = 0$: absurde. Donc $A \in \mathrm{GL}_n(\mathbb{R})$ et $\det(A) \neq 0$.

3.a) A symétrique et réelle a son polynôme caractéristique est scindé sur $\mathbb{R}$.
On suppose les $a_{i,i}$ dans $\mathbb{R}_+$. Si $\lambda < 0$ alors $a_{i,i} - \lambda = |a_{i,i} - \lambda| > \sum_{j\neq i} |a_{i,j}|$. La matrice $A - \lambda I_n$ est à diagonale fortement dominante, donc inversible d'après II.1. Alors $\lambda \notin \mathrm{Sp}(A)$. Par contraposition, $\mathrm{Sp}(A) \subset \mathbb{R}_+$.

3.b) Si de plus A est inversible, $0 \notin \mathrm{Sp}(A)$. Donc $\mathrm{Sp}(A) \subset \mathbb{R}_+^\star$.
Si A est irréductible à diagonale faiblement dominante, on a vu qu'elle est inversible. On est ramené au cas précédent.

Partie III

1.a) $A \in \mathcal{S}_n(\mathbb{R})$ est définie positive si, et seulement si, $\forall X \in \mathfrak{M}_{n,1}(\mathbb{R})\backslash\{0\}, {}^tXAX > 0$.
Donc : $\forall i \in [\![1,n]\!], a_{i,i} = {}^tE_iAE_i > 0$. Donc une S-matrice est une L-matrice définie positive. La réciproque est immédiate.

1.b) Si A est une M-matrice, alors pour tout $(i,j) \in [\![1,n]\!]^2, i \neq j, a_{i\,j} < 0$ donc (2)
Si $A^{-1} = (b_{i,j})$ alors tous les $b_{i,j}$ sont dans $\mathbb{R}_+$ et $AB = I_n$.
Donc $(AB)_{i,i} = 1 = \sum_{j=1}^{n} a_{i,j}\, b_{j,i}$. D'où : $a_{i,i}b_{i,i} = 1 - \sum_{j\neq i} a_{i,j}b_{j,i} \geqslant 1$ car $a_{i,j} \leqslant 0$ et $b_{i,j} \geqslant 0$. Donc $a_{i,i} > 0$, d'où la propriété (1) et A est une L-matrice.

1.c) Puisque l'on a (2), il suffit de montrer que A est définie positive.
D'après II.3.b) une L-matrice à diagonale faiblement dominante a des valeurs propres positives, et si elle est irréductible, strictement positives. Donc A est définie positive. D'où A est une S-matrice.

2.a) Si $\sum Q^k$ converge, alors $Q^n \xrightarrow[n\to\infty]{} 0$, donc $S(Q) < 1$.

Réciproquement : $\forall m \in \mathbb{N}, \left[\sum_{k=0}^{m} Q^k\right](I_n - Q) = I_n - Q^{m+1}$.

Si $S(Q) < 1$, alors $1 \notin \mathrm{Sp}(Q)$ *i.e.* $\det(I_n - Q) \neq 0$. Comme $Q^{m+1} \xrightarrow[m\to\infty]{} 0$, on a :

$\sum_{k=0}^{m} Q^k = (I_n - Q^{m+1})\,(I_n - Q)^{-1} \xrightarrow[m\to\infty]{} (I_n - Q)^{-1}$ par continuité de $M \mapsto MB$ sur $\mathfrak{M}_n(\mathbb{R})$. Donc la série de matrices $\sum Q^k$ converge.

2.b) A étant une L-matrice, pour tout $i \in [\![1,n]\!], a_{i,i} > 0$ et $\det(D) = \prod_{i=1}^{n} a_{i,i} > 0$.

Donc $D \in \mathrm{GL}_n(\mathbb{R})$ et $D^{-1} = \mathrm{Diag}\left(\dfrac{1}{a_{i,i}}\right)$.

Si $S(B) < 1$, d'après III.2.a), $(I_n - B)$ est inversible, avec $(I_n - B)^{-1} = \sum_{k=0}^{\infty} B^k$
B est à coefficients positifs, comme D^{-1} et C, donc pour tout $k \in \mathbb{N}, B^k$ est à coefficients positifs. Par somme et passage à la limite composante par composante, tous les coefficients de $(I_n - B)^{-1}$ sont positifs ou nuls.

2.c) Comme produit de matrices inversibles, $A = D(I_n - B)$ est inversible et l'on a : $A^{-1} = (I_n - B)^{-1}D^{-1}$ dont tous les éléments sont dans $\mathbb{R}_+$. Donc A est une M-matrice.

3.a) Comme A et $D^{-\frac{1}{2}}$ sont inversibles, il en est de même de $\widehat{A}$ et $\left(\widehat{A}\right)^{-1}$ est à coefficients positifs ou nuls. D'autre part : $\widehat{A}_{i,j} = \dfrac{a_{i,j}}{\sqrt{a_{i,i}a_{j,j}}} < 0$ si $i \neq j$.
Donc $\widehat{A}$ est une M-matrice dont la partie diagonale $\widehat{D}$ est I_n.
De plus : $\widehat{A} = D^{-\frac{1}{2}}.A.D^{-\frac{1}{2}} = D^{-\frac{1}{2}}.\left[D.\left(I_n - B\right)\right].D^{-\frac{1}{2}} = I_n - D^{\frac{1}{2}}.B.D^{-\frac{1}{2}}$
la décomposition $\widehat{A} = I_n - \widehat{B}$ est la décomposition du a) appliquée à $\widehat{A}$
On retrouve que, pour $m \in \mathbb{N}, I_n = \left(I_n - \widehat{B}\right)\left(\sum_{k=0}^{m} \widehat{B}^k\right) + \widehat{B}^{m+1}$.

D'où : $\forall m \in \mathbb{N}, \left(\widehat{A}\right)^{-1} = \left(I_n - \widehat{B}\right)^{-1} = \left(\sum_{k=0}^{m} \widehat{B}^k\right) + \left(I_n - \widehat{B}\right)^{-1} \widehat{B}^{m+1}$

3.b) $\widehat{B} = D^{\frac{1}{2}}.B.D^{-\frac{1}{2}}$ produit de matrices à coefficients positifs, est aussi à coefficients positifs. De même ses puissances et leur somme G_m est à coefficients positifs.
Comme $G_m = \left(\widehat{A}\right)^{-1} - \left(\widehat{A}\right)^{-1} \widehat{B}^{m+1}$ on a : $[G_m]_{ij} \leqslant \left[\left(\widehat{A}\right)^{-1}\right]_{ij}$.

3.c) Pour (i, j) fixé, on a donc une suite réelle croissante majorée donc convergente dans $\mathbb{R}$. La suite de matrices $(G_m)_{m \in \mathbb{N}}$ est convergente, la série $\sum \widehat{B}^k$ est convergente. Donc $S(\widehat{B}) < 1$ d'après III.2. Comme B et $\widehat{B}$ sont semblables elles ont même spectre, $S(B) < 1$.

4.a) Si A est une S-matrice, elle est définie positive donc inversible.
Comme $A = D(I_n - B), D$ et $(I_n - B)$ sont inversibles, on a $A^{-1} = (I_n - B)^{-1} D^{-1}$.

4.b) 1. $\widehat{A}$ et A sont congruentes donc représentent la même forme quadratique dans deux bases différentes ; elles sont simultannément définies positives.

2. Compte tenu du résultat admis, B admet une valeur propre $\mu \geqslant 1$. Comme B et $\widehat{B}$ sont semblables, $\widehat{B}$ a une valeur propre $\mu \geqslant 1$. Comme $\widehat{A} = I_n - \widehat{B}$ donc $\lambda = 1 - \mu \leqslant 0$ est une valeur propre de $\widehat{A}$. Ce qui contredit III.4.b)1. Donc $S(B) < 1$.
Il découle de III.1. et III.2.c) que toute S-matrice est une M-matrice.

Fin

Notations

Soit n un entier supérieur ou égal à 1. Pour p entier supérieur ou égal à 1, $\mathfrak{M}_{n,p}(\mathbb{R})$ désigne le $\mathbb{R}$-espace vectoriel des matrices à coefficients réels ayant n lignes et p colonnes et $\mathfrak{M}_{n,p}(\mathbb{C})$ désigne le $\mathbb{C}$-espace vectoriel des matrices à coefficients complexes ayant n lignes et p colonnes. On identifiera $\mathfrak{M}_{n,1}(\mathbb{R})$ à $\mathbb{R}^n$, que l'on supposera muni de son produit scalaire canonique noté $(\cdot|\cdot)$.

Lorsque $p = n$, $\mathfrak{M}_{n,n}(\mathbb{R})$ et $\mathfrak{M}_{n,n}(\mathbb{C})$ sont notés plus simplement $\mathfrak{M}_n(\mathbb{R})$ et $\mathfrak{M}_n(\mathbb{C})$ et sont munis de leur structure d'algèbre, I_n représentant la matrice identité.

Pour A appartenant à $\mathfrak{M}_{n,p}(\mathbb{C})$, ${}^tA$ désigne la matrice transposée de A : c'est un élément de $\mathfrak{M}_{p,n}(\mathbb{C})$. $0_{n,p}$ désigne la matrice nulle de $\mathfrak{M}_{n,p}(\mathbb{C})$.

Si f est un endomorphisme d'un espace vectoriel de dimension n représenté par la matrice A dans une base donnée, on note $\mathrm{Sp}(f)$ ou $\mathrm{Sp}(A)$ l'ensemble des valeurs propres de f , χ_f ou χ_A son polynôme caractéristique et $\mathrm{tr}(f)$ ou $\mathrm{tr}(A)$ sa trace. En outre, si A appartient à $\mathfrak{M}_n(\mathbb{R})$, on note $\mathrm{Sp}_{\mathbb{C}}(A)$ l'ensemble des valeurs propres de A, lorsque A est considérée comme un élément de $\mathfrak{M}_n(\mathbb{C})$.

$\mathbb{R}[X]$ est le $\mathbb{R}$-espace vectoriel des polynômes à coefficients réels, $\mathbb{C}[X]$ est le $\mathbb{C}$-espace vectoriel des polynômes à coefficients complexes et $\mathbb{N}_n$ est l'ensemble $\{1, 2, \ldots, n\}$.

Partie I

I.1. Soit $A \in \mathfrak{M}_n(\mathbb{R})$, $B \in \mathfrak{M}_{n,p}(\mathbb{R})$, $C \in \mathfrak{M}_p(\mathbb{R})$ et M la matrice de $\mathfrak{M}_{n+p}(\mathbb{R})$ donnée par $M = \begin{pmatrix} A & B \\ 0_{p,n} & C \end{pmatrix}$.

I.1.1. Si A est non inversible, montrer sans recourir au déterminant, que M est non inversible.

I.1.2. Si A est inversible, on pose $P = \begin{pmatrix} A & 0_{n,p} \\ 0_{p,n} & I_p \end{pmatrix}$. Résoudre alors dans $M_{n+p}(\mathbb{R})$ l'équation matricielle $XP = M$.

I.1.3. Retrouver le résultat connu : $\det(M) = \det(A) \times \det(C)$.

Dans toute la suite u désigne un endomorphisme de $\mathbb{R}^n$.

I.2. Soit F un sous-espace vectoriel de $\mathbb{R}^n$ stable par u. Si v désigne l'endomorphisme induit par u sur F, montrer que χ_v, divise χ_u.

I.3. Pour tout x élément de $\mathbb{R}^n$, on définit l'ensemble $F_u(x)$ par :

$$F_u(x) = \{P(u)(x) \mid P \in \mathbb{R}[X]\}.$$

Montrer que $F_u(x)$ est un sous-espace vectoriel de $\mathbb{R}^n$ stable par u.

I.4. Dans cette question, on suppose que x est un élément non nul de $\mathbb{R}^n$.

I.4.1. Montrer l'existence d'un plus petit entier naturel q pour lequel la famille de vecteurs $(x, u(x), \ldots, u^q(x))$ est liée.

I.4.2. Soit $(a_0, a_1, \ldots, a_q)$ une famille de nombres réels non tous nuls telle que $\sum\limits_{j=0}^{q} a_j u^j(x) = 0$ et S le polynôme de $\mathbb{R}[X]$ défini par $S(X) = \sum\limits_{j=0}^{q} a_j X^j$. Montrer que a_q est non nul, puis que $(x, u(x), \ldots, u^{q-1}(x))$ est une base de $F_u(x)$.

I.4.3. Pour tout $i \in \{0, 1, \ldots, q\}$, on pose $\alpha_i = \dfrac{a_i}{a_q}$ et on note u_0 l'endomorphisme induit par u sur $F_u(x)$. Montrer que $\chi_{u_0}(X) = (-1)^q \sum\limits_{i=0}^{q} \alpha_i X^i$, donner la valeur de $\chi_{u_0}(X)$ et en déduire que le polynôme caractéristique de u est un polynôme annulateur de u.

Partie II

II.1. Vérifier les propriétés suivantes :

II.1.1. $\forall (X,Y) \in (\mathfrak{M}_{n,1}(\mathbb{R}))^2$, $\forall A \in \mathfrak{M}_n(\mathbb{R})$, $(AX|Y) = (X|{}^tAY)$.

II.1.2. $\forall (X,Y) \in (\mathfrak{M}_{n,1}(\mathbb{R}))^2$, $\mathrm{tr}(X{}^tY) = (X|Y)$.

II.1.3. $\forall (X,Y,Z) \in (\mathfrak{M}_{n,1}(\mathbb{R}))^3$, $(X{}^tY)Z = (Y|Z)X$.

II.2. Soit $\varphi : \mathfrak{M}_n(\mathbb{R}) \times \mathfrak{M}_n(\mathbb{R}) \to \mathbb{R}$, $(A,B) \mapsto \mathrm{tr}({}^tAB)$. Montrer que φ définit un produit scalaire sur $\mathfrak{M}_n(\mathbb{R})$. Dans toute la suite il sera noté $((\cdot|\cdot))$.

II.3. À partir de cette question r, s, ℓ, m désignent des entiers naturels inférieurs ou égaux à n.

II.3.1. Évaluer le produit par blocs $\begin{pmatrix} I_r \\ 0_{n-r,r} \end{pmatrix} \begin{pmatrix} I_r & 0_{r,n-r} \end{pmatrix}$.

II.3.2. Soit $A \in \mathfrak{M}_n(\mathbb{R})$ une matrice de rang r. Montrer qu'il existe B dans $M_{n,r}(\mathbb{R})$ et C dans $\mathfrak{M}_{r,n}(\mathbb{R})$ telles que $A = BC$.

II.3.3. Montrer qu'une matrice A de $\mathfrak{M}_n(\mathbb{R})$ est de rang 1 si et seulement s'il existe deux matrices non nulles X et Y de $M_{n,1}(\mathbb{R})$ telles que $A = X{}^tY$.

II.3.4. Montrer que la décomposition $A = X{}^tY$ de la question précédente n'est pas unique et déterminer les relations vérifiées par des matrices colonnes X, Y, Z, T telles que $A = X{}^tY = Z{}^tT$.

II.4.1. Soit $(Z_i)_{1\leqslant i\leqslant r}$ et $(T_j)_{1\leqslant j\leqslant s}$ deux familles libres de vecteurs de $\mathbb{R}^n$. Montrer que la famille de matrices $(Z_i{}^tT_j)_{\substack{1\leqslant i\leqslant r\\1\leqslant j\leqslant s}}$ est de rang égal à rs.

II.4.2. Soit $(X_i)_{1\leqslant i\leqslant n}$ et $(Y_j)_{1\leqslant j\leqslant n}$ deux bases de $\mathbb{R}^n$. Que peut-on dire de la famille de matrices $(X_i{}^tY_j)_{\substack{1\leqslant i\leqslant n\\1\leqslant j\leqslant n}}$?

II.4.3. Soit $(V_i)_{1\leqslant i\leqslant \ell}$ et $(W_j)_{1\leqslant j\leqslant m}$ deux familles de vecteurs de $\mathbb{R}^n$ de rangs respectifs r et s. Déterminer le rang de la famille de matrices $(V_i{}^tW_j)_{\substack{1\leqslant i\leqslant \ell\\1\leqslant j\leqslant m}}$.

II.5. Montrer que si les bases $(X_i)_{1\leqslant i\leqslant n}$ et $(Y_j)_{1\leqslant j\leqslant n}$ sont des bases orthonormales de $\mathbb{R}^n$, la famille $(X_i{}^tY_j)_{\substack{1\leqslant i\leqslant n\\1\leqslant j\leqslant n}}$ est une base orthonormale de $\mathfrak{M}_n(\mathbb{R})$ muni du produit scalaire défini en II.2. La réciproque est-elle vraie ?

II.6. Soit A une matrice de $\mathfrak{M}_n(\mathbb{R})$ de rang 1.

II.6.1. Montrer que $A^2 = \big(\mathrm{tr}(A)\big)A$.

II.6.2. Soit X et Y deux éléments non nuls de $\mathfrak{M}_{n,1}(\mathbb{R})$ tels que $A = X{}^tY$. Montrer l'équivalence des quatre propositions suivantes :

(i) $\big(X|Y\big) = 0$.
(ii) $\mathrm{tr}(A) = 0$.
(iii) $\mathrm{Im}(A) \subset \mathrm{Ker}(A)$.
(iv) A est non diagonalisable.

II.7. Montrer que les matrices de $\mathfrak{M}_n(\mathbb{R})$, diagonalisables et de rang 1 engendrent $\mathfrak{M}_n(\mathbb{R})$.

Partie III

Pour toutes matrices A et B de $\mathfrak{M}_n(\mathbb{R})$ on note $h_{A,B}$ l'endomorphisme de $\mathfrak{M}_n(\mathbb{R})$ défini par : $\forall M\in\mathfrak{M}_n(\mathbb{R})$, $h_{A,B}(M) = AM - MB$ et $\overline{h}_{A,B}$ l'endomorphisme de $\mathfrak{M}_n(\mathbb{C})$ défini par : $\forall M\in\mathfrak{M}_n(\mathbb{C})$, $\overline{h}_{A,B}(M) = AM - MB$.

III.1. Soit A_0 et B_0 les matrices de $\mathfrak{M}_2(\mathbb{R})$ données par :

$$A_0 = \begin{pmatrix} 0 & 2\\ -1 & 3\end{pmatrix} \text{ et } B_0 = \begin{pmatrix} 2 & 2\\ -1 & -1\end{pmatrix}.$$

III.1.1. Déterminer $\mathrm{Sp}_{\mathbb{C}}(A_0)$ et $\mathrm{Sp}_{\mathbb{C}}(B_0)$.

III.1.2. On considère la base $\mathcal{B} = (E_{1,1}, E_{1,2}, E_{2,1}, E_{2,2})$ de $\mathfrak{M}_2(\mathbb{R})$ et on note H_0 la matrice dans cette base $\mathcal{B}$ de l'endomorphisme h_{A_0,B_0}. Déterminer H_0, puis $\mathrm{Sp}_{\mathbb{C}}(H_0)$ et vérifier que :

$$\mathrm{Sp}_{\mathbb{C}}(H_0) = \big\{(a-b)\ \big|\ (a,b)\in\mathrm{Sp}_{\mathbb{C}}(A_0)\times\mathrm{Sp}_{\mathbb{C}}(B_0)\big\}.$$

III.1.3. Montrer que A_0 et B_0 sont diagonalisables dans $\mathfrak{M}_2(\mathbb{R})$. En est-il de même de H_0 ?

Soit maintenant A et B quelconques dans $\mathfrak{M}_n(\mathbb{R})$. On se propose d'étudier les liens existant la diagonalisabilité de A et B et celle de $h_{A,B}$.

III.2. Soit $a \in \mathrm{Sp}_{\mathbb{C}}(A)$ et $b \in \mathrm{Sp}_{\mathbb{C}}(B)$. Montrer qu'il existe un élément (V, W) de $\left(\mathfrak{M}_{n,1}(\mathbb{C}) \setminus \{0\}\right)^2$ tel que $AV = aV$, ${}^tWB = b{}^tW$ et $V{}^tW$ est vecteur propre de $\overline{h}_{A,B}$. En déduire l'inclusion : $\left\{(a-b) \mid (a,b) \in \mathrm{Sp}_{\mathbb{C}}(A) \times \mathrm{Sp}_{\mathbb{C}}(B)\right\} \subset \mathrm{Sp}\left(\overline{h}_{A,B}\right)$.

III.3. Montrer que si A et B sont diagonalisables dans $\mathfrak{M}_n(\mathbb{R})$, il en est de même de $h_{A,B}$. Calculer dans ce cas $\mathrm{tr}\left(h_{A,B}\right)$.

III.4. On note $a_1, a_2, \ldots, a_n$ les valeurs propres non nécessairement distinctes de A dans $\mathbb{C}$. En exprimant χ_A en fonction des a_i, montrer que la matrice $\chi_A(B)$ est inversible si, et seulement si, $\mathrm{Sp}_{\mathbb{C}}(A) \cap \mathrm{Sp}_{\mathbb{C}}(B) = \varnothing$.

III.5. Soit $\lambda \in \mathrm{Sp}\left(\overline{h}_{A,B}\right)$ et M un vecteur propre associé.

III.5.1. Montrer que pour tout $P \in \mathbb{C}[X]$, $P(A)M = MP(B + \lambda I_n)$.

III.5.2. Montrer que $\chi_A(B + \lambda I_n)$ est non inversible.

III.5.3. En déduire en utilisant III.2 et III.4 :

$$\mathrm{Sp}\left(\overline{h}_{A,B}\right) = \left\{(a-b) \mid (a,b) \in \mathrm{Sp}_{\mathbb{C}}(A) \times \mathrm{Sp}_{\mathbb{C}}(B)\right\}.$$

III.6. Donner une condition nécessaire et suffisante pour qu'il existe M non nulle dans $\mathfrak{M}_n(\mathbb{C})$ telle que $AM = MB$.

Dans toute la suite du problème, on suppose $B = A$ et on considère l'endomorphisme $h_{A,A}$ que l'on notera plus simplement h_A.

III.7. On suppose A diagonalisable dans $\mathfrak{M}_n(\mathbb{R})$ et on note $(V_1, \ldots, V_n)$ une base de vecteurs propres de A, chaque vecteur V_i, étant associé à la valeur propre λ_i. Pour tout $(i,j) \in \mathbb{N}_n^2$, on définit la matrice $M_{i,j}$ de $\mathfrak{M}_n(\mathbb{R})$ par :

$$\forall k \in \mathbb{N}_n,\ M_{i,j}V_k = \delta_{j,k}V_i \text{ où } \delta_{j,k} = 1 \text{ si } j = k \text{ et } 0 \text{ si } j \neq k.$$

III.7.1. Montrer que la famille de matrices $(M_{i,j})_{\substack{1\leqslant i\leqslant n\\ 1\leqslant j\leqslant n}}$ est une base de $\mathfrak{M}_n(\mathbb{R})$.

III.7.2. Montrer que pour tout $(i,j,k) \in \mathbb{N}_n^3$, $h_A(M_{i,j})V_k = (\lambda_i - \lambda_j)M_{i,j}V_k$ et en déduire que les matrices $M_{i,j}$ sont des vecteurs propres de h_A.

III.7.3. On note $\mu_1, \mu_2, \ldots, \mu_p$ les valeurs propres distinctes de A, $m_1, m_2, \ldots, m_p$ leurs ordres de multiplicité respectifs et $J = \left\{(i,j) \in \mathbb{N}_n^2 \mid \lambda_i = \lambda_j\right\}$.

Montrer que : $\mathrm{Ker}(h_A) = \mathrm{Vect}\left\{M_{i,j} \mid (i,j) \in J\right\}$ et $\dim\left(\mathrm{Ker}(h_A)\right) = \sum\limits_{i=1}^{p} m_i^2$.

III.7.4. Montrer que $\dim\left(\mathrm{Ker}(h_A)\right) \geqslant n$ et que l'égalité a lieu si, et seulement si, A admet n valeurs propres distinctes.

III.7.5. On note $\mathbb{R}[A] = \left\{P[A] \mid P \in \mathbb{R}[X]\right\}$. Montrer que si les n valeurs propres de A sont distinctes, $\{I_n, A, A^2, \ldots, A^{n-1}\}$ constitue une base de $\mathbb{R}[A]$ et en déduire que dans ce cas $\mathrm{Ker}(h_A) = \mathbb{R}[A]$.

III.8. On suppose h_A diagonalisable et on note $(P_{i,j})_{\substack{1\leqslant i\leqslant n\\ 1\leqslant j\leqslant n}}$ une base de vecteurs propres de h_A, chaque matrice $P_{i,j}$ étant associée à la valeur propre $\lambda_{i,j}$. Montrer que si X est un vecteur propre de A associé à la valeur propre λ, la famille $(P_{i,j}X)_{\substack{1\leqslant i\leqslant n\\ 1\leqslant j\leqslant n}}$ est génératrice de $\mathbb{R}^n$, en déduire que A est diagonalisable.

Connaisssances utiles

- Algèbre linéaire, matrices, réduction.
- Produit scalaire.

Solution

Partie I

I.1.1. La famille des colonnes de la matrice A est liée, *a fortiori* celle des colonnes de M est liée et donc M n'est pas inversible.

I.1.2. On pose $X = \begin{pmatrix} X_1 & X_2 \\ X_3 & X_4 \end{pmatrix}$ où $X_1 \in \mathfrak{M}_n(\mathbb{R})$ et alors $XP = M$ équivaut à $(\star)$ $\big(X_1 A = A,\ X_2 = B,\ X_3 A = 0_{p,n} \text{ et } X_4 = C\big)$.
Comme A est inversible, $(\star) \iff X_1 = I_n,\ X_2 = B,\ X_3 = 0_{p,n}$ et $X_4 = C$.

I.1.3. En développant $\det(X)$ successivement selon ses n premières colonnes on a $\det(X) = \det(C)$.
En développant $\det(P)$ successivement selon ses p dernières colonnes on a de même $\det(P) = \det(A)$.
Comme $M = XP$, il vient $\det(M) = \det(X)\det(P) = \det(A)\det(C)$ car $\mathbb{R}$ est un corps (commutatif).

I.2. La divisibilité dans $\mathbb{R}[X]$ n'est pas au programme mais l'étudiant souhaitant intégrer comprendra.
On écrit $\mathbb{R}^n = F \oplus G$ et on utilise une base $\mathcal{B}$ de $\mathbb{R}^n$ adaptée à cette décomposition. La matrice M de u dans cette base est de la forme $M = \begin{pmatrix} A & B \\ 0_{p,n-p} & C \end{pmatrix}$ où $p = \dim(F)$ et A est une matrice de v.
La question précédente montre que $\chi_u = \begin{vmatrix} A - XI_p & B \\ 0_{p,n-p} & C - XI_{n-p} \end{vmatrix} = \chi_v \times \chi_C$ et donc χ_v divise χ_u dans $\mathbb{R}[X]$.

I.3. L'application $\Phi : \begin{pmatrix} \mathbb{R}[X] & \to & \mathbb{R}^n \\ P & \mapsto & P(u)(x) \end{pmatrix}$ est linéaire et $F_u(x) = \operatorname{Im}(\Phi)$ est donc un sous-espace vectoriel de $\mathbb{R}^n$.
Si $P \in \mathbb{R}[X]$ alors $u\big(P(u)(x)\big) = \Phi(XP) \in \operatorname{Im}(\Phi) = F_u(x)$ et donc $F_u(x)$ est stable par u.

I.4.1. L'ensemble Q des entiers naturels q tels que la famille $\big(x, u(x), \dots, u^q(x)\big)$ soit liée contient n car toute famille de $n+1$ vecteurs est liée. Par conséquent Q, en tant que partie non vide de $\mathbb{N}$, admet un minimum ; c'est q.

I.4.2. Par construction la famille $\big(x, u(x), \dots, u^{q-1}(x)\big)$ est libre dans $F_u(x)$.

Si $a_q = 0$ alors la famille $\big(x, u(x), \dots, u^{q-1}(x)\big)$ est liée car les a_j sont supposés non tous nuls, on vient de voir que c'est impossible, et donc $a_q \neq 0$.

Soit $P \in \mathbb{R}[X]$ et effectuons la division euclidienne de P par S : $P = SQ + R$ où $\deg(R) < q$. On a $P(u)(x) = Q(u)\big(S(u)(x)\big) + R(u)(x) = R(u)(x)$ car $S(u)(x) = 0$ et car $Q(u) \in \mathcal{L}(\mathbb{R}^n)$, par suite $P(u)(x) \in \operatorname{Vect}\big(x, u(x), \dots, u^{q-1}(x)\big)$ car $\deg(R) < q$, ce qui montre que $\operatorname{Vect}\big(x, u(x), \dots, u^{q-1}(x)\big) \subset F_u(x) \subset \operatorname{Vect}\big(x, u(x), \dots, u^{q-1}(x)\big)$ et donc $\big(x, u(x), \dots, u^{q-1}(x)\big)$ est une famille génératrice de $F_u(x)$.

En définitive $\big(x, u(x), \dots, u^{q-1}(x)\big)$ est une base de $F_u(x)$.

I.4.3. Dans cette base la matrice de u_0 est $\begin{pmatrix} 0 & \cdots & 0 & -\alpha_0 \\ 1 & \ddots & \vdots & \vdots \\ & \ddots & 0 & -\alpha_{q-2} \\ (0) & & 1 & -\alpha_{q-1} \end{pmatrix}$ et donc on a

$$\chi_{u_0} = \begin{vmatrix} -X & 0 & \cdots & 0 & -\alpha_0 \\ 1 & \ddots & \ddots & \vdots & \vdots \\ 0 & \ddots & \ddots & 0 & \vdots \\ \vdots & \ddots & \ddots & -X & -\alpha_{q-2} \\ 0 & \cdots & 0 & 1 & -\alpha_{q-1} - \alpha_q X \end{vmatrix}.$$

L'opération $L_1 \leftarrow \sum\limits_{k=1}^{q} X^{k-1} L_k$ donne $\chi_{u_0} = \begin{vmatrix} 0 & \cdots & \cdots & 0 & P(X) \\ 1 & \ddots & \ddots & \vdots & \vdots \\ 0 & \ddots & \ddots & 0 & \vdots \\ \vdots & \ddots & \ddots & -X & -\alpha_{q-2} \\ 0 & \cdots & 0 & 1 & -\alpha_{q-1} - \alpha_q X \end{vmatrix}$ où $P(X) = -\sum\limits_{k=0}^{p} \alpha_k X^k$. On développe alors selon la première ligne et on obtient :

$$\chi_{u_0} = (-1)^{q+1} P(X) = (-1)^q \sum_{k=0}^{q} \alpha_k X^k.$$

La lecture du programme est instructive pour la fin de la question : le théorème de Cayley-Hamilton est hors programme et (dans l'avertissement) les connaissaances hors programme ne peuvent faire l'objet d'aucune épreuve d'évaluation.

La question I.2 autorise à écrire $\chi_u = P \times \chi_{u_0}$ où $P \in \mathbb{R}[X]$ et alors

$$\chi_u(u)(x) = P(u)\big(\chi_{u_0}(u_0)(x)\big) = \frac{(-1)^q}{a_q} P(u)\big(S(u)(x)\big) = 0 \text{ car } P(u) \in \mathcal{L}(\mathbb{R}^n).$$

Le cas où x est nul est immédiat et donc $\chi_u(u)$ est l'endomorphisme nul (théorème de Cayley-Hamilton).

Partie II

II.1. Rappelons que, pour tout $(X,Y)\in(\mathbb{R}^n)^2$, on a $\big(X|Y\big) = {}^tXY$.

II.1.1. Si $(X,Y)\in(\mathbb{R}^n)^2$ et $A\in\mathfrak{M}_n(\mathbb{R})$, $\big(AX|Y\big) = {}^t(AX)Y = {}^tX({}^tAY) = \big(X|{}^tAY\big)$.

II.1.2. Si $(X,Y)\in(\mathbb{R}^n)^2$, $\big(X|Y\big) = \big(Y|X\big) = {}^tYX = \mathrm{tr}({}^tYX) = \mathrm{tr}(X{}^tY)$ par propriété de tr.

II.1.3. Si $(X,Y,Z)\in(\mathbb{R}^n)^3$, $(X{}^tY)Z = X({}^tYZ) = X\big(Y|Z\big) = \big(Y|Z\big)X$.

II.2. $\forall(A,B)\in\big(\mathfrak{M}_n(\mathbb{R})\big)^2$, $\mathrm{tr}({}^tAB) = \sum_{(i,j)\in\mathbb{N}_n^2} a_{i,j}b_{i,j}$ et donc $\big((\cdot|\cdot)\big)$ est le produit scalaire canonique sur $\mathfrak{M}_n(\mathbb{R})$.

II.3.1. $\begin{pmatrix} I_r \\ 0_{n-r,r}\end{pmatrix}\begin{pmatrix} I_r & 0_{r,n-r}\end{pmatrix} = \begin{pmatrix} I_r & 0_{r,n-r} \\ 0_{n-r,r} & 0_{n-r}\end{pmatrix}$.

II.3.2. On écrit $A = P\begin{pmatrix} I_r & 0_{r,n-r} \\ 0_{n-r,r} & 0_{n-r}\end{pmatrix}Q$ où P et Q sont des éléments de $\mathrm{GL}_n(\mathbb{R})$.
Alors, en posant $B = P\begin{pmatrix} I_r \\ 0_{n-r,r}\end{pmatrix}$ et $C = \begin{pmatrix} I_r & 0_{r,n-r}\end{pmatrix}Q$, on a $B\in\mathfrak{M}_{n,r}(\mathbb{R})$, $C\in\mathfrak{M}_{r,n}(\mathbb{R})$ et $\mathrm{rg}(B) = \mathrm{rg}(C) = r$ car les matrices P et Q sont inversibles.

II.3.3. Si A est de rang 1 la question précédente prouve l'existence d'une décomposition $A = X{}^tY$ et, si X ou Y est nulle, alors $A = 0_n$, ce qui est exclu.

Réciproquement si $A = X{}^tY$ alors $\mathrm{Im}(A) \subset \mathrm{Vect}(X)$ et donc $\mathrm{rg}(A) \leqslant 1$. Si $x_i \neq 0$ et $y_j \neq 0$ alors $a_{i,j} = x_iy_j \neq 0$ et donc $\mathrm{rg}(A) \geqslant 1$, d'où $\mathrm{rg}(A) = 1$.
On remarquera que $\mathrm{Im}(A) = \mathrm{Vect}(X)$ en découle.
De même, si $Z\perp Y$ alors $AZ = (X{}^tY)Z = \big(Y|Z\big)X = 0$ et donc $Y^\perp \subset \mathrm{Ker}(A)$ et même $Y^\perp = \mathrm{Ker}(A)$ par égalité des dimensions.

II.3.4. Commençons par résoudre $X{}^tY = Z{}^tT$; on pose $A = X{}^tY$.
On a $\mathrm{Im}(A) = \mathrm{Vect}(X) = \mathrm{Vect}(Z)$ et $\mathrm{Ker}(A) = Y^\perp = T^\perp$, d'où $Z = \lambda X$ et $T = \mu Y$ où $(\lambda,\mu)\in(\mathbb{R}^\star)^2$. Alors $X{}^tY = Z{}^tT$ équivaut à $(\lambda\mu - 1)A = 0_n$ *i.e.* $\lambda\mu = 1$.
Réciproquement s'il existe un élément λ de $\mathbb{R}^\star$ tel que $Z = \lambda X$ et $Y = \lambda T$, alors ${}^tXY = \lambda{}^tXT = {}^tZT$.

Cette étude prouve que l'ensemble des solutions (X,Y) de l'équation $A = X{}^tY$ est infini.

II.4.1. On complète $(Z_i)_{1\leqslant i\leqslant r}$ en une base $(Z_i)_{1\leqslant i\leqslant n}$ de $\mathbb{R}^n$ et $(T_j)_{1\leqslant j\leqslant s}$ en une base $(T_j)_{1\leqslant j\leqslant n}$ de $\mathbb{R}^n$. On note P l'élément de $\mathfrak{M}_n(\mathbb{R})$ dont la famille des colonnes est $(Z_1,\ldots,Z_n)$, alors $P\in\mathrm{GL}_n(\mathbb{R})$. De même si Q est l'élément de $\mathfrak{M}_n(\mathbb{R})$ dont la famille des colonnes est $(T_1,\ldots,T_n)$, alors $Q\in\mathrm{GL}_n(\mathbb{R})$. Notons enfin $(E_1,\ldots,E_n)$ la base canonique de $\mathbb{R}^n$.

Pour tout $(i,j)\in\mathbb{N}_n^2$, $Z_i{}^tT_j = (PE_i)^t(QE_j) = PE_{i,j}{}^tQ$ où $E_{i,j}$ désigne la matrice élémentaire i,j.

Comme $\Phi : \begin{pmatrix} \mathfrak{M}_n(\mathbb{R}) & \to & \mathfrak{M}_n(\mathbb{R}) \\ X & \mapsto & PX^tQ \end{pmatrix}$ est un automorphisme et comme la famille des $E_{i,j}$ est une base de $\mathfrak{M}_n(\mathbb{R})$, on en déduit que la famille des $Z_i{}^tT_j$ est une base de $\mathfrak{M}_n(\mathbb{R})$, ce qui établit le résultat demandé.

II.4.2. La question précédente prouve que $(X_i{}^tY_j)_{1\leqslant i,j\leqslant n}$ est une base de $\mathfrak{M}_n(\mathbb{R})$.

II.4.3. Quitte à réindéxer on peut supposer que $(V_1,\dots,V_r)$ et $(W_1,\dots,W_s)$ sont libres. Si, par exemple, $r+1\leqslant i\leqslant \ell$ on écrit $V_i=\sum_{k=0}^{r}\alpha_kV_k$ et alors, si $1\leqslant j\leqslant m$, on a $V_i{}^tW_j=\sum_{k=1}^{r}\alpha_kV_k{}^tW_j\in\mathrm{Vect}\big(V_i{}^tW_j,\ 1\leqslant i\leqslant r, 1\leqslant j\leqslant m\big)$.

De même si $s+1\leqslant j\leqslant m$ on écrit $W_j=\sum_{k=0}^{s}\beta_kW_k$ et alors, pour $1\leqslant i\leqslant r$, on a $V_i{}^tW_j=\sum_{k=1}^{s}\beta_kV_i{}^tW_k\in\mathrm{Vect}\big(V_i{}^tW_j,\ 1\leqslant i\leqslant r, 1\leqslant j\leqslant s\big)$.

Par symétrie des rôles joués par i et j on a ainsi montré que

$$\mathrm{Vect}\big(V_i{}^tW_j,\ 1\leqslant i<\ell, 1\leqslant j\leqslant m\big)=\mathrm{Vect}\big(V_i{}^tW_j,\ 1\leqslant i\leqslant r, 1\leqslant j\leqslant s\big)$$

qui est de dimension rs d'après II.4.1.

II.5. Posons, pour tout $(i,j)\in\mathbb{N}_n^2$, $Z_{i,j}=X_i{}^tY_j$.
Si $(i,j,k,\ell)\in\mathbb{N}_n^2$ on a :

$$\begin{aligned}\big((Z_{i,j}|Z_{k,\ell})\big) &= \mathrm{tr}(Y_j{}^tX_iX_k{}^tY_\ell)=\big(X_i|X_k\big)\,\mathrm{tr}(Y_j{}^tY_\ell)=\big(X_i|X_k\big)\times\big(Y_j|Y_\ell\big)\\ &=\delta_{i,k}\times\delta_{j,\ell}=\delta_{(i,k),(j,\ell)}\end{aligned}$$

ce qui montre que $(X_i{}^tY_j)_{(i,j)\in\mathbb{N}_n^2}$ est une base orthonormale de $\mathfrak{M}_n(\mathbb{R})$ muni du produit scalaire canonique.

La réciproque est fausse car $\dfrac{I_n}{\sqrt{n}}$ est unitaire dans ce même espace vectoriel euclidien et participe donc à une base orthonormale alors que ce n'est pas une matrice de rang 1 et donc pas de la forme X^tY.

II.6.1. Écrivons $A=X^tY$ où X et Y sont des éléments non nuls de $\mathbb{R}^n$.
On a $A^2=X({}^tYX){}^tY=\big(X|Y\big)A=\big(\mathrm{tr}(A)\big)A$ d'après la question II.1.2.

II.6.2. On a déjà vu que $\big(X|Y\big)=\mathrm{tr}(A)$.

Comme X engendre $\mathrm{Im}(A)$ et Y engendre $\mathrm{Ker}(A)^\perp$, la nullité de $\big(X|Y\big)$ équivaut à $\mathrm{Im}(A)\subset\mathrm{Ker}(A)$.

Enfin A a un noyau de dimension $n-1$. Elle est diagonalisable si, et seulement si, la somme des dimensions de ses sous-espaces propres est n *i.e.* si, et seulement si, la dimension de l'éventuel sous-espace propre associé à une valeur propre non nulle est 1 ou encore si, et seulement si, elle possède une valeur propre non nulle. Comme la somme de ses valeurs propres complexes comptées avec ordre de multiplicité est $\mathrm{tr}(A)$, cela équivaut à $\mathrm{tr}(A) \neq 0$.

On a établi l'équivalence des quatre propositions.

II.7. Soient $(X_1,\ldots,X_n)$ et $(Y_1,\ldots,Y_n)$ deux bases orthonormales de $\mathbb{R}^n$ telles que, pour tout $(i,j)\in\mathbb{N}_n^2$, $\big(X_i|Y_j\big)\neq 0$. La famille $(X_i{}^tY_j)_{(i,j)\in\mathbb{N}_n^2}$ est une base orthonormale de $\mathfrak{M}_n(\mathbb{R})$ constituée de matrices diagonalisables de rang 1 d'après les questions II.5 et II.6.2.

Partie III

III.1.1. $\chi_{A_0} = X^2-3X+2 = (X-1)(X-2)$ d'où $\mathrm{Sp}_{\mathbb{C}}(A_0)=\{1,2\}$.
De même $\chi_{B_0} = X^2 - X = X(X-1)$ d'où $\mathrm{Sp}_{\mathbb{C}}(B_0)=\{0,1\}$.

III.1.2. On obtient $H_0 = \begin{pmatrix} -2 & 1 & 2 & 0 \\ -2 & 1 & 0 & 2 \\ -1 & 0 & 1 & 1 \\ 0 & -1 & -2 & 4 \end{pmatrix}$ puis $\chi_{H_0} = X(X-1)^2(X-2)$ d'où $\mathrm{Sp}_{\mathbb{C}}(H_0)=\{0,1,2\}$.
L'égalité proposée est donc satisfaite et, même, on peut tenir compte des ordres de multiplicité car $1=1-0=2-1$.

II.1.3 Comme A_0 et B_0 ont chacune deux valeurs propres réelles, elles sont diagonalisables dans $\mathfrak{M}_2(\mathbb{R})$.

H_0 a trois valeurs propres réelles dont une double, la valeur propre 1. Elle est diagonalisable si, et seulement si, $\dim\big[\mathrm{Ker}(H_0-I_4)\big]=2$ *i.e.* $\mathrm{rg}(H_0-I_4)=2$, ce qui est le cas.

III.2. On choisit V un vecteur propre de A associé à la valeur propre a.
Comme B et ${}^tB$ ont même polynôme caractéristique, b est une valeur propre de ${}^tB$. On choisit W un vecteur propre de ${}^tB$ associé à la valeur propre b et alors $b\,{}^tW = {}^t({}^tBW) = {}^tWB$.
Enfin $\overline{h}_{A,B}(V\,{}^tW) = (AV)\,{}^tW - V({}^tWB) = (a-b)V\,{}^tW$ et, comme $V\,{}^tW\neq 0_n$, c'est un vecteur propre de $\overline{h}_{A,B}$ associé à la valeur propre $a-b$.

On vient exactement de montrer l'inclusion proposée.

III.3. B est diagonalisable dans $\mathfrak{M}_n(\mathbb{R})$ car, si $P^{-1}BP=D$ diagonale, alors, en transposant, ${}^tP\,{}^tB\,{}^tP^{-1}=D$.
Soient $(V_i)_{1\leqslant i\leqslant n}$ une base de $\mathbb{R}^n$ constituée de vecteurs propres de A et $(W_j)_{1\leqslant j\leqslant n}$ une base de $\mathbb{R}^n$ constituée de vecteurs propres de ${}^tB$.

La famille $(V_i{}^tW_j)_{(i,j)\in\mathbb{N}_n^2}$ est une base de $\mathfrak{M}_n(\mathbb{R})$ constituée de vecteurs propres de $h_{A,B}$ et donc $h_{A,B}$ est diagonalisable.

Si l'on note $a_1,\dots,a_n$ les valeurs propres de A comptées avec leur ordre de multiplicité et $b_1,\dots,b_n$ les valeurs propres de B comptées avec leur ordre de multiplicité, alors, d'après la question III.2, on a :

$$\operatorname{tr}(h_{A,B}) = \sum_{(i,j)\in\mathbb{N}_n^2}(a_i - b_j) = \sum_{(i,j)\in\mathbb{N}_n^2} a_i - \sum_{(i,j)\in\mathbb{N}_n^2} b_j = n\big[\operatorname{tr}(A) - \operatorname{tr}(B)\big].$$

III.4. $\chi_A = \prod_{i=1}^{n}(a_i - X)$ d'où $\chi_A(B) = \prod_{i=1}^{n}(a_iI_n - B)$ puis $\det\big[\chi_A(B)\big] = \prod_{i=1}^{n}(-1)^n\chi_B(a_i)$.
Par conséquent $\chi_B(A)$ est inversible si, et seulement si, pour tout $i\in\mathbb{N}_n$, $a_i\notin \operatorname{Sp}_{\mathbb{C}}(B)$ *i.e.* si, et seulement si, $\operatorname{Sp}_{\mathbb{C}}(A)\cap\operatorname{Sp}_{\mathbb{C}}(B) = \varnothing$.

III.5.1. L'égalité à prouver étant linéaire par rapport à P il suffit de l'établir pour $P = X^k$ lorsque k décrit $\mathbb{N}$. On procède par récurrence.
Pour $k = 0$ on veut $M = M$, ce qui est vrai.
Si $A^kM = M(B + XI_n)^k$ alors $A^{k+1}M = A^k(AM) = A^k(MB + \lambda M)$ car on a $h_{A,B}(M) = \lambda M$ et donc $A^{k+1}M = (A^kM)(B + \lambda I_n) = (B + \lambda I_n)^{k+1}$ par hypothèse de récurrence. Cela termine la preuve.

III.5.2. Le théorème de Cayley-Hamilton établi en I.4.3 et la question précédente montrent que $0_n = \chi_A(A)B = M\chi_A(B + \lambda I_n)$.

Comme M n'est pas nulle, la matrice $\chi_A(B + \lambda I_n)$ n'est pas inversible.

III.5.3. D'après III.4, $\operatorname{Sp}_{\mathbb{C}}(A)\cap\operatorname{Sp}_{\mathbb{C}}(B+\lambda I_n) \neq\varnothing$, on choisit a dans cette intersection et alors, en posant $b = a - \lambda$, on a $b\in\operatorname{Sp}_{\mathbb{C}}(B)$ et $\lambda = a - b$ d'où

$$\operatorname{Sp}\left(\overline{h}_{A,B}\right) \subset \left\{a - b \mid (a,b)\in \operatorname{Sp}_C(A)\times\operatorname{Sp}_{\mathbb{C}}(B)\right\}.$$

L'inclusion réciproque découle de III.2 et on a donc montré l'égalité entre les deux ensembles.

III.6. Une condition nécessaire et suffisante est $0\in\operatorname{Sp}\left(\overline{h}_{A,B}\right)$ ce qui revient, d'après la question précédente à : $Sp_{\mathbb{C}}(A)\cap\operatorname{Sp}_{\mathbb{C}}(B)\neq\varnothing$.

III.7.1. Il suffit de montrer la liberté de la famille. Supposons $\sum_{(i,j)\in\mathbb{N}_n^2}\lambda_{i,j}M_{i,j} = 0_n$ où les $\lambda_{i,j}$ sont des nombres réels.

Pour tout $k\in\mathbb{N}_n$, $0_{n,1} = \sum_{(i,j)\in\mathbb{N}_n^2}\lambda_{i,j}M_{i,j}V_k = \sum_{i=1}^{n}\lambda_{i,k}V_i$ et, comme $(V_1,\dots,V_n)$ est une famille libre, on en déduit : $\forall(i,k)\in\mathbb{N}_n^2$, $\lambda_{i,k} = 0$, d'où la propriété.

III.7.2. Si $(i,j,k)\in\mathbb{N}_n^3$ on a :

$$\begin{aligned} h_A(M_{i,j})V_k &= A(M_{i,j}V_k) - M_{i,j}(AV_k) = \delta_{j,k}AV_i - \lambda_k M_{i,j}V_k = (\lambda_i - \lambda_k)\delta_{j,k}V_i \\ &= (\lambda_i - \lambda_j)\delta_{j,k}V_i = (\lambda_i - \lambda_j)M_{i,j}V_k. \end{aligned}$$

Pour tout $k\in\mathbb{N}_n$ on a donc $\big[h_A(M_{i,j}) - (\lambda_i - \lambda_j)M_{i,j}\big]V_k = 0$ et, comme $(V_1,\dots,V_n)$ est une base de $\mathbb{R}^n$, la famille $(M_{i,j})_{(i,j)\in\mathbb{N}_n^2}$ est une base de $\mathfrak{M}_n(\mathbb{R})$ constituée de vecteurs propres de h_A.

III.7.3. On vient de montrer que h_A est diagonalisable et de montrer que ses valeurs propres, comptées avec ordre de multiplicité, sont les $\lambda_i - \lambda_j$ quand (i,j) décrit $\mathbb{N}_n^2$. En particulier la valeur propre nulle a $\operatorname{Card}(J)$ pour ordre de multiplicité, soit $\sum_{i=1}^{p} m_i^2$ et, comme $\operatorname{Vect}\{M_{i,j} \mid (i,j) \in J\}$ est un sous-espace vectoriel de $\operatorname{Ker}(h_A)$ de dimension $\sum_{i=1}^{p} m_i^2$, on a $\operatorname{Ker}(h_A) = \operatorname{Vect}\{M_{i,j} \mid (i,j) \in J\}$.

III.7.4. On a $\sum_{i=1}^{p} m_i = n$ d'où $\sum_{i=1}^{p} m_i^2 - n = \sum_{i=1}^{p} m_i(m_i - 1)$, il s'agit de la somme de p entiers naturels, c'est donc un entier naturel et il est nul si, et seulement si, pour tout $i \in \mathbb{N}_p$, $m_i = 1$ *i.e.* si, et seulement si, A a un spectre de cardinal n.

III.7.5. On a immédiatement $\mathbb{R}[A] \subset \operatorname{Ker}(h_A)$ sous-espace vectoriel de $\mathfrak{M}_n(\mathbb{R})$ d'après la question précédente.

Si la famille $(I_n, A, \dots, A^{n-1})$ est liée alors A annule un polynôme P non nul de degré au plus $n-1$ et, comme toute valeur propre de A est racine de P, il y a contradiction car P a au plus $n-1$ racines.

Le théorème de Cayley-Hamilton montre que la famille $(I_n, A, \dots, A^n)$ est liée et la même démarche que dans la question I.4.2 montre que $(I_n, A, \dots, A^{n-1})$ est une base de $\mathbb{R}[A]$ qui est donc de dimension n.

En conclusion $(I_n, A, \dots, A^{n-1})$ est une base de $\mathbb{R}[A]$ qui n'est autre que $\operatorname{Ker}(h_A)$.

III.8. Pour tout $(i,j) \in \mathbb{N}_n^2$ on a $h_A(P_{i,j}) = \lambda_{i,j} P_{i,j}$ *i.e.* $AP_{i,j} = \lambda_{i,j} P_{i,j} + P_{i,j} A$ d'où $AP_{i,j}X = (\lambda_{i,j} + \lambda) P_{i,j} X$.

Comme X est non nul, l'application $\Phi : \begin{pmatrix} \mathfrak{M}_n(\mathbb{R}) & \to & \mathbb{R}^n \\ P & \mapsto & PX \end{pmatrix}$ est linéaire surjective et donc la famille des $\Phi(P_{i,j})$ engendre $\mathbb{R}^n$ *i.e.* $(P_{i,j}X)_{(i,j) \in \mathbb{N}_n^2}$ est une famille génératrice de $\mathbb{R}^n$, ses termes non nuls sont des vecteurs propres de A et donc A est diagonalisable.

Fin

CCP
Filière PC 2000
Épreuve 2

Polynômes de Bernoulli
et calcul de $\zeta(2k)$

Les trois parties peuvent être traitées de façon indépendante.

Partie I

I.1. On considère la série entière $\sum \dfrac{z^n}{(n+1)!}$ de la variable complexe z.

I.1.1. Déterminer son rayon de convergence.

I.1.2. Calculer sa somme $S(z) = \displaystyle\sum_{n=0}^{\infty} \frac{z^n}{(n+1)!}$. On distinguera les cas $z = 0$ et $z \neq 0$.

I.2. Soit la fonction f de la variable complexe z définie sur $\mathbb{C} \setminus \{2ik\pi \mid k \in \mathbb{Z}^\star\}$ par :

$$f(z) = \frac{z}{e^z - 1} \text{ pour } z \neq 0 \text{ et } f(0) = 1.$$

Nous admettrons qu'il existe une série entière $\sum B_n \dfrac{z^n}{n!}$ de rayon de convergence $R > 0$ dont la somme sur son disque ouvert de convergence est égale à $f(z)$.

I.2.1. Montrer que $R \leqslant 2\pi$. Nous admettrons que $R = 2\pi$.

I.2.2. Calculer B_0.

I.2.3. Donner pour tout $n \geqslant 1$ l'expression de B_n en fonction de $B_0, \ldots, B_{n-1}$ (on pourra remarquer que pour $|z| < 2\pi$, on a l'égalité $S(z)f(z) = 1$). En déduire que B_n est un nombre rationnel pour tout $n \in \mathbb{N}$.

I.2.4. Calculer B_1, B_2, B_3, B_4.

I.2.5. Calculer $f(z) - f(-z)$. En déduire que $B_{2k+1} = 0$ pour tout $k \geqslant 1$.

I.3.1. Exprimer $1 + \dfrac{f(4z) - f(2z)}{z}$ en fonction de e^{2z}.

I.3.2. En déduire l'expression en fonction des B_n des développements en série entière des fonctions th et tan. Quel est le rayon de convergence des séries entières obtenues ?

I.4. On considère la fonction h des deux variables complexes x et z définie par :

$$h(x, z) = f(z)e^{xz}.$$

I.4.1. Montrer qu'il existe une suite $\left(\beta_n(x)\right)_{n\in\mathbb{N}}$ de polynômes à coefficients rationnels telle que, pour tout couple (x,z) de nombres complexes tel que $|z|<2\pi$, on ait : (1) $\quad h(x,z)=\displaystyle\sum_{n=0}^{\infty}\beta_n(x)\frac{z^n}{n!}\cdot$

Déterminer le degré de $\beta_n(x)$, si $n\in\mathbb{N}$.
Exprimer $\beta_n(0)$ en fonction de B_n.

I.4.2. Calculer $\beta_{k+1}(x+1)-\beta_{k+1}(x)$ pour $k\geqslant 0$. En déduire une expression de la somme $1^k+2^k+3^k+\cdots+N^k$ en fonction de $\beta_{k+1}(N+1)$, $\beta_{k+1}(0)$ et k.

I.4.3. Comparer $h(1-x,-z)$ à $h(x,z)$. En déduire que l'on a, pour tout $n\in\mathbb{N}$, $\beta_n(1-x)=(-1)^n\beta_n(x)$. Exprimer $\beta_n(1)$ en fonction de B_n.

I.4.4. On suppose dorénavant que x est réel. On admettra que l'on peut alors dériver terme à terme le deuxième membre de l'égalité (1) par rapport à x. Montrer que pour tout $n\in\mathbb{N}$ on a $\beta'_{n+1}(x)=(n+1)\beta_n(x)$.

En déduire que $\displaystyle\int_0^1\beta_n(x)\,dx=0$ pour tout $n\geqslant 1$.

Partie II

Les résultats de la question I.4 permettent de définir la suite de polynômes $(\beta_k)_{k\in\mathbb{N}}$ introduite à la question I.4.1 par la récurrence suivante :

$$(i)\qquad \beta_0(x)=1,$$

$$(ii)\qquad \forall k\in\mathbb{N},\ \beta'_{k+1}(x)=(k+1)\beta_k(x)\ \text{et}\ \int_0^1\beta_{k+1}(x)\,dx=0.$$

Pour tout nombre entier $k\geqslant 0$, on note φ_k la fonction 2π-périodique de la variable réelle x qui coïncide avec $x\mapsto\beta_k\left(\dfrac{x}{2\pi}\right)$ sur l'intervalle $[0,2\pi[$.

II.1. Calculer $\beta_1(x)$, $\beta_2(x)$ et $\beta_3(x)$. Vérifier en particulier : $\beta_2(x)=x^2-x+\dfrac{1}{6}\cdot$

II.2.1. Vérifier que φ_2 est paire et continue sur $\mathbb{R}$.

II.2.2. Développer φ_2 en série de Fourier réelle.

II.3.1. Montrer que pour tout $k\geqslant 3$ la fonction φ_k est de classe $\mathcal{C}^{k-2}$ sur $\mathbb{R}$, et que : $\varphi'_k=\dfrac{k}{2\pi}\varphi_{k-1}$, $\varphi_k^{(k-2)}=\dfrac{k!}{2^{k-1}\pi^{k-2}}\varphi_2$.

II.3.2. En déduire le développement en série de Fourier réelle de φ_{2p} pour p entier supérieur ou égal à 1.

II.3.3. Exprimer, pour p entier supérieur ou égal à 1, la somme $\displaystyle\sum_{n=1}^{\infty}\frac{1}{n^{2p}}$ en fonction de $\beta_{2p}(0)$ et p.

Partie III

On considère l'intégrale $\int_0^{+\infty} \frac{t^{x-1}}{e^t - 1}\, dt$, où x est un nombre réel.

III.1. Montrer que la fonction $t \mapsto \frac{t^{x-1}}{e^t - 1}$ est intégrable sur $]0, +\infty[$ pour tout $x > 1$.

III.2. Montrer que la fonction $F : x \mapsto \int_0^{+\infty} \frac{t^{x-1}}{e^t - 1}\, dt$, est de classe $\mathcal{C}^\infty$ sur $]1, +\infty[$.

III.3. On suppose x fixé, strictement supérieur à 1.

III.3.1. Vérifier que pour tout $t > 0$ on peut écrire $\frac{t^{x-1}}{e^t - 1} = \sum_{n=1}^{\infty} t^{x-1} e^{-nt}$.

III.3.2. Montrer que la fonction $t \mapsto t^{x-1} e^{-nt}$ est intégrable sur $[0, +\infty[$ pour tout $n \geqslant 1$.

On pose $\Gamma(x) = \int_0^{+\infty} t^{x-1} e^{-t}\, dt$ et, pour tout $n \geqslant 2, \Gamma_n(x) = \int_0^{+\infty} t^{x-1} e^{-nt}\, dt$.

III.3.3. Calculer, pour tout $n \geqslant 2$, $\Gamma_n(x)$ en fonction de n, x et $\Gamma(x)$.

III.3.4. En déduire que pour tout $x > 1$ on a $\sum_{n=1}^{\infty} \frac{1}{n^x} = \frac{F(x)}{\Gamma(x)}$.

III.4. Soit k un nombre entier supérieur ou égal à 2.

III.4.1. Exprimer $\Gamma(k)$ en fonction de k et $\Gamma(k-1)$.

III.4.2. En déduire la valeur de $\Gamma(k)$ et l'expression de $\sum_{n=1}^{\infty} \frac{1}{n^k}$ en fonction de k et $F(k)$.

Connaissances utiles

- Séries entières.
- Séries de Fourier.
- Intégration.

Solution

Partie I

I.1.1. La règle de d'Alembert montre que le rayon de convergence est infini.

I.1.2. On a $S(0)=1$ et, pour $z\neq 0$, $S(z)=\dfrac{1}{z}\displaystyle\sum_{n=0}^{\infty}\frac{z^{n+1}}{(n+1)!}=\frac{e^z-1}{z}$.

I.2.1. Si l'on avait $R>2\pi$ alors f serait bornée sur le disque ouvert de centre 0 et de rayon 2π alors que $|f(z)|\xrightarrow[z\to 2i\pi]{}+\infty$, donc $R\leqslant 2\pi$.

I.2.2. Par unicité du développement en série entière, $B_0=f(0)=1$.

I.2.3. Le produit de Cauchy de séries absolument convergentes montre que, pour tout z tel que $|z|<2\pi$, on a $1=\sum\limits_{n=0}^{\infty}c_n\,z^n$ où, pour tout $n\in\mathbb{N}$, $c_n=\displaystyle\sum_{p=0}^{n}\frac{B_p}{p!(n+1-p)!}$.
Par unicité du développement en série entière, on a $c_0=1$ et, pour $n\geqslant 1$, $c_n=0$ *i.e.* $B_0=1$ et, pour $n\geqslant 1$, $\displaystyle\sum_{p=0}^{n-1}\frac{B_p}{p!(n+1-p)!}+\frac{B_n}{n!}=0$ ou encore :

$$(\star)\qquad B_n=-\frac{1}{n+1}\sum_{p=0}^{n-1}C_{n+1}^{p}\,B_p.$$

La relation $(\star)$ montre que l'appartenance de B_n à $\mathbb{Q}$ est héréditaire et, comme $B_0=1\in\mathbb{Q}$, tous les B_n sont des nombres rationnels.

I.2.4. $B_1=-\dfrac{1}{2}B_0=-\dfrac{1}{2}$, $B_2=-\dfrac{1}{3}(B_0+3B_1)=\dfrac{1}{6}$, $B_3=-\dfrac{1}{4}(B_0+4B_1+6B_2)=0$ et $B_4=-\dfrac{1}{5}(B_0+5B_1+10B_2+10B_3)=-\dfrac{1}{30}$.

I.2.5. Par continuité de f on se limite au cas où $z\notin 2i\pi\mathbb{Z}$ et alors
$$f(z)-f(-z)=\frac{z}{e^z-1}+\frac{z}{e^{-z}-1}=z\left(\frac{1}{e^z-1}+\frac{e^z}{1-e^z}\right)=-z.$$

Par suite, si $|z|<2\pi$, on a $-z=\displaystyle\sum_{n=0}^{\infty}B_n\big[1-(-1)^n\big]\frac{z^n}{n!}=2\sum_{k=0}^{\infty}B_{2k+1}\frac{z^{2k+1}}{(2k+1)!}$ et donc, par unicité du développement en série entière, pour tout $k\geqslant 1$, $B_{2k+1}=0$.

I.3.1. Si $4z\notin 2i\pi\mathbb{Z}$, $\dfrac{f(4z)-f(2z)}{z}=\dfrac{4}{e^{4z}-1}-\dfrac{2}{e^{2z}-1}=\dfrac{2}{e^{4z}-1}\big[2-(e^{2z}+1)\big]$, soit $\dfrac{f(4z)-f(2z)}{z}=\dfrac{2(1-e^{2z})}{e^{4z}-1}=-\dfrac{2}{e^{2z}+1}$ puis $1+\dfrac{f(4z)-f(2z)}{z}=\dfrac{e^{2z}-1}{e^{2z}+1}$.

I.3.2. En terminant le calcul précédent on a $1+\dfrac{f(4z)-f(2z)}{z}=\dfrac{e^z-e^{-z}}{e^z+e^{-z}}$.
D'autre part si $0<|4z|<2\pi$:

$$1+\frac{f(4z)-f(2z)}{z}=1+\frac{1}{z}\sum_{n=0}^{\infty}B_n\,\frac{2^n(2^n-1)}{n!}\,z^n=1+\sum_{n=1}^{\infty}B_n\,\frac{2^n(2^n-1)}{n!}\,z^{n-1}$$

$$=\sum_{n=2}^{\infty}B_n\,\frac{2^n(2^n-1)}{n!}\,z^{n-1}=\sum_{k=1}^{\infty}B_{2k}\,\frac{2^{2k}(2^{2k}-1)}{(2k)!}\,z^{2k-1}$$

Si x est un nombre réel et $0<|4x|<2\pi$ on en déduit $1+\dfrac{f(4x)-f(2x)}{z}=\text{th}(x)$, ce qui prouve que th est développable en série entière sur $\left]-\dfrac{\pi}{2},\dfrac{\pi}{2}\right[$ avec :

$$\text{th}(x)=\sum_{k=1}^{\infty}B_{2k}\,\frac{2^{2k}(2^{2k}-1)}{(2k)!}\,x^{2k-1}.$$

Sous les mêmes conditions et avec $z=ix$ on a $1+\dfrac{f(4ix)-f(2ix)}{ix}=i\tan(x)$, ce qui prouve que tan est développable en série entière sur $\left]-\dfrac{\pi}{2},\dfrac{\pi}{2}\right[$ avec :

$$\tan(x)=\sum_{k=1}^{\infty}(-1)^{k-1}B_{2k}\,\frac{2^{2k}(2^{2k}-1)}{(2k)!}\,x^{2k-1}.$$

Comme $B_n\,\dfrac{2^n(2^n-1)}{n!}\underset{n\to\infty}{\sim}4^n\,\dfrac{B_n}{n!}$ on en déduit que les rayons de convergence sont tous les deux égaux à $\dfrac{2\pi}{4}$ *i.e.* à $\dfrac{\pi}{2}$.

I.4.1. Si $(x,z)\in\mathbb{C}^2$ et $|z|<2\pi$ le produit de Cauchy de séries absolument convergentes montre que $h(x,z)=\left(\displaystyle\sum_{p=0}^{\infty}B_p\,\frac{z^p}{p!}\right)\left(\sum_{q=0}^{\infty}\frac{x^qz^q}{q!}\right)=\sum_{n=0}^{\infty}\left(\sum_{p=0}^{n}\mathrm{C}_n^p\,B_px^{n-p}\right)\frac{z^n}{n!}$

et il suffit donc de poser $\beta_n(x)=\sum\limits_{p=0}^{n}\mathrm{C}_n^p\,B_px^{n-p}$.
Il s'agit d'un polynôme de degré n et de coefficient dominant 1 car $B_0=1$ et le coefficient constant, $\beta_n(0)$, vaut B_n.

I.4.2. Sous les mêmes conditions on a :

$$h(x+1,z)-h(x,z)=f(z)e^{zx}(e^z-1)=ze^{zx}=\sum_{k=0}^{\infty}\frac{x^k}{k!}\,z^{k+1}$$

$$=\sum_{k=0}^{\infty}\left[\beta_{k+1}(x+1)-\beta_{k+1}(x)\right]\frac{z^{k+1}}{(k+1)!}.$$

Pour tout $x\in\mathbb{C}$, par unicité du développement en série entière on en déduit :

$$\forall k\in\mathbb{N},\ \beta_{k+1}(x+1)-\beta_{k+1}(x)=(k+1)x^k.$$

Alors $\dfrac{\beta_{k+1}(N+1)-\beta_{k+1}(0)}{k+1} = \dfrac{1}{k+1}\displaystyle\sum_{p=0}^{N}\left[\beta_{k+1}(p+1)-\beta_{k+1}(p)\right] = \sum_{p=0}^{N} p^k = \sum_{p=1}^{N} p^k.$

I.4.3. On a $h(x,z) = \dfrac{ze^{xz}}{e^z-1}$ d'où $h(1-x,-z) = -\dfrac{ze^{(x-1)z}}{e^{-z}-1} = -\dfrac{ze^{xz}}{1-e^z} = h(x,z).$

On en déduit, si $(x,z)\in\mathbb{C}^2$ et $|z| < 2\pi$, $\displaystyle\sum_{n=0}^{\infty}(-1)^n\beta_n(1-x)\frac{z^n}{n!} = \sum_{n=0}^{\infty}\beta_n(x)\frac{z^n}{n!}$ et donc, par unicité du développement en série entière, pour tout $(x,n)\in\mathbb{C}\times\mathbb{N}$, $\beta_n(1-x) = (-1)^n\beta_n(x)$.

Par suite, avec $x=0$, $\beta_n(1) = (-1)^n\beta_n(0) = (-1)^n B_n$.

I.4.4. Si $x\in\mathbb{R}$ et $|z| < 2\pi$ on a $\displaystyle\frac{\partial h}{\partial x}(x,z) = \sum_{n=1}^{\infty}\beta_n'(x)\frac{z^n}{n!} = \sum_{n=0}^{\infty}\beta_{n+1}'(x)\frac{z^{n+1}}{(n+1)!}\cdot$

D'autre part $\displaystyle\frac{\partial h}{\partial x}(x,z) = zh(x,z) = \sum_{n=0}^{\infty}(n+1)\beta_n(x)\frac{z^{n+1}}{(n+1)!}$ et donc, par unicité du développement en série entière, pour tout $(x,n)\in\mathbb{R}\times\mathbb{N}$, $\beta_{n+1}'(x) = (n+1)\beta_n(x)$.

Si $n\geqslant 1$, $\displaystyle\int_0^1\beta_n = \frac{1}{n+1}\Big[\beta_{n+1}\Big]_0^1 = \left[(-1)^{n+1}-1\right]\frac{B_{n+1}}{n+1}\cdot$

Si n est impair $(-1)^{n+1}-1=0$, si n est pair alors $n+1$ est impair supérieur ou égal à 3 et donc $B_{n+1}=0$. Dans tous les cas, si $n\geqslant 1$, $\displaystyle\int_0^1\beta_n = 0$.

Partie II

II.1. Autant utiliser $\beta_n(x) = \sum\limits_{p=0}^{n} C_n^p B_p x^{n-p}$ et les valeurs de B_0, B_1, B_2 et B_3.

On obtient ainsi $\beta_1(x) = x - \dfrac{1}{2}$, $\beta_2(x) = x^2 - x + \dfrac{1}{6}$ et $\beta_3(x) = x^3 - \dfrac{3x^2}{2} + \dfrac{x}{2}\cdot$

II.2.1. Si $0\leqslant x < 2\pi$ alors $\varphi_2(-x) = \varphi_2(2\pi - x) = \beta_2\Big(1-\dfrac{x}{2\pi}\Big) = \beta_2\Big(\dfrac{x}{2\pi}\Big)$ d'après I.4.3 et donc $\varphi_2(-x) = \varphi_2(x)$. Comme $x\mapsto\varphi_2(-x)-\varphi_2(x)$ est 2π-périodique nulle sur $[0,2\pi[$, elle est nulle et donc φ_2 est paire.

La restriction de φ_2 à $[0,2\pi[$ est continue car polynomiale et on a $\varphi_2(2\pi^-) = \beta_2(1) = B_2 = \beta_2(0) = \varphi_2(2\pi^+)$, donc φ_2 est continue sur $\mathbb{R}$.

II.2.2. Par parité tous les b_n sont nuls.

Pour tout $n\in\mathbb{N}$ on a $a_n = \displaystyle\frac{1}{\pi}\int_0^{2\pi}B_2\Big(\frac{x}{2\pi}\Big)\cos(nx)\,dx = 2\int_0^1 B_2(u)\cos(2n\pi u)\,du$ à l'aide du changement de variable $u = \dfrac{x}{2\pi}\cdot$

Alors $a_0 = 2\int_0^1 B_2 = 0$ et, pour $n \geqslant 1$, on intégre par parties :

$$\begin{aligned}
a_n =&2\int_0^1 \left(u^2 - u + \frac{1}{6}\right)\cos(2n\pi u)\,du\\
=&2\left[\left(u^2 - u + \frac{1}{6}\right)\frac{\sin(2n\pi u)}{2n\pi u}\right]_0^1 - \frac{1}{n\pi}\int_0^1 (2u-1)\sin(2n\pi u)\,du\\
=&\frac{1}{2n^2\pi^2}\Big[(2u-1)\cos(2n\pi u)\Big]_0^1 - \frac{1}{n^2\pi^2}\int_0^1 \cos(2n\pi u)\,du = \frac{1}{n^2\pi^2}.
\end{aligned}$$

La restriction de φ_2 à $]0, 2\pi[$ est polynomiale et donc φ_2 est de classe $\mathcal{C}^1$ par morceaux sur $\mathbb{R}$, comme elle est de plus continue d'après la question précédente, sa série de Fourier converge normalement sur $\mathbb{R}$ et a φ_2 pour somme.

$$\forall x \in \mathbb{R},\ \varphi_2(x) = \frac{1}{\pi^2}\sum_{n=1}^{\infty}\frac{\cos(nx)}{n^2}.$$

II.3.1. Si $k \geqslant 3$ on a $\beta_k(1) - \beta_k(0) = \big[(-1)^k - 1\big]B_k = 0$ en distinguant deux cas selon la parité de k et donc, pour les mêmes raisons que φ_2, la fonction φ_k est continue sur $\mathbb{R}$.

Sur $]0, 2\pi[$ on a $\varphi_k' = \dfrac{k}{2\pi}\,\varphi_{k-1}$.

Ainsi, par périodicité, φ_3 est une primitive (continue) sur $\mathbb{R}$ de $\dfrac{3}{2\pi}\,\varphi_2$ et donc de classe $\mathcal{C}^1$. Si l'on a montré que φ_{k-1} est de classe $\mathcal{C}^{k-3}$ alors, par périodicité, en tant que primitive (continue) de $\dfrac{k}{2\pi}\,\varphi_{k-1}$, la fonction φ_k est de classe $\mathcal{C}^{k-2}$.

On a montré que $\varphi_k' = \dfrac{k}{2\pi}\,\varphi_{k-1}$ et, en itérant, que $\varphi_k^{(k-2)} = \dfrac{k(k-1)\cdots(3)}{(2\pi)^{k-2}}\,\varphi_2$, soit encore $\varphi_k^{(k-2)} = \dfrac{k!}{2(2\pi)^{k-2}}\,\varphi_2$.

II.3.2. En intégrant deux fois par parties, si f est 2π-périodique et de classe $\mathcal{C}^2$, pour tout $n \in \mathbb{N}$, $a_n(f'') = -n^2 a_n(f)$.

$a_0(\varphi_{2p}) = 0$ car $\displaystyle\int_0^1 \beta_{2p} = 0$. Si $n \geqslant 1$ on a :

$$a_n\big(\varphi_{2p}^{(2p-2)}\big) = -(n^2)^{p-1}a_n(\varphi_{2p}) = \frac{(2p)!}{2^{2p-1}\pi^{2p-2}}\,a_n(\varphi_2) \text{ d'où } a_n(\varphi_{2p}) = \frac{(-1)^{p-1}(2p)!}{2^{2p-1}\pi^{2p}n^{2p}}.$$

On se limite au cas où $p \geqslant 2$ d'après II.2 et alors φ_{2p} est au moins de classe $\mathcal{C}^1$, ce qui prouve que sa série de Fourier converge normalement sur $\mathbb{R}$ et a φ_{2p} pour somme.

$$\forall x \in \mathbb{R},\ \varphi_{2p}(x) = \frac{(-1)^{p-1}(2p)!}{2^{2p-1}\pi^{2p}}\sum_{n=1}^{\infty}\frac{\cos(nx)}{n^{2p}}.$$

II.3.3. Pour $x = 0$ on en déduit immédiatement :

$$\zeta(2p) = \sum_{n=1}^{\infty}\frac{1}{n^{2p}} = \frac{(-1)^{p-1}2^{2p-1}\pi^{2p}\beta_{2p}(0)}{(2p)!}.$$

Partie III

III.1. Si $x > 1$ la fonction $g_x : t \mapsto \dfrac{t^{x-1}}{e^t - 1}$ est continue sur $\mathbb{R}_+^\star$.

$g_x(t) \underset{t\to+\infty}{=} o\Big(\dfrac{1}{t^2}\Big)$ et $g_x(t) \underset{t\to 0}{\sim} \dfrac{1}{t^{2-x}}$ avec $2 - x < 1$, donc g_x est intégrable sur $\mathbb{R}_+^\star$.

III.2. $f : (x,t) \mapsto \dfrac{t^{x-1}}{e^t - 1}$ est de classe $\mathcal{C}^\infty$ sur $]1,+\infty[\times]0,+\infty[$ et, si $1 < a \leqslant x \leqslant b$, $t > 0$ et $k \in \mathbb{N}$, $\left|\dfrac{\partial^k f}{\partial x^k}(x,t)\right| = |\ln^k(t)| f(x,t) \leqslant |\ln^k(t)|[f(a,t) + f(b,t)] = \varphi_k(t)$.

φ_k est continue sur $\mathbb{R}_+^\star$, $\varphi_k(t) \underset{t\to+\infty}{=} o\Big(\dfrac{1}{t^2}\Big)$ et $\varphi_k(t) \underset{t\to 0}{\sim} \dfrac{|\ln^k(t)|}{t^{2-a}} \underset{t\to 0}{=} o\left(\dfrac{1}{t^{\frac{3-a}{2}}}\right)$ et, comme $\dfrac{3-a}{2} < 1$, la fonction φ_k est intégrable sur $\mathbb{R}_+^\star$.

En tant qu'intégrale paramétrée F est de classe $\mathcal{C}^\infty$ sur $]1,+\infty[$ et, pour tout $k \in \mathbb{N}$, $F^{(k)} : x \mapsto \displaystyle\int_0^{+\infty} \ln^k(t)\, \frac{t^{x-1}}{e^t - 1}\, dt$.

III.3.1. Si $t > 0$ alors $\dfrac{t^{x-1}}{e^t - 1} = t^{x-1}e^{-t} \times \dfrac{1}{1 - e^{-t}} = \displaystyle\sum_{n=1}^{\infty} t^{x-1}e^{-nt}$ car $0 < e^{-t} < 1$.

III.3.2. $f_n : t \mapsto t^{x-1}e^{-nt}$ est continue sur $\mathbb{R}_+$ et $f_n(t) \underset{t\to+\infty}{=} o\Big(\dfrac{1}{t^2}\Big)$, d'où son intégrabilité sur $\mathbb{R}_+$.

III.3.3. Le changement de variable linéaire $u = nt$ montre que $\Gamma_n(x) = \dfrac{1}{n^x}\displaystyle\int_0^{+\infty} (nt)^{x-1}e^{-nt} n\, dt = \frac{\Gamma(x)}{n^x}$.

III.3.4. Chaque fonction f_n est continue positive et intégrable sur $\mathbb{R}_+$.
$\sum f_n$ converge simplement sur $\mathbb{R}_+^\star$ et sa somme, g_x, est continue.
Comme g_x est intégrable sur $\mathbb{R}_+^\star$ le théorème de convergence monotone montre que $\sum \Gamma_n(x)$ converge et que sa somme est $\displaystyle\int_0^{+\infty} g_x$, soit $F(x)$. Autrement dit $\Gamma(x)\displaystyle\sum_{n=1}^{\infty}\frac{1}{n^x} = F(x)$ d'où le résultat en divisant par $\Gamma(x)$ qui est un réel strictement positif en tant qu'intégrale d'une fonction continue strictement positive.

III.4.1. Si $0 < a < b$, $\displaystyle\int_a^b t^{k-1}e^{-t}dt = -\Big[t^{k-1}e^{-t}\Big]_a^b + (k-1)\int_a^b t^{k-2}e^{-t}dt$.
Quand $a \to 0$, comme $k - 1 \geqslant 1$, $a^{k-1}e^{-a} \to 0$, quand $b \to +\infty$, $b^{k-1}e^{-t} \to 0$ et donc $\Gamma(k) = (k-1)\Gamma(k-1)$.

III.4.2. On a $\Gamma(1) = \displaystyle\int_0^{+\infty} e^{-t}dt = 1$ d'où, par récurrence, $\Gamma(k) = (k-1)!$

Par suite, si $k \geqslant 2$, $\zeta(k) = \displaystyle\sum_{n=1}^{\infty}\frac{1}{n^k} = \frac{F(k)}{(k-1)!}$.

But du problème

Dans la partie I, on étudie les solutions d'une équation différentielle

$$(E)\ y'' - \alpha y = f(x),$$

Solutions vérifiant en outre des conditions aux limites.
Dans la partie II, on introduit une fonction K de deux variables, fonction qui est définie comme somme d'une série.
Dans la partie III, à chaque fonction f continue impaire 2π-périodique sur $\mathbb{R}$, on associe une fonction h grâce à la relation

$$h(x) = \int_{-\pi}^{\pi} K(x,t)f(t)\,dt$$

et on étudie quelques propriétés de la fonction ainsi obtenue.

Partie I

Lorsque $\alpha \in \mathbb{R}$ et $f \in \mathcal{C}\big([0,\pi],\mathbb{R}\big)$ on considère l'équation différentielle :

$$(E)\ y'' - \alpha y = f(x).$$

On désigne par :

- $\mathcal{S}(E)$ l'ensemble des solutions réelles sur l'intervalle $[0,\pi]$ de l'équation (E) ;
- $\mathcal{S}^0(E)$ l'ensemble des fonctions F appartenant à $\mathcal{S}(E)$ vérifiant en outre :

$$F(0) = F(\pi) = 0.$$

I.1. On suppose, dans cette question, que f est la fonction nulle.

I.1.1. Déterminer l'ensemble $\mathcal{S}^0(E)$ lorsque $\alpha = 0$.

I.1.2. Déterminer l'ensemble $\mathcal{S}^0(E)$ (selon la valeur de $\omega \in \mathbb{R}_+^\star$)

I.1.2.1. lorsque $\alpha = \omega^2$,

I.1.2.2. lorsque $\alpha = -\omega^2$.

I.2. On suppose, dans cette question, que $\alpha = 0$.

I.2.1. Déterminer l'ensemble $\mathcal{S}^0(E)$

I.2.1.1. lorsque $f = \cos$,

I.2.1.2. lorsqu'il existe $n \in \mathbb{N}^\star$ tel que $f : x \mapsto \sin(nx)$.

I.2.2. On suppose que, pour tout $x \in [0,\pi]$, $f(x) = \big|\cos(x)\big|$.

I.2.2.1. Déterminer l'ensemble $\mathcal{S}(E)$.

I.2.2.2. Montrer que $\mathcal{S}^0(E)$ contient un seul élément, le déterminer et indiquer l'allure de son graphe.

I.3. On suppose toujours que $\alpha = 0$ et on désigne par f un élément quelconque de $\mathcal{C}([0,\pi],\mathbb{R})$.

Montrer que $F \in \mathcal{S}(E)$ si, et seulement si, il existe des réels A et B tels que, pour tout $x \in [0,\pi]$, on ait : $F(x) = \displaystyle\int_0^x \left(\int_0^u f(t)\,dt\right) du + Ax + B$.

En déduire que $\mathcal{S}^0(E)$ contient un seul élément ; on le notera F_1.

Dans toute la suite de cette partie on désigne par φ l'application de $\mathcal{C}([0,\pi],\mathbb{R})$ dans lui-même qui à f associe l'élément F_1 unique solution sur l'intervalle $[0,\pi]$ de l'équation différentielle : $(E)\quad y'' = f(x)$ vérifiant en outre $y(0) = y(\pi) = 0$.

I.4. Vérifier que φ est un endomorphisme de $\mathcal{C}([0,\pi],\mathbb{R})$.

I.5. L'endomorphisme φ est-il injectif ? surjectif ?

I.6. Déterminer les éléments propres de l'endomorphisme φ.

I.7. Si $x \in [0,\pi]$ on désigne par T_x l'ensemble des couples $(t,u) \in \mathbb{R}^2$ tels que $0 \leqslant t \leqslant u \leqslant x$.

I.7.1. Représenter T_x dans le plan euclidien pour un x fixé, $(0 < x < \pi)$.

I.7.2. Justifier les égalités suivantes, pour $x \in [0,\pi]$ et $f \in \mathcal{C}([0,\pi],\mathbb{R})$:

$$\iint_{T_x} f(t)\,du\,dt = \int_0^x \left(\int_0^u f(t)\,dt\right) du = \int_0^x (x-t)f(t), dt.$$

I.7.3. Soient $f \in \mathcal{C}([0,\pi],\mathbb{R})$ et $F_1 = \varphi(f)$.

I.7.3.1. Montrer qu'il existe un réel β que l'on explicitera tel que pour tout $x \in [0,\pi]$, on ait l'égalité : $F_1(x) = \displaystyle\int_0^x (x-t)f(t)\,dt + \beta x \int_0^\pi (\pi - t)f(t)\,dt.$

I.7.3.2. En déduire qu'il existe un réel γ que l'on explicitera tel que pour tout $x \in [0,\pi]$ on ait l'égalité : $F_1(x) = \gamma \left(\displaystyle\int_0^x t(\pi - x)f(t)\,dt + \int_x^\pi x(\pi - t)f(t)\,dt\right).$

Partie II

Si $(x,y) \in \mathbb{R}^2$ on note $K(x,y) = \displaystyle\sum_{n=1}^{\infty} \frac{\sin(nx)\sin(ny)}{n^2}$, lorsque la série converge.

II.1. Montrer que la fonction K est définie sur $\mathbb{R}^2$.

II.2. Si y est un réel fixé étudier la continuité de $x \mapsto K(x,y)$.

II.3. Développement en série de Fourier d'une fonction E_x
On considère un élément x fixé de $[0, \pi]$ et on désigne par E_x l'application de $\mathbb{R}$ dans $\mathbb{R}$, 2π-périodique et impaire, définie sur $[0, \pi]$ par :

$$E_x(t) = \begin{cases} t(\pi - x) & \text{si } 0 \leqslant t \leqslant x \\ x(\pi - t) & \text{si } x \leqslant t \leqslant \pi \end{cases}$$

II.3.1. Indiquer l'allure du graphe de $t \mapsto E_x(t)$ sur $[-\pi, \pi]$; justifier la convergence de la série de Fourier réelle de E_x et préciser sa somme.

II.3.2. Calculer les coefficients de Fourier réels de E_x.

II.3.3. Exprimer $K(x,t)$ en fonction de $E_x(t)$ pour $(x,t) \in [0, \pi]^2$.

II.4. On considère les sous-ensembles suivants de $\mathbb{R}^2$:
- le carré C ensemble des couples $(x,t) \in [0, \pi]^2$;
- le triangle U ensemble des couples $(x,t) \in C$ tels que $0 < t < x < \pi$;
- le triangle $\overline{U}$ ensemble des couples $(x,t) \in C$ tels que $0 \leqslant t \leqslant x \leqslant \pi$.

II.4.1. Déduire de II.3.3 l'existence d'un minimum et d'un maximum de la fonction K sur le carré C et préciser la valeur du minimum.

II.4.2. La fonction K possède-t-elle un maximum relatif sur le triangle U ?

II.4.3. Étudier les extremums de la fonction K sur l'ensemble $\overline{U} \setminus U$ des bords du triangle $\overline{U}$.

II.4.4. En déduire la valeur du maximum de K sur le carré C.

II.4.5. Si $\delta \in \mathbb{R}$ on note $\Gamma_\delta = \{(x,t) \in C \mid K(x,t) = \delta\}$ (ligne de niveau δ). Représenter, sur un même croquis, l'ensemble C, Γ_0 et la ligne Γ_δ passant par le point $\left(\frac{\pi}{4}, \frac{\pi}{4}\right)$.

Partie III

Dans cette partie on désigne par :
- $\mathcal{I}_{2\pi}$ l'ensemble des applications continues, impaires 2π-périodiques de $\mathbb{R}$ dans $\mathbb{R}$;
- K la fonction introduite dans la partie II.

À tout élément f de $\mathcal{I}_{2\pi}$ on associe $h = \psi(f)$ définie sur $\mathbb{R}$ par

$$h(x) = \int_{-\pi}^{\pi} K(x,t) f(t), dt.$$

III.1. Vérifier que si $f \in \mathcal{I}_{2\pi}$ et $h = \psi(f)$ alors la fonction h est impaire et 2π-périodique.

Justifier l'égalité $h(x) = 2 \displaystyle\int_0^{\pi} K(x,t) f(t), dt$.

III.2. Déduire de II.3.3 et de la partie I que si $f \in \mathcal{I}_{2\pi}$ alors les fonctions $h = \psi(f)$ et $F_1 = \varphi(f)$ sont proportionnelles sur $[0, \pi]$; en déduire que h est de classe $\mathcal{C}^2$ sur $]0, \pi[$ et qu'elle vérifie les relations :

$$\forall x \in]0, \pi[\,,\ h''(x) = -\pi f(x), \qquad h(0) = h(\pi) = 0.$$

III.3. En utilisant (en particulier) l'imparité de f et de h, montrer que h est de classe $\mathcal{C}^2$ sur $\mathbb{R}$.

Dans toute la suite de cette partie, pour chaque application g 2π-périodique, continue par morceaux de $\mathbb{R}$ dans $\mathbb{R}$, on désigne par $a_n(g)$ et $b_n(g)$ les coefficients de Fourier réels de g :

pour tout $n \in \mathbb{N}$, $a_n(g) = \dfrac{1}{\pi}\displaystyle\int_{-\pi}^{\pi} g(t)\cos(nt)\,dt$, $b_n(g) = \dfrac{1}{\pi}\displaystyle\int_{-\pi}^{\pi} g(t)\sin(nt)\,dt$.

Soient désormais $f \in \mathcal{I}_{2\pi}$ et $h = \psi(f)$.

III.4. Établir une relation entre $b_n(h)$ et $b_n(h'')$ pour $n \in \mathbb{N}^\star$.

III.5. Justifier les convergences de $\sum b_n^2(f)$ et $\sum \dfrac{b_n^2(f)}{n^4}$ et exprimer leur somme respective en fonction d'une intégrale.

III.6. Établir l'inégalité : $\displaystyle\int_0^{\pi} h^2(x)\,dx \leqslant \pi^2 \int_0^{\pi} f^2(x)\,dx$.

III.7. Soit $D = [-\pi, \pi]^2$. On considère $J(f) = \displaystyle\iint_D K(x,y) f(x) f(y)\,dx\,dy$.

III.7.1. Exprimer $J(f)$ en fonction de $\displaystyle\int_0^{\pi} f(x)h(x)\,dx$.

III.7.2. Exprimer $J(f)$ en fonction de $\displaystyle\int_0^{\pi} h'^2(x)\,dx$.

III.7.3. Montrer que : $0 \leqslant J(f) \leqslant 2\pi \displaystyle\int_0^{\pi} f^2(x), dx$.

III.7.4. Déterminer les éléments f de $\mathcal{I}_{2\pi}$ tels que $J(f) = 2\pi \displaystyle\int_0^{\pi} f^2(x)\,dx$.

Connaissances utiles

- Équations différentielles linéaires.
- Intégrale sur un segment.
- Séries de fonctions, séries de Fourier.
- Extremums des fonctions de plusieurs variables.

Solution

Partie I

I.1.1. $\mathcal{S}(E)$ est l'ensemble des fonctions affines, la seule fonction affine qui s'annule en 0 et en π est la fonction nulle donc $\mathcal{S}^0(E) = \{0\}$.

I.1.2.1. $F \in \mathcal{S}(E)$ si, et seulement si, il existe $(A, B) \in \mathbb{R}^2$ tel que pour tout $x \in [0, \pi]$, $F(x) = A\,\mathrm{ch}(\omega x) + B\,\mathrm{sh}(\omega x)$.
Alors $F(0) = 0 \iff A = 0$ et la condition supplémentaire $F(\pi) = 0$ impose $B = 0$ d'où $\mathcal{S}^0(E) = \{0\}$.

I.1.2.2. De même $F \in \mathcal{S}(E)$ si, et seulement si, il existe $(A, B) \in \mathbb{R}^2$ tel que pour tout $x \in [0, \pi]$, $F(x) = A\cos(\omega x) + B\sin(\omega x)$.

$$\begin{cases} F(0) = 0 \\ F(\pi) = 0 \end{cases} \iff \begin{cases} A = 0 \\ B\sin(\omega\pi) = 0 \end{cases}$$

Par suite si $\omega \in \mathbb{N}^\star$, $\mathcal{S}^0(E) = \mathrm{Vect}\big(x \mapsto \sin(\omega x)\big)$, sinon $\mathcal{S}^0(E) = \{0\}$.

I.2.1.1. $-\cos$ est une solution particulière de (E), ce qui prouve que l'élément général de $\mathcal{S}(E)$ est de la forme $F : x \mapsto Ax + B - \cos(x)$.

Alors $\begin{cases} F(0) = 0 \\ F(\pi) = 0 \end{cases} \iff \begin{cases} \beta = 1 \\ \alpha\pi + \beta + 1 = 0 \end{cases} \iff \begin{cases} \alpha = -\dfrac{2}{\pi} \\ \beta = 1 \end{cases}$ et donc

$$F \in \mathcal{S}^0(E) \iff F : x \mapsto 1 - \frac{2x}{\pi} - \cos(x).$$

I.2.1.2. De même la solution générale de (E) est $F : x \mapsto Ax + B - \dfrac{\sin(nx)}{n^2}$ et $\begin{cases} F(0) = 0 \\ F(\pi) = 0 \end{cases} \iff A = B = 0$ d'où $F \in \mathcal{S}^0(E) \iff F : x \mapsto -\dfrac{\sin(nx)}{n^2}$.

I.2.2.1. La solution générale de (E) est nécessairement de la forme

$$F : x \mapsto \begin{cases} Ax + B - \cos(x) & \text{si } 0 \leqslant x \leqslant \dfrac{\pi}{2} \\ Cx + D + \cos(x) & \text{si } \dfrac{\pi}{2} \leqslant x \leqslant \pi \end{cases} \quad \text{avec } F \text{ de classe } \mathcal{C}^2.$$

On utilise un développement limité au voisinage de $\dfrac{\pi}{2}$:

$$F\Big(\frac{\pi}{2} + h\Big) = \begin{cases} A\dfrac{\pi}{2} + B + (A+1)h + o(h^2) & \text{si } h \leqslant 0 \\ C\dfrac{\pi}{2} + D + (C-1)h + o(h^2) & \text{si } h \geqslant 0 \end{cases}$$

d'où $\begin{cases} A\dfrac{\pi}{2} + B = C\dfrac{\pi}{2} + D \\ C = A + 2 \end{cases}$ *i.e.* $\begin{cases} C = A + 2 \\ D = B - \pi \end{cases}$ qui fournit la solution générale de (E)

$$F(x) = \begin{cases} Ax + B - \cos(x) & \text{si } 0 \leqslant x \leqslant \dfrac{\pi}{2} \\ (A+2)x + (B - \pi) + \cos(x) & \text{si } \dfrac{\pi}{2} \leqslant x \leqslant \pi \end{cases}$$

I.2.2.2. Les conditions aux bords $F(0) = F(\pi) = 0$ sont équivalentes, avec les notations de la question précédente, à $B = -A = 1$ d'où :

$$F(x) = \begin{cases} 1 - x - \cos(x) & \text{si } 0 \leqslant x \leqslant \dfrac{\pi}{2} \\ x + 1 - \pi + \cos(x) & \text{si } \dfrac{\pi}{2} \leqslant x \leqslant \pi \end{cases}$$ définit l'unique élément de $\mathcal{S}^0(E)$.

	0		$\frac{\pi}{2}$		π
F''		$+$	0	$+$	
F'	-1	$\nearrow$	0	$\nearrow$	1
F	0	$\searrow$	$1-\frac{\pi}{2}$	$\nearrow$	0

I.3. La fonction $F_0 : x \mapsto \displaystyle\int_0^x \left(\int_0^u f(t), dt\right) du$ est une solution de (E) et donc $F \in \mathcal{S}(E)$ si, et seulement si, il existe $(A, B) \in \mathbb{R}^2$ tel que, pour tout $x \in [0, \pi]$

$$F(x) = F_0(x) + Ax + B.$$

Alors $F \in \mathcal{S}^0(E) \iff \begin{cases} F(0) = 0 \\ F(\pi) = 0 \end{cases} \iff \begin{cases} B = 0 \\ A = -\dfrac{F_0(\pi)}{\pi} \end{cases}$ d'où :

$$\operatorname{Card}\big(\mathcal{S}^0(E)\big) = 1 \text{ et le seul élément de } \mathcal{S}^0(E) \text{ est } F_1 : x \mapsto F_0(x) - \frac{F_0(\pi)}{\pi}x.$$

I.4. L'application φ est, par définition, à valeurs dans $\mathcal{C}^2\big([0, \pi], \mathbb{R}\big)$ et donc dans $\mathcal{C}\big([0, \pi], \mathbb{R}\big)$ et l'expression précédente de F_1 prouve, par linéarité de l'intégration, que φ est linéaire. Par suite $\varphi \in \mathcal{L}\Big(\mathcal{C}\big([0, \pi], \mathbb{R}\big)\Big)$.

I.5. Si $f \in \operatorname{Ker}(\varphi)$ alors F_1 est nulle et donc F_1'' aussi, or c'est f. Donc φ est injective. En revanche $\operatorname{Im}(\varphi) \subset \mathcal{C}^2\big([0, \pi], \mathbb{R}\big) \subsetneq \mathcal{C}\big([0, \pi], \mathbb{R}\big)$ et donc φ n'est pas surjective.

I.6. Si f est un élément non nul de $\operatorname{Ker}(\varphi - \lambda Id)$ alors on vient de prouver que $\lambda \neq 0$ et, en posant $F_1 = \varphi(f)$, on a $F_1 = \lambda f$. Par suite f est deux fois dérivable et $f = \lambda f''$ ce qui ramène à la question I.1.

Donc il existe $n \in \mathbb{N}^\star$ tel que $\lambda = -\dfrac{1}{n^2}$ et $F \in \operatorname{Vect}\big(x \mapsto \sin(nx)\big)$. Réciproquement chacun de ces λ est solution toujours d'après la question 1.

$$\operatorname{Sp}(\varphi) = \left\{ -\frac{1}{n^2} \;\middle|\; n \in \mathbb{N}^\star \right\} \text{ et, si } \lambda = -\frac{1}{n^2},\ E_\lambda(\varphi) = \operatorname{Vect}\big(x \mapsto \sin(nx)\big).$$

I.7.1.

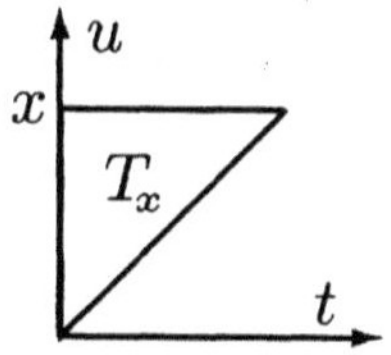

I.7.2. L'ensemble T_x est compact et la fonction $(t,u) \mapsto f(t)$ est continue sur T_x par composition. En utilisant un balayage horizontal on en déduit que :

$$\iint_{T_x} f(t)\,du\,dt = \int_0^x \left(\int_0^u f(t)\,dt\right) du.$$

Posons, pour tout $u \in [0,x]$, $G(u) = \displaystyle\int_0^u f(t)\,dt$ alors, en intégrant par parties :

$$\int_0^x \left(\int_0^u f(t)\,dt\right) du = \int_0^x G(u)\,du = \Big[(x-u)G(u)\Big]_{u=0}^{u=x} - \int_0^x (x-u)f(u),du.$$

$$\text{En résumé } \iint_{T_x} f(t)\,du\,dt = \int_0^x \left(\int_0^u f(t)\,dt\right) du = \int_0^x (x-t)f(t)\,dt.$$

I.7.3.1. On a trouvé, dans la question 3. que $\beta = -\dfrac{1}{\pi}$ convient.

I.7.3.2. Si $x \in [0,\pi]$, $F_1(x) = \displaystyle\int_0^x (x-t)f(t)\,dt - \frac{x}{\pi}\int_0^x (\pi-t)f(t)\,dt - \frac{x}{\pi}\int_x^\pi (\pi-t)f(t)\,dt$
d'où $F_1(x) = -\dfrac{1}{\pi}\left(\displaystyle\int_0^x t(\pi-x)f(t)\,dt + \int_x^\pi x(\pi-t)f(t)\,dt\right)$.

Partie II

II.1. Pour tout $(x,y) \in \mathbb{R}^2$ on a $\left|\dfrac{\sin(nx)\sin(ny)}{n^2}\right| \leqslant \dfrac{1}{n^2}$ et donc, par domination, K est définie sur $\mathbb{R}^2$.

II.2. Fixons y dans $\mathbb{R}$. On a prouvé la convergence normale sur $\mathbb{R}$ de la série de fonctions de terme général $x \mapsto \dfrac{\sin(nx)\sin(ny)}{n^2}$ et, comme le terme général est continu, la continuité de $x \mapsto K(x,y)$ en découle.

II.3.1.

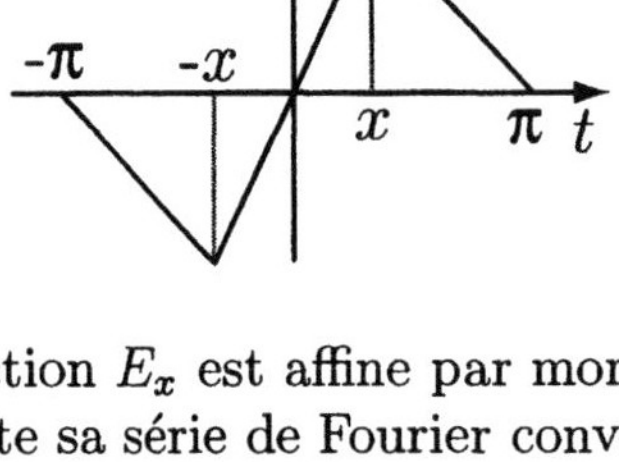

La fonction E_x est affine par morceaux donc continue et de classe $\mathcal{C}^1$ par morceaux. Par suite sa série de Fourier converge normalement sur $\mathbb{R}$ et a E_x pour somme.

II.3.2. Les coefficients a_n sont tous nuls et, pour $n \geqslant 1$,
$b_n = \dfrac{2(\pi-x)}{\pi}\displaystyle\int_0^x t\sin(nt)\,dt + \frac{2x}{\pi}\int_x^\pi (\pi-t)\sin(nt)\,dt.$

En intégrant par parties :

$$\begin{aligned}
b_n &= -\frac{2(\pi-x)}{n\pi}\Big[t\cos(nt)\Big]_{t=0}^{t=x} + \frac{2(\pi-x)}{n\pi}\int_0^x \cos(nt)\,dt \\
&\quad - \frac{2x}{n\pi}\Big[(\pi-t)\cos(nt)\Big]_{t=x}^{t=\pi} - \frac{2x}{n\pi}\int_x^\pi \cos(nt)\,dt \\
&= -\frac{2x(\pi-x)}{n\pi}\cos(nx) + \frac{2(\pi-x)}{n^2\pi}\sin(nx) + \frac{2x(\pi-x)}{n\pi}\cos(nx) + \frac{2x}{n^2\pi}\sin(nx) \\
&= \frac{2\sin(nx)}{n^2}.
\end{aligned}$$

II.3.3. Pour tout $(x,y)\in\mathbb{R}^2$ on a $E_x(y) = 2\sum_{n=1}^{\infty}\frac{\sin(nx)\sin(ny)}{n^2} = 2K(x,y)$.

II.4.1. Si l'on note $\Delta = \{(x,t)\in C \mid x = t\}$, alors $E : (x,t)\mapsto E_x(t)$ est continue sur $C\setminus\Delta$ car localement polynomiale. Reste à établir la continuité sur Δ.

Les fonctions $\Phi : (x,t)\mapsto t(\pi-x)$ et $\Psi : (x,t)\mapsto x(\pi-t)$ sont continues sur C car polynomiales et coïncident sur Δ avec E.

Soient $M_0\in\Delta$ et $\varepsilon>0$.

Il existe $\eta>0$ tel que, si $M\in D(M_0;\eta)$, alors on a $\begin{cases} |\Phi(M)-\Phi(M_0)| \leqslant \varepsilon \\ |\Psi(M)-\Psi(M_0)| \leqslant \varepsilon \end{cases}$

Alors, si $M\in D(M_0;\eta)$ on a $|E(M)-E(M_0)|\leqslant\varepsilon$ et donc E est continue sur C.

La question précédente a montré que $K = \frac{E}{2}$ et donc K est continue sur le compact non vide C, elle y admet un minimum et un maximum. Comme elle est positive nulle en $(0,0)$, son minimum est nul.

II.4.2. U est une partie ouverte sur laquelle K est polynomiale et donc de classe $\mathcal{C}^1$. Si elle admet un extremum en M_0 alors $\overrightarrow{\operatorname{grad} K}(M_0) = 0$ *i.e.* $\overrightarrow{\operatorname{grad} E}(M_0) = 0$. En posant $M_0 = (\alpha,\beta)$ on obtient $\alpha=\pi$ et $\beta=0$, ce qui est impossible. La fonction K n'admet pas d'extremum sur U.

II.4.3. Si $t=0$ et $x\in[0,\pi]$ alors $K(x,t)=0$. De même pour $x=\pi$ et $t\in[0,\pi]$, il s'agit là du minimum de K sur C et donc sur $\overline{U}\setminus U$.

Sur Δ définie par $t = x\in[0,\pi]$ on a $K(x,t) = \frac{t(\pi-t)}{2}$.

La fonction $\theta : \begin{pmatrix} [0,\pi] & \to & \mathbb{R} \\ t & \mapsto & \frac{t(\pi-t)}{2} \end{pmatrix}$ atteint son minimum 0 en 0 et π et son maximum $\frac{\pi^2}{8}$ en $\left(\frac{\pi}{2},\frac{\pi}{2}\right)$ car $t(\pi-t) = \left(\frac{\pi}{2}\right)^2 - \left(t-\frac{\pi}{2}\right)^2$.

II.4.4. On en déduit que sur C la fonction K atteint son maximum $\frac{\pi^2}{8}$ en $\left(\frac{\pi}{2},\frac{\pi}{2}\right)$.

II.4.5. La ligne Γ_0 est la frontière du carré C, autrement dit son bord.
Déterminons Γ_δ. Par raison de symétrie on peut se restreindre au cas où $0 \leqslant t \leqslant x$ et on a alors à résoudre l'équation $t(\pi - x) = \dfrac{3\pi^2}{16}$.
On rappelle le tableau de variation de $\varphi : t \mapsto t(\pi - t)$:

	0		$\frac{\pi}{4}$		$\frac{\pi}{2}$		$\frac{3\pi}{4}$		π
φ	0	$\nearrow$	$\frac{3\pi^2}{16}$	$\nearrow$	$\frac{\pi^2}{8}$	$\searrow$	$\frac{3\pi^2}{16}$	$\searrow$	0

Si $t < \dfrac{\pi}{4}$ alors $x < \dfrac{\pi}{4}$ car, comme $t(\pi - x)$ est constant, x et t varient dans le même sens. Alors $\dfrac{3\pi^2}{16} = t(\pi - x) \leqslant x(\pi - x) = \varphi(x) < \dfrac{3\pi^2}{16}$, ce qui est impossible.
Si $t > \dfrac{\pi}{4}$ alors x aussi et $\dfrac{3\pi^2}{16} = t(\pi - x) \geqslant t(\pi - t) = \varphi(t)$ et donc $t \geqslant \dfrac{3\pi}{4}$. Par raison de symétrie la seule solution est $t = x = \dfrac{3\pi}{4}$ *i.e.* Γ_δ est réduite aux deux points $A = \left(\dfrac{\pi}{4}, \dfrac{\pi}{4}\right)$ et $\left(\dfrac{3\pi}{4}, \dfrac{3\pi}{4}\right)$.

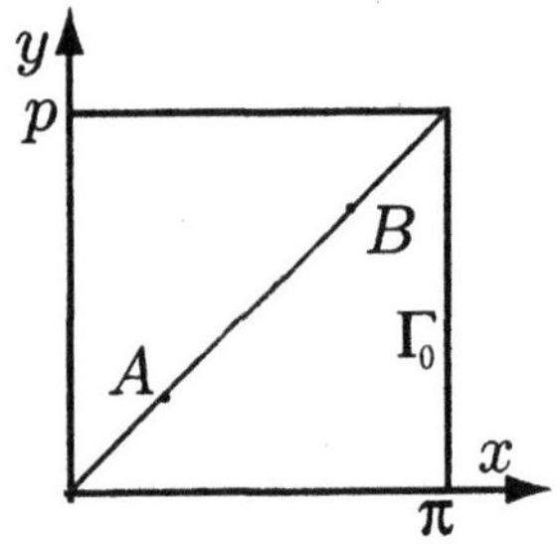

Partie III

III.1. Pour tout $t \in [-\pi, \pi]$, $x \mapsto K(x,t)$ est impaire et 2π-périodique, donc h est impaire et 2π-périodique.

Comme, pour tout $x \in \mathbb{R}$, $t \mapsto K(x,t)f(t)$ est paire, on a $h(x) = 2\displaystyle\int_0^\pi K(x,t)f(t), dt$.

III.2. Pour tout $x \in [0, \pi]$, $F_1(x) = -\dfrac{1}{\pi}\displaystyle\int_0^\pi E_x(t)f(t)\,dt = -\dfrac{1}{\pi}\int_0^\pi K(x,t)f(t)\,dt$ *i.e.* $F_1(x) = -\dfrac{h(x)}{\pi}$.
Par suite la restriction de h à $[0, \pi]$ est de classe $\mathcal{C}^2$ et sa dérivée seconde est f. Cela prouve que h est de classe $\mathcal{C}^2$ sur $]0, \pi[$ avec, sur cet intervalle, $h'' = f$. Comme h et $-\pi F_1$ coïncident sur $[0, \pi]$ on en déduit aussi que $h(0) = h(\pi) = 0$.

III.3. La restriction de h à $[0,\pi]$ est continue et donc h est continue sur $\mathbb{R}\setminus\pi\mathbb{Z}$, continue par morceaux sur $\mathbb{R}$.
Comme $h(0^+)=h(0)=0$ et comme h est impaire, elle est continue en 0 et donc en tout point de $2\pi\mathbb{Z}$. Pour les mêmes raisons elle est continue en π et donc sur $\mathbb{R}$.
Comme $h''=-\pi f$ sur $]0,\pi[$ la fonction h est de classe $\mathcal{C}^2$ sur $\mathbb{R}\setminus\pi\mathbb{Z}$ et de classe $\mathcal{C}^2$ par morceaux sur $\mathbb{R}$. Par imparité de f on a $h''(0^+)=-\pi f(0)=0$ et, comme h'' est impaire, on en déduit que $h''(0^-)=0$. La fonction h'' admet donc une limite en 0.
L'inégalité des accroissements finis prouve que h' est lipschitzienne sur $]-\pi,\pi[$ et donc transforme toute suite qui converge vers 0 en suite de Cauchy et donc convergente. Cela prouve que h' admet aussi une limite en 0. Le théorème de caractérisation des applications de classe $\mathcal{C}^1$ montre que h est de classe $\mathcal{C}^1$ sur $]-\pi,\pi[$. Le même théorème appliqué à la fonction h' prouve que h est de classe $\mathcal{C}^2$ sur $]-\pi,\pi[$.
Le même raisonnement permet de prouver que h est de classe $\mathcal{C}^2$ sur $]0,2\pi[$ et donc, par périodicité : h est de classe $\mathcal{C}^2$ sur $\mathbb{R}$.

III.4. En intégrant deux fois par parties $b_n(h'')=n^2 b_n(h)$.

III.5. La formule de Parseval prouve la convergence de $\sum b_n^2(f)$ avec :

$$\sum_{n=1}^{\infty} b_n^2(f)=\frac{2}{\pi}\int_0^\pi f^2.$$

$\dfrac{b_n^2(f)}{n^4}=\dfrac{b_n^2(h'')}{\pi^2 n^4}=\dfrac{b_n^2(h)}{\pi^2}$ et donc $\sum \dfrac{b_n^2(f)}{n^4}$ converge et a $\dfrac{2}{\pi^3}\displaystyle\int_0^\pi h^2$ pour somme.

III.6. On a immédiatement $\displaystyle\sum_{n=1}^{\infty}\frac{b_n^2(f)}{n^4}\leqslant\sum_{n=1}^{\infty}b_n^2(f)$ d'où $\displaystyle\int_0^\pi h^2\leqslant\pi^2\int_0^\pi f^2$.

III.7.1. La fonction $(x,y)\mapsto K(x,y)f(x)f(y)$ est continue sur D comme produit. Le théorème de Fubini prouve alors que :

$$J(f)=\int_{-\pi}^{\pi}\left(\int_{-\pi}^{\pi}K(x,y)f(y)\,dy\right)f(x)\,dx=\int_{-\pi}^{\pi}f(x)h(x)\,dx.$$

Comme fh est paire on en déduit que $J(f)=2\displaystyle\int_0^\pi fh$.

III.7.2. Par parties : $J(f)=-\dfrac{2}{\pi}\displaystyle\int_0^\pi h''h=-\dfrac{2}{\pi}\Big[h'h\Big]_0^\pi+\dfrac{2}{\pi}\int_0^\pi h'^2=\dfrac{2}{\pi}\int_0^\pi h'^2$.

III.7.3. La question précédente montre que $J(f)\geqslant 0$ et l'expression trouvée dans III.7.1. couplée avec l'inégalité de Cauchy-Schwarz prouve que :

$J(f)\leqslant 2\left(\displaystyle\int_0^\pi f^2\right)^{\frac12}\left(\int_0^\pi h^2\right)^{\frac12}\leqslant 2\pi\int_0^\pi f^2$ d'après III.6. En résumé $0\leqslant J(f)\leqslant 2\pi\displaystyle\int_0^\pi f^2$.

III.7.4. S'il y a égalité alors il y a égalité dans la question III.6. et donc, pour tout $n\geqslant 2$, $b_n(f)=0$ *i.e.* $f\in\mathrm{Vect}(\sin)$. Réciproquement si $f=\lambda\sin$, alors $h=\lambda\pi\sin$ d'où $J(f)=2\displaystyle\int_0^\pi fh=2\lambda^2\pi\int_0^\pi\sin^2=2\pi\int_0^\pi f^2$.

$$J(f)=2\pi\int_0^\pi f^2\iff f\in\mathrm{Vect}(\sin).$$

Le problème est consacré à l'étude des courbes dites «courbes de Bézier», du nom de l'ingénieur français Bézier, l'un des créateurs, dans les années 1960, de cet outil très répandu aujourd'hui dans l'industrie automobile et plus généralement dans le vaste domaine d'applications que constitue la conception assistée par ordinateurs (CAO).

Notations utilisées dans le problème et quelques rappels

$\mathbb{N}$ désigne l'ensemble des entiers naturels, $\mathbb{R}$ le corps des réels. Les notations usuelles en découlent pour les ensembles construits à partir de ceux-là. Par exemple, $\mathbb{N}^\star$ désigne l'ensemble des naturels non nuls, $\mathbb{R}_+$, l'ensemble des réels positifs ou nuls, etc.

Dans tout le problème, le plan vectoriel réel $\mathbb{R}^2$ est muni de la base canonique $(\vec{\imath}, \vec{\jmath}) : \vec{\imath} = (1,0)$, $\vec{\jmath} = (0,1)$.

Chaque vecteur $\vec{u} \in \mathbb{R}^2$ s'identifie ainsi au couple de ses coordonnées dans la base canonique.

Un point de vue différent mais cohérent avec ce qui précède permet que les éléments de $\mathbb{R}^2$ soient parfois appelés *points*, l'ensemble $\mathbb{R}^2$ étant alors muni de sa structure de plan affine et repéré par le repère canonique $(0, \vec{\imath}, \vec{\jmath})$. Tout point du plan s'identifie alors au couple de ses coordonnées dans ce repère. On pourra ainsi écrire simplement $M = (x, y)$ pour exprimer que les coordonnées du point M dans le repère canonique sont (x, y).

Étant donné deux points M et N, on posera $N - M = \overrightarrow{MN}$. Cette écriture est cohérente avec les conventions précédentes, comme le montre la relation existante entre les coordonnées du vecteur $\overrightarrow{MN}$ et celles des points M et N.

De façon équivalente, on pourra écrire : $N = M + \overrightarrow{MN}$.

Plus généralement, si n désigne un entier naturel non nul, $(\lambda_1, \ldots, \lambda_n)$ une famille de n scalaires et $(P_1, \ldots, P_n)$ une famille de n points, l'expression $\lambda_1 P_1 + \lambda_2 P_2 + \cdots + \lambda_n P_n$ désignera le point (ou, selon le contexte, le vecteur) dont les coordonnées sont données conformément à cette expression.

En particulier, si le n-uplet $(\lambda_1, \ldots, \lambda_n)$ vérifie $\sum_{k=1}^{n} \lambda_k = 1$, l'expression $\lambda_1 P_1 + \lambda_2 P_2 + \cdots + \lambda_n P_n$ désigne le barycentre des points $(P_1, \ldots, P_n)$ affectés respectivement des poids $(\lambda_1, \ldots, \lambda_n)$.

Le candidat remarquera qu'avec ces conventions, la propriété *d'associativité du barycentre* s'exprime d'une façon très simple et naturelle.

Pour tout entier n, on note $\mathcal{L}_n$, l'ensemble des n-uplets de points du plan. Autrement dit, $\mathcal{L}_n = (\mathbb{R}^2)^n$.
On ne fera pas de différence entre $\mathcal{L}_1$ et le plan $\mathbb{R}^2$.

Par ailleurs, on note $\mathcal{A}$ l'ensemble des courbes paramétrées c de la forme

$$c : \begin{pmatrix} [0,1] & \to & \mathbb{R}^2 \\ t & \mapsto & (x(t), y(t)) \end{pmatrix}$$

avec x et y fonctions continues sur $[0,1]$.

On définit par récurrence une suite $(B_n)_{n\in\mathbb{N}}$ d'applications en posant :
1) B_0 est l'application de $\mathcal{L}_1$, dans $\mathcal{A}$ qui à tout point $P \in \mathcal{L}_1$ associe la courbe paramétrée constante (de trajectoire réduite à un point)

$$B_0(P) : \begin{pmatrix} [0,1] & \to & \mathbb{R}^2 \\ t & \mapsto & P \end{pmatrix}.$$

2) Pour tout $n \geqslant 1$, B_n est l'unique application de l'ensemble $\mathcal{L}_{n+1}$ dans l'ensemble $\mathcal{A}$ qui satisfasse la relation

$$\forall (P_0, \ldots, P_n) \in \mathcal{L}_{n+1},\ \forall t \in [0,1],$$
$$B_n(P_0, \ldots, P_n)(t) = (1-t)B_{n-1}(P_0, \ldots, P_{n-1})(t) + tB_{n-1}(P_1, \ldots, P_n)(t).$$

L'arc paramétré $B_n(P_0, \ldots, P_n)$ est appelé la *courbe de Bézier associée* aux $(n+1)$ pôles $P_0, \ldots, P_n$. Afin d'alléger la notation, pour toute famille $F \in \mathcal{L}_{n+1}$ la courbe de Bézier associée aux $(n+1)$ pôles F sera le plus souvent notée $B_{n,F}$ ou même B_F.

De façon générale, et sauf mention explicite du contraire dans l'énoncé, on ne fera pas appel aux coordonnées des points.

Partie I

I.1. Cas $n = 1$. Soit $F = (P_0, P_1) \in \mathcal{L}_2$.

I.1.1. Exprimer, en fonction du paramètre t et des points P_0 et P_1, le point courant de la courbe de Bézier associée à la famille F, c'est-à-dire le point $B_F(t) = B_{1,F}(t)$.

I.1.2. Quelle est la trajectoire de l'arc paramétré B_F ?

I.2. Cas $n = 2$. Soit $F = (P_0, P_1, P_2) \in \mathcal{L}_3$.

I.2.1. Soit, pour $i \in \{0,1\}$, Q_i le milieu de $[P_i, P_{i+1}]$. Montrer que $B_F\left(\dfrac{1}{2}\right)$ est le milieu de $[Q_0, Q_1]$.

I.2.2. Déterminer $B_F(0)$ et $B_F(1)$.

I.2.3. Exprimer en fonction de t le point courant $B_F(t)$ comme barycentre des trois pôles P_0, P_1 et P_2 avec des coefficients dont la somme fait 1.

I.2.4. On suppose $P_0 = (1,0)$, $P_1 = (0,0)$ et $P_2 = (0,1)$.

I.2.4.1. Calculer $\dfrac{d^2\big(B_F(t)\big)}{dt^2}$; en déduire la nature de la trajectoire de l'arc paramétré B_F.

I.2.4.2. Tracer la trajectoire de B_F, (on prendra $\big(O, \overrightarrow{\imath}, \overrightarrow{\jmath}\big)$ orthonormé avec une unité longueur de 4 cm).

Partie II

II.1. On rappelle qu'une partie non vide K du plan est convexe si, et seulement si, pour tout $(M,N) \in K^2$ et pour tout $\lambda \in [0,1]$, $(1-\lambda)M + \lambda N \in K$.

II.1.1. Montrer qu'une partie K non vide du plan est convexe si, et seulement si, pour tout $n \in \mathbb{N}^\star$, tout $(M_1, \dots, M_n) \in K^n$, et tout $(\lambda_1, \dots, \lambda_n) \in (\mathbb{R}_+)^n$, si $\sum\limits_{k=1}^{n} \lambda_k = 1$ alors $\sum\limits_{k=1}^{n} \lambda_k M_k \in K$.

II.1.2. Soit E une partie non vide du plan, et soit W un ensemble non vide de parties convexes du plan contenant E. Montrer que l'intersection de tous les convexes appartenant à W, c'est-à-dire $\bigcap\limits_{K \in W} K$, est un convexe contenant E.

Dans la suite, pour toute partie non vide E du plan, on note $\mathcal{C}(E)$ l'enveloppe convexe de E, c'est-à-dire l'intersection de toutes les parties convexes du plan contenant E.

II.1.3. Soit E une partie non vide du plan. Montrer l'équivalence

$$E \text{ convexe} \iff E = \mathcal{C}(E).$$

II.1.4. Soient G et H deux parties non vides du plan. Prouver l'implication

$$(G \subset H) \Rightarrow \big(\mathcal{C}(G) \subset \mathcal{C}(H)\big)$$

II.1.5. Soit E une partie non vide du plan. Montrer que $\mathcal{C}(E)$ est l'ensemble des éléments M de $\mathbb{R}^2$ pour lesquels il existe à la fois $n \in \mathbb{N}^\star$, $(M_1, \dots, M_n) \in E^n$, $(\lambda_1, \dots, \lambda_n) \in (\mathbb{R}_+)^n$ tels que $\sum\limits_{k=1}^{n} \lambda_k = 1$ et $M = \sum\limits_{k=1}^{n} \lambda_k M_k$.

Dans la suite, pour tout entier naturel n et toute famille de points $F \in \mathcal{L}_{n+1}$, on notera encore $\mathcal{C}(F)$ l'enveloppe convexe des points formant la famille F.

II.1.6. Démontrer, par récurrence sur n, que pour tout entier naturel n et toute famille $F \in \mathcal{L}_{n+1}$, la trajectoire de $B_{n,F}$ est incluse dans $\mathcal{C}(F)$.

II.2.1. Soit φ une transformation affine du plan. Démontrer, par récurrence sur n, que pour tout entier naturel n et toute famille $F \in \mathcal{L}_{n+1}$, on a

$$\forall t \in [0,1], \; \varphi\big(B_{n,F}(t)\big) = B_{n,\varphi(F)}(t),$$

où $\varphi(F)$ désigne la famille obtenue en appliquant φ à chacun des points de la famille F.

II.2.2. Soit un triangle quelconque $P_0P_1P_2$, non aplati ; en s'aidant de la question I.2.4, tracer à main levée la courbe de Bézier associée, et justifier le tracé. Déduire également de la question I.2.4 la nature de cette courbe.

Partie III

III.1. Fonctions de mélange.

III.1.1. Démontrer, par récurrence sur n, que pour tout entier naturel n il existe $n+1$ fonctions polynômes $b_{n,k} : [0,1] \to [0,1]$, de degré inférieur ou égal à n, telles que, pour toute famille $F = (P_0, \dots, P_n) \in L_{n+1}$, on ait :

$$B_{n,F}(t) = \sum_{k=0}^{n} b_{n,k}(t)P_k.$$

On ne cherchera pas dans cette question III.1.1 à exprimer explicitement les fonctions $b_{n,k}$ (appelées fonctions de mélange).

Au cours de la démonstration demandée, le candidat mettra en évidence la relation entre $b_{n+1,k}$, $b_{n,k}$ et $b_{n,k-1}$ vérifiée lorsque $1 \leqslant k \leqslant n$, ainsi que la relation entre $b_{n+1,0}$ et $b_{n,0}$ et celle qui a lieu entre $b_{n+1,n+1}$ et $b_{n,n}$.

III.1.2. Pour cette seule question, on prend $n = 3$. Déterminer les polynômes $b_{3,k}(t)$ pour $k \in \{0, \dots, 3\}$.

III.1.3. n désigne à nouveau un entier naturel non nul quelconque. Déterminer, pour tout $k \in [\![0, n]\!]$, une formule simple exprimant $b_{n,k}(t)$ en fonction de t, de n et de k.

Pour tout $k \in [\![0, n]\!]$, on pose $I_{n,k} = \int_0^1 b_{n,k}(t)\, dt$.

III.1.4. Déterminer $\sum_{k=0}^{n} I_{n,k}$.

III.1.5. Déterminer, en fonction de n et k, la valeur de $I_{n,k}$ (on pourra faire une intégration par parties).

III.2. Soit $n \in \mathbb{N}^\star$ et $F = (P_0, \dots, P_n) \in \mathcal{L}_{n+1}$. On note $\widetilde{F}$ la famille obtenue à partir de F en inversant l'ordre des pôles : $\widetilde{F} = (P_n, P_{n-1}, \dots, P_0) \in \mathcal{L}_{n+1}$.

III.2.1. Quelle relation a-t-on entre $B_{n,\widetilde{F}}$ et $B_{n,F}$?

III.2.2. Comparer les trajectoires respectives de $B_{n,\widetilde{F}}$ et de $B_{n,F}$.

Partie IV

IV.1. Soit $n \in \mathbb{N}^\star$ et $F = (P_0, \dots, P_n) \in \mathcal{L}_{n+1}$.

Soit V l'espace vectoriel réel des polynômes à deux variables notées S et T, de degrés partiels inférieurs ou égaux à n.

Autrement dit, les éléments de V sont de la forme $\sum_{i=0}^{n}\sum_{j=0}^{n} \alpha_{i,j} S^i T^j$, avec $\alpha_{i,j} \in \mathbb{R}$ pour tout $(i,j) \in [\![0,n]\!]^2$. Les monômes de la forme $S^i T^j$ constituent une base de V, dite base canonique de V.

À tout $t \in [0,1]$, on associe l'application linéaire $\Psi_t : V \to \mathbb{R}^2$ caractérisée par l'image des vecteurs de la base canonique :

$$\forall (i,j) \in [\![0,n]\!]^2,\ \Psi_t(S^i T^j) = t^j P_i.$$

Par ailleurs, pour tout couple d'entiers naturels (i,j) tel que $i+j \leqslant n$, on pose :

$$C_{i,j} = B_i(P_j, P_{j+1}, \ldots, P_{j+i}).$$

IV.1.1. Trouver un polynôme $Z \in V$, dont on donnera l'expression en fonction de S et T, tel que pour tout couple d'entiers naturels (i,j) tel que $i+j \leqslant n$, on ait : $C_{i,j}(t) = \Psi_t(Z^i S^j)$.

On pourra faire une démonstration par récurrence sur i.

IV.1.2. Utiliser le résultat précédent pour retrouver la formule de III.1.3.

IV.1.3. Déterminer $B_F(0)$ et $B_F(1)$.

IV.1.4. Soit $W \in V$. Vérifier que $\dfrac{d}{dt}\Psi_t(W) = \Psi_t\left(\dfrac{\partial W}{\partial T}\right)$.

IV.1.5. Exprimer le vecteur dérivé $\dfrac{d}{dt}B_{n,F}(t)$ à l'aide de $C_{n-1,0}(t)$ et $C_{n-1,1}(t)$.

IV.1.6. On suppose les pôles P_i deux à deux distincts. Déterminer la droite tangente à la trajectoire de B_F au point de paramètre $t=0$; même question en $t=1$.

IV.1.7. Dérivée k-ième.

IV.1.7.1. Z désignant le polynôme introduit à la question IV.1.1, déterminer, pour tout $k \in [\![1,n]\!]$, la dérivée partielle $\dfrac{\partial^k(Z^n)}{\partial T^k}$. On laissera l'expression demandée sous forme factorisée.

IV.1.7.2. Pour tout $k \in [\![1,n]\!]$, exprimer en fonction des pôles le vecteur dérivé k-ième de $B_{n,F}$ en $t=0$, c'est-à-dire le vecteur $B_{n,F}^{(k)}(0)$. Constater que ce vecteur ne dépend que des $k+1$ premiers pôles de la famille F.

IV.2. Dans cette question, on prend $n=3$, $P_0=(-1,0)$, $P_1=(0,2)$, $P_2=(0,-2)$ et $P_3=(1,0)$.

Montrer que la courbe de Bézier associée à cette famille de pôles est symétrique par rapport à O (on pourra exploiter le résultat de la question II.2.1), puis tracer cette courbe. On travaillera sur papier millimétré, avec une unité de 5 cm. Le tracé s'appuiera en particulier sur les tangentes à la courbe aux points de paramètres $t \in \left\{0, \dfrac{1}{2}, 1\right\}$.

Partie V

Soit $q \in \mathbb{N}^\star$, $(M_1, \dots, M_q)$ une famille de q points du plan et $(t_1, \dots, t_q)$ une famille de q réels deux à deux distincts pris dans l'intervalle $]0,1[$. Pour tout $k \in [\![1, q]\!]$ les coordonnées de M_k seront notées (α_k, β_k).
Par ailleurs, soit $n \in \mathbb{N}^\star$. La présente partie V vise à aborder le problème de la détermination d'une famille de pôles $F \in \mathcal{L}_{n+1}$ telle que la courbe de Bézier B_F s'approche au mieux des points M_k.

Plus précisément, on pose $g : \begin{pmatrix} \mathcal{L}_{n+1} & \to & \mathbb{R} \\ G & \mapsto & \sum\limits_{k=1}^{q} \left[d(M_k, B_F(t_k))\right]^2 \end{pmatrix}$ où d désigne la distance euclidienne canonique sur $\mathbb{R}^2$, et l'on cherche F tel que $g(F) = \min\limits_{G \in \mathcal{L}_{n+1}} g(G)$.

Afin de travailler avec une fonction de plusieurs variables réelles, on identifie $\mathcal{L}_{n+1}$ et $\mathbb{R}^{2n+2}$ grâce à la bijection

$$\gamma : \begin{pmatrix} \mathbb{R}^{2n+2} & \to & L_{n+1} \\ (x_0, y_0, \dots, x_n, y_n) & \mapsto & ((x_0, y_0), \dots, (x_n, y_n)) \end{pmatrix}$$

et la recherche d'un minimum pour g revient à celle d'un minimum de f où l'on a posé $f = g \circ \gamma$.

V.1. Montrer que f est une application de classe $\mathcal{C}^1$ sur $\mathbb{R}^{2n+2}$.

V.2. Exprimer la dérivée partielle $\dfrac{\partial f}{\partial x_i}$ en fonction des variables $(x_0, \dots, x_n, y_0, \dots, y_n)$, de l'indice $i \in [\![0, n]\!]$, des données du problème et des fonctions de mélange (voir question III.1). Donner de même l'expression de $\dfrac{\partial f}{\partial y_i}$.

V.3. Déterminer une matrice carrée non nulle $A = \left(a_{i,j}\right)_{(i,j) \in [\![0,n]\!]^2}$ d'ordre $n+1$, un vecteur colonne $U = \left(u_i\right)_{0 \leqslant i \leqslant n}$ et un vecteur colonne $V = \left(v_i\right)_{0 \leqslant i \leqslant n}$ tels que si $F = \big((x_0, y_0), \dots, (x_n, y_n)\big)$ minimise la fonction g, alors les vecteurs colonnes $X = {}^t(x_0 \ \dots \ x_n)$ et $Y = {}^t(y_0 \ \dots \ y_n)$ vérifient les systèmes linéaires $\big(AX = U$ et $AY = V\big)$.
Bien entendu, l'expression de A, U et V ne doit faire intervenir ni les x_j ni les y_j.

Conclusion

Dans le cas où A est inversible, on dispose ainsi d'un procédé pour determiner la famille F cherchée, car on peut alors démontrer par un argument topologique que cette famille F minimise effectivement la fonction g. En pratique, les choses sont en fait un peu plus complexes, car on ne dispose généralement que des points $(M_1, \dots, M_q)$ mais pas des valeurs $(t_1, \dots, t_q)$.

Connaissances utiles

- Géométrie affine et ensembles convexes.
- Fonctions polynomiales.

Solution

Partie I

I.1.1. Pour tout $t \in [0,1]$, $B_F(t) = (1-t)P_0 + tP_1$.

I.1.2. Il s'agit du segment $[P_0, P_1]$ orienté de P_0 vers P_1.

I.2.1. $B_F\left(\frac{1}{2}\right) = \frac{1}{2}\left[B_1(P_0,P_1)\left(\frac{1}{2}\right) + B_1(P_1,P_2)\left(\frac{1}{2}\right)\right) = \frac{1}{2}(Q_0 + Q_1)$ car $B_1(P_0,P_1)\left(\frac{1}{2}\right) = Q_0$ et $B_1(P_1,P_2)\left(\frac{1}{2}\right) = Q_1$.

I.2.2. $B_F(0) = B_1(P_0,P_1)(0) = P_0$ et, de même, $B_F(1) = B_1(P_1,P_2)(1) = P_2$.

I.2.3. Pour tout $t \in [0,1]$, $B_F(t) = (1-t)B_1(P_0,P_1)(t) + tB_1(P_1,P_2)(t)$ soit encore $B_F(t) = (1-t)^2P_0 + 2t(1-t)P_1 + t^2P_2$ et $(1-t)^2 + 2t(1-t) + t^2 = \left[(1-t)+t\right]^2 = 1$.

I.2.4.1. Pour tout $t \in [0,1]$ on obtient ici $B_F(t) = \left((1-t)^2, t^2\right)$ d'où $\frac{d^2\overrightarrow{B_F}}{dt^2}(t) = (2,2)$.
Si l'on note $\overrightarrow{a}$ ce vecteur et $\overrightarrow{b} = \frac{d\overrightarrow{B_F}}{dt}(0) = (-2,0)$ alors $\left(\overrightarrow{a}, \overrightarrow{b}\right)$ est une base de $\mathbb{R}^2$ et, pour tout $t \in [0,1]$, $B_F(t) = P_0 + t\overrightarrow{b} + \frac{t^2}{2}\overrightarrow{a}$, la trajectoire est donc une partie de parabole.
Dans le repère canonique cette parabole a $x^2 + y^2 - 2xy - 2(x+y) + 1 = 0$ pour équation, elle est tangente à (P_1, P_0) en P_0, tangente à (P_1, P_2) en P_2 et à (Q_0, Q_1) en $\frac{Q_0 + Q_1}{2}$ qui est son sommet. La partie concernée est limitée par P_0 et P_2.

I.4.2

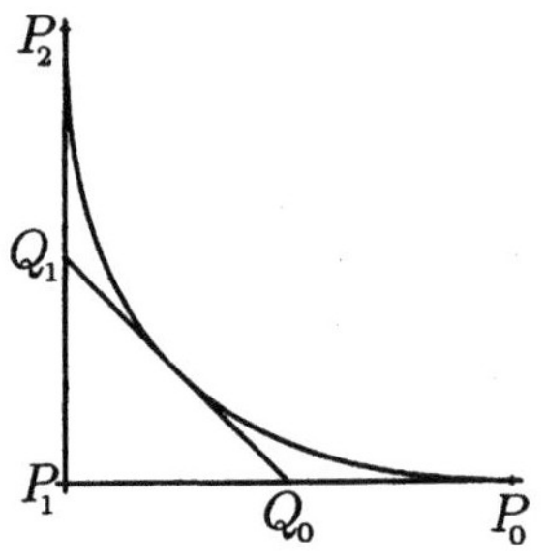

Partie II

II.1.1. Le sens réciproque découle du cas particulier où $n = 2$.
Le sens direct se montre par récurrence en utilisant l'associativité du barycentre. En effet, si $\sum_{k=1}^{n+1} \lambda_k = 1$ où tous les λ_k sont strictement positifs, en considérant le barycentre N de $M_0, \dots, M_n$ défini par $N = \dfrac{1}{1-\lambda_{n+1}} \sum_{k=1}^{n} \lambda_k M_k$ on a :

$$\sum_{k=1}^{n+1} \lambda_k M_k = (1-\lambda_{n+1})N + \lambda_{n+1} M_{n+1}.$$

II.1.2. Si $K \in W$ alors $E \subset K$ par définition, et donc $E \subset \bigcap_{K \in W} K$.
Posons $F = \bigcap_{K \in W} K$. Si $(M, N) \in F^2$ et $\lambda \in [0,1]$ alors, pour tout $K \in W$, $(M, N) \in K^2$ et donc $(1-\lambda)M + \lambda N \in K$, d'où $(1-\lambda)M + \lambda N \in F$, qui montre la convexité de F.
En résumé on vient de montrer que $\mathcal{C}(E)$ est la plus petite partie convexe du plan contenant E car, comme l'ensemble W contient le plan, il est non vide. En revanche l'hypothèse de non vacuité de E est inutile car la partie vide est convexe.

II.1.3. E est convexe si, et seulement si, c'est la plus petite partie convexe du plan qui contient E *i.e.* si, et seulement si, $E = \mathcal{C}(E)$ d'après la question précédente.

II.1.4. Si $G \subset H$ alors $\mathcal{C}(H)$ est une partie convexe du plan qui contient H et donc G. Par suite $\mathcal{C}(H)$ contient la plus petite partie convexe du plan qui contient G *i.e.* $\mathcal{C}(G) \subset \mathcal{C}(H)$.

II.1.5. On note F l'ensemble des éléments M de $\mathbb{R}^2$ pour lesquels il existe $n \in \mathbb{N}^\star$, $(M_1, \dots, M_n) \in E^n$, $(\lambda_1, \dots, \lambda_n) \in (\mathbb{R}_+)^n$ tels que $\sum_{k=1}^{n} \lambda_k = 1$ et $M = \sum_{k=1}^{n} \lambda_k M_k$.

- En utilisant le cas particulier $n = 1$ on a : $E \subset F$.
- Si K est une partie convexe du plan contenant E alors la question II.1.1 montre que $F \subset K$.
- Considérons deux éléments M et N de F.

On écrit $M = \sum_{k=1}^{m} \lambda_k M_k$ où $m \in \mathbb{N}^\star, (M_1, \dots, M_m) \in E^m$ et $(\lambda_1, \dots, \lambda_m) \in (\mathbb{R}_+)^m$ avec $\sum_{k=1}^{m} \lambda_k = 1$ et $N = \sum_{k=1}^{n} \mu_k N_k$ où $n \in \mathbb{N}^\star, (N_1, \dots, N_n) \in E^n$ et $(\mu_1, \dots, \mu_n) \in (\mathbb{R}_+)^n$ avec $\sum_{k=1}^{n} \mu_k = 1$. Soit enfin $\lambda \in [0,1]$.

$(1-\lambda)M + \lambda N = \sum_{k=1}^{m+n} \nu_k P_k$ où l'on a posé $\nu_k = \begin{cases} (1-\lambda)\lambda_k \in \mathbb{R}_+ & \text{si } k \leqslant m \\ \lambda \mu_{k-m} \in \mathbb{R}_+ & \text{sinon} \end{cases}$ et

$P_k = \begin{cases} M_k & \text{si } k \leqslant m \\ N_{k-m} & \text{sinon} \end{cases}$ qui est toujours élément de E.

Comme $\sum_{k=1}^{m+n} \nu_k = (1-\lambda)\sum_{k=1}^{m} \lambda_k + \lambda \sum_{k=1}^{n} \mu_k = (1-\lambda)+\lambda = 1$ on en déduit que $(1-\lambda)M + \lambda N \in F$ et donc que F est convexe.

F est donc la plus petite partie convexe du plan contenant E *i.e.* $F = \mathcal{C}(E)$.

II.1.6. Le cas $n=0$ découle de la définition de B_0.
Supposons la propriété établie à un rang $n-1$ et choisissons F dans $\mathcal{L}_{n+1}$, posons $F = (P_0, \dots, P_n)$.
Soit $t \in [0,1]$, $B_{n-1}(P_0, \dots, P_{n-1})(t) \in \mathcal{C}(F)$ car $\mathcal{C}(P_0, \dots, P_{n-1}) \subset \mathcal{C}(F)$.
De même $B_{n-1}(P_1, \dots, P_n)(t) \in \mathcal{C}(F)$ et donc
$(1-t)B_{n-1}(P_0, \dots, P_{n-1})(t) + tB_{n_1}(P_1, \dots, P_n)(t) \in \mathcal{C}(F)$ car cet enseemble est convexe, par suite la trajectoire de $B_{n,F}$ est tracée dans $\mathcal{C}(F)$.

II.2.1. On procède encore par récurrence sur n. On pose $\varphi = M_0 + f$ où $M_0 \in \mathbb{R}^2$ et $f \in \mathrm{GL}(\mathbb{R}^2)$.
Si $n=0$ et $F = (P_0)$, pour tout $t \in [0,1]$, $\varphi\big(B_{0,F}(t)\big) = M_0 + f(P_0) = B_{0,\varphi(F)}(t)$.
Si la propriété a été établie à un rang $n-1$ et si $F = (P_0, \dots, P_n) \in \mathcal{L}_{n+1}$, pour tout $t \in [0,1]$ on a :

$$\begin{aligned}
\varphi\big(B_{n,F}(t)\big) &= \varphi\big((1-t)B_{n-1}(P_0, \dots, P_{n-1}(t) + tB_{n-1}(P_1, \dots, P_n)(t)\big) \\
&= M_0 + (1-t)f\big(B_{n-1}(P_0, \dots, P_{n-1}(t)\big) + tf\big(B_{n-1}(P_1, \dots, P_n)(t)\big) \\
&= (1-t)\Big[M_0 + f\big(B_{n-1}(P_0, \dots, P_{n-1}(t)\big)\Big] \\
&\quad + t\Big[M_0 + f\big(B_{n-1}(P_1, \dots, P_n)(t)\big)\Big] \\
&= (1-t)B_{n-1,\varphi(P_0, \dots, P_{n-1})}(t) + tB_{n-1,\varphi(P_1, \dots, P_n)}(t) = B_{n,\varphi(F)}(t).
\end{aligned}$$

II.2.2. Soient $R_0 = (1,0)$, $R_1 = (0,0)$ et $R_2 = (0,1)$, les équations $\varphi(R_i) = P_i$ pour $0 \leqslant i \leqslant 2$ déterminent une unique transformation affine φ du plan car chacun des triangles $R_0R_1R_2$ et $P_0P_1P_2$ est non aplati.

La question précédente permet de se ramener à la question I.2.4 et comme φ conserve les milieux et les tangences on obtient donc une partie de parabole limitée par P_0 et P_2. Cette parabole est tangente à (P_0, P_1) en P_0, à (P_1, P_2) en P_2, admet $\dfrac{Q_0 + Q_1}{2}$ pour sommet et est tangente à (Q_0, Q_1) en ce point.

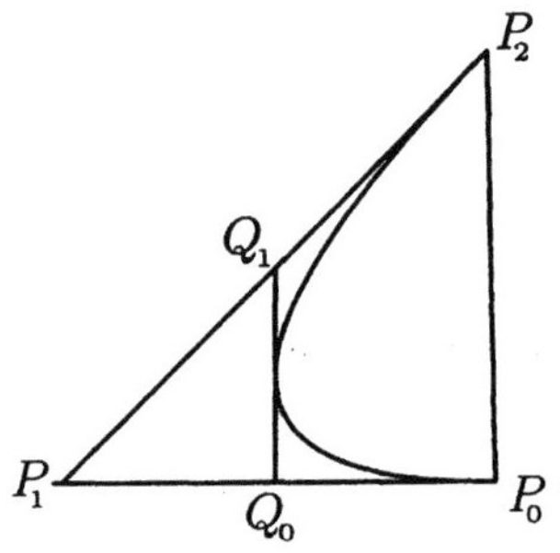

Partie III

III.1.1. Pour $n = 0$ on a immédiatement $b_{0,0}(t) = t$ pour tout $t \in [0,1]$.
Supposons déterminées les fonctions polynomiales $b_{n,k}$ pour tout $k \in [\![0,n]\!]$ et soit $F = (P_0, \dots, P_{n+1}) \in \mathcal{L}_{n+2}$. Soit enfin $t \in [0,1]$.
$B_n(P_0, \dots, P_n)(t) = \sum\limits_{k=0}^{n} b_{n,k}(t) P_k$ et $B_n(P_1, \dots, P_{n+1})(t) = \sum\limits_{k=1}^{n+1} b_{n,k-1}(t) P_k$ par hypothèse de récurrence, d'où :

$$B_{n+1,F}(t) = (1-t) b_{n,0}(t) + \sum_{k=1}^{n} \left[t b_{n,k-1}(t) + (1-t) b_{n,k}(t) \right] P_k + t b_{n,n}(t) P_{n+1}$$

et donc il suffit de poser $b_{n+1,0}(t) = (1-t) b_{n,0}(t)$, $b_{n+1,n+1}(t) = t b_{n,n}(t)$ et, pour tout $k \in [\![1,n]\!]$, $b_{n+1,k}(t) = t b_{n,k-1}(t) + (1-t) b_{n,k}(t)$, ce qui termine la récurrence.

II.1.2. La question I.2.3 a montré que, si $t \in [0,1]$, $b_{2,0}(t) = (1-t)^2$, $b_{2,1}(t) = 2t(1-t)$ et $b_{2,2}(t) = t^2$.
En utilisant la question précédente oàn trouve $b_{3,0}(t) = (1-t)^3$, $b_{3,1}(t) = 3t(1-t)^2$, $b_{3,2}(t) = 3t^2(1-t)$ et $b_{3,3}(t) = t^3$.

III.1.3. Montrons par récurrence sur n que, pour tout $k \in [0,n]$, la fonction, $b_{n,k}$ est définie sur $[0,1]$ par $b_{n,k}(t) = \mathrm{C}_n^k \, t^k (1-t)^{n-k}$. On l'a déjà prouvé pour $n \in [\![0,3]\!]$.
Si cette propriété est établie à un rang n et si $t \in [0,1]$ on a :
$b_{n+1,0}(t) = (1-t) b_{n,0}(t) = \mathrm{C}_{n+1}^0 (1-t)^{n+1}$, pour tout $k \in [\![1,n]\!]$,

$$\begin{aligned} b_{n+1,k}(t) &= t\, \mathrm{C}_n^{k-1} \, t^{k-1} (1-t)^{n+1-k} + (1-t)\, \mathrm{C}_n^k \, t^k (1-t)^{n-k} \\ &= \left[\mathrm{C}_n^{k-1} + \mathrm{C}_n^k \right] t^k (1-t)^{n+1-k} = \mathrm{C}_{n+1}^k \, t^k (1-t)^{n+1-k} \end{aligned}$$

et $b_{n+1,n+1}(t) = t b_{n,n}(t) = \mathrm{C}_{n+1}^{n+1} \, t^{n+1}$
et donc la propriété est vraie au rang $n+1$.

III.1.4. Par linéarité de $f \mapsto \displaystyle\int_0^1 f$ on a :

$$\sum_{k=0}^{n} I_{n,k} = \int_0^1 \left(\sum_{k=0}^{n} \mathrm{C}_n^k \, t^k (1-t)^{n-k} \right) dt = \int_0^1 \left[t + (1-t) \right]^n dt = 1.$$

III.1.5. Si $1 \leqslant p \leqslant n$ on a :

$$\begin{aligned} \int_0^1 t^p (1-t)^{n-p} \, dt = &- \frac{1}{n-p+1} \left[t^p (1-t)^{n+1-p} \right]_0^1 \\ &+ \frac{p}{n+1-p} \int_0^1 t^{p-1} (1-t)^{n+1-p} \, dt \\ = &\frac{p}{n+1-p} \int_0^1 t^{p-1} (1-t)^{n+1-p} \, dt \end{aligned}$$

et comme $\dfrac{p}{n+1-p} = \dfrac{\mathrm{C}_n^{p-1}}{\mathrm{C}_n^p}$, on en déduit que $I_{n,p} = I_{n,p-1} = \cdots = I_{n,0} = \dfrac{1}{n+1}$ en utilisant la question précédente.

III.2.1. Comme pour tout $k \in [\![0, n]\!]$ et tout $t \in [0,1]$ on a $b_{n,k}(t) = b_{n,n-k}(1-t)$, il vient, pour tout $t \in [0,1]$, $B_{n,\widetilde{F}}(t) = B_{n,F}(1-t)$.

III.2.2. Les trajectoires sont bien sûr les mêmes, les sens de parcours sont opposés.

Partie IV

IV.1.1. Les expressions trouvées des $b_{n,k}$ et la formule du binôme permettraient de trouver Z mais la question suivante poserait un problème. On choisit donc de montrer par récurrence sur i que $Z = (1-T) + TS$ convient.
Pour $i = 0$ c'est immédiat.
Si la propriété a été établie à un rang i et si $t \in [0,1]$ on a :

$$\begin{aligned} C_{i+1,j}(t) =& (1-t)C_{i,j}(t) + tC_{i,j+1}(t) \\ =& (1-t)\Psi_t\Big(\big[TS + (1-T)S\big]^i S^j\Big) + t\Psi_t\Big(\big[TS + (1-t)\big]^i S^{j+1}\Big) \\ =& \Psi_t\Big(\big[TS + (1-T)\big]^i S^j \big[(1-T) + TS\big]\Big) = \Psi_t\Big(\big[TS + (1-T)\big]^{i+1} S^j\Big) \end{aligned}$$

et donc c'est encore valable au rang $i+1$.

IV.1.2. On choisit $j = 0$ et $i = n$, pour tout $t \in [0,1]$ on a :

$$\begin{aligned} B_{n,F}(t) =& \Psi_t(Z^n) = \Psi_t\big((1-T+TS)^n\big) = \Psi_t\left(\sum_{k=0}^{n} \mathrm{C}_n^k T^k (1-T)^{n-k} S^k\right) \\ =& \sum_{k=0}^{n} \mathrm{C}_n^k t^k (1-t)^{n-k} P_k \end{aligned}$$

et, comme cela doit être valable pour tout $F \in \mathcal{L}_{n+1}$, on retrouve l'expression de $b_{n,k}$.

IV.1.3. On a $B_F(0) = \sum\limits_{k=0}^{n} \mathrm{C}_n^k 0^k (1-0)^{n-k} P_k = P_0$.
De même $B_F(1) = P_n$.

IV.1.4. On veut montrer la nullité de $\Theta : W \mapsto \dfrac{d}{dt}\big(\Psi_t(W)\big) - \Psi_t\left(\dfrac{\partial W}{\partial T}\right)$ sur V.
Par linéarité il suffit de considérer la base canonique de V.
Si $j = 0$ alors $\dfrac{d}{dt}\big(\Psi_t(S^i T^j)\big) = 0 = \Psi_t\left(\dfrac{\partial(S^i T^j)}{\partial T}\right)$.
Si $j \leqslant 1$, $\dfrac{d}{dt}\big(\Psi_t(S^i T^j)\big) = jt^{j-1} P_i = \Psi_t\left(\dfrac{\partial(S^i T^j)}{\partial T}\right)$ d'où la nullité de Θ sur V.

IV.1.5. Si $t \in [0,1]$ on a $B_{n,F}(t) = \Psi_t\Big(\big[1 + T(S-1)\big]^n\Big)$ d'où

$$\begin{aligned} \frac{d}{dt}\big(B_{n,F}(t)\big) =& \Psi_t\left(\frac{\partial\big[1+T(S-1)\big]^n}{\partial T}\right) = \Psi_t\Big(n(S-1)\big[1+T(S-1)\big]^{n-1}\Big) \\ =& n\left[\Psi_t(Z^{n-1}S) - \Psi_t(Z^{n-1})\right] = n\big[C_{n-1,1}(t) - C_{n-1,0}(t)\big]. \end{aligned}$$

IV.1.6 On a $B_F(0) = P_0$ et on déduit de la question précédente que $\dfrac{dB_F}{dt}(0) = n\overrightarrow{P_0P_1}$, cela prouve que (P_0, P_1) est tangente à la trajectoire de B_F en P_0 à l'instant $t = 0$.

De même, comme $B_F(1) = 0$ et $\dfrac{dB_F}{dt}(1) = n\overrightarrow{P_{n-1}P_n}$, la droite (P_{n-1}, P_n) est tangente à la trajectoire de B_F en P_n à l'instant $t = 1$.

IV.1.7.1. Comme $Z = T(S-1)+1$, on a $\dfrac{\partial^k Z^n}{\partial T^k} = \dfrac{n!}{(n-k)!}(S-1)^k Z^{n-k}$.

IV.1.7.2. Pour tout $t \in [0,1]$ on a $B_F(t) = \Psi_t(Z^n)$ et donc, en itérant le résultat obtenu dans IV.1.4, on a $\dfrac{d^k B_F}{dt^k}(t) = \dfrac{n!}{(n-k)!}\Psi_t\big((S-1)^k Z^{n-k}\big)$ et, en particulier, $\dfrac{d^k B_F}{dt^k}(0) = \dfrac{n!}{(n-k)!}\Psi_t\big((S-1)^k\big) = \dfrac{n!}{(n-k)!}\displaystyle\sum_{i=0}^{k}(-1)^{k-i}\,C_k^i\,P_i$, expression où n'interviennent que les $k+1$ points $P_0, \dots, P_k$.

IV.2. Notons S_O la symétrie de centre O, on a $S_O\big((P_0,P_1,P_2,P_3)\big) = (P_3,P_2,P_1,P_0)$ soit encore $S_O(F) = \widetilde{F}$ et donc, pour tout $t \in [0,1]$, $B_{\widetilde{F}}(t) = B_F(1-t) = S_O\big(B_F(t)\big)$ d'après les questions II.2.1 et III.2.1.

Comme on a vu que les trajectoires de B_F et de $B_{\widetilde{F}}$ sont identiques, cela montre qu'elles sont invariantes par S_O et qu'une étude sur $\left[0\,,\dfrac{1}{2}\right]$ suffit.

On rappelle que la droite (P_0, P_1) est tangente au point P_0.

L'étude précédente montre que $B_F\left(\dfrac{1}{2}\right) = O$ et on obtient $\dfrac{dB_F}{dt}\left(\dfrac{1}{2}\right) = \left(\dfrac{3}{2}\,,-3\right)$, d'où le tracé de la trajectoire.

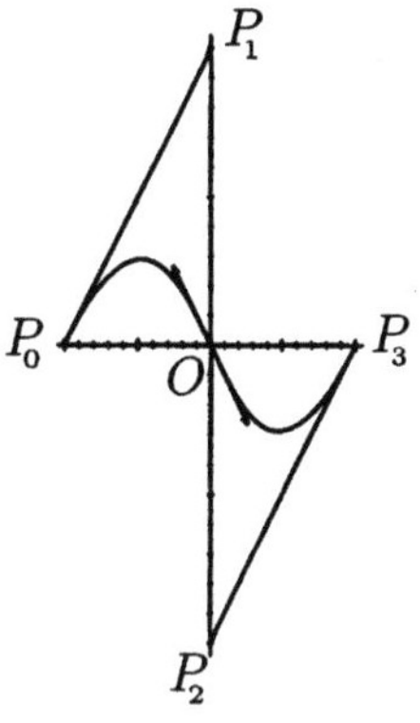

Partie V

V.1. Si $F = (P_0, \dots, P_n) \in \mathcal{L}_{n+1}$, pour tout $i \in [\![0, n]\!]$ on pose $P_i = (x_i, y_i)$.

Alors : $\forall k \in [\![0, q]\!]$, $d^2\big(M_k, B_F(t_k)\big) = \left(\alpha_k - \sum\limits_{i=0}^{n} b_{n,i}(t_k)x_i\right)^2 + \left(\beta_k - \sum\limits_{i=0}^{n} b_{n,i}(t_k)y_i\right)^2$

et donc f est polynomiale en les x_i et les y_i et, par suite, de classe $\mathcal{C}^\infty$ sur $\mathbb{R}^{2n+2}$.

V.2. On déduit de l'expression précédente :

$$\begin{cases} \dfrac{\partial f}{\partial x_i}(x_0, y_0, \dots, x_n, y_n) = & -2 \sum\limits_{k=1}^{q} b_{n,i}(t_k) \left(\alpha_k - \sum\limits_{j=0}^{n} b_{n,j}(t_k)x_j\right) \\ \dfrac{\partial f}{\partial y_i}(x_0, y_0, \dots, x_n, y_n) = & -2 \sum\limits_{k=1}^{q} b_{n,i}(t_k) \left(\beta_k - \sum\limits_{j=0}^{n} b_{n,j}(t_k)y_j\right) \end{cases}$$

V.3. Si F minimise g alors, avec les notations précédentes, f atteint son minimum en $(x_0, y_0, \dots, x_n, y_n)$ et donc $\overrightarrow{\text{grad}\, f}(x_0, y_0, \dots, x_n, y_n) = \overrightarrow{0}$, ce qui équivaut à

$$\forall i \in [\![0, n]\!], \begin{cases} \sum\limits_{j=0}^{n} \left(\sum\limits_{k=1}^{q} b_{n,i}(t_k)b_{n,j}(t_k)\right) x_j = \sum\limits_{k=1}^{q} b_{n,i}(t_k)\alpha_k \\ \sum\limits_{j=0}^{n} \left(\sum\limits_{k=1}^{q} b_{n,i}(t_k)b_{n,j}(t_k)\right) y_j = \sum\limits_{k=1}^{q} b_{n,i}(t_k)\beta_k \end{cases}$$

On pose donc, pour tout $(i,j) \in [\![0, n]\!]^2$, $a_{i,j} = \sum\limits_{k=1}^{q} b_{n,i}(t_k)b_{n,j}(t_k)$, $u_i = \sum\limits_{k=1}^{q} b_{n,i}(t_k)\alpha_k$

et $v_i = \sum\limits_{k=1}^{q} b_{n,i}(t_k)\beta_k$.

Fin

CCP
Filière MP 2001
Épreuve 1

Le théorème du point fixe de Brouwer

Après une première partie consacrée à l'étude de la projection sur les convexes fermés de $\mathbb{R}^n$ on établira (dans $\mathbb{R}^2$) le théorème du point fixe de Brouwer et quelques unes de ses conséquences.
On suppose que $\mathbb{R}^n$ est muni de son produit scalaire canonique et de la norme associée, notés $(\cdot|\cdot)$ et $\|.\|$, donc si $x = (x_1, \ldots, x_n)$ et $y = (y_1, \ldots, y_n)$ sont des éléments de $\mathbb{R}^n$ on a $(x|y) = \sum_{i=1}^{n} x_i y_i$ et $\|x\| = (x|x)^{1/2}$. Si X est une partie de $\mathbb{R}^n$ on notera $\overset{\circ}{X}$ son intérieur, soit $f : X \to \mathbb{R}^n$ on dira que $u \in X$ est un point fixe de f si $f(u) = u$; si $i \in [\![1, n]\!]$, f_i désigne la composante de rang i de f, donc : $f(x) = (f_1(x), \ldots, f_n(x))$.

I. Projection sur un convexe fermé de $\mathbb{R}^n$

1. Démontrer que si $(x, y) \in (\mathbb{R}^n)^2$ on a : $|(x|y)| \leqslant \|x\| \cdot \|y\|$ (inégalité de Schwarz). Montrer que $|(x|y)| = \|x\| \cdot \|y\|$ si, et seulement si, x et y sont colinéaires.
Montrer que si $\{a, b, c\} \subset \mathbb{R}^n$ vérifie : $b \neq c$ et $\|a - b\| = \|a - c\|$, alors $\left\|a - \frac{b+c}{2}\right\| < \|a - b\|$.

2. Soit F un fermé non vide de $\mathbb{R}^n$, soit $x \in \mathbb{R}^n$, montrer qu'il existe $u \in F$ tel que, pour tout $y \in F$: $\|x - u\| \leqslant \|x - y\|$ (on supposera d'abord F borné avant d'étudier le cas général).

3. Soit A un convexe fermé non vide de $\mathbb{R}^n$, montrer, en utilisant les questions précédentes, que pour tout $x \in \mathbb{R}^n$, il existe un unique $u \in A$ tel que :
$\|x - u\| \leqslant \|x - y\|$ pour tout $y \in A$.

Ceci établit le ***théorème de la projection sur les convexes de*** $\mathbb{R}^n$: soit A un convexe fermé non vide de $\mathbb{R}^n$, il existe une unique application, notée P, de $\mathbb{R}^n$ dans A qui vérifie : $\|x - P(x)\| = \min\{\|x - y\| \mid y \in A\}$, pour tout $x \in \mathbb{R}^n$. $P(x)$ s'appelle la projection de x sur A.

4. Montrer que s'il existe $\alpha \in A$ tel que : $(x - \alpha | y - \alpha) \leqslant 0$ pour tout $y \in A$, on a : $\alpha = P(x)$.

5. Supposons qu'il existe $y \in A$ tel que : $(x - P(x) | y - P(x)) > 0$. Soit alors $\mathcal{S} : [0, 1] \to \mathbb{R}$ définie par : $\mathcal{S}(t) = \|(x - P(x)) - t(y - P(x))\|^2$. Montrer qu'il existe $t \in]0, 1[$ tel que : $\mathcal{S}(t) < \|x - P(x)\|^2$.

6. Déduire de 4. et 5. que $u = P(x)$ si, et seulement si : $u \in A$ et $(x-u|y-u) \leqslant 0$ pour tout $y \in A$.

7. Soit $\{x, y\} \subset \mathbb{R}^n$, montrer que : $(x-y|P(x)-P(y)) \geqslant \|P(x)-P(y)\|^2$. En déduire que P vérifie les propriétés suivantes :
P est continue, $P(\mathbb{R}^n) = A$, $P(x) = x$ si $x \in A$.

8. Montrer que si $x \notin A$, alors $P(x) \notin \overset{\circ}{A}$ (raisonner par l'absurde en supposant qu'il existe une boule de centre $P(x)$, de rayon strictement positif, incluse dans A).

II. Théorème de Brouwer dans $\mathbb{R}^2$

Pour toute la suite du problème, on se place dans $\mathbb{R}^2$; si $r > 0, \overline{B}(0,r)$ désigne le disque fermé de centre 0 et de rayon r et $S(0,r)$ le cercle correspondant, on note $B = \overline{B}(0,1)$ et $S = S(0,1)$. On entend par application dérivable (ou $\mathcal{C}^1$ ou $\mathcal{C}^2$) de B (ou de $B \times \mathbb{R}$) dans $\mathbb{R}^2$ (ou $\mathbb{R}$), la restriction à B (ou à $B \times \mathbb{R}$) d'une application dérivable (ou $\mathcal{C}^1$ ou $\mathcal{C}^2$) définie sur un ouvert de $\mathbb{R}^2$ (ou $\mathbb{R}^3$) contenant B (ou $B \times \mathbb{R}$), à valeurs dans $\mathbb{R}^2$ (ou $\mathbb{R}$).

A. Cas particulier d'une application de classe $\mathcal{C}^2$

Soit $f : B \to \mathbb{R}^2$ on suppose que f est de classe $\mathcal{C}^2$ et que $f(B) \subset B$ et on se propose de montrer que f possède au moins un point fixe. On va raisonner par l'absurde et supposer que $f(x) \neq x$ pour tout $x \in B$.

9. Montrer qu'il existe $\rho : B \to \mathbb{R}_+$, unique, telle que : $x + \rho(x)(x - f(x)) \in S$ pour tout $x \in B$. Expliciter ρ, montrer qu'elle est de classe $\mathcal{C}^2$ et que $\rho(x) = 0$ si, et seulement si, $x \in S$. On pose : $\alpha(x) = \rho(x)(x - f(x))$ et $\alpha_{i,j}(x) = \dfrac{\partial \alpha_j}{\partial x_i}(x)$ pour tout $(i,j) \in \{1,2\}^2$ et $\varphi(x) = x + \alpha(x)$.

10. Montrer que, pour tout $x \in B$, la matrice $\begin{pmatrix} \dfrac{\partial \varphi_1}{\partial x_1}(x) & \dfrac{\partial \varphi_1}{\partial x_2}(x) \\ \dfrac{\partial \varphi_2}{\partial x_1}(x) & \dfrac{\partial \varphi_2}{\partial x_2}(x) \end{pmatrix}$ est singulière (on pourra, à cet effet, caractériser géométriquement l'image de l'application linéaire correspondante).

11. Soit $\psi : B \times \mathbb{R} \to \mathbb{R}$ définie par : $\psi(x,t) = \begin{vmatrix} 1 + t\alpha_{1,1}(x) & t\alpha_{2,1}(x) \\ t\alpha_{1,2}(x) & 1 + t\alpha_{2,2}(x) \end{vmatrix}$.

a) Montrer que : $\psi(x,t) = 1 + t\beta(x) + t^2\gamma(x)$ où β et γ sont des applications continues de B dans $\mathbb{R}$ que l'on explicitera à l'aide des applications $(\alpha_{i,j})_{(i,j) \in \{1,2\}^2}$. Vérifier que $\psi(x,1) = 0$ pour tout $x \in B$.

b) Soit $J : [0,1] \to \mathbb{R}$ définie par : $J(t) = \displaystyle\iint_B \psi(x,t)dx_1dx_2$. Justifier l'existence de J et calculer $J(0)$ et $J(1)$.

c) Montrer, grâce au théorème de Fubini que $\displaystyle\iint_B \beta(x)dx_1dx_2 = 0.$

d) Soit $g : B \to \mathbb{R}^2$ de classe $\mathcal{C}^2$, soient
$I_1(g) = \displaystyle\iint_B \frac{\partial g_1}{\partial x_1}(x)\frac{\partial g_2}{\partial x_2}(x)dx_1dx_2,\ I_2(g) = \iint_B \frac{\partial g_1}{\partial x_2}(x)\frac{\partial g_2}{\partial x_1}(x)dx_1dx_2.$
Montrer que $I_1(g)$ est égal à

$$\int_{-1}^{1}\Big[g_1\big(\sqrt{1-s^2},s\big)\frac{\partial g_2}{\partial x_2}\big(\sqrt{1-s^2},s\big)-g_1\big(-\sqrt{1-s^2},s\big)\frac{\partial g_2}{\partial x_2}\big(-\sqrt{1-s^2},s\big)\Big]ds$$
$$-\iint_B g_1(x)\frac{\partial^2 g_2}{\partial x_1\partial x_2}(x)dx_1dx_2.$$

On obtient alors, de façon analogue $I_2(g)$ est égal à

$$\int_{-1}^{1}\Big[g_1\big(s,\sqrt{1-s^2}\big)\frac{\partial g_2}{\partial x_1}\big(s,\sqrt{1-s^2}\big)-g_1\big(s,-\sqrt{1-s^2}\big)\frac{\partial g_2}{\partial x_1}\big(s,-\sqrt{1-s^2}\big)\Big]ds$$
$$-\iint_B g_1(x)\frac{\partial^2 g_2}{\partial x_2\partial x_1}(x)dx_1dx_2.$$

Montrer que : $\displaystyle\iint_B \gamma(x)dx_1dx_2 = 0$ et donc, que J est constante ; montrer que ceci est impossible.
On a ainsi démontré le ***théorème de Brouwer particulier*** : toute application de classe $\mathcal{C}^2$ de B dans B, a au moins un point fixe.

B. Forme générale du théorème de Brouwer

On admettra la généralisation suivante du théorème de Weierstrass : soit F un fermé borné non vide de $\mathbb{R}^2$, soit $g : F \to \mathbb{R}$. Si g est continue, il existe, pour tout $\varepsilon > 0$, une application $g_{(\varepsilon)}$ de $\mathbb{R}^2$ dans $\mathbb{R}$, de classe $\mathcal{C}^2$ telle que : $\sup\big\{|g_{(\varepsilon)}(x) - g(x)| \ /\ x \in F\big\} \leqslant \varepsilon$.

12. Montrer que si F est un fermé borné non vide de $\mathbb{R}^2$, et si $g : F \to \mathbb{R}^2$ est continue, il existe, pour tout $\varepsilon > 0$ une application $g_{(\varepsilon)}$ de $\mathbb{R}^2$ dans $\mathbb{R}^2$, de classe $\mathcal{C}^2$ telle que : $\sup\big\{\|g_{(\varepsilon)}(x) - g(x)\| \ /\ x \in F\big\} \leqslant \varepsilon$.

13. Soit $f : B \to B$, continue. Soit $\varepsilon > 0$, il existe, d'après 12. une application $f_{(\varepsilon)}$ de $\mathbb{R}^2$ dans $\mathbb{R}^2$, de classe $\mathcal{C}^2$ telle que $\sup\big\{\|f_{(\varepsilon)}(x) - f(x)\| \ /\ x \in B\big\} \leqslant \varepsilon$.
Soit $h_{(\varepsilon)} : \mathbb{R}^2 \to \mathbb{R}^2, x \mapsto \dfrac{f_{(\varepsilon)}(x)}{1+\varepsilon}\cdot$ Montrer que $h_{(\varepsilon)}(B) \subset B$ et que :
$\sup\big\{\|h_{(\varepsilon)}(x) - f(x)\| \ /\ x \in B\big\} \leqslant 2\varepsilon$.

14. Montrer que si $f : B \to B$ est continue, elle possède au moins un point fixe.

15. Soit $r > 0$, soit $f : \overline{B}(0,r) \to \overline{B}(0,r)$, montrer que si $f$est continue elle possède au moins un point fixe (considérer $g : B \to \mathbb{R}^2, x \mapsto \dfrac{1}{r}f(rx)$).

16. Soit A un convexe fermé borné non vide de $\mathbb{R}^2$. Soit $f : A \to \mathbb{R}^2$ continue telle que : $f\big(A \setminus \overset{\circ}{A}\big) \subset A$.

a) Montrer qu'il existe $r > 0$ tel que : $A \cup f(A) \subset \overline{B}(0,r)$.
b) On associe au convexe fermé non vide A la projection P, comme cela a été défini en question 3. Soit alors $h : \overline{B}(0,r) \to \mathbb{R}^2$ définie par $h(x) = f\big(P(x)\big)$. Déduire de l'étude de h que f possède au moins un point fixe dans A. On a donc le ***théorème de Brouwer général*** si A est un convexe fermé borné non vide de $\mathbb{R}^2$, et si $f : A \to \mathbb{R}^2$ est continue et vérifie $f\big(A \setminus \overset{\circ}{A}\big) \subset A$, alors f possède au moins un point fixe dans A.

III. Quelques conséquences du théorème de Brouwer

17. Soit $f : B \to S$, telle que $f(x) = x$ pour tout $x \in S$. Montrer, en étudiant $(-f)$ que f ne peut être continue (ceci constitue le ***théorème de non rétraction***).
18. Soit $f : B \to \mathbb{R}^2$, telle que : f continue et $f(x) = x$ pour tout $x \in S$. Soit $y \notin f(B)$, montrer, en étudiant $g : B \to \mathbb{R}^2$ définie par : $g(x) = \dfrac{y - f(x)}{\|y - f(x)\|}$, que $y \notin B$. En déduire que $B \subset f(B)$.
19. Soit $h : S \times [0,1] \to S$ telle que : h continue et $h(x,0) = x$ pour tout $x \in S$. Supposons qu'il existe $y \in S$ tel que : $h(x,1) = y$ pour tout $x \in S$; soit alors f, de B dans S, définie par : $f(x) = \begin{cases} h\Big(\dfrac{x}{\|x\|}, 1 - \|x\|\Big) & \text{si } x \neq 0 \\ y & \text{si } x = 0 \end{cases}$
Montrer que f est continue et que cela contredit le théorème de non rétraction. En déduire que $(x \mapsto h(x,1))$ ne peut être constante.
(On dit que ***S n'est pas contractile***).
20. Soit $f : \mathbb{R}^2 \to \mathbb{R}^2$, continue telle que $\big(f(x)|x\big) \geqslant 0$ pour tout $x \in \mathbb{R}^2$, $\|f(x)\| \xrightarrow[\|x\| \to +\infty]{} +\infty$.
Soit $y \in \mathbb{R}^2$, soit $r > 0$, on définit, si $y \notin f\big(\overline{B}(0,r)\big)$, l'application $g_{(r)}$: $\overline{B}(0,r) \to \mathbb{R}^2$ par $g_{(r)}(x) = r\dfrac{y - f(x)}{\|y - f(x)\|}$.
a) Montrer qu'il existe $u_{(r)} \in S(0,r)$ tel que l'on ait :

$$\big(f(u_{(r)})|u_{(r)}\big) = \big(y|u_{(r)}\big) - r\big\|y - f(u_{(r)})\big\|.$$

b) Montrer que $f(\mathbb{R}^2) = \mathbb{R}^2$.

Connaissances utiles

- Espaces vectoriels normés.
- Fonctions de plusieurs variables et intégrables doubles.
- Espaces euclidiens.

Solution

Partie I

1. Si $x = 0_E$, l'inégalité est égalité. Si $x \neq 0_E$, il suffit de prouver l'inégalité dans le cas où $\|x\|^2 = (x|x) = 1$.
$0 \leqslant \|y - (x|y)x\|^2 = (y - (x|y)x|y - (x|y)x) = \|y\|^2 - |(x|y)|^2$ *i.e.* le résultat.
Si $\|x\| = 1, \|y\|^2 - |(x|y)|^2 = 0 \Rightarrow y = (x|y)x$. Donc (x, y) est liée. L'inégalité de Schwarz est ainsi prouvée.

Il est vivement recommandé de faire un dessin dans $\mathbb{R}^2$ *pour voir le triangle isocèle (abc), compte tenu des hypothèses de l'énoncé.*
$\left(a - \frac{b+c}{2}\middle|c - b\right) = \frac{1}{2}((a-b) + (a-c)|(a-b) - (a-c))$.
Donc $\left(a - \frac{b+c}{2}\middle|c - b\right) = \frac{1}{2}\left(\|a-b\|^2 - \|a-c\|^2\right) = 0$.
D'après le théorème de Pythagore, $\|b - a\|^2 = \left\|a - \frac{b+c}{2}\right\|^2 + \left\|b - \frac{b+c}{2}\right\|^2$.
D'où le résultat car $b - \frac{b+c}{2} \neq 0$ puisque $b \neq c$.

2. Soit $x_0 \in F$ et $G = F \cap \overline{B}(x, R)$ avec $R = \|x - x_0\|$. On a $d(x, F) = d(x, G)$. Comme G est une partie fermée et bornée de $\mathbb{R}^n$, elle est compacte et l'application $\mathbb{R}^n \to \mathbb{R}, y \mapsto \|x - y\|$ continue car 1-lipschitzienne est bornée et atteint ses bornes sur G. Il existe $u \in G \subset F$ tel que $\|x - u\| = d(x, F) = \min_{y \in F} \|x - y\|$.

3. On suppose A convexe et fermée.
Soit $(u_1, u_2) \in F^2$ tel que $\|x - u_1\| = \|x - u_2\| = d(x, F)$.
Si $u_1 \neq u_2$, d'après I.1. $\left\|x - \frac{u_1 + u_2}{2}\right\| < \|x - u_1\| = d(x, A)$ avec $\frac{u_1 + u_2}{2} \in A$ car A est convexe, ce qui est impossible. On peut conclure que la distance à un convexe fermé de $\mathbb{R}^n$ est atteinte en un unique point.

4. Soit α vérifiant les conditions de l'énoncé et soit y quelconque de A. On a :
$\|x - y\|^2 = \|x - \alpha\|^2 + \|y - \alpha\|^2 - 2(x - \alpha|y - \alpha) \geq \|x - \alpha\|^2$ donc $\alpha = P(x)$.

5. Supposons l'existence de $y \in A$ vérifiant les conditions de l'énoncé. Donc $y \neq P(x)$.
Pour $t \in [0, 1]$, $y(t) = (1 - t)P(x) + ty = P(x) + t(y - P(x)) \in A$ car A est convexe.
On a : $\mathcal{S}(t) = \|x - y(t)\|^2 = \|x - P(x)\|^2 - 2(x - P(x)|y - P(x))t + \|y - P(x)\|^2 t^2$ donc atteint son minimum sur $\mathbb{R}$ en t_0 strictement positif puisque le coefficient de t est strictement négatif par hypothèse.

Il est vivement recommandé de faire un dessin de parabole.

Donc $\mathcal{S}(t_0) < \mathcal{S}(0) = \|x - P(x)\|^2$. De plus $\mathcal{S}(1) = \|x - y\|^2 > \|x - P(x)\|^2$ puisque $y \neq P(x)$ *i.e.* $\mathcal{S}(1) > \mathcal{S}(0)$.
D'où $t_0 \in]0, 1[$; donc $y(t_0) \in A$ et $\|x - y(t_0)\|^2 = \mathcal{S}(t_0) < \mathcal{S}(0) = \|x - P(x)\|^2$ ce qui est contradictoire avec la définition de $P(x)$.

Finalement, il n'existe aucun élément y de A tel que $\big(x - P(x)|y - P(x)\big) > 0$.

6. On déduit des questions I.4. et I.5. que $P(x)$ est la projection de x sur le convexe fermé A de $\mathbb{R}^n$ si, et seulement si, $\big(x - P(x)|y - P(x)\big) \leqslant 0$ pour tout $y \in A$.

7. $\big(x - y|P(x) - P(y)\big) = \big(x - P(x)|P(x) - P(y)\big) + \big(P(x) - y|P(x) - P(y)\big)$
Comme $P(y) \in A$, on a : $\big(x - y|P(x) - P(y)\big) \geqslant \big(P(x) - y|P(x) - P(y)\big)$ d'après I.6.
On a : $\big(P(x) - y|P(x) - P(y)\big) = \|P(x) - P(y)\|^2 - \big(y - P(y)|P(x) - P(y)\big)$.
De même, comme $P(x) \in A$, d'après I.6. $\big(P(x) - y|P(x) - P(y)\big) \geqslant \|P(x) - P(y)\|^2$.
Finalement, $\big(x - y|P(x) - P(y)\big) \geqslant \|P(x) - P(y)\|^2$.

D'après I.1. $\big(x - y|P(x) - P(y)\big) \leqslant \|x - y\|\cdot\|P(x) - P(y)\|$.
Donc $\|P(x) - P(y)\|^2 \leqslant \|x - y\|\cdot\|P(x) - P(y)\|$.
Si $P(x) \neq P(y)$ alors $\|P(x) - P(y)\| \leqslant \|x - y\|$. Si $P(x) = P(y)$, l'inégalité est encore vraie. En conclusion, l'application P est 1-lipschitzienne donc continue.
$P(x) = x$ si $x \in A$ donc $P(A) = A$ et *a fortiori* $P(\mathbb{R}^n) = A$.

8. Soit $x \notin A$. Supposons que $P(x) \in \overset{\circ}{A}$ et soit $R > 0$ tel que $B(P(x), R) \subset A$. Alors $R \leqslant \|x - P(x)\|$ car $x \notin A$. (*faire un dessin pour avoir des idées.*)
Soit $y_0 = P(x) + \dfrac{R}{2}\dfrac{x - P(x)}{\|x - P(x)\|}\cdot$ On a alors :

$$y_0 \in A \text{ et } \|x - y_0\| = \left|1 - \frac{R}{2\|x - P(x)\|}\right| \|x - P(x)\|.$$

$$R \leqslant \|x - P(x)\| \Rightarrow \left|1 - \frac{R}{2\|x - P(x)\|}\right| = \left(1 - \frac{R}{2\|x - P(x)\|}\right) < 1.$$

Donc $\|x - y_0\| < \|x - P(x)\|$ ce qui contredit la définition de $P(x)$. Donc si $x \notin A$ alors $P(x) \in A \setminus \overset{\circ}{A}$.

Partie II

9. Pour x dans B tel que $f(x) \neq x$ et $t \in \mathbb{R}$, on a :
$\|x + t\big(x - f(x)\big)\|^2 - 1 = \|x - f(x)\|^2 t^2 + 2\big(x|x - f(x)\big)t - (1 - \|x\|^2)$.
Le trinôme en t est du second degré et comme $1 - \|x\|^2 \geqslant 0$, il admet une unique racine positive ou nulle. D'où l'existence et l'unicité de la fonction ρ :

$$x \mapsto \frac{-\big(x|x - f(x)\big) + \sqrt{\Delta(x)}}{\|x - f(x)\|^2} \text{ où } \Delta(x) = \big(x|x - f(x)\big)^2 + \|x - f(x)\|^2(1 - \|x\|^2).$$

Par les théorèmes sur les opérations sur les fonctions de classe $\mathcal{C}^2$, on a ρ de classe $\mathcal{C}^2$. On vérifie que : $\rho(x) = 0$ si et seulement si $x \in S$.

10. $\varphi(x) \in S \Rightarrow \varphi_1^2(x) + \varphi_2^2(x) = 1$. Comme φ est de classe $\mathcal{C}^2$, on obtient par dérivation $\begin{cases} \varphi_1(x)\dfrac{\partial \varphi_1}{\partial x_1} + \varphi_2(x)\dfrac{\partial \varphi_2}{\partial x_1} = 0 \\ \varphi_1(x)\dfrac{\partial \varphi_1}{\partial x_2} + \varphi_2(x)\dfrac{\partial \varphi_2}{\partial x_2} = 0 \end{cases}$ *i.e.* ${}^tM(x) \cdot \varphi(x) = 0$ pour tout $x \in B$ où

$M(x)$ est la matrice de l'énoncé. Donc $\varphi(x) \in \mathrm{Ker}\left({}^tM(x)\right)$. Or $\varphi(x) \neq 0$ puisque $\varphi(x) \in S$. Donc $M(x)$ est singulière *i.e.* non inversible.

11.a) Soit $A(x) = \begin{pmatrix} \alpha_{11}(x) & \alpha_{21}(x) \\ \alpha_{12}(x) & \alpha_{22}(x) \end{pmatrix}$ la matrice jacobienne de α.

$\psi(x,t) = 1 + t\,\mathrm{tr}\left(A(x)\right) + t^2 \det\left(A(x)\right)$ donc $\beta(x) = \mathrm{tr}\left(A(x)\right)$ et $\gamma(x) = \det\left(A(x)\right)$ qui sont de classe $\mathcal{C}^1$ puisque α est de classe $\mathcal{C}^2$.

$\varphi(x) = x + \alpha(x)$ donc $M(x) = \begin{pmatrix} 1+\alpha_{11}(x) & \alpha_{21}(x) \\ \alpha_{12}(x) & 1+\alpha_{22}(x) \end{pmatrix}$ et, d'après 10. $\psi(x,1) = 0$.

11.b) Pour tout t, $x \mapsto \psi(x,t)$ est continue sur la partie B compacte de $\mathbb{R}^2$ d'après 11.a). Donc J est bien définie. $J(0) = \displaystyle\iint_B dx_1dx_2 = \pi$ et $J(1) = 0$ d'après 11. a).

11.c) $\displaystyle\iint_B \beta(x)dx_1dx_2 = \iint_B \Big(\frac{\partial \alpha_1}{\partial x_1}(x) + \frac{\partial \alpha_2}{\partial x_2}(x)\Big)dx_1dx_2$. Comme les fonctions $\dfrac{\partial \alpha_1}{\partial x_1}$ et $\dfrac{\partial \alpha_2}{\partial x_2}$ sont continue sur B, d'après le théorème de Fubini :

$\displaystyle\iint_B \frac{\partial \alpha_1}{\partial x_1}(x)dx_1dx_2 = \int_{x_2=-1}^{x_2=1}\Big(\int_{x_1=-\sqrt{1-x_2^2}}^{x_1=\sqrt{1+x_2^2}} \frac{\partial \alpha_1}{\partial x_1}(x_1,x_2)dx_1\Big)dx_2$. Donc

$\displaystyle\iint_B \frac{\partial \alpha_1}{\partial x_1}(x)dx_1dx_2 = \int_{x_2=-1}^{x_2=1}\Big(\alpha_1\big(\sqrt{1-x_2^2},x_2\big) - \alpha_1\big(-\sqrt{1-x_2^2},x_2\big)\Big)dx_2 = 0$. En effet, pour tout $x_2 \in [-1,1]$, $y = (-\sqrt{1-x_2^2},x_2) \in S$ et $z = (\sqrt{1-x_2^2},x_2) \in S$.

Donc $\rho(y) = \rho(z) = 0$ *i.e.* $\alpha(y) = \alpha(z) = 0$. D'où $\alpha_1(y) = \alpha_1(z) = 0$.

De même $\displaystyle\iint_B \frac{\partial \alpha_2}{\partial x_2}(x)dx_1dx_2 = 0$. D'où $\displaystyle\iint_B \beta(x)dx_1dx_2 = 0$.

11.d) En procédant comme en I.11.c),

$$I_1(g) = \int_{-1}^{1} G(x_2)dx_2 \text{ où } G(x_2) = \int_{x_1=-\sqrt{1-x_2^2}}^{x_1=\sqrt{1-x_2^2}} \frac{\partial g_1}{\partial x_1}(x)\frac{\partial g_2}{\partial x_2}(x)dx_1$$

Comme g est de classe $\mathcal{C}^2$ sur B, par intégration par parties, $G(x_2)$ est égale à :

$$g_1\Big(\sqrt{1-x_2^2},x_2\Big)\frac{\partial g_2}{\partial x_2}\Big(\sqrt{1-x_2^2},x_2\Big) - g_1\Big(-\sqrt{1-x_2^2},x_2\Big)\frac{\partial g_2}{\partial x_2}\Big(-\sqrt{1-x_2^2},x_2\Big)$$
$$- \int_{x_1=-\sqrt{1-x_2^2}}^{x_1=\sqrt{1-x_2^2}} g_1(x)\frac{\partial^2 g_2}{\partial x_1 \partial x_2}(x)dx_1.$$

Le théorème de Fubini appliqué car la fonction $x \mapsto g_1(x)\dfrac{\partial^2 g_2}{\partial x_1\partial x_2}(x)$ est continue sur B puisque g est de classe $\mathcal{C}^2$, donne l'expression cherchée pour $I_1(g)$.

$\displaystyle\iint_B \gamma(x)dx_1dx_2 = I_1(\alpha) - I_2(\alpha)$ d'après a). Comme α est de classe $\mathcal{C}^2$ d'après II.9. on déduit du théorème de Schwarz : $\dfrac{\partial^2 \alpha_2}{\partial x_1\partial x_2}(x) = \dfrac{\partial^2 \alpha_2}{\partial x_2\partial x_1}(x)$ pour tout $x \in B$.

Donc : $\displaystyle\iint_B \gamma(x)dx_1dx_2 = 0$.

Comme $\psi(x,t) = 1 + t\beta(x) + t^2\gamma(x)$ et comme l'intégration est linéaire, on déduit de la définition de $J(t)$ que $J(t) = J(0) = \pi$ quel que soit t. Or $J(1) = 0$. D'où une contradiction. L' hypothèse « f n'admet pas de point fixe» est donc fausse.

12. Soit $\varepsilon > 0$. Notons $g(x) = \big(g_1(x), g_2(x)\big)$ et $g_\varepsilon(x) = \big(g_{1,\varepsilon}(x), g_{2,\varepsilon}(x)\big)$ où les fonctions $g_{1,\varepsilon}$ et $g_{2,\varepsilon}$ sont des fonctions de classe $\mathcal{C}^2$ sur $\mathbb{R}^2$ à valeurs réelles. telles que, pour $i \in \{1,2\}$

$$\sup_{x \in F} \left|g_{i,\varepsilon}(x) - g_i(x)\right| \leqslant \frac{\varepsilon}{\sqrt{2}}.$$

$$\forall x \in F, \left\|g_\varepsilon(x) - g(x)\right\|^2 = \left|g_{1,\varepsilon}(x) - g_1(x)\right|^2 + \left|g_{2,\varepsilon}(x) - g_2(x)\right|^2 \leqslant \frac{\varepsilon^2}{2} + \frac{\varepsilon^2}{2} = \varepsilon^2.$$

Donc $\sup\big\{\left\|g_\varepsilon(x) - g(x)\right\| \,/\, x \in F\big\} \leqslant \varepsilon$.

13. $\forall x \in B, \|h_\varepsilon(x)\| = \dfrac{1}{1+\varepsilon}\|f_\varepsilon(x)\| \leqslant \dfrac{1}{1+\varepsilon}\big[\|f_\varepsilon(x) - f(x)\| + \|f(x)\|\big] \leqslant \dfrac{1+\varepsilon}{1+\varepsilon} = 1.$
Donc $h_\varepsilon(B) \subset B$.

$$\|f(x) - h_\varepsilon(x)\| = \frac{\|(1+\varepsilon)f(x) - f_\varepsilon(x)\|}{1+\varepsilon} \leqslant \|f(x) - f_\varepsilon(x)\| + \varepsilon\|f(x)\| \leqslant 2\varepsilon.$$

14. En remplaçant ε par $\dfrac{1}{n}$ on construit une suite (h_n) d'applications $\mathcal{C}^2$ de B dans B convergeant uniformément sur B vers f. D'après II.11. chaque fonction h_n admet un point fixe x_n. Comme B est compact, la suite (x_n) admet une suite extraite (y_n) avec $y_n = x_{\varphi(n)}$ convergeant vers $\omega \in B$.

Comme f est continue sur B donc en ω, la suite $\big(f(y_n)\big)$ converge vers $f(\omega)$ et par ailleurs $h_{\varphi(n)}(y_n) = y_n \xrightarrow[n\to\infty]{} \omega$.

Comme $\|f(y_n) - h_{\varphi_n}(y_n)\| \leqslant \sup\limits_{x \in B}\big(f(x) - h_{\varphi(n)}(x)\big)$ tend vers 0 car la suite $\big(h_{\varphi(n)}\big)$ converge uniformément vers f en tant que suite extraite de la suite (h_n) qui converge uniformément vers f. Par encadrement, $f(\omega) = \omega$. Donc toute application continue de B dans B admet un point fixe.

15. Il suffit de vérifier que g est une application continue de B dans B.

16.a) A est compact car fermé et borné dans $\mathbb{R}^2$. La partie $f(A)$ est compacte comme image d'un compact par une application continue. Donc $f(A)$ est bornée. Il en est de même de $A \cup f(A)$. D'où l'existence de r.

16.b) h est une application de $\overline{B}(0,r)$ dans A donc dans $\overline{B}(0,r)$. Elle est continue car f et P le sont. D'après la question précédente, h admet un point fixe $\omega \in \overline{B}(0,r)$ $f\big(P(\omega)\big) = \omega$.

Pour conclure, il suffit de prouver que $\omega \in A$ car alors $P(\omega) = \omega$.

Supposons le contraire. Alors $P(\omega) \in A \backslash \overset{\circ}{A}$ d'après 8. Mais alors $f(P(\omega)) \in A$ puisque $f(A \setminus \overset{\circ}{A}) \subset A$. Or $f\big(P(\omega)\big) = \omega$. Donc $\omega \in A$: absurde.

Partie III

17. Supposons $g = -f$ continue. Alors g est une application continue de B dans S donc dans B et admet, d'après II.14, un point fixe ω qui appartient à S puisque g est à valeurs dans S. Ainsi $f(\omega) = -\omega$. Mais comme $f(x) = x$ sur S, il vient que $f(\omega) = \omega$. Donc $\omega = 0$: impossible car $\omega \in S$.

18. Comme $y \notin f(B)$, g est bien définie et est une application continue de B dans S. Elle admet, d'après II.14, un point fixe ω qui appartient à S comme précédemment.

Donc $g(\omega) = \dfrac{y-\omega}{\|y-\omega\|}$ car $f(\omega) = \omega$ puisque $\omega \in S$. Ainsi $\dfrac{y-\omega}{\|y-\omega\|} = \omega$ avec $\omega \in S$.

Supposons que $y \in B$. Alors $y \notin S$ car $S \subset f(B)$. Donc $\|y\| < 1$.

Or $y - \omega = \|y-\omega\|\omega$ donc $(y-\omega|\omega) \geqslant 0$ *i.e.* $(y|\omega) \geqslant \|\omega\|^2 = 1$.

Comme $|(y|\omega) \leqslant \|y\|\|\omega\| = \|y\| < 1$, on aboutit à une contradiction.

19. Seule la continuité de f en 0 n'est pas évidente. Soit $\varepsilon > 0$. Comme h est continue sur le compact $S \times [0,1]$, elle y est uniformément continue d'après le théorème de Heine. Donc, il existe $\alpha > 0$ tel que :

$\forall (x_1, x_2) \in S^2, \forall (t_1, t_2) \in [0,1]^2, \|x_1 - x_2\| \leqslant \alpha, |t_1 - t_2| \leqslant \alpha \Rightarrow \|h(x_1, t_1) - h(x_2, t_2)\| \leqslant \varepsilon.$

Soit alors $x \in B \setminus \{0\}$ tel que $\|x\| \leqslant \alpha$. On a :

$\left\|h\left(\dfrac{x}{\|x\|}, 1 - \|x\|\right) - h\left(\dfrac{x}{\|x\|}, 1\right)\right\| \leqslant \varepsilon$ *i.e.* $\|f(x) - y\| \leqslant \varepsilon$ *i.e.* $\|f(x) - f(0)\| \leqslant \varepsilon$.

Ainsi f est bien continue en 0 donc est une application continue de B dans S fixant les points de S ce qui contredit le théorème de non rétraction continue.

20.a) Comme $y \notin f(\overline{B}(0,r))$, g_r est définie et continue sur $\overline{B}(0,r)$ à valeurs dans $S(0,r)$ donc admet, d'après le théorème de Brouwer, un point fixe $u_r \in S(0,r)$.

$g_r(u_r) = u_r \iff r(y - f(u_r)) = \|y - f(u_r)\|u_r$. En multipliant scalairement cette égalité par u_r on obtient l'égalité cherchée puisque $\|u_r\| = r$.

20.b) Supposons f non surjective. Il existe y sans antécédent par f. Nécessairement, on a $y \notin f(\overline{B}(0,r))$. Il existe un tel u_r pour tout $r > 0$.

Or, par hypothèse $(f(u_r)|u_r) \geqslant 0$.

Donc, pour tout $r > 0$, il existe $u_r \in S(0,r)$ tel que $(y|u_r) \geqslant r\|y - f(u_r)\|$.

Or $|(y|u_r)| \leqslant \|y\|\|u_r\| = r\|y\|$ donc $\|y - f(u_r)\| \leqslant \|y\|$ pour tout $r > 0$ donc $\left(f(u_r)\right)_{r>0}$ est borné. Comme $\|f(x)\| \xrightarrow[\|x\|\to+\infty]{} +\infty$ et comme $\|u_r\| = r$, on a $\|f(u_r)\| \xrightarrow[r\to+\infty]{} +\infty$: absurde. Avec les hypothèses, f est donc surjective.

Fin

Notations et définitions :

Dans tout le problème $\mathbb{K}$ désigne $\mathbb{R}$ ou $\mathbb{C}$ et n est un entier naturel.

Si u est un endomorphisme d'un $\mathbb{K}$-espace vectoriel E, on note $u^0 = I_E$ et pour tout $n \in \mathbb{N}, u^{n+1} = u^n \circ u$.

On note $\mathbb{K}_n[X]$ la $\mathbb{K}$-algèbre des polynômes de degré inférieur ou égal à n, $\mathfrak{M}_n(\mathbb{K})$ la $\mathbb{K}$-algèbre des matrices carrées de taille n à coefficients dans $\mathbb{K}$ de matrice unité I_n et $\mathrm{GL}_n(\mathbb{K})$ le groupe des matrices inversibles de $\mathfrak{M}_n(\mathbb{K})$; les éléments de $\mathfrak{M}_n(\mathbb{K})$ sont notés $M = (m_{i,j})$.

Pour une matrice A de $\mathfrak{M}_n(\mathbb{K})$, on note ${}^tA$ la transposée de la matrice A, $\mathrm{rg}(A)$ son rang, $\chi_A = \det(A - XI_n)$ son polynôme caractéristique et $\mathrm{Sp}(A)$ l'ensemble de ses valeurs propres.

Si $P = X^n + a_{n-1}X^{n-1} + \cdots + a_1X + a_0$ est un polynôme unitaire de $\mathbb{K}_n[X]$ on lui associe la **matrice compagnon**

$$C_P = \begin{pmatrix} 0 & 0 & \dots & 0 & -a_0 \\ 1 & 0 & \dots & 0 & -a_1 \\ 0 & 1 & \dots & 0 & -a_2 \\ \dots & \dots & \dots & \dots & \dots \\ 0 & \dots & 1 & 0 & -a_{n-2} \\ 0 & 0 & \dots & 1 & -a_{n-1} \end{pmatrix} \in \mathfrak{M}_n(\mathbb{K}).$$

(C'est-à-dire la matrice $C_P = (c_{i,j})$ est définie par $c_{i,j} = 1$ pour $i - j = 1$, $c_{i,n} = -a_{i-1}$ et $c_{i,j} = 0$ dans les autres cas.)

Les parties **II. III.** *et* **IV.** *utilisent les résultats de la partie I. et sont indépendantes entre elles.*

I. Propriétés générales

Dans cette partie on considère le polynôme $P = X^n + a_{n-1}X^{n-1} + \cdots + a_1X + a_0$ de $\mathbb{K}_n[X]$ et C_P sa matrice compagnon associée.

1. Montrer que C_P est inversible si, et seulement si, $P(0) \neq 0$.

2. Calculer le polynôme caractéristique de la matrice C_P et déterminer une constante k telle que $\chi_{C_P} = kP$.

3. Soit Q un polynôme de $\mathbb{K}_n[X]$, déterminer une condition nécessaire et suffisante pour qu'il existe une matrice A de $\mathfrak{M}_n(\mathbb{K})$ telle que $\chi_A = Q$.

4. On note ${}^tC_P$ la transposée de la matrice C_P.

a. Justifier la proposition : $\mathrm{Sp}(C_P) = \mathrm{Sp}({}^tC_P)$.

b. Soit λ élément de $\mathrm{Sp}({}^tC_P)$, déterminer le sous-espace propre de ${}^tC_P$ associé à λ.

c. Montrer que ${}^tC_P$ est diagonalisable si, et seulement si, P est scindé sur $\mathbb{K}$ et a toutes ses racines simples.

d. On suppose que P admet n racines $(\lambda_1, \ldots, \lambda_n)$ deux à deux distinctes, montrer que ${}^tC_P$ est diagonalisable et en déduire que le déterminant de Vandermonde : $\begin{vmatrix} 1 & 1 & . & . & 1 \\ \lambda_1 & \lambda_2 & . & . & \lambda_n \\ \lambda_1^2 & \lambda_2^2 & . & . & \lambda_n^2 \\ . & . & . & . & . \\ \lambda_1^{n-1} & \lambda_2^{n-1} & . & . & \lambda_n^{n-1} \end{vmatrix}$ est non nul.

5. *Exemples :*

a. Déterminer une matrice A (dont on précisera la taille n) vérifiant :

$$A^{2002} = A^{2001} + A^{2000} + 1999 I_n.$$

b. Soit E un $\mathbb{K}$-espace vectoriel de dimension n et f un endomorphisme de E vérifiant : $f^{n-1} \neq 0$ et $f^n = 0$; montrer que l'on peut trouver une base de E dans laquelle la matrice de f est une matrice compagnon que l'on déterminera.

II. Localisation des racines d'un polynôme

Soit $A = (a_{i,j})$ une matrice de $\mathfrak{M}_n(\mathbb{C})$, on pose pour tout entier $1 \leqslant i \leqslant n$:

$$r_i = \sum_{j=1}^{n} |a_{i,j}| \text{ et } D_i = \{z \in \mathbb{C} \mid |z| \leqslant r_i\}.$$

Pour ${}^tX = (x_1 \quad x_2 \quad \ldots \quad x_n) \in \mathfrak{M}_{1,n}(\mathbb{C})$ on note $\|X\|_\infty = \max_{1 \leqslant i \leqslant n} |x_i|$.

6. Soit $\lambda \in \mathrm{Sp}(A)$ et X tel que ${}^tX = (x_1 \quad x_2 \quad \ldots \quad x_n)$ un vecteur propre associé à λ. Montrer que pour tout entier $1 \leqslant i \leqslant n$: $|\lambda x_i| \leqslant r_i \|X\|_\infty$.

7. Démontrer que $\mathrm{Sp}(A) \subset \bigcup_{k=1}^{n} D_k$.

8. Soit $P = X^n + a_{n-1}X^{n-1} + \cdots + a_1 X + a_0 \in \mathbb{C}[X]$, établir que toutes les racines de P sont dans le disque fermé de centre 0 et de rayon R où $R = \max\{|a_0|, 1 + |a_1|, \cdots, 1 + |a_{n-1}|\}$.

9. *Application :*

Soit a, b, c et d quatre entiers naturels distincts et non nuls, montrer que l'équation d'inconnue n : $n^a + n^b = n^c + n^d$ n'admet pas de solution sur $\mathbb{N} \setminus \{0, 1\}$.

III. Suites récurrentes linéaires

On note $E = \mathbb{C}^{\mathbb{N}}$ l'espace vectoriel des suites de complexes et si u est une suite de E, on écrira $u(n)$ à la place de u_n pour désigner l'image de n par u.
On considère le polynôme $P = X^p + a_{p-1}X^{p-1} + \cdots + a_1X + a_0$ de $\mathbb{C}[X]$ avec $a_0 \neq 0$ et on lui associe le sous-espace vectoriel F de E formé des éléments u vérifiant la relation :

$$\forall n \in \mathbb{N} : u(n+p) = -a_{p-1}u(n+p-1) - \cdots - a_0u(n).$$

10. Montrer que si λ est racine de P alors la suite $n \mapsto \lambda^n$ est élément de F.

11. Soit φ l'application de F vers $\mathbb{C}^p$ définie par : $u \mapsto \big(u(0), u(1), \ldots, u(p-1)\big)$, montrer que φ est un isomorphisme d'espaces vectoriels. Quelle est la dimension de F ?

12. Pour tout entier $0 \leqslant i \leqslant p-1$ on définit les éléments e_i de F par :
$e_i(i) = 1$ et, lorsque $0 \leqslant j \leqslant p-1$ et $j \neq i, e_i(j) = 0$.
a. Déterminer pour $0 \leqslant i \leqslant p-1, e_i(p)$.
b. Montrer que le système de vecteurs $(e_0, e_1, \ldots, e_{p-1})$ est une base de F.
c. Soit u un élément de F, établir que $u = \sum_{i=0}^{p-1} u(i)e_i$.

13. Si $u \in E$, on définit l'élément $f(u)$ de E par : $f(u) : n \mapsto u(n+1)$. Montrer que l'application f ainsi définie est un endomorphisme de E et que F est stable par f.

14. Si g est l'endomorphisme de F induit par f, montrer que la matrice de g dans la base $(e_0, e_1, \ldots, e_{p-1})$ est ${}^tC_P$.

15. On suppose que P admet p racines non nulles et deux à deux distinctes $(\lambda_0, \lambda_1, \ldots, \lambda_{p-1})$
a. Déterminer une base de F formée de vecteurs propres de g.
b. En déduire que, si u est élément de F, il existe des constantes complexes $(k_0, k_1, \ldots, k_{p-1})$ telles que : $\forall n \in \mathbb{N}, u(n) = k_0\lambda_0^n + k_1\lambda_1^n + \cdots + k_{p-1}\lambda_{p-1}^n$.

16. *Exemple :* (On revient à la notation usuelle u_n)
Soit a, b et c trois réels distincts non nuls. Déterminer une base de l'espace vectoriel des suites définies par u_0, u_1 et u_2 et par la relation de récurrence valable pour tout $n \in \mathbb{N}$:

$$u_{n+3} = (a+b+c)u_{n+2} - (ab+bc+ca)u_{n+1} + abcu_n.$$

IV. Matrices vérifiant : $\mathrm{rg}(U - V) = 1$

Dans cette partie, pour une matrice A, on notera C_A la matrice compagnon du polynôme $(-1)^n\chi_A$ et l'on supposera $n \geqslant 2$.

17. Une matrice A est-elle nécessairement semblable à la matrice compagnon C_A ?

Pour tout couple (U, V) de matrices de $\mathrm{GL}_n(\mathbb{K})$, on considère les deux propositions suivantes, que l'on identifie chacune par un symbole :
(*) $\mathrm{rg}(U - V) = 1$
(**) Il existe une matrice inversible P telle que $U = P^{-1}C_U P$ et $V = P^{-1}C_V P$.

18. Montrer qu'un couple (U, V) de matrices distinctes de $\mathrm{GL}_n(\mathbb{K})$ vérifiant (**) vérifie (*).

19. Déterminer un couple (U, V) de matrices de $\mathrm{GL}_2(\mathbb{K})$ ($n = 2$) vérifiant (*) mais ne vérifiant pas (* *) et déterminer le plus grand commun diviseur des polynômes χ_U et χ_V.

Dans la suite de cette partie, (U, V) est un couple de matrices de $\mathrm{GL}_n(\mathbb{K})$ vérifiant (*) et tel que χ_U et χ_V sont deux polynômes premiers entre eux.

Soit E un $\mathbb{K}$-espace vectoriel de dimension n et de base $\mathcal{B}$, on désigne par u et v les automorphismes de E tels que U (respectivement V) soit la matrice de u (respectivement v) dans la base $\mathcal{B}$. Enfin on pose $H = \mathrm{Ker}(u - v)$.

20. Montrer que H est un hyperplan vectoriel de E.

21. Soit $F \neq \{0\}$ un sous-espace vectoriel de E stable par u et par v c'est-à-dire $u(F) \subset F$ et $v(F) \subset F$. On notera u_F (respectivement v_F) l'endomorphisme induit par u (respectivement v) sur F. On rappelle que χ_{u_F} divise χ_u.
a. Montrer que F n'est pas inclus dans H.
b. On suppose que $F \neq E$, montrer que $F + H = E$ puis que l'on peut compléter une base $\mathcal{B}_F$ de F par des vecteurs de H pour obtenir une base $\mathcal{B}'$ de E. En utilisant les matrices de u et v dans la base $\mathcal{B}'$ montrer que l'on aboutit à une contradiction.

c. Quels sont les seuls sous-espaces stables à la fois par u et par v ?

22. Pour $j \in \mathbb{N}$, on note $G_j = \{x \in E \mid u^j(x) \in H\}$.
a. Montrer que les sous-espaces G_j sont des hyperplans vectoriels de E.
b. Montrer que $\displaystyle\bigcap_{j=0}^{n-2} G_j \neq \{0\}$.
c. Soit y un vecteur non nul de $\displaystyle\bigcap_{j=0}^{n-2} G_j$, on pose pour $0 \leqslant j \leqslant n-1, e_j = u^j(y)$.
Montrer que $\mathcal{B}'' = (e_0, e_1, \ldots, e_{n-1})$ est une base de E.
(On pourra considérer $F = \mathrm{Vect}\{y, u(y), \ldots, u^{p-1}(y)\}$ où p est le plus grand entier naturel non nul pour lequel la famille $\big(y, u(y), \ldots, u^{p-1}(y)\big)$ est libre).
d. Montrer que la matrice de u (respectivement v) dans $\mathcal{B}''$ est C_U (respectivement C_V).
e. Conclure.

23. *Application :*
Soit u et v deux automorphismes d'un $\mathbb{K}$-espace vectoriel E de dimension n vérifiant :

$$\mathrm{rg}(u-v)=1,\ \chi_u(X)=(-1)^n(X^n+1)\ \text{ et }\ \chi_v(X)=(-1)^n(X^n-1).$$

En utilisant une action de groupe, montrer que le groupe engendré par u et v est fini de cardinal inférieur ou égal à $(2n)!$.

Connaissances utiles

- Algèbre linéaire.
- Algèbre générale.

Solution

Partie I

1. Par développement par rapport à la première ligne, on obtient :
$\det(C_P) = (-1)^{n+1}(-a_0) = (-1)^n a_0 = (-1)^n P(0)$. Donc χ_{C_P} est inversible si, et seulement si, $P(0) \neq 0$.

2. $\chi_{C_P} = \begin{vmatrix} -X & \cdots & \cdots & 0 & -a_0 \\ 1 & \ddots & (0) & & \vdots \\ & \ddots & \ddots & & \vdots \\ & (0) & \ddots & -X & \vdots \\ & & & 1 & -a_{n-1}-X \end{vmatrix}$

$L_1 \leftarrow L_1 + XL_2 + X^2L_3 + \cdots + X^{n-1}L_n$ dans χ_{C_P} donne :

$\chi_{C_P} = \begin{vmatrix} 0 & \cdots & \cdots & 0 & S(X) \\ 1 & \ddots & (0) & & \vdots \\ & \ddots & \ddots & & \vdots \\ & (0) & \ddots & -X & \vdots \\ & & & 1 & a_{n-1}-X \end{vmatrix}$ où l'on a :

$S(X) = -a_0 - a_1X - \cdots - a_{n-2}X^{n-2} + (-a_{n-1}-X)X^{n-1}$.
Donc $\chi_{C_P} = (-1)^{n+1}S(X)$ par développement par rapport à la première ligne.
$\chi_{C_P} = (-1)^n P(X)$.

3. Si $Q = \chi_A$ alors $\deg(Q) = n$ et son coefficient dominant est $(-1)^n$. Réciproquement, si $\deg(Q) = n$ et si son coefficient dominant est $(-1)^n$, en posant $P = (-1)^n Q$, on a $Q = \chi_{C_P}$ d'après I.2. En conclusion, il existe $A \in \mathfrak{M}_n(\mathbb{K})$ telle que $Q = \chi_A$ si, et seulement si, Q a pour terme de plus haut degré $(-1)^n X^n$.

4.a) Comme une matrice et sa transposée ont même polynôme caractéristique, on a $\mathrm{Sp}(C_P) = \mathrm{Sp}({}^tC_P)$.

4.b) Notons ${}^tX = (\,x_1 \ \ \dots \ \ x_n\,)$. ${}^tC_PX = 0$ équivaut au système linéaire $(\star)$.

$$(\star)\begin{cases} \forall k \in [\![1, n-1]\!], \lambda x_k = x_{k+1} \\ \lambda x_n = -a_0x_1 - \cdots - a_{n-1}x_n \end{cases} \iff \begin{cases} \forall k \in [\![2, n]\!], x_k = \lambda^{k-1}x_1 \\ 0 = P(\lambda)x_1 \end{cases}$$

Donc le sous-espace propre de ${}^tC_P$ associé à λ est la droite vectorielle engendrée par le vecteur X_0 où ${}^tX_0 = (\,1 \ \ \lambda \ \ \dots \ \ \lambda^{n-1}\,)$

4.c) Si P est scindé à racines simples, il en est de même de $\chi_{{}^tC_P}$ et ${}^tC_P$ est diagonalisable.

Réciproquement, si ${}^tC_P$ est diagonalisable, son polynôme caractéristique est scindé sur $\mathbb{K}$ et la multiplicité de toute valeur propre de ${}^tC_P$ est égale à la dimension du sous-espace propre associé. D'après 4.b), celle-ci est égale à 1. Donc $\chi_{{}^tC_P}$ et par suite P est scindé à racines simples sur $\mathbb{K}$.

4.d) Comme P est de degré n et possède n racines deux à deux distinctes, P est scindé à racines simples et, d'après 4.c), ${}^tC_P$ est diagonalisable.

Notons X_i où ${}^tX_i = (\,1 \ \ \lambda_i \ \ \dots \ \ \lambda_i^{n-1}\,)$. La famille $(X_1, \dots, X_n)$ étant constituée de vecteurs propres associés à des valeurs propres distinctes est libre. Le déterminant de la matrice de vecteurs colonnes $(X_1, \dots, X_n)$ qui est le déterminant de l'énoncé est non nul.

5.a) Avec $n = 2002$ et $P = X^{2002} - X^{2001} - X^{2000} - 1999$ on a $A = C_P$ et $\chi_A = P$. D'après, le théorème de Cayley-Hamilton : $P(A) = 0$.

5.b) Soit $x \in E$ tel que $f^{n-1}(x) \neq 0_E$. Un tel x existe puisque $f^{n-1} \neq 0$.
Supposons la famille $\left(f^i(x)\right)_{0 \leqslant i \leqslant n-1}$ liée.

Il existe $\left(\lambda_i\right)_{0 \leqslant i \leqslant n-1} \in \mathbb{K}^n \setminus \{0\}$ tel que $\displaystyle\sum_{i=0}^{n-1} \lambda_i f^i(x) = 0_E$. $\qquad (\star\star)$

Soit $q = \min\{i \in [\![0, n-1]\!] \mid \lambda_i \neq 0\}$. Alors $(\star\star) \iff v(x) = \displaystyle\sum_{i=q}^{n-1} \lambda_i f^i(x) = 0_E$.

Comme $f \in \mathcal{L}(E)$ et $f^k(x) = 0_E$ si $k \geqslant p$, on a $f^{n-1-q}\big(v(x)\big) = 0_E = \lambda_q f^{n-1}(x)$. Donc $\lambda_q = 0$ ce qui contredit la définition de q. D'où $\left(f^i(x)\right)_{0 \leqslant i \leqslant n-1}$ est libre.

Cette famille libre de n vecteurs de l'espace vectoriel E de dimension n constitue une base $\mathcal{B}$ de E dans laquelle : $M_{\mathcal{B}}(f) = \begin{pmatrix} 0 & & \cdots & (0) \\ 1 & 0 & & \vdots \\ & \ddots & \ddots & \vdots \\ (0) & & 1 & 0 \end{pmatrix} = C_{X^n}$.

Partie II

6. $\lambda X = AX \Rightarrow \forall i \in [\![1,n]\!],\ \lambda x_i = \sum_{j=1}^{n} a_{i,j} x_j \Rightarrow \forall i \in [\![1,n]\!],\ |\lambda x_i| \leqslant \sum_{j=1}^{n} |a_{i,j}|\,|x_j|$

Donc : $\forall i \in [\![1,n]\!],\ |\lambda x_i| \leqslant \Big(\sum_{j=1}^{n} |a_{i,j}|\Big)\|X\|_\infty = r_i \|X\|_\infty$.

7. Si X est un vecteur propre de A associé à la valeur propre λ, alors $X \neq 0$. Soit m tel que tel que $|x_m| = \|X\|_\infty$, on déduit de II.6. $|\lambda||x_m| \leqslant r_m |x_m|$. Donc, $|\lambda| \leqslant r_m$ car $|x_m| > 0$. Donc $\lambda \in D_m$. D'où : $\mathrm{Sp}(A) \subset \bigcup_{k=1}^{n} D_k$.

8. D'après I.2. les racines de P sont les valeurs propres de C_P. Appliquons II.7. à $A = C_p$ avec $r_1 = |a_0|$ et pour $i \in [\![2,n]\!]$, $r_i = 1 + |a_{i-1}|$. Or, $\bigcup_{k=1}^{n} D_k$ est le disque fermé de centre 0 et de rayon $\max_{1 \leqslant i \leqslant n} r_i$. D'où le résultat.

9. Supposons que $a = \max\{a,b,c,d\}$. Si $n \in \mathbb{N}$ est solution de l'équation proposée, il est racine de $P = X^a + X^b - X^c - X^d \in \mathbb{C}_a[X]$ donc, avec les notations de II.8. on a $|n| \leqslant 2$ car $|a_0| = 0$ et $1 + |a_k| \in \{1,2\}$. Mais, si 2 était solution, on aurait, en supposant, par exemple, $c > d$, $2^b\left(2^{a-b}+1\right) = 2^d\left(2^{c-d}+1\right)$ donc, par unicité de la décomposition en produit de nombres premiers, $b = d$ ce qui est exclu. 0 et 1 étant solutions, on a le résultat.

Partie III

10. $\forall n, u(n) = \lambda^n \Rightarrow \forall n,\ u(n+p) + a_{p-1}u(n+p-1) + \cdots + a_0 u(n) = \lambda^n P(\lambda)$. Donc la suite $n \mapsto \lambda^n$ appartient à F si λ est racine de P.

11. On montre aisément que φ est linéaire. Soit $\alpha = (\alpha_0, \ldots, \alpha_{p-1}) \in \mathbb{C}^p$, il existe une unique suite $u \in F$ telle que $\varphi(u) = \alpha$. C'est la suite définie par :
$u(n) = \alpha_n$ si $0 \leqslant n < p$ et $u(n) = -a_{p-1}u(n-1) - \cdots - a_0 u(n-p)$ si $n \geqslant p$. Donc φ est bijective. On peut conclure que φ est un isomorphisme de F sur $\mathbb{C}^p$.

Il vient alors : $\dim F = \dim \mathbb{C}^p = p$.

12.a) $e_i(p) = -a_{p-1}e_i(p-1) - \cdots - a_i e_i(i) - \cdots - a_0 e_i(0)$. Donc $e_i(p) = -a_i$.

12.b) Si $(\varepsilon_1, \ldots, \varepsilon_p)$ la base canonique de $\mathbb{C}^p$, on a $e_i = \varphi^{-1}(\varepsilon_{i+1})$; donc la famille $(e_0, \ldots, e_{p-1})$ image par l'isomorphisme φ^{-1} de la base $(\varepsilon_1, \ldots, \varepsilon_p)$ est une base de F.

12.c) $\forall u \in F,\ u = \varphi^{-1}[\varphi(u)] = \varphi^{-1}\Big(\sum_{i=0}^{p-1} u(i)\,\varepsilon_{i+1}\Big)$

Donc $u = \sum_{i=0}^{p-1} u(i)\,\varphi^{-1}(\varepsilon_{i+1}) = \sum_{i=0}^{p-1} u(i)\,e_i$.

13. On vérifie que $f \in \mathcal{L}(E)$.

Si $u \in F, u(n+1+p) = -a_{p-1}u(n+1+p-1) - \cdots - a_0 u(n+1)$ pour tout $n \in \mathbb{N}$; donc : $\forall n \in \mathbb{N}, f(u)(n+p) = -a_{p-1}f(u)(n+p-1) - \cdots - a_0 f(u)(n)$.
Donc $f(u) \in F$ *i.e.* F est stable par f.

14. Il suffit de déterminer $f(e_j)$. D'après II.13. $f(e_j) = \sum_{i=0}^{p-1} f(e_j)(i) e_i = \sum_{i=0}^{p-1} e_j(i+1)\, e_i$.

$f(e_j) = e_j(1)e_0 + \sum_{i=1}^{p-1} e_j(i)\, e_{i-1} + e_j(p)e_{p-1} = \begin{cases} e_{j-1} - a_j\, e_{p-1} & \text{si } 1 \leqslant i < p \\ -a_0\, e_{p-1} & \text{si } i = 0 \end{cases}$ et la matrice de g dans la base $(e_0, \ldots, e_{p-1})$ de F est ${}^tC_P$.

15.a) D'après I.4.d), une base de vecteurs propres de ${}^tC_P$ est constituée de la famille $(X_0, \ldots, X_{p-1})$ où ${}^tX_i = \begin{pmatrix} 1 & \lambda_i & \ldots & \lambda_i^{p-1} \end{pmatrix}$. Donc une base de vecteurs propres de g est $(v_0, \ldots, v_{p-1})$ où $v_i = \sum_{k=0}^{p-1} \lambda_i^k e_k$. Comme $w_i : n \mapsto \lambda_i^n$ appartient à F d'après III.10. et $w_i = \sum_{k=0}^{p-1} \lambda_i^k\, e_k$, une base de vecteurs propres de g est $(v_0, \ldots, v_{p-1})$ avec $v_i(n) = \lambda_i^n$.

15.b) Donc, pour tout $u \in F, \exists ! (k_0, \ldots, k_{p-1}) \in \mathbb{C}^p,\ u = \sum_{i=0}^{p-1} k_i\, v_i$.

D'où le résultat.

16. $P = X^3 - (a+b+c)\, X^2 + (ab + ac + bc)\, X - abc = (X-a)(X-b)(X-c)$
D'après III.15. une base de F est $\Big((a^n)_{n \in \mathbb{N}}, (b^n)_{n \in \mathbb{N}}, (c^n)_{n \in \mathbb{N}}\Big)$.

Partie IV

17. La réponse est : non. En effet, un examen des colonnes de C_A prouve que son rang est au moins égal à $n-1$. Si $n \geqslant 2$ et $\mathrm{rg}(A) < n-1$, la matrice A ne peut être semblable à la matrice C_A.

18. $(**) \Rightarrow U - V = P^{-1}(C_U - C_V)\, P$. Comme les $(n-1)$ premières colonnes de $C_U - C_V$ sont nulles donc $\mathrm{rg}(C_U - C_V) \leqslant 1$.
Or : $\mathrm{rg}(C_U - C_V) = 0 \Rightarrow C_U - C_V = 0 \Rightarrow U - V = 0$ impossible car $U \neq V$. Donc $\mathrm{rg}(C_U - C_V) = 1$. Donc $\mathrm{rg}(U - V) = 1$. D'où $(**) \Rightarrow (*)$.

19. $U = I_2, V = \begin{pmatrix} 1 & 1 \\ 0 & 1 \end{pmatrix}$ vérifient $(*)$ mais pas $(**)$ et $\mathrm{pgcd}(\chi u, \chi v) = X^2 - 1$.
On a $(*)$ et $\chi_U = \chi_V$; donc $C_U = C_V$. Si l'on avait $(**)$, on aurait $U = V$: absurde.

20. $\mathrm{rg}(u-v) = \mathrm{rg}(U-V) = 1$. D'après le théorème du rang, $\dim\big[\mathrm{Ker}(u-v)\big] = n-1$. Donc H est un hyperplan de E.

21.a) $F \subset H \Rightarrow \forall x \in F,\ (u-v)(x) = 0 \Rightarrow \forall x \in F,\ u(x) = v(x)$ *i.e.* $u_F = v_F$. On a donc $\chi_{u_F} = \chi_{v_F}$. Le polynôme $\chi_{u_F} = \chi_{v_F}$ est de degré égal à $\dim F \geqslant 1$ et divise χ_u et χ_v. D'où one contradiction avec $\mathrm{pgcd}\,(\chi_u, \chi_v) = 1$. Donc $F \not\subset H$.

21.b) $F \neq F \cap H \Rightarrow \dim(F) > \dim(F \cap H)$.
Donc $\dim(F+H) = \dim(H) + \dim(F) - \dim(F \cap H) > \dim(H) = n-1$.
Donc $\dim(F+H) = n$ et $F + H = E$.

Notons $p = \dim F$. Soit $\mathcal{B}_F = (u_1, \ldots, u_p)$ une base de F, $\mathcal{B}_H = (v_1, \ldots, v_{n-1})$ une base de H. Tout élément de E s'écrit $x = \sum_{i=1}^{p} \lambda_i u_i + \sum_{j=1}^{n-1} \mu_j v_j$,

donc $(u_1, \ldots, u_p, v_1, \ldots, v_{n-1})$ est génératrice de E et $(u_1, \ldots, u_p)$ est libre donc le théorème de la base incomplète montre qu'on peut compléter $\mathcal{B}_F$ par des vecteurs de H en une base $\mathcal{B}'$ de E.

Donc $\mathcal{B}' = (u_1, \ldots, u_p, u_{p+1}, \ldots, u_n)$ avec $u_k \in H$ pour $k \geqslant p+1$. Or, si $x \in H$, $u(x) = v(x)$ et F est stable par u et par v donc :
$M_{\mathcal{B}'}(u) = \begin{pmatrix} A_1 & B \\ 0 & C \end{pmatrix}, M_{\mathcal{B}'}(v) = \begin{pmatrix} A_2 & B \\ 0 & C \end{pmatrix}$ avec $A_i \in \mathfrak{M}_p(\mathbb{K})$.
Donc $\chi_C \mid \chi_U$, $\chi_C \mid \chi_V$ et $\deg(\chi_C) = n - p \geqslant 1$ puisque $F \neq E$, ce qui contredit $\operatorname{pgcd}(\chi_u, \chi_v) = 1$. Donc $F = E$.

21.c) $\{0_E\}$ et E sont stables par u et par v et d'après 21.b) si F est stable par u et v et $F \neq \{0_E\}$ alors $F = E$. Donc les seuls sous-espaces stables par u et v sont E et $\{0_E\}$.

22.a) Par définition, $G_j = (u^j)^{-1}(H)$ et $U \in \mathrm{GL}_n(\mathbb{K})$ donc $u \in \mathrm{GL}(E)$ et donc $u^j \in \mathrm{GL}(E)$ donc $\dim[G_j] = \dim(H)$. Pour tout $j \in \mathbb{N}$, G_j est un hyperplan de E.

22.b) On a donc $G_j = \operatorname{Ker}(\varphi_j)$ où φ_j est une forme linéaire non nulle sur E. On a alors
$$\dim\left[\bigcap_{j=0}^{n-2} G_j\right] = \dim\left[\bigcap_{j=0}^{n-2} \operatorname{Ker}(\varphi_j)\right] = n - \operatorname{rg}(\varphi_0, \ldots, \varphi_{n-2}) \geqslant n - 2n - (n-1) = 1.$$
Donc $\bigcap_{j=0}^{n-2} G_j \neq \{0\}$.

22.c) Suppposons le résultat faux et considérons $F = \operatorname{Vect}\{y, u(y), \ldots, u^{p-1}(y)\}$ où p est le plus grand entier naturel non nul pour lequel la famille $(y, u(y), \ldots, u^{p-1}(y))$ est libre qui est bien défini car $\{k \geq 1 \mid (y, u(y), \ldots, u^{k-1}(y))\}$ est non vide car (y) est libre et majoré par $n-1$. Par définition de p, $(y, u(y), \ldots, u^{p-1}(y))$ est libre et $(y, u(y), \ldots, u^{p-1}(y), u^p(y))$ est liée donc il existe $(\alpha_0, \ldots, \alpha_{p-1}) \in \mathbb{K}^p$ tel que $u^p(y) = \sum_{k=0}^{p-1} \alpha_k u^k(y)$. Donc $u^p(y) \in F$ et $u(F) = \operatorname{Vect}\{u(y), u^2(y), \ldots, u^p(y)\} \subset F$.
D'autre part, pour tout $k \in [\![0, n-2]\!]$, $y \in G_i$ donc $u^k(y) \in H$ et et donc
$v(u^k(y)) = u(u^k(y))$ donc, puisque $p - 1 \leqslant n-2$,
$v(F) = \operatorname{Vect}\{u(y), u^2(y), \ldots, u^p(y)\} = u(F) \subset F$. On a donc F stable par u et par v avec $1 \leqslant \dim F \leqslant n-1$ impossible d'après IV.21. Donc $\mathcal{B}''$ est une base de E.

22.d) On a $u(e_k) = e_{k+1}$ pour $k \in [\![0, n-2]\!]$ donc $M_{\mathcal{B}''}(u) = C_P$ où
$P = X^n - \sum_{k=0}^{n-1} e_k^\star(u(e_{k-1}))\, X^k$. Comme, d'après I.2. $P = (-1)^n \chi_u$, on a $C_P = C_U$.

D'autre part, d'après 22.c), pour $k \in [\![0, n-2]\!], v(e_k) = u(e_k) = e_{k+1}$ donc $M_{\mathcal{B}''}(v)$ est aussi une matrice compagnon et, de même que ci-dessus, $M_{\mathcal{B}''}(u) = C_V$.

22.e) Si P la matrice de passage de $\mathcal{B}''$ à $\mathcal{B}$, on a $U = P^{-1}\, C_U\, P$ et $V = P^{-1}\, C_V\, P$. On peut donc conclure que : $\forall (U, V) \in \big(\mathrm{GL}_n(\mathbb{K})\big)^2, \quad \Big((*) \text{ et } \mathrm{pgcd}\big(\chi_U, \chi_V\big) = 1\Big) \Longrightarrow (**)$.

23. On a : $(u, v) \in \big(\mathrm{GL}\,(E)\big)^2$ car $\chi_u(0) \neq 0$ et $\chi_v(0) \neq 0$.

$\mathrm{pgcd}\,\big(\chi_u, \chi_v\big) = 1$ car si $P \mid \chi_u$ et $P \mid \chi_v$ alors $P \mid (\chi_u - \chi_v) = 2(-1)^n$ et $\mathrm{rg}(u-v) = 1$.
D'après IV.22 à (u, v). Il existe une base $\mathcal{B}'' = \big(e_1, \ldots, e_n\big)$ de E telle que :

$$M_{\mathcal{B}''}(u) = C_U = \begin{pmatrix} 0 & \cdots & 0 & -1 \\ 1 & \ddots & & 0 \\ & \ddots & \ddots & \vdots \\ 0 & & 1 & 0 \end{pmatrix} \text{ et } M_{\mathcal{B}''}(v) = C_V = \begin{pmatrix} 0 & \cdots & 0 & 1 \\ 1 & \ddots & & 0 \\ & \ddots & \ddots & \vdots \\ 0 & & 1 & 0 \end{pmatrix}$$

Le sous-groupe G de $\mathrm{GL}(E)$ engendré par u et v est, d'après le cours :
$G = \Big\{w_p \circ \cdots \circ w_1 \;\Big|\; p \in \mathbb{N}^*,\ w_i \in \big\{u, v, u^{-1}, v^{-1}\big\}\Big\}$.
D'après le théorème de Cayley-Hamilton $v^n = I_E$ et $u^n = -I_E$ donc $u^{2n} = I_E$ donc $v^{-1} = v^{n-1}$ et $u^{-1} = u^{2n-1}$ donc $G = \Big\{w_p \circ \cdots \circ w_1 \;\Big|\; p \in \mathbb{N},\ w_i \in \big\{u, v\big\}\Big\}$.
Posons $X = \big\{e_1, \ldots, e_n, -e_1, \ldots, -e_n\big\}$ de cardinal $2n$ et montrons que pour tout $(g, x) \in G \times X,\ g(x) \in X$ par récurrence sur p si $g = w_p \circ \cdots \circ w_1$ avec $w_i \in \big\{u, v\big\}$.
Pour $p = 0$, $g = I_E$ et le résultat est vrai et si il est vrai pour $g = w_p \circ \cdots \circ w_1$ alors, pour $h = w_{p+1} \circ w_p \circ \cdots \circ w_1 = w_{p+1} \circ g$, on a $h(x) = w_{p+1}\big(g(x)\big)$ avec $w_{p+1} \in \big\{u, v\big\}$ et $g(x) \in X$ et, comme $u(e_i) = v(e_i) = e_{i+1}$ pour $1 \leqslant i \leqslant n-1$ et $u(e_n) = -v(e_n) = -e_1$, on a bien $x \in X \Rightarrow h(x) \in X$.
Ainsi, on peut définir $* : G \times X \to X, (g, x) \mapsto g * x = g(x)$.

On a clairement $\begin{cases} \forall x \in X,\ I_E * x = x \\ \forall (g, h) \in G^2,\ \forall x \in X,\ g * (h * x) = (g \circ h) * x \end{cases}$

Donc $*$ est une action du groupe G sur X. Il existe alors un morphisme $\varphi : G \to \mathfrak{S}(X)$ de noyau $\mathrm{Ker}(\varphi) = \big\{g \in G \mid \forall x \in X,\ g(x) = x\big\}$.

Si $g \in \mathrm{Ker}(\varphi)$, on a, pour tout $i \in [\![1, n]\!],\ g(e_i) = e_i$. Donc $g = I_E$. D'où l'injectivité de φ. Les groupes G et $\varphi(G)$ sont isomorphes.
Comme $\varphi(G) \subset \mathfrak{S}(X)$ et $\mathrm{Card}\,\big[\mathfrak{S}(X)\big] = (2n)!$, G est fini et $\mathrm{Card}\,\big(G\big) \leqslant (2n)!$

Fin

Notations

Soit n et p des entiers supérieurs ou égaux à 1. $\mathfrak{M}_{n,p}(\mathbb{R})$ désigne le $\mathbb{R}$-espace vectoriel des matrices à coefficients réels ayant n lignes et p colonnes. On identifiera $\mathfrak{M}_{n,1}(\mathbb{R})$ et $\mathfrak{M}_{p,1}(\mathbb{R})$ respectivement à $\mathbb{R}^n$ et $\mathbb{R}^p$ que l'on supposera munis de leurs produits scalaires canoniques notés respectivement $\left(\cdot|\cdot\right)_n$ et $\left(\cdot|\cdot\right)_p$. Les normes associées à ces produits scalaires seront notées respectivement $\|\cdot\|_n$ et $\|\cdot\|_p$.
On notera $(E_i)_{1\leqslant i\leqslant p}$ la base canonique de $\mathfrak{M}_{p,1}(\mathbb{R})$ et $(F_j)_{1\leqslant j\leqslant n}$ celle de $\mathfrak{M}_{n,1}(\mathbb{R})$.
Lorsque $p = n$, $\mathfrak{M}_{n,n}(\mathbb{R})$ est noté plus simplement $\mathfrak{M}_n(\mathbb{R})$ et est muni de sa structure d'algèbre, I_n représentant la matrice identité.
$0_{n,p}$ désigne la matrice nulle de $\mathfrak{M}_{n,p}(\mathbb{R})$ et 0_n la matrice nulle de $\mathfrak{M}_n(\mathbb{R})$.
Pour $A \in \mathfrak{M}_{n,p}(\mathbb{R})$, ${}^tA$ désigne la matrice transposée de A : c'est un élément de $\mathfrak{M}_{p,n}(\mathbb{R})$.
$\mathrm{Ker}(A)$ est le noyau de A défini par : $\mathrm{Ker}(A) = \{X \in \mathfrak{M}_{p,1}(\mathbb{R}) \mid AX = 0\}$.
$\mathrm{Im}(A)$ est l'image de A définie par : $\mathrm{Im}(A) = \{AX \mid X \in \mathfrak{M}_{p,1}(\mathbb{R})\}$.
Enfin, on adopte la notation $F^\perp$ pour désigner l'orthogonal d'un sous-espace vectoriel F d'un espace euclidien.

Partie I

Soit $A \in \mathfrak{M}_{n,p}$.

I.1. Montrer que ${}^tAA$ est nulle si et seulement si A est nulle.

Dans toute la suite du problème A sera supposée non nulle.

I.2. Montrer que les matrices ${}^tAA$ et $A{}^tA$ sont diagonalisables au moyen de matrices orthogonales.

I.3.a) X, Y désignant deux éléments de $\mathfrak{M}_{n,1}(\mathbb{R})$, exprimer le produit scalaire $\left(X|Y\right)_n$ sous la forme d'un produit matriciel.

I.3.b) Si W est un vecteur propre de ${}^tAA$ associé à la valeur propre λ, exprimer $\|AW\|_n^2$ en fonction de λ et $\|W\|_p$.

I.3.c) En déduire que les valeurs propres de ${}^tAA$ sont réelles, positives ou nulles.

I.4.a) Pour x réel, calculer les produits matriciels par bloc suivants :

$$\begin{pmatrix} xI_n & A \\ {}^tA & I_p \end{pmatrix} \begin{pmatrix} -I_n & 0_{n,p} \\ {}^tA & I_p \end{pmatrix} \text{ et } \begin{pmatrix} xI_n & A \\ {}^tA & I_p \end{pmatrix} \begin{pmatrix} -I_n & A \\ 0_{p,n} & -xI_p \end{pmatrix}$$

I.4.b) En déduire que les matrices ${}^tAA$ et $A{}^tA$ ont les mêmes valeurs propres non nulles avec le même ordre de multiplicité.

I.4.c) En déduire également que les matrices ${}^tAA$ et $A{}^tA$ ont même rang.

I.5. Montrer que si $n > p$, 0 est valeur propre de $A{}^tA$ et que si $n < p$, 0 est valeur propre de ${}^tAA$.

I.6. On note $\lambda_1, \lambda_2, \dots, \lambda_p$ les valeurs propres de ${}^tAA$, chaque valeur propre apparaissant dans cette liste un nombre de fois égal à son ordre de multiplicité et on pose $\mu_i = \sqrt{\lambda_i}$ pour tout i élément de $\{1, \dots, p\}$.

Les réels μ_i sont appelés valeurs singulières de A.

On suppose les réels λ_i ordonnés tels que $\lambda_1 \geqslant \lambda_2 \geqslant \cdots \geqslant \lambda_p \geqslant 0$.

I.6.a) Montrer que λ_1 est non nul.

On définit alors un unique entier naturel $r \in \{1, \dots, p\}$ comme suit : si toutes les valeurs propres de ${}^tAA$ sont non nulles, $r = p$, sinon r est tel que pour tout $i \leqslant r$, $\lambda_i > 0$ et pour tout $i > r$, $\lambda_i = 0$.

Soit $(V_1, V_2, \dots, V_p)$ une base orthonormale de vecteurs propres de ${}^tAA$ respectivement associés aux valeurs propres $\lambda_1, \lambda_2, \dots, \lambda_p$; $V_1, V_2, \dots, V_r$ désignent les vecteurs propres associés aux valeurs propres non nulles et lorsque r est strictement inférieur à p, $V_{r+1}, \dots, V_p$ désignent les vecteurs propres associés à la valeur propre 0.

I.6.b) Montrer que $r \leqslant n$ et que la dimension de $\operatorname{Ker}(A{}^tA)$ est égale à $n - r$.

Pour tout $i \in \{1, \dots, r\}$, on pose $U_i = \dfrac{1}{\mu_i} AV_i$ et si $n > r$, on désigne par $(U_{r+1}, \dots, U_n)$ une base orthonormale de $\operatorname{Ker}(A{}^tA)$.

I.6.c) Montrer que pour tout $i \in \{1, \dots, r\}$, $AV_i = \mu_i U_i$ et que si r est strictement inférieur à p, pour tout $i \in \{r+1, \dots, p\}$, $AV_i = 0$.

I.6.d) Montrer que pour tout $i \in \{1, \dots, r\}$, ${}^tAU_i = \mu_i V_i$.

I.6.e) Montrer que si $n > r$, pour tout $i \in \{r+1, \dots, n\}$, ${}^tAU_i = 0$.

I.6.f) En déduire que le système de vecteurs $(U_1, U_2, \dots, U_n)$ constitue une base orthonormale de vecteurs propres de $A{}^tA$ et préciser la valeur propre associée à chaque vecteur U_i.

I.7. On note V la matrice carrée réelle d'ordre p dont le i-ème vecteur colonne est le vecteur V_i, U la matrice carrée réelle d'ordre n dont le j-ème vecteur colonne est le vecteur U_j et $({}^tUAV)_{i,j}$ l'élément de la i-ème ligne, j-ème colonne de la matrice ${}^tUAV$.

I.7.a) Montrer que : $\forall (i,j) \in [\![1,n]\!] \times [\![1,p]\!], ({}^tUAV)_{i,j} = \mu_j \delta_{i,j}$ où $\delta_{i,j}$ est défini par $\delta_{i,j} = \begin{cases} 1 & \text{si } i = j \\ 0 & \text{si } i \neq j \end{cases}$

I.7.b) On note Δ la matrice appartenant à $\mathfrak{M}_{n,p}(\mathbb{R})$ dont tous les éléments $\Delta_{i,j}$ sont nuls sauf $\Delta_{11}, \Delta_{22}, \ldots, \Delta_{rr}$ respectivement égaux à $\mu_1, \mu_2, \ldots, \mu_r$. Montrer que $A = U\Delta{}^tV$.

La factorisation de A ainsi obtenue est dite décomposition de A en valeurs singulières.

I.7.c) Trouver une décomposition en valeurs singulières de chacune des matrices : $A_0 = \begin{pmatrix} 1 & -1 \\ 1 & 1 \\ 0 & 2 \end{pmatrix}$ et $B_0 = \begin{pmatrix} 1 \\ -1 \end{pmatrix}$

I.8. Montrer que le rang de A est égal à r.

I.9.a) Montrer que $V = \sum_{i=1}^{r} V_i {}^tE_i$.

I.9.b) En déduire $A = \sum_{i=1}^{r} \mu_i U_i {}^tV_i$, ${}^tAA = \sum_{i=1}^{r} \lambda_i V_i {}^tV_i$ et $A{}^tA = \sum_{i=1}^{r} \lambda_i U_i {}^tU_i$.

I.9.c) Déterminer les sous-espaces vectoriels suivants : $\operatorname{Ker}(A)$, $\operatorname{Ker}({}^tA)$, $\operatorname{Im}(A)$, $\operatorname{Im}({}^tA)$.

I.9.d) Montrer que $\operatorname{Ker}({}^tAA) = \operatorname{Ker}(A)$ et $\operatorname{Ker}(A{}^tA) = \operatorname{Ker}({}^tA)$.

Partie II

Avec les notations de la partie **I**, pour $A \in \mathfrak{M}_{n,p}(\mathbb{R})$ admettant une décomposition en valeurs singulières $A = U\Delta{}^tV$, on appelle Δ^+ la matrice de $\mathfrak{M}_{p,n}(\mathbb{R})$ dont tous les éléments $\Delta^+_{i,j}$ sont nuls sauf $\Delta^+_{11}, \Delta^+_{22}, \ldots, \Delta^+_{rr}$ respectivement égaux à $\frac{1}{\mu_1}, \frac{1}{\mu_2}, \ldots, \frac{1}{\mu_r}$ et on pose $A^+ = V(\Delta^+){}^tU$.

Δ^+ (resp. A^+) est appelée pseudo-inverse de Δ (resp. de A). A priori, la matrice A^+ ainsi définie dépend de la décomposition en valeurs singulières choisie pour la matrice A, mais il sera montré à la question **II.9** *qu'il n'en est rien et que A^+ est uniquement déterminée à partir de A.*

II.1. Déterminer les matrices A_0^+, $A_0A_0^+$, $A_0^+A_0$, $A_0A_0^+A_0$ et $A_0^+A_0A_0^+$.

II.2. Déterminer $(A_0^+)^+$.

II.3. Évaluer $\Delta^+\Delta$ et $\Delta\Delta^+$.

II.4. Montrer que si A est une matrice carrée inversible ($n = p = r$), alors $A^+ = A^{-1}$.

II.5. Montrer que : $A^+ = \sum_{i=1}^{r} \frac{1}{\mu_i} V_i {}^tU_i, AA^+ = \sum_{i=1}^{r} U_i {}^tU_i, A^+A = \sum_{i=1}^{r} V_i {}^tV_i$

II.6.a) Évaluer AA^+U_j pour tout $j \in [\![1, n]\!]$ et en déduire que AA^+ est la matrice dans la base canonique de $\mathbb{R}^n$ de la projection orthogonale de $\mathbb{R}^n$ sur $\mathrm{Im}(A)$.

II.6.b) Montrer de même que A^+A est la matrice dans la base canonique de $\mathbb{R}^p$ de la projection orthogonale de $\mathbb{R}^p$ sur $\left[\mathrm{Ker}(A)\right]^{\perp}$.

II.7. Établir les identités suivantes :

$$AA^+ = {}^t(AA^+), A^+A = {}^t(A^+A), AA^+A = A, A^+AA^+ = A^+ \qquad (1).$$

II.8. Établir les résultats suivants :

i) $\mathrm{Im}(A) = \mathrm{Im}(AA^+), \mathrm{Ker}(A^+) = \mathrm{Ker}(AA^+), \mathrm{Im}(A^+) = \mathrm{Im}(A^+A)$
$\mathrm{Ker}\, A = \mathrm{Ker}(A^+A)$.

ii) $\mathbb{R}^n = \mathrm{Im}(A) \oplus \mathrm{Ker}(A^+), \quad \mathbb{R}^p = \mathrm{Im}(A^+) \oplus \mathrm{Ker}(A)$.

II.9. Soit $B \in \mathfrak{M}_{p,n}(\mathbb{R})$ vérifiant :

$$AB = {}^t(AB), \quad BA = {}^t(BA), \quad ABA = A, \quad BAB = B.$$

II.9.a) Montrer que B vérifie les identités suivantes :

i) $B = B{}^tB{}^tA = {}^tA{}^tBB$.

ii) $A = A{}^tA{}^tB = {}^tB{}^tAA$

iii) ${}^tA = {}^tAAB = BA{}^tA$.

II.9.b) En déduire que $B = A^+$, autrement dit que A^+ est l'unique matrice de $\mathfrak{M}_{p,n}(\mathbb{R})$ vérifiant les relations (1).

II.10. Montrer que $(A^+)^+ = A$ et ${}^t(A^+) = ({}^tA)^+$.

II.11. Évaluer $(A_0B_0)^+$ et $B_0^+A_0^+$. A-t-on l'égalité ?

II.12. Soit $H \in \mathfrak{M}_{n,1}(\mathbb{R})$ et $\overline{H} = A^+H$. On note $d\big(H, \mathrm{Im}(A)\big)$ la distance de H au sous-espace vectoriel $\mathrm{Im}(A)$.

II.12.a) Montrer que pour tout $X \in \mathfrak{M}_{p,1}(\mathbb{R})$, $AX - AA^+H$ et $H - AA^+H$ sont orthogonaux et en déduire : $\forall X \in \mathfrak{M}_{p,1}(\mathbb{R}), \|A\overline{H} - H\|_n \leqslant \|AX - H\|_n$.
Que vaut alors $d\big(H, \mathrm{Im}(A)\big)$?

II.12.b) Montrer que s'il existe $\widetilde{H} \in \mathfrak{M}_{p,1}(\mathbb{R})$ tel que $\|A\widetilde{H} - H\|_n = \|A\overline{H} - H\|_n$ avec $\widetilde{H} \neq \overline{H}$, alors $\|\overline{H}\|_p < \|\widetilde{H}\|_p$.

II.12.c) Si $H = \begin{pmatrix} 1 \\ 1 \\ 1 \end{pmatrix}$, déterminer $\inf\limits_{X \in \mathbb{R}^2} \|A_0X - H\|_3$.

Connaissances utiles

- Algèbre linéaire,
- Espaces euclidiens.

Solution

Partie I

I.1. Pour tout $i \in [\![1,p]\!]$, $\left({}^tAA\right)_{i,i} = \sum_{k=1}^{n} (A_{k,i})^2$. Donc ${}^tAA = 0$ si, et seulement si, pour tout $(k,i) \in [\![1,n]\!] \times [\![1,p]\!]$, $(A)_{k,i} = 0$ si, et seulement si, $A = 0$.

I.2. ${}^tAA$ et $A{}^tA$ étant symétriques réelles, elles sont donc diagonalisables au moyen de matrices orthogonales.

I.3.a) $\left(X|Y\right)_n = {}^tXY = {}^tYX$ de façon immédiate.

I.3.b) Si ${}^tAAW = \lambda W$ alors on a :
$\|AW\|_n^2 = {}^t(AW)\,AW = {}^tW\left({}^tAAW\right) = {}^tW\,(\lambda W) = \lambda\,\|W\|_p^2.$

I.3.c) Si W est un vecteur propre, $W \neq 0$. On déduit de I.3.b) que $\lambda \geqslant 0$. Les valeurs propres de ${}^tAA$ sont donc réelles, positives ou nulles.

I.4.a) $M = \begin{pmatrix} xI_n & A \\ {}^tA & I_p \end{pmatrix}\begin{pmatrix} -I_n & 0_{n,p} \\ {}^tA & I_p \end{pmatrix} = \begin{pmatrix} A{}^tA - xI_n & A \\ 0_{p,n} & I_p \end{pmatrix}.$

$N = \begin{pmatrix} xI_n & A \\ {}^tA & I_p \end{pmatrix}\begin{pmatrix} -I_n & A \\ 0_{p,n} & -xI_p \end{pmatrix} = \begin{pmatrix} -xI_n & 0_{n,p} \\ -{}^tA & {}^tAA - xI_p \end{pmatrix}.$

I.4.b) Rappelons que $\begin{vmatrix} X & Y \\ 0 & Z \end{vmatrix} = \det(X).\det(Z)$ si X et Z sont des matrices carrées et que le déterminant d'un produit de matrices est égal au produit des déterminants. Notons $\chi_A(X) = \det(A - XI_n)$ le polynôme caractéristique de $A \in \mathfrak{M}_n(\mathbb{R})$.

$\det(M) = \chi_{A{}^tA}(x) = (-1)^n \begin{vmatrix} xI_n & A \\ {}^tA & I_p \end{vmatrix}.$

$\det(N) = (-1)^n x^n \chi_{{}^tAA}(x) = (-1)^{n+p} x^p \begin{vmatrix} xI_n & A \\ {}^tA & I_p \end{vmatrix}.$

Donc : $(-x)^n \chi_{{}^tAA}(x) = (-x)^p \chi_{A{}^tA}(x)$.

Les polynômes $\chi_{{}^tAA}$ et $\chi_{A{}^tA}$ sont scindés dans $\mathbb{R}[X]$ car ${}^tAA$ et $A{}^tA$ sont diagonalisables, donc $\chi_{{}^tAA}$ et $\chi_{A{}^tA}$ ont les mêmes racines non nulles avec le même ordre de multiplicité.

I.4.c) Deux matrices semblables ayant le même rang, toute matrice diagonalisable a un rang égal à la somme des ordres de multiplicité des valeurs propres non nulles. Donc ${}^tAA$ et $A{}^tA$ ont même rang.

I.5. Si $n > p$, $\chi_{A{}^tA}(x) = (-x)^{n-p}\,\chi_{{}^tAA}(x)$ donc 0 est racine de $\chi_{A{}^tA}$.

I.6.a) A étant non nulle, ${}^tAA$ est non nulle, elle est diagonalisable, elle a donc au moins une valeur propre non nulle, toutes ses valeurs propres sont positives, donc la plus grande des valeurs propres est strictement positive : *i.e.* $\lambda_1 > 0$.

I.6.b) La somme des multiplicité des valeurs propres non nulles de ${}^tAA$ est égale à r. Donc $r = \text{rg}({}^tAA) = \text{rg}(A{}^tA)$ d'aprés I.4.c) Comme $A{}^tA \in \mathfrak{M}_n(\mathbb{R})$, on a $r \leqslant n$ et d'après le théorème du rang, $\dim\left[\text{Ker}(A{}^tA)\right] = n - r$.

I.6.c) Pour tout $i \in [\![1, r]\!]$, $AV_i = \mu_i U_i$ par définition des U_i.
Pour tout $i \in [\![r+1, p]\!], \lambda_i = 0$. Comme $\|AV_i\|_n^2 = \lambda_i \|V_i\|_p^2$ d'après I.3.b), $AV_i = 0$.

I.6.d) Pour tout $i \in \{1, 2, .., r\}$, ${}^tAU_i = \dfrac{1}{\mu_i}{}^tAAV_i = \dfrac{\lambda_i}{\mu_i}V_i = \mu_i V_i$.

I.6.e) Si $n > r$, pour tout $i \in [\![r+1, n]\!], U_i \in \text{Ker}\left(A{}^tA\right)$.
D'après I.3.b), $\left\|{}^tAU_i\right\|_p^2 = 0\|U_i\|_n^2$. D'où ${}^tAU_i = 0$.

I.6.f) $\forall (i, j) \in [\![1, r]\!]^2, (U_i|U_j) = \dfrac{1}{\mu_i\mu_j}\,{}^tV_i\left({}^tAAV_j\right) = \dfrac{\lambda_j}{\mu_i\mu_j}(V_i|V_j) = \delta_{ij}$ car $\lambda_j = \mu_j^2$.
Si $n > r$, par définition $(U_{r+1}, .., U_n)$ est une famille orthonormale.
$\forall (i, j) \in [\![1, r]\!]^2, (U_i|U_j) = \dfrac{1}{\mu_i}({}^tV_i{}^tA)U_j = 0$ car ${}^tAU_j = 0$
$(U_1, U_2, .., U_n)$ est donc une base orthonormale de $\mathbb{R}^n$.
Si $i \in [\![1, r]\!], A{}^tAU_i = A(\mu_i V_i) = \mu_i^2 U_i = \lambda_i U_i$. Si $r < n$, $r + 1 \leqslant i \leqslant n$, $A{}^tAU_i = 0$.

Donc $(U_1, U_2, .., U_n)$ est une base orthonormale constituée de vecteurs propres de $A{}^tA$. Pour tout $i \in [\![1, r]\!], U_i$ est associé à la valeur propre λ_i et si $r < n$, pour tout $i \in [\![r+1, n]\!], U_i$ est associé à la valeur propre 0.

I.7.a) $\forall (i, j) \in [\![1, n]\!] \times [\![1, p]\!], ({}^tUAV)_{ij} = \left(U_i|AV_j\right)$.
Pour tout $j \in [\![1, r]\!], AV_j = \mu_j U_j$. Donc $\left(U_i|AV_j\right) = \mu_j\left(U_i|U_j\right) = \mu_j\delta_{i,j}$.
Si $r < p$, pour tout $j \geqslant r + 1, \mu_j = 0$ et $AV_j = 0$. Donc $\left(U_i|AV_j\right) = \mu_j\delta_{i,j}$.

I.7.b) On a donc ${}^tUAV = \Delta$. Les vecteurs colonnes de U constituent une base orthonormale de $\mathbb{R}^n$. Donc $U \in \mathcal{O}(n)$. De même $V \in \mathcal{O}(p)$. Comme $U^{-1} = {}^tU$ et $V^{-1} = {}^tV$, on a : $A = U\Delta{}^tV$.

I.7.c) ${}^tA_0A_0 = \begin{pmatrix} 2 & 0 \\ 0 & 6 \end{pmatrix}$. Les valeurs singulières de A_0 sont $\mu_1 = \sqrt{6}$ et $\mu_2 = \sqrt{2}$.

On peut choisir $V_1 = \begin{pmatrix} 0 \\ 1 \end{pmatrix}, V_2 = \begin{pmatrix} 1 \\ 0 \end{pmatrix}$.

D'où $U_1 = \dfrac{1}{\sqrt{6}}\begin{pmatrix} -1 \\ 1 \\ 2 \end{pmatrix}, U_2 = \dfrac{1}{\sqrt{2}}\begin{pmatrix} 1 \\ 1 \\ 0 \end{pmatrix}, U_3 = \dfrac{1}{\sqrt{3}}\begin{pmatrix} 1 \\ -1 \\ 1 \end{pmatrix}$

U_3 est déterminé soit en effectuant $U_1 \wedge U_2$ soit en cherchant une base orthonormale de $\text{Ker}\left(A_0{}^tA_0\right)$. On conclut que : $A_0 = \begin{pmatrix} -\frac{1}{\sqrt{6}} & \frac{1}{\sqrt{2}} & \frac{1}{\sqrt{3}} \\ \frac{1}{\sqrt{6}} & \frac{1}{\sqrt{2}} & -\frac{1}{\sqrt{3}} \\ \frac{2}{\sqrt{6}} & 0 & \frac{1}{\sqrt{3}} \end{pmatrix}\begin{pmatrix} \sqrt{6} & 0 \\ 0 & \sqrt{2} \\ 0 & 0 \end{pmatrix}\begin{pmatrix} 0 & 1 \\ 1 & 0 \end{pmatrix}$

De même, ${}^tB_0B_0 = (2)$. La valeur singulière de B_0 est $\sqrt{2}$. D'où :

$$B_0 = \begin{pmatrix} \frac{1}{\sqrt{2}} & \frac{1}{\sqrt{2}} \\ -\frac{1}{\sqrt{2}} & \frac{1}{\sqrt{2}} \end{pmatrix} \begin{pmatrix} \sqrt{2} \\ 0 \end{pmatrix} (1).$$

I.8. U et ${}^tV$ étant inversibles, le rang de A est égal au rang de Δ donc $\mathrm{rg}(A) = r$.

I.9.a) $V_i{}^tE_i$ est une matrice de $\mathfrak{M}_p(\mathbb{R})$ dont toutes les colonnes sont nulles sauf la i-ième égale à V_i. Donc : $V = \displaystyle\sum_{i=1}^{p} V_i{}^tE_i$.

I.9.b) De même $U = \displaystyle\sum_{j=1}^{n} U_j{}^tF_j$. Donc $A = U\Delta{}^tV = \displaystyle\sum_{j=1}^{n}\left(\sum_{i=1}^{p} U_j{}^tF_j\Delta V_i{}^tE_i\right)$

Or ${}^tF_j\Delta V_i = \delta_{i,j}\mu_j$ si $1 \leqslant j \leqslant r$, ${}^tF_j\Delta V_i = 0$ sinon, donc : $A = \displaystyle\sum_{i=1}^{r} \mu_i U_i{}^tV_i$.

$${}^tAA = {}^tA\left(\sum_{i=1}^{r} \mu_i U_i{}^tV_i\right) = \sum_{i=1}^{r} \mu_i \left({}^tAU_i\right){}^tV_i = \sum_{i=1}^{r} \lambda_i V_i{}^tV_i, \text{ car } {}^tAU_i = \mu_i V_i \text{ et } \lambda_i = \mu_i^2.$$

$${}^tA = \sum_{i=1}^{r} \mu_i V_i{}^tU_i \Rightarrow A{}^tA = \sum_{i=1}^{r} \mu_i (AV_i){}^tU_i = \sum_{i=1}^{r} \mu_i (\mu_i U_i){}^tU_i = \sum_{i=1}^{r} \lambda_i U_i{}^tU_i.$$

I.9.c) $\dim\left[\mathrm{Ker}(A)\right] = p - \mathrm{rg}(A) = p - r$. Comme, pour $i \in [\![r+1, p]\!]$, $AV_i = 0$, la famille $(V_{r+1}, \dots, V_p)$ constitue une base de $\mathrm{Ker}(A)$.

De même $\dim\left[\mathrm{Ker}({}^tA)\right] = n - \mathrm{rg}({}^tA) = n - r$. Comme, pour $i \in [\![r+1, n]\!]$, ${}^tAU_i = 0$, la famille $(U_{r+1}, \dots, U_n)$ constitue une base de $\mathrm{Ker}({}^tA)$.

Pour $i \in [\![1, r]\!]$, $U_i = \dfrac{1}{\mu_i} AV_i \in \mathrm{Im}(A)$. Donc $(U_1, \dots, U_r)$ est une base de $\mathrm{Im}(A)$.

Pour $i \in [\![1, r]\!]$, $V_i = \dfrac{1}{\mu_i}{}^tAU_i \in \mathrm{Im}({}^tA)$. Donc $(V_1, \dots, V_r)$ est une base de $\mathrm{Im}({}^tA)$.

I.9.d) D'après I.6.c) $(U_{r+1}, \dots, U_n)$ est une base de $\mathrm{Ker}\left(A{}^tA\right)$. Comme c'est aussi une base de $\mathrm{Ker}({}^tA)$, on a $\mathrm{Ker}({}^tA) = \mathrm{Ker}(A{}^tA)$.

De même, $(V_{r+1}, \dots, V_n)$ est une base de $\mathrm{Ker}\left({}^tAA\right)$ d'après I.6.a). Comme c'est une base de $\mathrm{Ker}(A)$, on a : $\mathrm{Ker}\left({}^tAA\right) = \mathrm{Ker}(A)$.

Partie II

II.1. D'après I.7.b) et c), $A_0^+ = \begin{pmatrix} 0 & 1 \\ 1 & 0 \end{pmatrix} \begin{pmatrix} \sqrt{6} & 0 & 0 \\ 0 & \sqrt{2} & 0 \end{pmatrix} \begin{pmatrix} -\frac{1}{\sqrt{6}} & \frac{1}{\sqrt{6}} & \frac{2}{\sqrt{6}} \\ \frac{1}{\sqrt{2}} & \frac{1}{\sqrt{2}} & 0 \\ \frac{1}{\sqrt{3}} & -\frac{1}{\sqrt{3}} & \frac{1}{\sqrt{3}} \end{pmatrix}$.

Donc $A_0^+ = \begin{pmatrix} \frac{1}{2} & \frac{1}{2} & 0 \\ -\frac{1}{6} & \frac{1}{6} & \frac{1}{3} \end{pmatrix}$, $A_0A_0^+ = \begin{pmatrix} \frac{2}{3} & \frac{1}{3} & -\frac{1}{3} \\ \frac{1}{3} & \frac{2}{3} & \frac{1}{3} \\ -\frac{1}{3} & \frac{1}{3} & \frac{2}{3} \end{pmatrix}$.

D'où : $A_0A_0^+A_0 = A_0, A_0^+A_0A_0^+ = A_0^+$.

II.2. Les valeurs singulières de A_0^+ sont $\frac{1}{\sqrt{2}}, \frac{1}{\sqrt{6}}$ et 0. On trouve $(A_0^+)^+ = A_0$.

II.3. $\Delta^+\Delta = \begin{pmatrix} I_r & 0_{r,p-r} \\ 0_{p-r,r} & 0_{p-r} \end{pmatrix}$ et $\Delta\Delta^+ = \begin{pmatrix} I_r & 0_{r,n-r} \\ 0_{n-r,r} & 0_{n-r} \end{pmatrix}$.

II.4. Si $n = p = r$, alors $\Delta^+ = \Delta^{-1}$, comme de plus $V = ({}^tV)^{-1}$ et ${}^tU = U^{-1}$, car U et V sont orthogonales, on a : $A^+ = A^{-1}$.

II.5. D'après I.9.a), $U = \sum_{i=1}^{n} U_i{}^tF_i$.

Les calculs suivants sont analogues à ceux de à ceux de I.9.b). ${}^tU = \sum_{i=1}^{n} F_i{}^tU_i$

$\Delta^+{}^tU = \sum_{i=1}^{n}(\Delta^+F_i){}^tU_i = \sum_{i=1}^{r}\frac{1}{\mu_i}F_i{}^tU_i$. Donc $A^+ = \sum_{i=1}^{r}\frac{1}{\mu_i}(VF_i){}^tU_i = \sum_{i=1}^{r}\frac{1}{\mu_i}V_i{}^tU_i$.

D'après I.9.b), $A = \sum_{j=1}^{r}\mu_jU_j{}^tV_j \Rightarrow AA^+ = \sum_{i,j\leqslant r}\frac{\mu_j}{\mu_i}U_j{}^tV_jV_i{}^tU_i$.

Comme, pour $(i,j)\in[\![1,p]\!]^2$, ${}^tV_jV_i = (V_j|V_i) = \delta_{i,j}$ car $(V_1,\dots,V_p)$ est une base orthonormale de $\mathbb{R}^p$, on a : $AA^+ = \sum_{i=1}^{r}U_i{}^tU_i$.

Par échange de U et V, comme $(U_1,\dots,U_n)$ est une base orthonormale de $\mathbb{R}^n$, on obtient : $A^+A = \sum_{i=1}^{r}V_i{}^tV_i$.

II.6.a) $AA^+U_j = \sum_{i=1}^{r}U_i({}^tU_iU_j) = \sum_{i=1}^{r}(U_i|U_j)U_i = \sum_{i=1}^{r}\delta_{i,j}U_i$

Donc : $AA^+U_j = \begin{cases} U_j & \text{si } 1 \leqslant j \leqslant r \\ 0 & \text{si } j \geqslant r+1 \end{cases}$.

Comme $(U_1,\dots,U_n)$ est une base orthonormale de $\mathbb{R}^n$, l'endomorphisme canoniquement associé à AA^+ est la projection orthogonale de $\mathbb{R}^n$ sur le sous-espace vectoriel $\text{Vect}(U_1,\dots,U_r) = \text{Im}(A)$.

II.6.b) $A^+AV_j = \sum_{i=1}^{r}V_i({}^tV_iV_j) = \sum_{i=1}^{r}(V_i|V_j)V_i = \sum_{i=1}^{r}\delta_{i,j}V_i = \begin{cases} V_j & \text{si } 1 \leqslant j \leqslant r \\ 0 & \text{si } j \geqslant r+1 \end{cases}$

Comme $(V_1,\dots,V_p)$ est une base orthonormale de $\mathbb{R}^p$, l'endomorphisme canoniquement associé à A^+A dans $\mathbb{R}^p$ est la projection orthogonale de $\mathbb{R}^p$ sur le sous-espace vectoriel $\text{Vect}(V_1,\dots,V_r) = [\text{Ker}(A)]^\perp$.

II.7. Les projections orthogonales d'un espace euclidien étant des endomorphismes autoadjoints, leurs matrices dans une base orthonormale de l'espace euclidien sont symétriques. Donc : $AA^+ = {}^t(AA^+)$ et $A^+A = {}^t(A^+A)$.

$AA^+A = U\Delta\Delta^+\Delta{}^tV$. Comme $\Delta\Delta^+\Delta = \Delta$, on a $AA^+A = U\Delta{}^tV = A$.

De même, $A^+AA^+ = V\Delta^+\Delta\Delta^{+\,t}U$ et $\Delta^+\Delta\Delta^+ = \Delta^+$. Donc $A^+AA^+ = A^+$.

II.8. Si $M \in \mathfrak{M}_{q,m}(\mathbb{R})$ et $N \in \mathfrak{M}_{m,s}(\mathbb{R})$, $\mathrm{Im}(MN) \subset \mathrm{Im}(M)$ et $\mathrm{Ker}(N) \subset \mathrm{Ker}(MN)$.
On déduit alors de II.7. les égalités (i).

- $\mathrm{Im}(AA^+) \subset \mathrm{Im}(A)$ et $\mathrm{Im}(A) = \mathrm{Im}(AA^+A) \subset \mathrm{Im}(AA^+)$. Donc $\mathrm{Im}(A) = \mathrm{Im}(AA^+)$.
- $\mathrm{Ker}(A^+) \subset \mathrm{Ker}[AA^+]$ et $\mathrm{Ker}[AA^+] \subset \mathrm{Ker}[A^+AA^+] = \mathrm{Ker}(A^+)$.

Donc $\mathrm{Ker}(A^+) = \mathrm{Ker}[AA^+]$. De même pour les deux autres égalités.

AA^+ est la matrice d'une projection de $\mathbb{R}^n$, donc $\mathbb{R}^n = \mathrm{Im}(AA^+) \oplus \mathrm{Ker}(AA^+)$.

A^+A étant la matrice d'une projection de $\mathbb{R}^p$,on a : $\mathbb{R}^p = \mathrm{Im}(A^+A) \oplus \mathrm{Ker}(A^+A)$.
On déduit de (i) : $\mathbb{R}^n = \mathrm{Im}(A) \oplus \mathrm{Ker}(A^+)$ $\quad \mathbb{R}^p = \mathrm{Im}(A^+) \oplus \mathrm{Ker}(A)$.

II.9.a)

(i) $B = B(AB) = B\,{}^tB\,{}^tA$ et $B = (BA)B = {}^tA\,{}^tB\,B$.

(ii) $A = (AB)A = {}^tB\,{}^tA\,A$ et $A = A(BA) = A\,{}^tA\,{}^tB$.

(iii) ${}^tA = B\,A\,{}^tA = {}^tA A B$ en transposant les égalités (ii).

II.9.b) Comme A^+ vérifie (1), elle vérifie, comme B les identités (i), (ii) et (iii).
$B = B\,{}^tB\,{}^tA = B({}^tB\,{}^tAA)A^+$ car ${}^tA = {}^tAAA^+$.
$B = BAA^+$ d'après (ii).
$B = BA\,{}^tA\,{}^t(A^+)A^+$ car A^+ vérifie (i).
$B = {}^tA\,{}^t(A^+)A^+$ car B vérifie (iii). Enfin $B = A^+$ car A^+ vérifie (i).

II.10. $(A^+)^+$ est l'unique matrice $B \in \mathfrak{M}_{n,p}(\mathbb{R})$ vérifiant

$$A^+B = {}^t(A^+B) \quad BA^+ = {}^t(BA^+) \quad A^+BA^+ = A^+ \quad BA^+B = B \qquad (2).$$

Comme $A \in \mathfrak{M}_{n,p}(\mathbb{R})$ et que A vérifie (2),on a : $A = (A^+)^+$.

En transposant les égalités (1), on obtient :
${}^t(A^+)\,{}^tA = AA^+ = {}^t({}^t(A^+)\,{}^t(A))$ $\quad {}^tA\,{}^t(A^+) = {}^t({}^tA\,{}^t(A^+))$.
${}^tA\,{}^t(A^+)\,{}^tA = {}^tA$ $\quad {}^t(A^+)\,{}^t(A)\,{}^t(A^+) = {}^t(A^+)$.
Comme ${}^tA \in \mathfrak{M}_{p,n}(\mathbb{R})$ et ${}^t(A^+) \in \mathfrak{M}_{n,p}(\mathbb{R})$, d'après la caractérisation de $({}^tA)^+$ obtenue précédemment on a : $({}^tA)^+ = {}^t(A^+)$.

II.11. On a : $B_0^+ = \begin{pmatrix} \frac{1}{2} & -\frac{1}{2} \end{pmatrix}$, $\quad A_0B_0 = \begin{pmatrix} 2 \\ 0 \\ -2 \end{pmatrix}$, $\quad (A_0B_0)^+ = \begin{pmatrix} \frac{1}{4} & 0 & -\frac{1}{4} \end{pmatrix}$

$B_0^+A_0^+ = \begin{pmatrix} \frac{5}{12} & \frac{1}{12} & -\frac{1}{6} \end{pmatrix} \neq (A_0B_0)^+$.

II.12.a) Pour $H \in \mathfrak{M}_{n,1}(\mathbb{R})$, AA^+H est la projection orthogonale de H sur $\mathrm{Im}(A)$, donc $H - AA^+H \in \left[\mathrm{Im}(A)\right]^\perp$ et pour $X \in \mathfrak{M}_{p,1}(\mathbb{R})$, $\left(AX - AA^+H | H - AA^+H\right) = 0$.
D'après le théorème de Pythagore, $\|AX - H\|_n^2 = \|AX - AA^+H\|_n^2 + \|H - AA^+H\|_n^2$.
Donc : $\forall X \in \mathfrak{M}_{p,1}(\mathbb{R})$, $\|A\overline{H} - H\|_n \leqslant \|AX - H\|_n$.
Donc : $\displaystyle\min_{X \in \mathfrak{M}_{p,1}(\mathbb{R})} \|AX - H\|_n = d\big(H, \mathrm{Im}(A)\big)) = \|A\overline{H} - H\|_n$.

II.12.b) S'il existe $\widetilde{H} \in \mathfrak{M}_{p,1}(\mathbb{R})$ tel que $\|A\widetilde{H} - H\|_n = \|A\overline{H} - H\|_n = d\big(H, \mathrm{Im}(A)\big)$, par unicité du projeté orthogonal de H sur $\mathrm{Im}(A)$, $A\widetilde{H} = A\overline{H}$ *i.e.* $\widetilde{H} - \overline{H} \in \mathrm{Ker}(A)$.

On a alors $\widetilde{H} = \overline{H} + (\widetilde{H} - \overline{H})$ avec $\overline{H} \in \operatorname{Im}(A^+) = \left[\operatorname{Ker}(A)\right]^\perp$ et $\widetilde{H} - \overline{H} \in \operatorname{Ker}(A)$.
D'après le théorème de Pythagore, $\|\widetilde{H}\|_p^2 = \|\overline{H}\|_p^2 + \|\widetilde{H} - \overline{H}\|_p^2$.
Si $\widetilde{H} \neq \overline{H}$, alors $\|\widetilde{H} - \overline{H}\|_p^2 > 0$ et donc $\|\overline{H}\|_p < \|\widetilde{H}\|_p$.

II.12.c) $\displaystyle\min_{X\in\mathbb{R}^2} \|A_0X - H\|_3 = \|A_0A_0^+H - H\|_3 = \frac{\sqrt{3}}{3}$.

Fin

Pour tout $n \in \mathbb{Z}$, on définit la fonction de la variable réelle x définie par :

$$J_n(x) = \frac{1}{\pi}\int_0^{\pi} \cos\big(nt - x\sin(t)\big)dt.$$

(on ne cherchera pas à calculer cette intégrale).

Partie I

I.1. Montrer que J_n est définie sur $\mathbb{R}$, paire si n est pair et impaire si n est impair.

I.2. Exprimer $J_{-n}(x)$ en fonction de $J_n(x)$. On supposera désormais que $n \in \mathbb{N}$.

I.3. Montrer que J_n est de classe $\mathcal{C}^\infty$ sur $\mathbb{R}$.

I.4. Montrer que : $J_n'(x) = \dfrac{1}{\pi}\displaystyle\int_0^{\pi} \cos(t)\big[(n - x\cos(t))\cos\big(nt - x\sin(t)\big)\big]dt.$

En déduire que J_n est solution de l'équation différentielle linéaire homogène :

$$(B_n) \qquad x^2y'' + xy' + (x^2 - n^2)y = 0.$$

Partie II

II.1. Montrer que pour tout $p \in \mathbb{N}$ et tout $x \in \mathbb{R}$, on a :

$$J_{2p}(x) = \frac{1}{\pi}\int_0^{\pi} \cos\big(2pt\big)\cos\big(x\sin(t)\big)dt$$

$$J_{2p+1}(x) = \frac{1}{\pi}\int_0^{\pi} \sin\big((2p+1)t\big)\sin\big(x\sin(t)\big)dt$$

II.2. Montrer que pour tout $n \in \mathbb{N}$, $J_n(x)$ est développable en série entière de x sur $\mathbb{R}$ tout entier (on utilisera les développements en série entière des fonctions sinus ou cosinus selon la parité de n.)

II.3. Soit p un entier naturel.

II.3.1. Calculer l'intégrale $\displaystyle\int_0^{\pi} \cos\big(2pt\big)\sin^{2k}(t)dt$ pour tout entier $k \geqslant p$ (on pourra exprimer $\sin^{2k}(t)$ en fonction des $\cos(2qt)$, avec $q \in \mathbb{N}$ et $q \leqslant k$). Lorsque $p > 0$, montrer que cette intégrale est nulle pour tout entier k tel que $0 \leqslant k < p$. En déduire les coefficients $\alpha_{2k}(p)$ du développement en série entière $J_{2p}(x) = \displaystyle\sum_{k=0}^{\infty} \alpha_{2k}(p)x^{2k}$ de J_{2p} sur $\mathbb{R}$.

II.3.2. Calculer l'intégrale $\displaystyle\int_0^{\pi} \sin\big((2p+1)t\big)\sin^{2k+1}(t)dt$ pour tout entier $k \geqslant p$ (on pourra exprimer $\sin^{2k+1}(t)$ comme une combinaison linéaire des $\sin\big((2q+1)t\big)$ avec $q \in \mathbb{N}$ et $q \leqslant k$). Lorsque $p > 0$, montrer que cette intégrale est nulle pour tout entier k tel que $0 \leqslant k < p$. En déduire les coefficients $\alpha_{2k+1}(p)$ du développement en série entière $J_{2p+1}(x) = \displaystyle\sum_{k=0}^{\infty} \alpha_{2k+1}(p)x^{2k+1}$ de J_{2p+1} sur $\mathbb{R}$.

II.4.1 On fixe $x \in \mathbb{R}$. Exprimer en fonction des valeurs des $J_n(x)$ les coefficients de Fourier des fonctions $t \mapsto \cos\big(x\sin(t)\big)$ et $t \mapsto \sin\big(x\sin(t)\big)$. Ces deux fonctions sont-elles égales à la somme de leurs séries de Fourier ?

II.4.2 En déduire la valeur des sommes :

$$J_0(x) + 2\sum_{p=1}^{\infty}(-1)^p J_{2p}(x) \quad , \quad J_0(x) + 2\sum_{p=1}^{\infty} J_{2p}(x),$$

$$\sum_{p=1}^{\infty}(-1)^p J_{2p+1}(x) \quad \text{et} \quad J_0(x)^2 + 2\sum_{n=1}^{\infty} J_n(x)^2.$$

Partie III

On considère l'équation différentielle linéaire homogène :

$$(B_\lambda) \qquad x^2y'' + xy' + (x^2 - \lambda^2)y = 0$$

où λ est un nombre réel donné.

III.1.1. Montrer que, pour que $x \mapsto x^\lambda z(x)$ soit solution de (B_λ) sur $]0, +\infty[$, il faut et il suffit que z soit solution de l'équation :

$$(B'_\lambda) \qquad xz'' + (2\lambda + 1)z' + xz = 0.$$

III.1.2. Dans le cas où $\lambda = -\dfrac{1}{2}$, déterminer la solution générale de (B'_λ) sur $]0, +\infty[$ et en déduire la solution générale de (B_λ) sur $]0, +\infty[$.

III.1.3. En déduire la solution générale de (B'_λ) sur $]0, +\infty[$ si $\lambda = \dfrac{1}{2}\cdot$

On se propose, à présent, de chercher les solutions de (B_λ) sur $]0, +\infty[$ de la forme $y(x) = x^\lambda z(x)$ où $z(x)$ est la somme d'une série entière.

III.2. On cherche les solutions de (B'_λ) sur $]0, +\infty[$ de la forme $z(x) = \displaystyle\sum_{k=0}^{\infty} a_k x^k$.

III.2.1. Établir la relation qui doit exister pour tout $k \geqslant 1$ entre a_{k+1} et a_{k-1} pour que z soit solution de (B'_λ).

On suppose dorénavant que λ n'est pas un entier strictement négatif.

III.2.2. Montrer qu'il existe une unique solution z_λ de (B'_λ) de la forme $z_\lambda(x) = \sum_{p=0}^{\infty} a_{2p}(\lambda)x^{2p}$, et telle que $a_0(\lambda) = 1$. Calculer $a_{2p}(\lambda)$ pour tout $p \in \mathbb{N}$.
Quel est le rayon de convergence de la série entière $\sum a_{2p}(\lambda)x^{2p}$?

III.3. On définit sur $]0, +\infty[$ la fonction j_λ par $j_\lambda(x) = x^\lambda z_\lambda(x)$.

III.3.1. On suppose que λ n'est pas un nombre entier. Montrer que les fonctions j_λ et $j_{-\lambda}$ sont linéairement indépendantes. En déduire la solution générale de (B_λ) sur $]0, +\infty[$.

III.3.2. Soit n un nombre entier strictement positif. Comparer j_n à la fonction J_n définie au début du problème. Vérifier que la fonction z_{-n} définie par $z_{-n}(x) = x^{2n} z_n(x)$ est solution de l'équation (B'_{-n}).

Connaissances utiles

- Intégration sur un segment.
- Équations différentielles.
- Séries de fonctions.
- Séries entières.
- Séries de Fourier.

Solution

Partie I

I.1. La fonction $f : \mathbb{R} \times [0, \pi] \to \mathbb{R}, (x, \theta) \mapsto \cos\big(nt - x\sin(t)\big)$ est de classe $\mathcal{C}^\infty$ sur $\mathbb{R} \times [0, \pi]$, donc $J_n \in \mathcal{C}^\infty(\mathbb{R}, \mathbb{R})$ d'après un corollaire du théorème de dérivation sous le signe somme des intégrales paramétrées sur un segment. Pour tout $k \in \mathbb{N}$,
$$J_n^{(k)}(x) = \frac{1}{\pi}\int_0^\pi \frac{\partial^k f}{\partial x^k}(x, t)dt = \frac{1}{\pi}\int_0^\pi \cos\Big(nt - x\sin(t) + k\frac{\pi}{2}\Big)\big(-\sin(t)\big)^k dt.$$
$\forall (n, x) \in \mathbb{Z} \times \mathbb{R}, J_n(-x) = \dfrac{1}{\pi}\displaystyle\int_0^\pi \cos\big(nt + x\sin(t)\big)dt.$
Le changement de variable affine $t = \pi - \theta$ donne, puisque $\cos(n\pi + \alpha) = (-1)^n \cos(\alpha)$ $J_n(-x) = (-1)^n J_n(x)$ *i.e.* le résultat.

I.2. Comme la fonction cosinus est paire, $J_{-n}(x) = J_n(-x) = (-1)^n J_n(x)$.

I.3. Déjà traité en I.1.

I.4. D'après I.1. on a : $\forall x \in \mathbb{R}, J'_n(x) = \dfrac{1}{\pi}\displaystyle\int_0^\pi \sin(t)\sin\big(nt - x\sin(t)\big)dt.$

Par intégration par parties en posant $u(t) = -\cos(t)$ et $v(t) = \sin\big(nt - x\sin(t)\big)$, on obtient puisque $uv(0) = uv(\pi) = 0$ et que u et v sont de classe $\mathcal{C}^1$ sur $[0, \pi]$, le résultat.

D'après I.1. on a : $\forall x \in \mathbb{R},\ J_n''(x) = \dfrac{1}{\pi}\displaystyle\int_0^\pi -\sin^2(t)\cos\big(nt - x\sin(t)\big)dt$.
Soit $w(x) = x^2 J_n''(x) + 2xJ_n'(x) + (x^2 - n^2)J_n(x)$. On a
$w(x) = \dfrac{1}{\pi}\displaystyle\int_0^\pi \big(x^2\cos^2(t) - n^2 + x\cos(t)\big(n - x\cos(t)\big)\cos\big(nt - x\sin(t)\big)dt$.
$w(x) = \dfrac{n}{\pi}\displaystyle\int_0^\pi \big(x\cos(t) - n\big)\cos\big(nt - x\sin(t)\big)dt = -\dfrac{n}{\pi}\Big[\sin\big(nt - x\sin(t)\big)\Big]_{t=0}^{t=\pi} = 0$.
La fonction J_n est solution sur $\mathbb{R}$ de l'équation différentielle linéaire homogène (B_n).

Partie II

II.1. D'après I.2. $J_{2p}(x) = J_{2p}(-x) = \dfrac{1}{2}\Big(J_{2p}(x) + J_{2p}(-x)\Big)$.
Comme $\cos\big(2pt - x\sin(t)\big) + \cos\big(2pt + x\sin(t)\big) = 2\cos(2pt)\cos\big(x\sin(t)\big)$, on a le résultat.
De même, $J_{2p+1}(x) = -J_{2p+1}(-x) = \dfrac{1}{2}\Big(J_{2p+1}(x) - J_{2p+1}(-x)\Big)$.
Comme $\cos\big(2pt - x\sin(t)\big) - \cos\big(2pt + x\sin(t)\big) = 2\sin(2pt)\sin\big(x\sin(t)\big)$, on a le résultat.

II.2. D'après le cours, on a : $\forall X \in \mathbb{R}, \cos(X) = \displaystyle\sum_{k=0}^{\infty} \frac{(-1)^k}{(2k)!} X^{2k}$

Donc : $\forall x \in \mathbb{R}, J_{2p}(x) = \dfrac{1}{\pi}\displaystyle\int_0^\pi \sum_{k=0}^{\infty} u_k(t)dt$ où $u_k(t) = \dfrac{(-1)^k}{(2k)!}x^{2k}\cos(2pt)\sin^{2k}(t)$.

$\forall t \in [0,\pi],\ |u_k(t)| \leqslant \dfrac{x^{2k}}{(2k)!} = \lambda_k$.
Comme λ_k est indépendant de t et comme la série $\sum \lambda_k$ converge et a pour somme $\mathrm{ch}(x)$, la série de fonctions continues sur le segment $[0,\pi]$, $\sum u_k$ converge normalement *a fortiori* uniformément sur $[0,\pi]$.
D'après le théorème d'intégration sur un segment des séries de fonctions continues, on a $J_{2p}(x) = \dfrac{1}{\pi}\displaystyle\sum_{k=0}^{\infty}\frac{(-1)^k}{(2k)!}\Big(\int_0^\pi \cos(2pt)\sin^{2k}(t)dt\Big)x^{2k}$.
Donc J_{2p} est développable en série entière sur $\mathbb{R}$.
En procédant de même, J_{2p+1} est développable en série entière sur $\mathbb{R}$ et

$$\forall x \in \mathbb{R},\ J_{2p+1}(x) = \frac{1}{\pi}\sum_{k=0}^{\infty}\frac{(-1)^k}{(2k+1)!}\Big(\int_0^\pi \sin\big((2p+1)t\big)\sin^{2k+1}(t)dt\Big)x^{2k+1}.$$

II.3.1. $\forall (k,t) \in \mathbb{N}\times\mathbb{R}, \sin^{2k}(t) = \Big(\dfrac{e^{it} - e^{-it}}{2i}\Big)^{2k} = \dfrac{(-1)^k}{2^{2k}}\displaystyle\sum_{m=0}^{2k} \mathrm{C}_{2k}^m(-1)^m e^{2i(k-m)t}$.
En notant $\beta_m = \mathrm{C}_{2k}^m(-1)^m e^{2i(k-m)t}$, on a $\beta_{2k-m} = \overline{\beta_m}$ puisque $\mathrm{C}_n^p = \mathrm{C}_n^{n-p}$.
Donc $\sin^{2k}(t) = \dfrac{(-1)^k}{2^{2k-1}}\displaystyle\sum_{m=0}^{k} \mathrm{C}_{2k}^m(-1)^m\cos\big(2(k-m)t\big)$.

Pour $(p,q)\in\mathbb{N}^2, I_{p,q}=\displaystyle\int_0^{\pi}\cos(2pt)\cos(2qt)dt=\begin{cases}0 & \text{si } p\neq q\\ \dfrac{\pi}{2} & \text{si } p=q\geqslant 1\end{cases}$ et $I_{0,0}=\pi$.

Par linéarité de l'intégration, on a :

$$\int_0^{\pi}\cos(2pt)\sin^{2k}(t)dt=\frac{(-1)^k}{2^{2k-1}}\sum_{m=0}^{k}C_{2k}^{m}(-1)^m I_{p,k-m}.$$

Donc : $\displaystyle\int_0^{\pi}\cos(2pt)\sin^{2k}(t)dt=\begin{cases}\dfrac{(-1)^k\pi}{2^{2k}}\,C_{2k}^{k-p} & \text{si } k\geqslant p>1\\ \dfrac{C_{2k}^{k}\,\pi}{2^{2k}} & \text{si } p=0.\end{cases}$

Comme $\displaystyle\int_0^{\pi}\cos(2pt)\sin\Big(2k(t)\Big)dt=0$ si $p>k$, on a :

$$\forall x\in\mathbb{R}, J_{2p}(x)=\sum_{k=p}^{\infty}\frac{(-1)^{k-p}}{(2k)!}\frac{C_{2k}^{k-p}\,x^{2k}}{4^k}.$$

En procédant de même, on a :

$$\sin^{2k+1}(t)=\Big(\frac{e^{it}-e^{-it}}{2i}\Big)^{2k+1}=\frac{(-1)^k}{2^{2k+1}i}\sum_{m=0}^{2k+1}C_{2k+1}^{m}(-1)^m e^{i(2k+1-2m)t}.$$

En notant $\alpha_m=C_{2k+1}^{m}(-1)^m e^{i(2k+1-2m)t}$, on a $\alpha_{2k+1-m}=-\overline{\alpha_m}$ car $C_n^p=C_n^{n-p}$.

Donc $\displaystyle\sin^{2k+1}(t)=\frac{(-1)^k}{2^{2k}}\sum_{m=0}^{k}C_{2k}^{m}(-1)^m\sin\big(2k+1-2m)t\big)$.

Comme $\displaystyle\int_0^{\pi}\cos\big((2p+1)t\big)\sin^{2k+1}(t)dt=0$ si $p\neq k$ et égal à $\dfrac{\pi}{2}$ si $p=k$, on a :

$$\forall x\in\mathbb{R}, J_{2p+1}(x)=\sum_{k=p}^{\infty}\frac{(-1)^{k-p}}{(2k+1)!}\frac{C_{2k+1}^{k-p}\,x^{2k+1}}{2^{2k+1}}.$$

II.4.1. Les fonctions $g_x: t\mapsto\cos\big(x\sin(t)\big)$ et $h_x: t\mapsto\sin\big(x\sin(t)\big)$ étant éléments de $\mathcal{C}^1_{2\pi}$, d'après le théorème de convergence normale, elles sont sommes de leurs séries de Fourier. De plus g_x est paire et h_x est impaire. Donc, pour $(x,t)\in\mathbb{R}^2$, on a :

$$g_x(t)=\frac{a_0(g_x)}{2}+\sum_{k=1}^{\infty}a_k(g_x)\cos(kt)\ \text{ et }\ h_x(t)=\sum_{k=1}^{\infty}b_k(h_x)\sin(kt)$$

avec $\displaystyle a_k(g_x)=\frac{2}{\pi}\int_0^{\pi}\cos\big(x\sin(t)\big)\cos(kt)dt$ et $\displaystyle b_k(h_x)=\frac{2}{\pi}\int_0^{\pi}\cos\big(x\sin(t)\big)\sin(kt)dt$.

Comme $\begin{cases}2\cos(a)\cos(b)=\cos(a+b)+\cos(a-b)\\ 2\sin(a)\cos(b)=\sin(a+b)+\sin(a-b)\end{cases}$ on a : $a_k(g_x)=J_k(x)+J_k(-x)$ et $b_k(h_x)=J_k(x)-J_k(-x)$.

Donc $a_{2k}(g_x)=2J_k(x)$ et $a_{2k+1}(g_x)=0$; $b_{2k}(h_x)=0$ et $b_{2k+1}(h_x)=2J_{2k+1}(x)$.

On peut donc écrire :

$$\forall(x,t)\in\mathbb{R}^2, g_x(t)=J_0(x)+2\sum_{k=1}^{\infty}J_k(x)\cos(2kt)\ \text{ et }\ h_x(t)=2\sum_{k=0}^{\infty}J_{2k+1}(x)\sin\big[(2k+1)t\big].$$

II.4.2. Comme $g_x(0) = 1$, on a : $1 = J_0(x) + 2\sum_{k=1}^{\infty} J_{2k}(x)$.

Comme $g_x\left(\frac{\pi}{2}\right) = \cos(x)$, on a $\cos(x) = J_0(x) + 2\sum_{k=1}^{\infty}(-1)^k J_{2k}(x)$.

De même, $h_x\left(\frac{\pi}{2}\right) = \sin(x) = 2\sum_{k=0}^{\infty}(-1)^k J_{2k+1}(x)$.

D'après le théorème de Parseval appliqué à g_x et h_x, on a :

$$\frac{1}{\pi}\int_0^{\pi} \cos^2\big(x\sin(t)\big)dt = \left(\frac{a_0(g_x)}{2}\right)^2 + \sum_{k=1}^{\infty} \frac{\big(a_k(g_x)\big)^2}{2} = J_0^2(x) + 2\sum_{p=1}^{\infty} J_{2p}^2(x).$$

$$\frac{1}{\pi}\int_0^{\pi} \sin^2\big(x\sin(t)\big)dt = \sum_{k=1}^{\infty} \frac{\big(b_k(h_x)\big)^2}{2} = 2\sum_{p=0}^{\infty} J_{2p+1}^2(x).$$

L'addition des égalités membres à membres donne :

$$1 = \frac{1}{\pi}\int_0^{\pi} dt = J_0^2(x) + 2\sum_{k=1}^{\infty} J_k^2(x).$$

Partie III

III.1.1. z est de classe $\mathcal{C}^2$ sur $]0,+\infty[$ si, et seulement si, $y : x \mapsto x^{\lambda}z(x)$ est de de classe $\mathcal{C}^2$ sur $]0,+\infty[$. On a alors $y'(x) = x^{\lambda-1}\big(\lambda z(x) + xz'(x)\big)$ et
$y''(x) = x^{\lambda-2}\big(\lambda(\lambda-1)z(x) + 2\lambda xz'(x) + x^2z''(x)\big)$.

$x^2y''(x) + 2xy'(x) + (x^2 - \lambda^2)y(x) = x^{\lambda+1}\big(xz''(x) + (2\lambda+1)z'(x) + xz(x)\big)$.

Comme la fonction $x \mapsto x^{\lambda+1}$ ne s'annule pas sur $]0,+\infty[$, on voit que y est solution de (B_λ) sur $]0,+\infty[$ si, et seulement si, z est solution de (B'_λ) sur $]0,+\infty[$.

III.1.2. Si $\lambda = -\frac{1}{2}$ alors (B'_λ) devient $z'' + z = 0$. Sa solution générale sur $]0,+\infty[$ est : $z : x \mapsto a\cos(x) + b\sin(x)$ où a et b parcourent $\mathbb{R}$. La solution générale de (B_λ) sur $]0,+\infty[$ est, dans ce cas, $y : x \mapsto \frac{1}{\sqrt{x}}\Big(a\cos(x) + b\sin(x)\Big)$.

III.1.3. Comme $(B_\lambda) = (B_{-\lambda})$, z est solution de $(B'_{1/2})$ si, et seulement si, la fonction $x \mapsto x^{\frac{1}{2}}z(x)$ est solution de $(B_{1/2}) = (B_{-1/2})$ si, et seulement si, il existe a et b réels tels que : $\forall x \in]0,+\infty[\,, x^{\frac{1}{2}}z(x) = \frac{1}{\sqrt{x}}\Big(a\cos(x) + b\sin(x)\Big)$.

La solution générale de $(B'_{1/2})$ sur $]0,+\infty[$ est $x \mapsto \dfrac{a\cos(x) + b\sin(x)}{x}$.

III.2.1. Supposons que $z(x) = \sum_{k=0}^{\infty} a_k x^k$ pour tout $x \in]-R,R[$ où $R > 0$. D'après les théorèmes sur les séries entières, z est de classe $\mathcal{C}^\infty$ sur $]-R,R[$ et l'on a :

$$y'(x) = \sum_{k=1}^{\infty} k a_k x^{k-1} \quad \text{et} \quad z''(x) = \sum_{k=2}^{\infty} k(k-1) a_k x^{k-2}.$$

$$xz''(x) + (2\lambda+1)z'(x) + xz(x) = (2\lambda+1)a_1 + \sum_{k=1}^{\infty} \left[(k+1)(2\lambda+1+k)a_{k+1} + a_{k-1}\right] x^k.$$

De l'unicité des coefficients du développement en série entière de la fonction nulle, on déduit : $(2\lambda+1)a_1 = 0$ et, pour tout $k \geqslant 1$, $\left[(k+1)(2\lambda+1+k)a_{k+1} + a_{k-1}\right] = 0$.

III.2.2. D'après III.2.1. pour tout $k \geqslant 1, 2k(2k+2\lambda)a_{2k}(\lambda) + a_{2k-2}(\lambda) = 0$.

Comme $\lambda \notin \mathbb{Z}_-^\star$, on obtient, par récurrence : $\forall k \geqslant 1, a_{2k}(\lambda) = \dfrac{(-1)^k}{4^k k!(\lambda+1)\cdots(\lambda+k)}$.

$\left|\dfrac{a_{2k}(\lambda)}{a_{2k-2}(\lambda)}\right| \underset{k\to\infty}{\longrightarrow} 0$. Donc la série entière $\sum a_{2k}(\lambda)t^k$ a un rayon de convergence infini. par suite la série entière $\sum a_{2k}(\lambda)x^{2k}$ a un rayon de convergence infini *i.e.* $R = +\infty$.

III.3.1. Si $\lambda \notin \mathbb{Z}$, les fonctions j_λ et $j_{-\lambda}$ sont définies. S'il existe $(\alpha, \beta) \in \mathbb{R}^2$ tel que $K = \alpha j_\lambda + \beta j_{-\lambda} = 0$ sur $]0, +\infty[$.

Raisonnons dans le cas où $\lambda > 0$. Comme $j_\lambda(x) \underset{x\to 0^+}{\longrightarrow} 0$ et $j_{-\lambda}(x) \underset{x\to 0^+}{\longrightarrow} +\infty$, on a $\beta = 0$. Comme j_λ n'est pas la fonction nulle, $\alpha = 0$.

Donc $(j_\lambda, j_{-\lambda})$ est libre. Comme (B_λ) est une équation différentielle linéaire du second ordre à coefficients fonctions continues sur $]0, +\infty[$ dont le coefficient de y'' est non nul sur $]0, +\infty[$, l'ensemble des solutions de (B_λ) sur $]0, +\infty[$ a une structure de $\mathbb{R}$-espace vectoriel de dimension deux. Donc $(j_\lambda, j_{-\lambda})$ est une base de cet espace vectoriel. La solution générale de (B_λ) sur $]0, +\infty[$ est $x \mapsto \alpha j_\lambda(x) + \beta j_{-\lambda}(x)$ où $(\alpha, \beta) \in \mathbb{R}^2$.

III.3.2. D'après II.3. on a $J_n(x) = \displaystyle\sum_{k=0}^{\infty} \frac{(-1)^k}{k!(n+k)!}\left(\frac{x}{2}\right)^{2k+n}$.

Comme $a_{2k}(n) = \dfrac{(-1)^k}{4^k k!(n+1)\cdots(n+k)} = \dfrac{(-1)^k n!}{2^{2k} k!(n+k)!}$ on a $J_n(x) = \dfrac{1}{2^n n!} j_n$.

j_n est solution de $(B_n) = (B_{-n})$. D'après III.1.1. $z_{-n} : x \mapsto x^n j_n(x) = x^{2n} z_n(x)$ est solution de (B'_{-n}).

Fin

Problème 1

Étant donnée une série convergente $\sum u_k(x)$, on note $R_n(x) = \sum\limits_{k=n+1}^{\infty} u_k(x)$ son reste d'ordre n, pour $n \in \mathbb{N}$ et on se propose d'étudier la série $\sum R_n(x)$.

Partie I

I.1. On suppose que $u_k(x) = (-1)^k x^k$, où $x \in \mathbb{R}$.
I.1.1. Déterminer l'ensemble I des nombres réels x tels que $\sum(-1)^k x^k$ converge et préciser sa somme $\sum\limits_{k=0}^{\infty}(-1)^k x^k$ pour $x \in I$.
I.1.2. En supposant que $x \in I$, expliciter $R_n(x)$, montrer que la série de terme général $R_n(x)$ converge et calculer sa somme $S(x) = \sum\limits_{n=0}^{\infty} R_n(x)$.

I.2. On conserve les notations du I.1 et on pose $R_{-1}(x) = \sum\limits_{k=0}^{\infty}(-1)^k x^k$ si $x \in I$.
On considère par ailleurs $\sum \dfrac{(-1)^{k+1}}{k}$, $k \geqslant 1$, et on pose $r_n = \sum\limits_{k=n+1}^{\infty} \dfrac{(-1)^{k+1}}{k}$ pour $n \in \mathbb{N}$. On se propose d'établir la convergence de la série $\sum r_n$ et de calculer sa somme.
I.2.1. Justifier la convergence de $\sum \dfrac{(-1)^{k+1}}{k}$ et par suite l'existence de r_n pour tout $n \in \mathbb{N}$.
I.2.2. Soit $(n,m) \in \mathbb{N}^2$ avec $n \leqslant m$ et $I_0 = [0,1[$.
I.2.2.1. En remarquant que $\sum\limits_{k=n}^{m}(-1)^k x^k = R_{n-1}(x) - R_m(x)$, montrer que pour tout $x \in I_0$ on a l'inégalité : $\left|\sum\limits_{k=n}^{m}(-1)^k x^k\right| \leqslant 2$.
I.2.2.2. L'entier n étant fixé, déduire en particulier de I.2.2.1 que :

$$\int_{I_0} \lim_{m\to\infty} \left(\sum_{k=n}^{m}(-1)^k x^k\right) dx = \lim_{m\to\infty} \sum_{k=n}^{m} \int_{I_0} (-1)^k x^k \, dx$$

et par suite que $r_n = \displaystyle\int_{I_0} R_{n-1}(x)\, dx$.
I.2.2.3. Retrouver ainsi la valeur (bien connue !) de r_0.

I.2.2.4. Montrer que pour tout $(m,x)\in\mathbb{N}\times I_0$ on a l'inégalité :

$$\left|\sum_{n=0}^{m} R_{n-1}(x)\right| \leqslant 2.$$

I.2.2.5. Déduire en particulier de I.2.2.4 que la somme $\displaystyle\sum_{n=0}^{m}\int_{I_0} R_{n-1}(x)\,dx$ admet une limite lorsque m tend vers ∞.

En déduire la convergence de $\sum r_n$ et calculer sa somme $\sum\limits_{n=0}^{\infty} r_n$.

Partie II - Une inégalité sur les restes ; quelques applications

II.1. Égalité sur les restes

Lorsque la série numérique $\sum u_k$ converge on note toujours $R_n = \sum\limits_{k=n+1}^{\infty} u_k$.

Soit $\sum u_k$ une série convergente ; exprimer pour tout $n\in\mathbb{N}$ la différence $\sum\limits_{k=0}^{n} R_k - \sum\limits_{k=1}^{n} ku_k$ en fonction de n et de R_n.

II.2. Application à une suite

Montrer qu'il existe deux réels α et β tels que $\displaystyle\sum_{k=1}^{n}(n-k)\,\frac{(-1)^{k+1}}{k} = \alpha n+\beta+o(1)$ lorsque $n\to\infty$.

II.3. Application à une série à termes positifs

On suppose de plus que, pour tout $k\in\mathbb{N}^\star$, $u_k \geqslant 0$.

II.3.1. Montrer que la convergence de $\sum R_k$ entraîne celle de $\sum ku_k$.

II.3.2. On suppose que $\sum ku_k$ est convergente. Quelle est la limite de la suite de terme général $(n+1)R_n$?

II.3.3. Déduire de ce qui précède que les séries $\sum R_k$ et $\sum ku_k$ sont de même nature et, lorsqu'elles convergent, comparer leurs sommes $\sum\limits_{k=0}^{\infty} R_k$ et $\sum\limits_{k=1}^{\infty} ku_k$.

II.4. Application à la série $\sum \frac{1}{k^x}$

On suppose maintenant que $u_k(x) = \dfrac{1}{k^x}$ pour $k\in\mathbb{N}^\star$ et $x\in D =]1,+\infty[$.

On note toujours $R_n(x) = \displaystyle\sum_{k=n+1}^{\infty}\frac{1}{k^x}$ le reste d'ordre n et on pose $\zeta(x) = \displaystyle\sum_{k=1}^{\infty}\frac{1}{k^x}$ pour $x\in D$.

Préciser l'ensemble D_1 des éléments x de D tels que la série $\sum R_n(x)$ converge et exprimer, pour $x\in D_1$, la somme $\sum\limits_{n=0}^{\infty} R_n(x)$ à l'aide de la fonction ζ.

II.5. Application à une série entière

On suppose maintenant que $u_k(x) = a_k\, x^k$ où $(a_k)_{k\geqslant 1}$ désigne une suite de nombres réels et où $x \in \mathbb{R}$. On désigne par ρ le rayon de convergence de cette série entière, on suppose $\rho > 0$ et on pose $f(x) = \sum\limits_{k=1}^{\infty} a_k\, x^k$ pour $x \in]-\rho, \rho[$.

II.5.1. Soit $x \in]-\rho, \rho[$; justifier la convergence de $\sum k a_k\, x^k$; en déduire que la suite de terme général $(n+1)R_n(x)$ converge et déterminer sa limite.

II.5.2. En déduire que $\sum R_n(x)$ converge pour tout $x \in]-\rho, \rho[$ et exprimer sa somme $\sum\limits_{n=0}^{\infty} R_n(x)$ à l'aide de x et de la fonction f.

II.5.3. Exemple : on suppose que $a_k = \sin\left(k\,\dfrac{\pi}{2}\right) + \dfrac{1}{k}\cos\left(k\,\dfrac{\pi}{2}\right)$ pour $k \in \mathbb{N}^\star$.

II.5.3.1. Déterminer alors le rayon de convergence ρ de cette série entière.

II.5.3.2. Expliciter $\sum\limits_{n=0}^{\infty} R_n(x)$ pour $x \in]-\rho, \rho[$ (en justifiant le résultat).

Problème 2

Notations :

Pour $k \in \mathbb{N}, j \in \mathbb{N}$ et $0 \leqslant j \leqslant k$, on note $C_k^j = \dfrac{k!}{j!(k-j)!}$ le coefficient binomial (avec $0! = 1$).

Pour $n \in \mathbb{N}^\star$ on considère l'élément $W_n = \left(w_{i,j}\right)$ de $\mathfrak{M}_{n+1}(\mathbb{R})$ défini par :

$$\forall (i,j) \in [\![0, n]\!]^2,\ w_{i,j} = \begin{cases} 2^{-2p}\, C_{2p}^p & \text{si } i+j \text{ est pair, } i+j = 2p \\ 0 & \text{si } i+j \text{ est impair} \end{cases}$$

On se propose de calculer le déterminant de W_n.

Partie I

I.1. Expliciter W_3.

I.2. Calculer $\det(W_3)$.

I.3. Pour $m \in \mathbb{N}$ on note $J_m = \displaystyle\int_0^{\pi} \cos^m(t)\, dt$.

I.3.1. Calculer J_0 et J_1.

I.3.2. Établir une relation entre J_{m+2} et J_m pour $m \in \mathbb{N}$. Quelle est la valeur de J_{2p+1} pour $p \in \mathbb{N}$?

I.3.3. Expliciter J_{2p} en fonction de p et de C_{2p}^p pour $p \in \mathbb{N}$.

I.3.4. Exprimer $w_{i,j}$ en fonction de J_{i+j}, de i et de j pour tout $(i,j) \in [\![0, n]\!]^2$.

Partie II

On considère l'espace vectoriel $E = \mathcal{C}\big([0,\pi],\mathbb{R}\big)$ muni du produit scalaire $(f,g) \mapsto \big(f|g\big) = \dfrac{1}{\pi}\displaystyle\int_0^{\pi} f(t)g(t)\,dt.$

On définit deux suites $(e_k)_{k\in\mathbb{N}}$ et $(v_k)_{k\in\mathbb{N}}$ d'éléments de E par :

pour tout $t\in[0,\pi]$, $e_0(t) = v_0(t) = 1$ et, pour $k \geqslant 1$, $\begin{cases} e_k(t) = \sqrt{2}\cos(kt), \\ v_k(t) = \cos^k(t). \end{cases}$

Pour $m\in\mathbb{N}$ on note $H_m(e)$ le sous-espace vectoriel de E engendré par la famille $(e_0,\ldots,e_m)$. On note de même $H_m(v) = \mathrm{Vect}(v_0,\ldots,v_m)$.

II.1. Calculer $\big(e_j|e_k\big)$ si $(j,k)\in[\![0,m]\!]^2$.

II.2. En déduire que, si $m\in\mathbb{N}$, la famille $(e_j)_{j\in[\![0,m]\!]}$ est une base de $H_m(e)$.

II.3. Si $m\in\mathbb{N}$ montrer que $v_m\in H_m(e)$; on pose $v_m = \sum\limits_{i=0}^{m} q_{i,m}e_i$, expliciter $q_{m,m}$ (on ne cherchera pas à calculer $q_{i,m}$ pour $0\leqslant i\leqslant m-1$).

II.4. Démontrer, pour tout $m\in\mathbb{N}$, $H_m(e) = H_m(v)$.

II.5. Pour $m\in\mathbb{N}$ on note d_m la distance de v_{m+1} à $H_m(e)$ au sens de la norme associée au produit scalaire. Déduire de ce qui précède la valeur de d_m.

II.6. Soit $n\in\mathbb{N}^\star$; pour $j\in[\![0,n]\!]$ on note $v_j = \sum\limits_{i=0}^{n} q_{i,j}e_i$ et on pose alors $Q_n = \Big(q_{i,j}\Big)_{\substack{0\leqslant i\leqslant n\\ 0\leqslant j\leqslant n}} \in\mathfrak{M}_{n+1}(\mathbb{R})$.

II.6.1. Calculer $\det(Q_n)$ pour tout $n\in\mathbb{N}^\star$.

II.6.2. Calculer $\det(W_n)$ pour tout $n\in\mathbb{N}^\star$.

Connaissances utiles

- Séries numériques.
- Théorème de convergence dominée.
- Séries entières.
- Déterminant.
- Intégrale sur un segment.
- Espaces vectoriels euclidiens.

Solution

Problème 1

Partie I

I.1.1. La règle de d'Alembert montre que le rayon de convergence de la série entière est 1 et il y a grossière divergence si $x = \pm 1$, donc $I =]-1, 1[$ et $\sum_{k=0}^{\infty}(-1)^k x^k = \frac{1}{1+x}$.

I.1.2. On a $R_n(x) = \frac{(-1)^{n+1}x^{n+1}}{1+x} = -\frac{x}{1+x}\, u_n(x)$ ce qui montre la convergence de $\sum R_n(x)$ avec $\sum_{n=0}^{\infty} R_n(x) = -\frac{x}{(1+x)^2}$.

I.2.1. Il s'agit d'une série alternée de la forme $\sum (-1)^n u_n$ où $(u_n)_n$ converge en décroisssant vers 0, le théorème des séries alternées prouve sa convergence.

I.2.2. Toujours d'après ce théorème et sans utiliser les indications de l'énoncé on a :

$$\forall m \geqslant n, \quad \left|\sum_{k=n}^{m}(-1)^k x^k\right| \leqslant |(-1)^n x^n| \leqslant 1 \leqslant 2.$$

On pose, pour tout $k \geqslant n$, $f_k : x \mapsto (-1)^k x^k$ et on applique le théorème de convergence dominée à $\sum f_k$:

- chaque f_k est continue sur I_0,
- $\sum f_k$ converge simplement sur I_0,
- sa somme, $x \mapsto \frac{(-1)^n x^n}{1+x}$ est continue,
- la fonction constante égale à 1 est intégrable sur I_0 et domine la suite des sommes partielles.

Par conséquent R_{n-1} est intégrable sur I_0, $\sum \int_{I_0} f_k$ converge et on a

$$\int_{I_0} R_{n-1}(x)\,dx = \sum_{k=n}^{\infty} \int_{I_0} (-1)^k x^k\,dx = r_n.$$

I.2.3. $r_0 = \int_0^1 R_0 = \int_0^1 \frac{dx}{1+x} = \ln(2)$.

I.2.4. La série $\sum R_n(x)$ vérifie elle aussi le théorème des séries alternées et donc

$$\left|\sum_{n=0}^{m} R_{n-1}(x)\right| \leqslant |R_{-1}(x)| = \frac{1}{1+x} \leqslant 1 \leqslant 2.$$

I.2.5. On applique le théorème de convergence dominée à la série de fonctions $\sum R_{n-1}$ sur I_0 car chaque R_{n-1} est continue sur I_0, la série $\sum R_{n-1}$ converge simplement sur I_0 et sa somme est continue car c'est $S : x \mapsto \dfrac{1}{(1+x)^2}$ et la fonction intégrable constante égale à 1 sur I_0 domine les sommes partielles.

Donc S est intégrable sur I_0, la série $\displaystyle\int_{I_0} R_{n-1}$ converge et on a :

$$\sum_{n=0}^{\infty} \int_{I_0} R_{n-1} = \int_0^1 \frac{dx}{(1+x)^2} = \frac{1}{2}.$$

Cela revient à dire que $\sum r_n$ converge et a $\dfrac{1}{2}$ pour somme.

Partie II

II.1. $\displaystyle\sum_{k=0}^{n} R_k - \sum_{k=1}^{n} ku_k = \sum_{k=0}^{n} R_k - \sum_{k=1}^{n} k(R_{k-1}-R_k) = \sum_{k=0}^{n} R_k - \sum_{k=0}^{n-1}(k+1)R_k + \sum_{k=0}^{n} kR_k$ et donc $\displaystyle\sum_{k=0}^{n} R_k - \sum_{k=1}^{n} ku_k = (n+1)R_n$.

II.2. Si l'on pose, pour tout $k \in \mathbb{N}^\star$, $u_k = \dfrac{(-1)^{k+1}}{k}$ on a vu dans la première partie que les séries $\sum u_k$ et $\sum R_k$ convergent.
$\displaystyle\sum_{k=0}^{n} R_k - \sum_{k=1}^{n} ku_k = (n+1)\sum_{k=n+1}^{\infty} u_k$ s'écrit alors, lorsque $n \to \infty$,

$$\sum_{k=0}^{\infty} R_k + o(1) + \sum_{k=1}^{n}(n-k)u_k = n\sum_{k=1}^{\infty} u_k + \underbrace{\sum_{k=n+1}^{\infty} u_k}_{o(1)} \text{ i.e.}$$

$\displaystyle\sum_{k=1}^{n}(n-k)u_k = n\ln(2) - \sum_{k=0}^{\infty} R_k + o(1)$ ou encore $\displaystyle\sum_{k=1}^{n}(n-k)u_k = n\ln(2) - \frac{1}{2} + o(1)$.

II.3.1. Comme les u_k sont positifs on a $\displaystyle\sum_{k=1}^{n} ku_k \leqslant \sum_{k=0}^{n} R_k \leqslant \sum_{k=0}^{\infty} R_k$ et donc la série à termes positifs $\sum ku_k$ converge.

II.3.2. On a $\displaystyle 0 \leqslant (n+1)R_n \leqslant \sum_{k=n+1}^{\infty} ku_k \xrightarrow[n\to\infty]{} 0$ d'où $(n+1)R_n \xrightarrow[n\to\infty]{} 0$.

II.3.3. Si $\sum ku_k$ converge la question précédente et la question 1 montrent que $\sum R_k$ converge, la réciproque a été établie en II.3.1, donc

$\sum ku_k$ et $\sum R_k$ sont de même nature, et, en cas de convergence, $\displaystyle\sum_{k=1}^{\infty} ku_k = \sum_{k=0}^{\infty} R_k$.

II.4. Comme les $u_k(x)$ sont positifs et comme, si $x \in D$, la série $\sum u_k(x)$ converge, la question 3 montre que $\sum R_n(x)$ et $\sum k u_k(x)$ sont de même nature.

Pour tout $k \geqslant 1$ on a $k u_k(x) = u_k(x-1)$ terme général d'une série de Riemann convergente si, et seulement si, $x > 2$.

Par conséquent $D_1 =]2, +\infty[$ et $\sum\limits_{n=0}^{\infty} R_n(x) = \sum\limits_{n=1}^{\infty} n u_n(x) = \zeta(x-1)$.

II.5.1. La série dérivée $\sum k a_k\, x^{k-1}$ de $\sum a_k\, x^k$ a aussi ρ pour rayon de convergence, cela prouve la convergence de $\sum k a_k\, x^k$.

Comme il y a en fait absolue convergence, $\left|(n+1)R_n(x)\right| \leqslant \sum\limits_{k=n+1}^{\infty} \left|k u_k(x)\right| \xrightarrow[n\to\infty]{} 0$.

II.5.2. La question II.1 prouve alors que

$$\text{si } |x| < \rho \text{ alors } \sum R_n(x) \text{ converge et } \sum_{n=0}^{\infty} R_n(x) = \sum_{k=1}^{\infty} k a_k\, x^k = x f'(x).$$

II.5.3.1. $a_k \underset{k\to\infty}{=} O(1)$ et donc $\rho \geqslant 1$.
Comme $a_{4k+1} = 1$ il y a grosssière divergence de $\sum a_k$ et donc $\rho = 1$.

II.5.3.2. La question II.5.2 montre que, si $|x| < 1$ alors $\sum R_n(x)$ converge et que l'on a $\sum\limits_{n=0}^{\infty} R_n(x) = x f'(x)$, reste donc à déterminer la fonction f.

On a $a_{2k} = \dfrac{(-1)^k}{2k}$ et donc, si $|x| < 1$, $\displaystyle\sum_{k=1}^{\infty} a_{2k} x^{2k} = \frac{1}{2}\sum_{k=1}^{\infty} \frac{(-x^2)^k}{k} = -\frac{\ln(1+x^2)}{2}$.

$a_{2k+1} = (-1)^k$ d'où $\displaystyle\sum_{k=0}^{\infty} a_{2k+1} x^{2k+1} = x\sum_{k=0}^{\infty} (-x^2)^k = \frac{x}{1+x^2}$.

Par suite, si $|x| < 1$, $f(x) = \dfrac{x}{1+x^2} - \dfrac{\ln(1+x^2)}{2}$ puis, en dérivant :

$$x f'(x) = x\frac{(1+x^2) - 2x^2}{(1+x^2)^2} - \frac{x^2}{(1+x^2)} = \frac{x(1-x-x^2-x^3)}{(1+x^2)^2}.$$

Problème II

Partie I

I.1. $W_3 = \begin{pmatrix} 1 & 0 & \frac{1}{2} & 0 \\ 0 & \frac{1}{2} & 0 & \frac{3}{8} \\ \frac{1}{2} & 0 & \frac{3}{8} & 0 \\ 0 & \frac{3}{8} & 0 & \frac{5}{16} \end{pmatrix}$.

I.2. On développe selon la première colonne :

$$\det(W_3) = \begin{vmatrix} \frac{1}{2} & 0 & \frac{3}{8} \\ 0 & \frac{3}{8} & 0 \\ \frac{3}{8} & 0 & \frac{5}{16} \end{vmatrix} + \frac{1}{2} \begin{vmatrix} 0 & \frac{1}{2} & 0 \\ \frac{1}{2} & 0 & \frac{3}{8} \\ \frac{3}{8} & 0 & \frac{5}{16} \end{vmatrix} = \left(\frac{3 \times 5}{2^8} - \frac{3^3}{2^9}\right) + \frac{1}{2}\left(\frac{3^2}{2^7} - \frac{5}{2^6}\right) \text{ d'où}$$

$$\det(W_3) = \frac{30 - 27 + 18 - 20}{2^9} = \frac{1}{512}.$$

I.3.1. $J_0 = \int_0^\pi dt = \pi$, $J_1 = \int_0^\pi \cos(t)\, dt = 0$.

I.3.2. On intégre par parties :

$$J_{m+2} = \int_0^\pi \cos^{m+1}(t) d\big[\sin(t)\big] = \Big[\cos^{m+1}(t)\sin(t)\Big]_0^\pi + (m+1)\int_0^\pi \sin^2(t)\cos^m(t)\, dt$$

$$= (m+1)\int_0^\pi \big[1 - \cos^2(t)\big]\cos^m(t)\, dt = (m+1)(J_m - J_{m+2})$$

d'où $J_{m+2} = \dfrac{m+1}{m+2} J_m$ et donc $J_{2p+1} = 0$.

I.3.3. On a $J_{2p} = \dfrac{2p-1}{2p} \times \dfrac{2p-3}{2p-2} \times \cdots \times \dfrac{1}{2} \times J_0 = \dfrac{(2p)!}{\big[(2p)(2p-2)\cdots(2)\big]^2} \times \pi$ et donc

$$J_{2p} = \frac{\pi}{2^{2p}} \mathrm{C}_{2p}^p.$$

I.3.4. On en déduit : $\forall (i,j) \in [\![0,n]\!]^2$, $w_{i,j} = \dfrac{J_{i+j}}{\pi}$.

Partie II

II.1. $\big(e_0|e_0\big) = 1$ et $\big(e_0|e_k\big) = 0$ si $k \geqslant 1$.

Si $k \geqslant 1$, $\left(e_k|e_k\right) = \dfrac{2}{\pi}\displaystyle\int_0^{\pi} \cos^2(kt)\,dt = \dfrac{1}{\pi}\int_0^{\pi}\left[1+\cos(2kt)\right]dt = 1$ et si $\ell \geqslant 1$, $\ell \neq k$ on a $\left(e_k|e_\ell\right) = \dfrac{2}{\pi}\displaystyle\int_0^{\pi} \cos(kt)\cos(\ell t)\,dt = \dfrac{1}{\pi}\int_0^{\pi}\Big[\cos\big((k+\ell)t\big)+\cos\big((k-\ell)t\big)\Big]dt = 0.$

II.2. $(e_0,\ldots,e_m)$ est une famille orthonormale génératrice de $H_m(e)$ et donc une base orthonormale de $H_m(e)$.

II.3. Pour tout réel t et tout $m \geqslant 1$ on a :

$$v_m(t) = \left(\frac{e^{it}+e^{-it}}{2}\right)^m = 2^{-m}\sum_{k=0}^{m} \mathrm{C}_m^k\, e^{i(2k-m)t}$$

et v_m est paire d'où $v_m(t) = \dfrac{v_m(t)+v_m(-t)}{2} = 2^{-m}\displaystyle\sum_{k=0}^{m} \mathrm{C}_m^k \cos\big((2k-m)t\big)$ et donc $v_m \in H_m(e)$ car, lorsque $k \in [\![0,m]\!]$ on a $-m \leqslant 2k-m \leqslant m$.

De plus $q_{m,m} = 2^{-m}\times\sqrt{2}\times \mathrm{C}_m^m = 2^{\frac{1-2m}{2}}$ si $m \geqslant 1$ et $q_{0,0} = 1$.

II.4. On vient de montrer que $H_m(v) \subset H_m(e)$ et la matrice de $(v_0,\ldots,v_m)$ relativement à $(e_0,\ldots,e_m)$ est triangulaire supérieure avec les $q_{k,k}$ tous non nuls sur la diagonale, par suite $H_m(e) = H_m(v)$.

II.5. On a $v_{m+1} = q_{m+1,m+1}e_{m+1} + u$ avec $u \in H_m(e)$ et donc $d_m = \|q_{m+1,m+1}e_{m+1}\|$ soit encore $d_m = |q_{m+1,m+1}| = 2^{-\frac{2m+1}{2}}$.

II.6.1. Comme Q_n est triangulaire supérieure on a $\det(Q_n) = \displaystyle\prod_{k=0}^{n} q_{k,k} = 2^{\frac{n}{2}}\times 2^{-\frac{n(n+1)}{2}}$ soit $\det(Q_n) = 2^{-\frac{n^2}{2}}$.

II.6.2. La matrice W_n est la matrice de coefficient générique $\left(v_i|v_j\right)$ soit encore $W_n = {}^tQ_nQ_n$ et donc $\det(W_n) = \det^2(Q_n)$ *i.e.* $\det(W_n) = 2^{-n^2}$.

Fin

L'objet de ce problème est de définir un algorithme de calcul approché d'une intégrale, utilisant la méthode des trapèzes.
Dans la première partie, on étudie le procédé d'extrapolation de Richardson.

Dans une deuxième partie, on établit la formule d'Euler - Mac Laurin.

La troisième partie utilise les deux premières pour définir la méthode de Romberg qui est l'application du procédé d'extrapolation de Richardson à la méthode des trapèzes.

La deuxième partie est indépendante de la première partie.

De nombreuses questions de ce problème sont simples ; le candidat s'attachera à les résoudre avec soin et complètement.

Étant donné un entier $s \in \mathbb{N}$ et une fonction φ, on utilise la notation
$\varphi(t) = O(t^s)$ lorsque $t \to 0$, qui signifie que le quotient $\dfrac{\varphi(t)}{t^s}$ est borné lorsque $t \to 0$, $t \neq 0$.

t_n étant le terme général d'une suite qui ne s'annule pas et qui tend vers 0 lorsque $n \to \infty$, on note $u_n = O(t_n)$ lorsque $n \to \infty$, le terme général d'une suite telle que le quotient $\dfrac{u_n}{t_n}$ est borné lorsque $n \to \infty$.

Première partie - Procédé d'extrapolation de Richardson

On désigne par A une fonction définie sur $\mathbb{R}$ et à valeurs dans $\mathbb{R}$, et on suppose que A admet un développement limité à tout ordre au voisinage de 0.
On note $A(t) = a_0 + a_1 t + \cdots + a_k t^k + O(t^{k+1})$ son développement limité à l'ordre k au voisinage de 0, les coefficients a_p étant des réels.

I.1.1. Étant donné un réel non nul ρ et un entier naturel s, on suppose que φ est une fonction qui vérifie $\varphi(t) = O\big((\rho t)^s\big)$ lorsque $t \to 0$. Montrer que $\varphi(t) = O(t^s)$ lorsque $t \to 0$.

I.1.2. Pour $k \in \mathbb{N}^\star$, on suppose que $\varphi(t) = O(t^k)$ lorsque $t \to 0$. Déterminer la limite lorsque $t \to 0$, $t \neq 0$, du quotient $\dfrac{\varphi(t)}{t^{k-1}}$.

I.2.1. Montrer que A admet une limite en 0 et déterminer cette limite.

Soit r un réel vérifiant $r > 1$. On définit la suite de fonctions $(A_n)_n$ par :

pour tout réel t, $A_0(t) = A(t)$ et, pour $n \geqslant 1, A_n(t) = \dfrac{r^n A_{n-1}(t) - A_{n-1}(rt)}{r^n - 1}$.

I.2.2. Montrer qu'il existe un réel $a_{1,2}$, que l'on déterminera, tel que le développement limité de A_1 à l'ordre k au voisinage de 0 soit
$$A_1(t) = a_0 + a_{1,2}t^2 + \cdots + O(t^{k+1}).$$

I.2.3. En déduire qu'il existe un réel $a_{n,n+1}$, que l'on ne demande pas de déterminer, tel que le développement limité de A_n à l'ordre k au voisinage de 0 soit : $A_n(t) = a_0 + a_{n,n+1}t^{n+1} + \cdots + O(t^{k+1})$.

I.2.4. Soit t_0 un réel non nul fixé. Montrer que la suite de terme général $A(r^{-m}t_0)$ converge vers a_0 lorsque $m \to \infty$.

Dans la suite de la première partie, on suppose que pour tout $t_0 \neq 0$ fixé et $r > 1$ fixé, on sait calculer les premiers termes $A(t_0), A(r^{-1}t_0), \ldots, A(r^{-m}t_0)$ de la suite.
Le procédé de Richardson consiste à extrapoler ces valeurs pour obtenir, grâce à un procédé d'accélération de convergence, la valeur de a_0.
Pour $p \in \mathbb{N}$, on note $A_{p,0} = A_0(r^{-p}t_0)$ puis, pour q entier vérifiant $1 \leqslant q \leqslant p$, on note $A_{p,q} = A_q(r^{-p}t_0)$.

I.3.1. Justifier l'égalité $A_{p,0} = a_0 + O(r^{-p})$ lorsque $p \to \infty$.

I.3.2. Déterminer un entier naturel $\alpha(p,q) > 0$, que l'on explicitera, tel que $A_{p,q} = a_0 + O(r^{-\alpha(p,q)})$ lorsque $p \to \infty$.

I.3.3. Pour $p \geqslant 1$ justifier l'égalité $A_{p,1} = \dfrac{rA_{p,0} - A_{p-1,0}}{r-1}$.

I.3.4. Pour $1 \leqslant q \leqslant p$ justifier l'égalité :
$$A_{p,q} = \frac{r^q A_{p,q-1} - A_{p-1,q-1}}{r^q - 1} = A_{p,q-1} + \frac{A_{p,q-1} - A_{p-1,q-1}}{r^q - 1}.$$
Dans la pratique on range les valeurs $A_{p,q}$ pour $0 \leqslant q \leqslant p \leqslant m$ dans le tableau :
$$\begin{array}{lllll}
A_{0,0} & & & & \\
A_{1,0} & A_{1,1} & & & \\
A_{2,0} & A_{2,1} & A_{2,2} & & \\
\vdots & \vdots & \vdots & \ddots & \\
A_{m,0} & A_{m,1} & A_{m,2} & \cdots & A_{m,m}
\end{array}$$

I.4. Déterminer la plus petite valeur et la plus grande valeur de $\alpha(p,q)$ pour $0 \leqslant q \leqslant p \leqslant m$. Lorsque $m \to +\infty$, de laquelle des valeurs $A_{p,q}$ du tableau peut-on atteindre la meilleure approximation de a_0 (on pourra utiliser **I.1.2** pour justifier la réponse) ?
On écrira cette valeur sous la forme $a_0 + O(r^{-\sigma(m)})$ et on précisera la valeur de l'entier $\sigma(m) > 0$.

On considère $g \in \mathcal{C}^\infty(\mathbb{R}, \mathbb{R})$, on pose $g(\alpha+h) = c_0 + c_1 h + \cdots + c_{2k}h^{2k} + O(h^{2k+1})$ lorsque $h \to 0$ son développement limité à l'ordre $2k$ au voisinage de α.

I.5.1. Exprimer les coefficients c_p pour $0 \leqslant p \leqslant 2k$ en fonction de g et de ses dérivées successives.

Pour $h \neq 0$ on note $G(h) = \dfrac{g(\alpha+h) - g(\alpha-h)}{2h}$.

I.5.2. Montrer que la fonction G est paire et se prolonge par continuité en 0 par une valeur que l'on déterminera ; on note $\widetilde{G}$ la fonction ainsi prolongée.

I.5.3. Exprimer, à l'aide des coefficients c_p le développement limité d'ordre $2k-1$ de $\widetilde{G}$ au voisinage de 0. Pour $t \geqslant 0$ on pose $A(t) = \widetilde{G}(\sqrt{t})$.

I.6.1. On choisit $h > 0$ et on considère la suite de valeurs $G(h), G\left(\dfrac{h}{2}\right), \dots,$ $G\left(\dfrac{h}{2^m}\right)\cdot$ Déterminer $t_0 > 0$ et $r > 1$ tels que cette suite de valeurs soit $A(t_0), A(r^{-1}t_0), \dots, A(r^{-m}t_0)$.

On utilise les notations des questions précédentes avec $A_0(t) = A(t)$, $A_{p,0} = A_0(r^{-p}t_0)$ puis $A_{p,q}$, pour les valeurs r et t_0 déterminées dans **I.6.1.**

I.6.2. Quelle est la limite ℓ de $A_{p,0}$ lorsque $p \to \infty$? On exprimera ℓ à l'aide de g et de α.

Dans ce qui suit, on prend $g(x) = \ln(x), \alpha = 3$ et $h = 0,8$.

I.7.1. Calculer les valeurs $A_{p,0}$ pour $0 \leqslant p \leqslant 3$.
Donner le tableau des valeurs $A_{p,q}$ pour $0 \leqslant q \leqslant p \leqslant 3$.

I.7.2. Quelle est la valeur exacte de ℓ ?
Parmi les valeurs $A_{p,q}$ trouvées, quelle est la meilleure approximation de ℓ ?

Deuxième partie - Formule d'Euler - Mac Laurin

On définit la suite $(B_p)_p$ de fonctions polynomiales en posant :
(i) $\forall t \in \mathbb{R}, B_0(t) = 1$ (ii) $\forall p \in \mathbb{N}^\star, \forall t \in \mathbb{R}, B'_p(t) = pB_{p-1}(t)$ et $\displaystyle\int_0^1 B_p(t)\,dt = 0$.
Pour tout $p \in \mathbb{N}$ on pose $b_p = B_p(0)$.

II.1.1. Déterminer B_1, B_2 et B_3.

II.1.2. Pour $p \in [\![0, 3]\!]$, calculer b_p et comparer b_p à $B_p(1)$.

II.1.3. Montrer que pour $p \geqslant 2$, on a $b_p = B_p(1)$.

II.2.1. Pour $p \in \mathbb{N}$ et $t \in \mathbb{R}$ on définit $\widetilde{B}_p(t) = (-1)^p B_p(1-t)$.
Montrer que la suite des polynômes $\widetilde{B}_p$ vérifie les relations (i) et (ii). En déduire que $\widetilde{B}_p = B_p$.

II.2.2. Montrer que pour $p \in \mathbb{N}^\star$ on a $b_{2p+1} = 0$.
Soit $f \in \mathcal{C}^\infty(0, 1], \mathbb{R})$.

II.3.1. Montrer $\displaystyle\int_0^1 f(t)\,dt = \int_0^1 B_0(t) f(t)\,dt = \frac{1}{2}[f(0)+f(1)] - \int_0^1 B_1(t) f'(t)\,dt.$

II.3.2. Pour $n \geqslant 2$ montrer l'égalité :

$$\frac{1}{2}[f(0)+f(1)] = \int_0^1 f(t)\,dt + \sum_{p=2}^{n}(-1)^p \frac{b_p}{p!}\left[f^{(p-1)}(1) - f^{(p-1)}(0)\right] + (-1)^{n+1}\int_0^1 \frac{B_n(t)}{n!} f^{(n)}(t)\,dt.$$

II.3.3. En déduire, pour $n = 2k$ l'égalité (1) :

$$\frac{1}{2}[f(0)+f(1)] = \int_0^1 f(t)\,dt + \sum_{p=1}^{k}\frac{b_{2p}}{(2p)!}\left[f^{(2p-1)}(1) - f^{(2p-1)}(0)\right] - \int_0^1 \frac{B_{2k}(t)}{(2k)!} f^{(2k)}(t)\,dt.$$

Pour $t \in \mathbb{R}$, on note $E(t)$ la partie entière de t.
Pour $p \in \mathbb{N}$ on définit la fonction D_p par : $\forall t \in \mathbb{R}, D_p(t) = B_p\big(t - E(t)\big)$.

II.4.1. Montrer que D_p est une fonction périodique de période 1 et de classe $\mathcal{C}^\infty$ par morceaux.

Dans la suite la fonction f appartient à $\mathcal{C}^\infty\big([0,N],\mathbb{R}\big)$ où $N \in \mathbb{N}$ avec $N \geqslant 2$.
Pour $q \in [\![1,N]\!]$ on définit les fonctions f_q sur $[0,1]$ par $f_q(t) = f(t+q-1)$.

II.4.2. Montrer que les fonctions f_q appartiennent à $\mathcal{C}^\infty\big([0,1],\mathbb{R}\big)$ et qu'elles vérifient les égalités, pour $m \in \mathbb{N}$ et $q \in [\![2,N]\!]$:

$$f_1^{(m)}(0) = f^{(m)}(0),\ f_q^{(m)}(0) = f_{q-1}^{(m)}(1),\ f_N^{(m)}(1) = f^{(m)}(N).$$

II.4.3. En appliquant (1) aux fonctions f_q, en déduire la formule d'Euler - Mac Laurin (2) sur $[0,N]$:

$$\frac{f(0)}{2} + \sum_{q=1}^{N-1} f(q) + \frac{f(N)}{2} = \int_0^N f(t)dt + \sum_{p=1}^{k}\frac{b_{2p}}{(2p)!}\left[f^{(2p-1)}(N) - f^{(2p-1)}(0)\right] - \int_0^N \frac{D_{2k}(t)}{(2k)!} f^{(2k)}(t)dt.$$

Troisième partie - Méthode de Romberg

Dans cette partie on note $[a,b]$ un intervalle de $\mathbb{R}$ et f un élément de $\mathcal{C}^\infty\big([a,b],\mathbb{R}\big)$.

Étant donné $N \in \mathbb{N}^\star$ et $h = \dfrac{b-a}{N}$ on note $T_f(h) = h\,\dfrac{f(a)+f(b)}{2}$ si $N = 1$ et $T_f(h) = h\left[\dfrac{f(a)}{2} + \displaystyle\sum_{q=1}^{N-1} f(a+qh) + \dfrac{f(b)}{2}\right]$ si $N \geqslant 2$, la valeur approchée de $\displaystyle\int_a^b f(t)\,dt$ obtenue par la méthode des trapèzes pour le pas h.

III.1. Si $N \geqslant 2$, en appliquant (2) à la fonction $g : t \mapsto f(a+ht)$ sur $[0, N]$ montrer (3) :

$$T_f(h) = \int_a^b f(t)\,dt + \sum_{p=1}^{k} h^{2p} \frac{b_{2p}}{(2p)!} \left[f^{(2p-1)}(b) - f^{(2p-1)}(a)\right]$$
$$- h^{2k} \int_a^b \frac{D_{2k}\left(\frac{t-a}{h}\right)}{(2k)!} f^{(2k)}(t)\,dt.$$

III.2. Montrer que (3) peut s'écrire : (4) $T_f(h) = \displaystyle\int_a^b f(t)\,dt + \sum_{p=1}^{k-1} d_p h^{2p} + O(h^{2k})$

où les d_p désignent des nombres réels.

Pour $t > 0$ on définit $A(t) = T_f\left(\sqrt{t}\right)$.

III.3.1. Déterminer $\lim\limits_{t \to 0} A(t)$.

III.3.2. On prend $N = 1, h = b - a$ et on calcule la suite de valeurs $T_f(h), T_f\left(\dfrac{h}{2}\right), \dots, T_f\left(\dfrac{h}{2^m}\right)$.

Déterminer $t_0 > 0$ et un réel $r > 1$ tels que cette suite de valeurs soit

$$A(t_0), A(r^{-1}t_0), \dots A(r^{-m}t_0).$$

On utilise les notations de partie **I** avec $A_0(t) = A(t), A_{p,0} = A_0(r^{-p}t_0)$ puis, $A_{p,q}, t_0$ et r étant les valeurs trouvées en III.3.2 on note $h_p = \dfrac{b-a}{2^p}$.

III.4.1. Exprimer $A_{p,0}$ et $A_{p-1,0}$ à l'aide de T_f et de h_p.

III.4.2. Pour $p \geqslant 1$ on définit $A'_{p,0} = h_p \displaystyle\sum_{a < a+(2q+1)h_p < b} f\big(a + (2q+1)h_p\big)$.

Exprimer $A_{p,0}$ en fonction de $A_{p-1,0}$ et de $A'_{p,0}$. Quel est l'intérêt de cette expression ?

III.5. On choisit $f(t) = \dfrac{\sin(t)}{t}$ si $t \neq 0$ et 1 si $t = 0$, $a = 0, b = \pi, h = b - a = \pi$.

III.5.1. Montrer que f appartient à $\mathcal{C}^\infty\big([0, \pi], \mathbb{R}\big)$.

III.5.2. Calculer les valeurs $A_{p,0}$ pour $p \in [\![0, 3]\!]$ et les valeurs $A'_{p,0}$ pour $p \in [\![1, 3]\!]$. Indiquer dans quel ordre vous calculez ces sept valeurs.

III.5.3. Donner le tableau des valeurs $A_{p,q}$ pour $0 \leqslant q < p \leqslant 3$.

De laquelle de ces valeurs peut-on attendre la meilleure approximation de $\displaystyle\int_0^\pi \frac{\sin(t)}{t}\,dt$?

III.6. Que donne cette méthode lorsque f est une fonction périodique de période $b - a$?

Connaissances utiles

- Fonctions et développements limités.
- Intégrale sur un segment.

Solution

Première partie

I.1.1. Soit $M \in \mathbb{R}_+$ tel que, pour t assez petit, on a $|\varphi(t)| \leqslant M|\rho t^s|$ alors, avec $N = M|\rho^s|$, pour t assez petit on a $|\varphi(t)| \leqslant N|t^s|$ et donc $\varphi(t) = O(t^s)$ lorsque $t \to 0$.

I.1.2. Soit $M \in \mathbb{R}_+$ tel que, pour t assez petit, on a $|\varphi(t)| \leqslant M|t^k|$ alors $\left|\dfrac{\varphi(t)}{t^{k-1}}\right| \leqslant M|t|$ si $t \neq 0$ et donc, par encadrement $\dfrac{\varphi(t)}{t^{k-1}} \xrightarrow[t\to 0, t\neq 0]{} 0$.

I.2.1. $A(t) - a_0 \underset{t\to 0}{=} O(t)$ et donc I.1.1 montre que $A(t) - a_0 \xrightarrow[t\to 0]{} 0$ *i.e.* $A(t) \xrightarrow[t\to 0]{} a_0$.

I.2.2.

$$\begin{aligned} A_1(t) =& \frac{r(a_0 + a_1 t + a_2 t^2 + \cdots + a_k t^k) - (a_0 + a_1 rt + a_2 r^2 t^2 + \cdots + a_k r^k t^k)}{r-1} \\ &+ O(t^{k+1}) \\ =& \frac{(r-1)a_0 + r(1-r)a_2 t^2 + \cdots + r(1-r^{k-1})a_k t^k}{r-1} + O(t^{k+1}) \\ =& a_0 - r a_2 t^2 - \cdots - r\frac{r^{k-1}-1}{r-1} a_k t^k + O(t^{k+1}) \end{aligned}$$

et donc $a_{1,2} = -ra_2$ convient.

I.2.3. On procède par récurrence sur n lorsque n décrit $[\![1, k[\![$.
Le cas où $n = 1$ vient d'être traité.
On suppose, à un rang $n < k$ que $A_{n-1}(t) = a_0 + a_{n-1,n}t^n + bt^{n+1} + \cdots + O(t^{k+1})$ et alors :

$$\begin{aligned} A_n(t) =& \frac{r^n(a_0 + a_{n-1,n}t^n + bt^{n+1} + \cdots) - (a_0 + a_{n-1,n}r^n t^n + br^{n+1}t^{n+1} + \cdots)}{r^n - 1} \\ &+ O(t^k + 1) \\ =& a_0 - br^n \frac{r-1}{r^n-1} t^{n+1} + \cdots + O(t^{k+1}) \end{aligned}$$

ce qui montre l'existence de $a_{n,n+1}$ et termine la récurrence.

I.2.4. Quand $m \to \infty$ on a $r^{-m}t_0 \to 0$ car $r > 1$ et, comme $A(t) \xrightarrow[t\to 0]{} a_0$, on en déduit que la suite de terme général $A(r^{-m}t_0)$ converge vers a_0.

I.3.1. L'égalité découle de $A(t) \underset{t\to 0}{=} a_0 + O(t)$ et du fait que $r^{-p}t_0 \xrightarrow[p\to\infty]{} 0$.

I.3.2. La question I.2.3 montre que $A_q(t) \underset{t\to 0}{=} a_0 + O(t^{q+1})$ si $1 \leqslant q < k$ et, comme $r^{-p}t_0 \xrightarrow[p\to\infty]{} 0$, on en déduit que $A_{p,q} \underset{p\to\infty}{=} a_0 + O\big((r^{-p}t_0)^{q+1}\big)$ d'où $\alpha(p,q) = p(q+1)$.

I.3.3. $A_{p,1} = A_1(r^{-p}t_0) = \dfrac{rA(r^{-p}t_0) - A(r^{-(p-1)}t_0)}{r-1} = \dfrac{rA_{p,0} - A_{p-1,0}}{r-1}$.

I.3.4. $A_{p,q} = A_q(r^{-p}t_0) = \dfrac{r^q A_{q-1}(r^{-p}t_0) - A_{q-1}(r^{-(p-1)}t_0)}{r^q - 1} = \dfrac{r^q A_{p,q-1} - A_{p-1,q-1}}{r^q-1}$.

D'où $A_{p,q} = \dfrac{(r^q-1)A_{p,q-1} + \big(A_{p,q-1} - A_{p-1,q-1}\big)}{r^q-1} = A_{p,q-1} + \dfrac{A_{p,q-1} - A_{p-1,q-1}}{r^q-1}$.

I.4. $\alpha(p,q)$ est maximale (resp. minimale) quand p et q le sont *i.e.* pour $p = q = m$ (resp. $p = q = 0$), d'où $\max\limits_{0\leqslant q\leqslant p\leqslant m} \alpha(p,q) = m(m+1)$, $\min\limits_{0\leqslant q\leqslant p\leqslant m} \alpha(p,q) = 0$.

La fin de la question manque de sérieux car avec un exemple bien senti on peut privilégier n'importe lequel des couples (p,q).

La réponse attendue était bien sûr $A_{m,m} = a_0 + O(t^{-m(m+1)})$.

I.5.1. La formule de Taylor - Young montre que, pour $0 \leqslant p \leqslant 2k$ on a $c_p = \dfrac{g^{(p)}(\alpha)}{p!}$.

I.5.2. La parité de G est immédiate et

$G(h) \underset{h\to 0}{=} \dfrac{(c_0 + c_1h) - (c_0 - c_1h) + O(h^2)}{2h} = c_1 + O(h)$, ce qui prouve que, en posant $\widetilde{G}(0) = c_1$, on prolonge continûment G en 0.

I.5.3. En généralisant le calcul précédent :

$$\widetilde{G}(h) \underset{h\to 0}{=} c_1 + c_3h^2 + \cdots + c_{2k-1}h^{2k-2} + O(h^{2k}).$$

I.6.1. On pose $t_0 = h^2$ et $r = 4$ alors, si $0 < p \leqslant m, r^{-p}t_0 = 2^{-2p}h^2$ d'où

$$A(r^{-p}t_0) = A\left(\frac{h^2}{2^{2p}}\right) = \widetilde{G}\left(\frac{h}{2^p}\right) = G\left(\frac{h}{2^p}\right) \text{ car } \frac{h}{2^p} \neq 0.$$

I.6.2. $A_{p,0} \xrightarrow[p\to\infty]{} a_0 = c_1 = g'(\alpha)$ et donc $\ell = g'(\alpha)$.

I.7.1. On utilise un programme Maple :

```
B:=t->(ln(3+sqrt(t))-ln(3-sqrt(t)))/2/sqrt(t):
t0:=.64: r:=4:
for p from 0 to 3 do A[p,0]:=evalf(B(r**(-p)*t0))od:
for q from 1 to 3 do
   for p from q to 3 do
      A[p,q]:=(r**q*A[p,q-1]-A[p-1,q-1])/(r**q-1)
   od:
od:
M:=matrix(4,4,(p,q)->if q<=p then A[p-1,q-1] else 0 fi);
```

$$\begin{pmatrix} .3415898167 & 0 & 0 & 0 \\ .3353299838 & .3332433727 & 0 & 0 \\ .3338284825 & .3333279820 & .3333336226 & 0 \\ .3334568700 & .3333329991 & .3333333336 & .3333333290 \end{pmatrix}$$

I.7.2. $\ell = \ln'(3) = \dfrac{1}{3}\cdot$ La meilleure valeur approchée est ici $A_{3,3}$.

Deuxième partie

L'énoncé manque ici particulièrement de rigueur, la question de l'existence et de l'unicité de $(B_p)_p$ se pose immédiatement :

B_0 est définie de façon unique.

Si $p \in \mathbb{N}^\star$ l'application $\varphi_p : \begin{pmatrix} \mathbb{R}[X] & \to & \mathbb{R}[X] \\ P(X) & \mapsto & \dfrac{P'(X)}{p} \end{pmatrix}$ est linéaire surjective de noyau $\mathbb{R}_0[X]$ qui est un supplémentaire de l'hyperplan H défini par l'équation $\displaystyle\int_0^1 P(t)\,dt = 0$ car $\displaystyle\int_0^1 1\,dt = 1 \neq 0$. Donc φ_p induit un isomorphisme de H sur $\mathbb{R}[X]$ ce qui assure que l'équation $\varphi_p(P) = B_{p-1}$ a une unique solution B_p dans H si B_{p-1} est défini.

Cela montre que les relations (i) et (ii) permettent, par récurrence, de définir une unique suite $(B_p)_p$.

II.1.1. $B_1 = X - \alpha$ et $B_1 \in H$ si, et seulement si, $\alpha = \dfrac{1}{2}$ d'où $B_1 = X - \dfrac{1}{2}\cdot$

Alors $B_2 = X^2 - X + \beta$ et $\displaystyle\int_0^1 B_2 = \frac{1}{3} - \frac{1}{2} + \beta = \beta - \frac{1}{6}$ d'où $B_2 = X^2 - X + \dfrac{1}{6}\cdot$

De même $B_3 = X^3 - \dfrac{3X^2}{2} + \dfrac{X}{2} + \gamma$ et $\displaystyle\int_0^1 B_3 = \frac{1}{4} - \frac{1}{2} + \frac{1}{4} + \gamma$ d'où $B_3 = X^3 - \dfrac{3X^2}{2} + \dfrac{X}{2}\cdot$

II.1.2. $b_0 = 1 = B_0(1), b_1 = -\dfrac{1}{2} = -B_1(1), b_2 = \dfrac{1}{6} = B_2(1), b_3 = 0 = B_3(1)$.

II.1.3. Si $p \geqslant 2$ on a $B_p(1)-b_p = B_p(1)-B_p(0) = \displaystyle\int_0^1 B_p'(t)\,dt = p\int_0^1 B_{p-1}(t)\,dt = 0$ d'après (ii) car $p-1 \geqslant 1$. Pour $p \geqslant 2$ on a $b_p = B_p(1)$.

II.2.1. $\forall t \in \mathbb{R}, \widetilde{B}_0(t) = (-1)^0 B_0(1-t) = 1$.
Si $p \in \mathbb{N}^\star$ et $t \in \mathbb{R}, \widetilde{B}_p'(t) = (-1)^p \dfrac{d}{dt}[B_p(1-t)] = p(-1)^{p-1}B_{p-1}(1-t) = p\widetilde{B}_{p-1}(t)$ et enfin $\displaystyle\int_0^1 \widetilde{B}_p(t)\,dt = \int_0^1 B_p(1-t)\,dt = \int_0^1 B_p(u)\,du = 0$ à l'aide du changement de variable $u = 1-t$. La suite $\left(\widetilde{B}_p\right)_p$ vérifie donc (i) et (ii).

Comme les relations (i) et (ii) définissent une unique suite on en déduit que pour tout $p \in \mathbb{N}$, $\widetilde{B}_p = B_p$.

II.2.2. $\widetilde{B}_{2p+1}(0) = B_{2p+1}(0) = b_{2p+1}$ d'après la question précédente.
D'autre part, par définition, $\widetilde{B}_{2p+1}(0) = (-1)^{2p+1}B_{2p+1}(0) = -b_{2p+1}$ d'où $b_{2p+1} = 0$.

II.3.1. En intégrant par parties on a :
$\displaystyle\int_0^1 f = \int_0^1 B_0 f = \Big[B_1 f\Big]_0^1 - \int_0^1 B_1 f' = \frac{f(0)+f(1)}{2} - \int_0^1 B_1 f'$ car $B_1(1) = -B_1(0) = \dfrac{1}{2}$.

II.3.2. On va raisonner par récurrence sur n et montrer l'égalité pour $n \geqslant 1$ en fait.
Pour $n = 1$ on a $\displaystyle\sum_{p=2}^{n}(-1)^p \frac{b_p}{p!}\left[f^{(p-1)}(1) - f^{(p-1)}(0)\right] = 0$ car la sommation porte sur un ensemble vide d'indices. Le cas $n = 1$ découle donc de la question précédente.
Supposons l'égalité établie à un rang $n \geqslant 1$ et intégrons par parties :

$$\begin{aligned}(-1)^{n+1}\int_0^1 \frac{B_n}{n!} f^{(n)} &= (-1)^{n+1}\left[\frac{B_{n+1}}{(n+1)!} f^{(n)}\right]_0^1 + (-1)^{n+2}\int_0^1 \frac{B_{n+1}}{(n+1)!} f^{(n+1)} \\ &= \frac{(-1)^{n+1}b_{n+1}}{(n+1)!}\left[f^{(n)}(1) - f^{(n)}(0)\right] + (-1)^{n+2}\int_0^1 \frac{B_{n+1}}{(n+1)!} f^{(n+1)}\end{aligned}$$

et, en utilisant l'hypothèse de récurrence, il vient :

$$\begin{aligned}\frac{1}{2}[f(0)+f(1)] = \int_0^1 f(t)dt + \sum_{p=2}^{n+1}(-1)^p \frac{b_p}{p!}\left[f^{(p-1)}(1) - f^{(p-1)}(0)\right] \\ + (-1)^{n+1}\int_0^1 \frac{B_{n+1}(t)}{(n+1)!} f^{(n)}(t)\,dt,\end{aligned}$$

ce qui termine la récurrence.

II.3.3. Il suffit d'utiliser la question précédente et la nullité des b_{2k+1} pour $k \geqslant 1$.

II.4.1. La fonction $f : t \mapsto t - E(t)$ est 1-périodique de classe $\mathcal{C}^\infty$ par morceaux et B_p est de classe $\mathcal{C}^\infty$, par composition on en déduit que D_p est 1-périodique de classe $\mathcal{C}^\infty$ par morceaux.

II.4.2. Si $q \in [\![1, N]\!]$ et $t \in [0,1]$ alors $t + q - 1 \in [q-1, q] \subset [0, N]$ et donc, par composition, la fonction f_q est de classe $\mathcal{C}^\infty$ sur $[0,1]$.

$f_1^{(m)}(0) = f^{(m)}(0 + 1 - 1) = f^{(m)}(0)$.
$f_q^{(m)}(0) = f^{(m)}(0 + q - 1) = f^{(m)}(q-1) = f^{(m)}\big(1 + (q-1) - 1\big) = f_{q-1}^{(m)}(1)$.
$f_N^{(m)}(1) = f^{(m)}(1 + N - 1) = f^{(m)}(N)$.

II.4.3. Pour $q \in [\![1, N]\!]$ en appliquant (1) à f_q on a :

$$\frac{f_q(0) + f_q(1)}{2} = \int_0^1 f_q + \sum_{p=1}^{k} \frac{b_{2p}}{(2p)!}\left[f_q^{(2p-1)}(1) - f_q^{(2p-1)}(0)\right] - \int_0^1 \frac{B_{2k}}{(2k)!} f_q^{(2k)} \text{ ou encore}$$

$$\frac{f(q) + f(q+1)}{2} = \int_{q-1}^{q} f + \sum_{p=1}^{k} \frac{b_{2k}}{(2k)!}\left[f^{(2p-1)}(q) - f^{(2p-1)}(q-1)\right] - \int_{q-1}^{q} \frac{D_{2k}}{(2k)!} f^{(2k)}$$

en utilisant le changement de variable $u = t + q - 1$.

On somme ces égalités lorsque q décrit $[\![1, N]\!]$ pour obtenir :

$$\begin{aligned}\frac{f(0)}{2} + \sum_{q=1}^{N-1} f(q) + \frac{f(N)}{2} &= \int_0^N f + \sum_{p=1}^{k} \frac{b_{2k}}{(2k)!}\left(\sum_{q=1}^{N}\left[f^{(2p-1)}(q) - f^{(2p-1)}(q-1)\right]\right) \\ &\quad - \int_0^N \frac{D_{2k}}{(2k)!} f^{(2k)} \\ &= \int_0^N f + \sum_{p=1}^{k} \frac{b_{2k}}{(2k)!}\left[f^{(2p-1)}(N) - f^{(2p-1)}(0)\right] \\ &\quad - \int_0^N \frac{D_{2k}}{(2k)!} f^{(2k)}.\end{aligned}$$

Troisième partie

III.1. Quand $t \in [0, N]$ on a $a + ht \in [a, b]$ et donc, par composition, la fonction g est de classe $\mathcal{C}^\infty$ sur $[0, N]$.

Si $q \in [\![0, N]\!]$ alors $g(q) = f(a + qh)$ et donc $T_f(h) = h\left[\dfrac{g(0)}{2} + \displaystyle\sum_{q=1}^{N-1} g(q) + \dfrac{g(N)}{2}\right]$ pour tout $N \geqslant 1$ car, par convention, si $N = 1$ on a $\sum_{q=1}^{N-1} g(q) = 0$.

La formule (2) prouve que :

$$T_f(h) = \int_0^N hg(t)\,dt + \sum_{p=1}^{k} \frac{b_{2p}}{(2p)!}\,h\big[g^{(2p-1)}(N) - g^{(2p-1)}(0)\big] - h\int_0^N \frac{D_{2k}(t)}{(2k)!}\,g^{(2k)}(t)\,dt$$

$$= \int_0^N hf(a+th)\,dt + \sum_{p=1}^{k} \frac{b_{2p}}{(2p)!}\,h^{2p}\big[f^{(2p-1)}(b)$$

$$- f^{(2p-1)}(a)\big] - h^{2k+1}\int_0^N \frac{D_{2k}(t)}{(2k)!}\,f^{(2k)}(a+th)\,dt$$

$$= \int_a^b f(u)du + \sum_{p=1}^{k} \frac{b_{2p}}{(2p)!}\,h^{2p}\big[f^{(2p-1)}(b) - f^{(2p-1)}(a)\big]$$

$$- h^{2k}\int_a^b \frac{D_{2k}\left(\frac{u-a}{h}\right)}{(2k)!}\,f^{(2k)}(u)du$$

à l'aide du changement de variable $u = a + th$.

III.2. On pose, pour tout $p \in [\![1,k]\!], d_p = \dfrac{b_{2p}}{(2p)!}\left[f^{(2p-1)}(b) - f^{(2p-1)}(a)\right]$ et alors $T_f(h) = \displaystyle\int_a^b f(t)\,dt + \sum_{p=1}^{k-1} d_p h^{2p} + h^{2k}\left(d_k - \int_a^b \frac{D_{2k}\left(\frac{t-a}{h}\right)}{(2k)!} f^{(2k)}(t)\,dt\right)$ d'après la question précédente. D_{2k} est continue par morceaux périodique et donc bornée d'où $\left|\displaystyle\int_a^b \frac{D_{2k}\left(\frac{t-a}{h}\right)}{(2k)!} f^{(2k)}(t)\,dt\right| \leqslant \frac{N_\infty(D_{2k})}{(2k)!}\int_a^b \left|f^{(2k)}(t)\right|dt$ et donc :

$$T_f(h) = \int_a^b f(t)\,dt + \sum_{p=1}^{k-1} d_p h^{2p} + O(h^{2k}).$$

III.3.1. Le développement précédent montre que $\lim\limits_{0} A = \displaystyle\int_a^b f(t)\,dt$.

III.3.2. On a déjà vu qu'il suffisait de poser $t_0 = h^2$ et $r = 4$.

III.4.1. On a $A_{p,0} = T_f(h_p)$ et $A_{p-1,0} = T_f(2h_p)$.

III.4.2. $A_{p,0} = h_p\left[\dfrac{f(a)}{2} + \displaystyle\sum_{a<a+qh_p<b} f(a+qh_p) + \frac{f(b)}{2}\right]$ or

$$h_p \sum_{a<a+qh_p<b} f(a+qh_p) = h_p \sum_{a<a+2qh_p<b} f(a+2qh_p) + \sum_{a<a+(2q+1)h_p<b} f\big(a+(2q+1)h_p\big)$$

i.e. $h_p \displaystyle\sum_{a<a+qh_p<b} f(a+qh_p) = \frac{h_{p-1}}{2}\sum_{a<a+qh_{p-1}<b} f(a+qh_{p-1}) + A'_{p,0}$ d'où

$$A_{p,0} = \frac{1}{2}\,A_{p-1,0} + A'_{p,0}.$$

III.5.1. La fonction f est développable en série entière sur $\mathbb{R}$ et donc de classe $\mathcal{C}^\infty$.

III.5.2. et III.5.3. On donne un programme Maple :

```
f:=t->if t=0 then 1 else sin(t)/t fi:h:=Pi:
A[0,0]:=h*(f(0)+f(Pi))/2:
for p from 1 to 3 do
   h:=h/2:B[p,0]:=0:
   for q from 0 to 2**(p-1)-1 do
      B[p,0]:=B[p,0]+h*f((2*q+1)*h)
   od:
   A[p,0]:=A[p-1,0]/2+B[p,0]
od:
for q from 1 to 3 do
   for p from q to 3 do
      A[p,q]:=(4**q*A[p,q-1]-A[p-1,q-1])/(4**q-1)    od:
od:
M:=matrix(4,4,(p,q)->if q<=p then evalf(A[p-1,q-1])
                          else 0 fi);
```

$$\begin{pmatrix} 1.570796327 & 0 & 0 & 0 \\ 1.785398164 & 1.856932109 & 0 & 0 \\ 1.835508123 & 1.852211443 & 1.851896732 & 0 \\ 1.847842307 & 1.851953701 & 1.851936518 & 1.851937150 \end{pmatrix}$$

Un optimiste peut espérer que, dans la liste des $A_{p,0}$ la valeur approchée la meilleure soit $A_{3,0}$ et que, globalement, $A_{3,3}$ soit la meilleure valeur approchée mais les optimistes confondent qualitatif et quantitatif.

III.6. Cette méthode permet un calcul approché de coefficients de Fourier de f.

Fin